普通高等教育"十二五"规划教材

能源环境与可持续发展

朱玲　周翠红　主编

中国石化出版社

内 容 提 要

全书共分9章,第1~2章主要介绍各种常规能源和非常规能源利用技术及现状,第3章介绍能源转化过程的基本理论及能源储运技术,第4章介绍由于能源短缺所引起的能源安全问题,第5章介绍能源在使用过程中所产生的环境污染问题,第6章介绍节能减排管理与指标体系,第7章介绍国内外节能减排的现状与趋势,第8章介绍清洁发展机制的理论,第9章介绍可持续发展的基本理论与经济模式选择,本书在内容上覆盖面广,涉及能源、环境工程、可持续发展、节能减排等方面的知识,有助于拓展学生的知识面,同时也有助于树立节能环保的社会意识。

本书可作为普通高等院校环境类通识性教育的教材,也可作为能源和环境专业本科生的教材,同时也可作为相关工程技术人员的参考用书。

图书在版编目(CIP)数据

能源环境与可持续发展/朱玲,周翠红主编. —北京:
中国石化出版社,2013.8
ISBN 978 - 7 - 5114 - 2279 - 8

Ⅰ.①能… Ⅱ.①朱… ②周… Ⅲ.①能源 - 可持续性发展 - 高等学校 - 教材 Ⅳ.①TK01

中国版本图书馆 CIP 数据核字(2013)第 180266 号

中国石化出版社出版发行

地址:北京市东城区安定门外大街58号
邮编:100011 电话:(010)84271850
读者服务部电话:(010)84289974
http://www.sinopec-press.com
E-mail:press@sinopec.com
北京科信印刷有限公司印刷
全国各地新华书店经销

787×1092 毫米 16 开本 19.75 印张 486 千字
2013 年 8 月第 1 版 2013 年 8 月第 1 次印刷
定价:39.00 元

前　言
PREFACE

能源是国民经济的命脉，也是构成客观世界的三大基础之一。我国是继美国之后的第二大能源消费国，而且石油的对外依存度已经超过美国列世界第一位。在"以经济建设为中心是兴国之要，发展仍是解决我国所有问题关键"的发展方针下，能源短缺将是我国今后几十年发展经济，全面建成小康社会过程中必须尽快解决的关键问题。同时，在加快经济发展在工业化和现代化进程中，我们所生活的环境也遭受了几乎不可逆的破坏。虽然经过多年的治理，环境质量已有明显改善，但仍存在很多严重的环境问题，如湖泊的富营养化、城市雾霾天气、突发性环境污染问题等。因此，合理利用资源、开发利用可再生资源、不断改善生态环境，打破资源和环境的瓶颈制约，坚持科学发展观，加快转变经济发展方式，走可持续发展的道路，对我国经济、社会可持续发展，促进全球经济发展和保护环境具有深远的意义。胡锦涛同志在十八大报告中提出："坚持节约资源和保护环境的基本国策，坚持节约优先、保护优先、自然恢复为主的方针，着力推进绿色发展、循环发展、低碳发展，形成节约资源和保护环境的空间格局、产业结构、生产方式、生活方式，从源头上扭转生态环境恶化趋势，为人民创造良好生产生活环境，为全球生态安全作出贡献。"

本书编写的目的是为广大读者系统地介绍有关能源学科、环境学科、可持续发展理论、节能减排以及清洁发展机制的基本知识。鉴于能源、环境、生命、信息、材料和管理等学科是高等院校科学素质系列教育的重要组成部分，本书结合多学科优势，力求兼顾科学素质教育的要求，在取材上资料和数据涉及面广、叙述简洁、可读性强，以达到为读者提供更多最新相关信息的目的。

本书第1~5、8章由朱玲编写，第6、7、9章由周翠红编写，全书由朱玲负责统稿；编写过程中得到了北京石油化工学院环境工程系老师的大力支持，陈家庆教授对本书进行认真审查，并提出了很多建设性的意见；本书的编写得到了国家基金委青年基金项目

（NSFC21207006）、北京市属高等人才强教深化计划之"优秀教学团队项目（PHR201107213）"、"中青年骨干人才项目（PHR201108365）"和"学术创新团队项目（PHR201107147）"的支持，对此作者一并表示感谢！

在本书编著过程中，编者参阅并引用了大量专著、相关文献，以及英国BP公司最新发布的能源统计数据，有关国民经济、科技发展、能源和环保等相关行业"十二五"规划和中长期规划等，在此对有关作者和相关机构表示深切的感谢。

近年来，能源和环保领域发展十分迅猛，相关统计数据不断更新，由于本人水平有限，书中疏漏之处在所难免，敬请专家、同行和广大读者提出宝贵意见，以使本书在再版中得以不断更新和完善。

编者

2013 年 5 月

目　录

CONTENTS

I

第1章 常规能源

▶ 1.1 能源概述

1.1.1 能源的概念

能源，顾名思义，就是能量的来源或源泉，是指能够直接或经过转换而获取某种能量的自然资源。在自然界里，有一些自然资源拥有某种形式的能量，它们在一定条件下，能够转换成人们所需要的某种形式的能量，这样一些自然资源被称为能源，如煤炭、石油、天然气、太阳能、风能、水力、地热、核能等。在生产和生活中，由于工作的需要或为了便于输送和使用等原因，上述能源经过一定的加工后便可成为符合使用条件的能量来源，如煤气、电力、沼气和氢能等也可称为能源，它们同样为人们提供所需要的能量。

自然界存在的这种能源很多，除了人们熟悉的煤炭、石油、天然气等以外，还有来自太阳的阳光、大气中的风、河里流的水、涨落的潮汐、起伏的波浪、地下的热水以及原子核释放出来的核能等。

1.1.2 能源的分类

可被人类利用的能源多种多样，如表1-1所示。能源有以下6种不同的分类方法，地球上的能量来源、被利用的程度、获得方法、能否再生、能源本身的性质和对环境的污染情况等。

表1-1 能源的分类

按利用状况分	按使用性质分	按获得方法分	
		一次能源	二次能源
常规能源	燃料能源	煤炭、石油、天然气、生物质能	煤气、焦炭、汽油、煤油、柴油、液化气、甲醇、酒精
	非燃料能源	水能	电、蒸汽、热水、余热
非常规能源	燃料能源	核能	人工沼气、氢能
	非燃料能源	太阳能、风能、地热能、海洋能	激光能

1.1.3 能源的评价

能源多种多样，各有优缺点。为了正确选择和使用能源，必须对各种能源进行正确的评价。能源评价包括以下几个方面：

1. 储量

储量是能源评价中一个非常重要的指标。作为能源的一个必要条件是储量要足够丰富，对储量常有不同的理解。对煤和石油等化石燃料而言，储量是指地质资源量；对太阳能、风

能、地热能等新能源而言则是指资源总量；另一种理解是，储量是指有经济价值的可开采的资源量或技术上可利用的资源量。有经济价值的可开采资源量又分为普查量、详查量和精查量等几种。在油气开采中，通常将累计探明的可采储量与可采资源量之比称为可采储资比，用以说明资源的探明程度。储量丰富且探明程度高的能源才有可能被广泛应用。

2. 能量密度

能量密度是指在一定的质量、空间或面积内，从某种能源中所能得到的能量。如果能量密度很小，就很难用作主要能源。太阳能和风能的能量密度很小，各种常规能源的能量密度都比较大，核燃料的能量密度最大。几种能源的能量密度见表1-2。

表1-2　几种能源的能量密度

能源类别	能量密度/(kW/m^2)	能源类别	能量密度/(kJ/kg)
风能(风速3m/s)	0.02	天然铀	5.0×10^8
水能(流速3m/s)	20	铀235裂变	7.0×10^{10}
波浪能(波高2m)	30	氘(核聚变)	3.5×10^{11}
潮汐能(潮差10m)	100	氢	1.2×10^5
太阳能(晴天平均)	1	甲烷	5.0×10^4
太阳能(昼夜平均)	0.16	汽油	4.4×10^4

3. 储能的可能性

储能的可能性是指能源不用时是否可以储存起来，需要时能否立即供应。化石燃料容易做到，而太阳能、风能则比较困难。大多数情况下，能量的使用是不均衡的，通常白天用电多，深夜用电少；冬天需要热，夏天需要冷；因此在能量利用中，储能是很重要的一环。

4. 供能的连续性

供能的连续性是指能否按需要和所需的速度连续不断地供给能量。显然太阳能和风能很难做到供能的连续性。太阳能白天有夜晚无；风力时大时小，且随季节变化大。因此常常需要有储能装置来保证供能的连续性。

5. 能源的地理分布

能源的地理分布和能源的使用关系密切。能源的地理分布不合理，开发、运输、基本建设等费用都会大幅度地增加。

6. 开发费用和利用能源的设备费用

各种能源的开发费用以及利用该种能源的设备费用相差悬殊。太阳能、风能不需要任何成本即可得到。各种化石燃料从勘探、开采到加工却需要大量投资。但利用能源的设备费用则正好相反，太阳能、风能、海洋能的利用设备费按每千瓦计算远高于利用化石燃料的设备费。核电站的核燃料费远低于燃油电站，但其设备费却高得多。因此在对能源进行评价时，开发费用和利用能源的设备费用是必须考虑的重要因素，需进行经济分析和评估。

7. 运输费用与损耗

运输费用与损耗是能源利用中必须考虑的一个问题。例如太阳能、风能和地热能都很难输送出去，煤、油等化石燃料很容易从产地输送至用户。核电站的核燃料运输费用极少，因为核燃料的能量密度是煤的几百万倍，而燃煤电站的输煤费用很高。此外，运输中的损耗也不可忽视。

8. 能源的可再生性

在能源日益匮乏的今天，评价能源时必须考虑能源的可再生性。太阳能、风能、水能等都可再生，而煤、石油、天然气不能再生。在条件许可和经济上基本可行的情况下，应尽可能采用可再生能源。

9. 能源的品位

能源的品位有高低之分。例如，水能可以直接转换为机械能和电能，其品位必然要比先由化学能转换为热能、再由热能转换为机械能的化石燃料高些。另外热机中，热源的温度越高，冷源的温度越低，循环的热效率就越高，因此温度高的热源品位比温度低的热源品位高。在使用能源时，特别要防止高品位能源降级使用，并根据使用需要适当安排不同品位的能源。

10. 对环境的影响

使用能源一定要考虑对环境的影响。化石燃料对环境的污染大；太阳能、氢能、风能对环境基本上没有污染。在使用能源时应尽可能地采取各种措施防止对环境的污染。

在对各种能源进行选择和评价时还须考虑国情，我国能源结构是以煤为主的格局，经济发展不平衡、人口众多；此外也应依据国家的有关政策、法规，例如我国能源开发与节约并重的基本方针；同时充分考虑技术与设备的难易程度，只有这样才能对能源进行正确的评价和选择。

1.2 煤炭

1.2.1 有关煤炭的知识

1. 煤的形成

煤是最丰富的化石原料，是原始植物经过复杂的生物化学作用和物理化学作用转变而成的，这一演变过程称为成煤作用。高等植物经过成煤作用形成腐殖煤，低等植物经过成煤作用形成腐泥煤，绝大多数煤为腐殖煤。高等植物在地壳的上升和下降运动中被埋入地下，在一定的地理环境下，经过复杂的生物、化学和物理作用，最终变为煤。其间经历了三个阶段：

（1）菌解阶段，即泥炭化阶段。当植物堆积在水下被泥砂覆盖起来的时候，便逐渐与氧气隔绝，由嫌气细菌参与作用，促使有机质分解而生成泥炭。通过这种作用，植物遗体中氢、氧成分逐渐减少，而碳的成分逐渐增加。泥炭质地疏松、褐色、无光泽、密度小，可看出有机质的残体，用火柴引燃可以燃烧，烟浓灰多。

（2）煤化作用阶段，即褐煤阶段。当泥炭被沉积物覆盖形成顶板后，便成了完全封闭的环境，细菌作用逐渐停止，泥炭开始压缩、脱水而胶结，碳的含量进一步增加，过渡成为褐煤，这称为煤化作用。褐煤颜色为褐色或近于黑色，光泽暗淡，基本上不见有机物残体，质地较泥炭致密，用火柴可以引燃，燃烧有烟。

（3）变质阶段，即烟煤及无烟煤阶段。褐煤是在低温和低压下形成的，当褐煤埋藏在地下较深位置时，受高温高压的作用，褐煤的化学成分发生变化，主要是水分和挥发成分减少，含碳量相对增加；物理性质也发生改变，主要是密度、光泽和硬度增加，成为烟煤。这种作用是煤的变质作用。烟煤为黑色、有光泽、致密状，用蜡烛可以引燃，火焰明亮，燃烧有烟。烟煤进一步变质成为无烟煤。无烟煤呈黑色、质地坚硬、有光泽，用蜡烛不能引燃，燃烧无烟。

在不同的地质条件下，由于温度和压力的差异，变质作用的程度(煤化程度)也不一样，随着煤化程度增高，煤中含碳量增加，氢和氧含量减少，容重增大。

2. 煤的元素组成

煤是有机物质和无机物质混合组成的。煤中有机物质主要由碳、氢、氧、氮4种元素构成，还有一些元素组成煤中的无机物质，主要有硫、磷以及稀有元素等。

(1)碳是煤中有机物质的主导成分，也是最主要的可燃物质。一般来说，煤中碳含量越多发热量越大。煤中碳含量随煤的变质过程加深而增加。碳完全燃烧时生成 CO_2，1kg 纯碳可放出 32866kJ 热量；碳不完全燃烧时生成 CO，此时 1kg 纯碳放出的热量仅为 9270kJ。碳的着火与燃烧都比较困难，因此含碳量高的煤难以着火和燃尽。

(2)氢也是煤中重要的可燃物质。1kg 氢的发热量高达 120370kJ，是纯碳发热量的 4 倍。煤中氢含量一般随煤的变质程度加深而减少。煤中氢含量多少还与原始成煤植物有很大的关系，一般由低等植物形成的煤氢含量较高，有时超过 10%；而由高等植物形成的煤氢含量较低，一般小于 6%。

(3)氧是煤中不可燃的元素。煤的氧含量随变质过程的加深而减少。

(4)煤中氮主要来自成煤植物，含量较少，仅为 1%～3%。在煤燃烧时氮常呈游离状态逸出，不产生热量。但在炼焦过程中，氮能转化成 NH_3 及其他含氮化合物。

(5)硫是煤中的有害物质。煤中的硫分为无机硫和有机硫两大部分，前者多以矿物杂质的形式存在于煤中，可进一步按所属的化合物类型分为硫化物硫和硫酸盐硫。有机硫是直接结合于有机母体中的硫，主要由硫醇、硫化物以及 SO_2 三部分组成。近年来，随着分析技术的发展，还在煤中检出硫的另一种存在形态，即单质硫。根据煤中含硫的多少常将煤分成不同的级别，以便于用户选用。

据统计，我国煤中大约 60%～70% 的硫为无机硫，30%～40% 为有机硫，单质硫的比例一般很低，无机硫绝大部分是以黄铁矿形式存在。因此，煤中黄铁矿的治理对于煤的清洁燃烧和减少硫的危害具有十分重要的意义。

(6)磷也是煤中有害成分。磷在煤中的含量一般不超过 1%，炼焦时煤中的磷可全部转入焦炭中，炼铁时焦炭中的磷再转入生铁中，不仅增加溶剂和焦炭的消耗量、降低高炉生产率，还严重影响生铁的质量，使其发脆。因此，一般规定炼焦用煤中的磷含量不应超过 0.01%。

(7)煤中含有的稀有元素有 Ge、Ga、Be、Li、V 以及放射性元素 U 等，一般含量甚微。

3. 常用的煤质指标

在煤的利用中，常用的煤质指标有水分、灰分、挥发分和发热量。

(1)水分

水分是煤中的不可燃成分，有三种来源，外部水分、内部水分和化合水分。煤中水分含量的多少取决于煤的内部结构和外界条件。含水分高的煤发热量低，不易着火和燃烧，而且在燃烧过程中水分的汽化要吸取热量，降低炉膛的温度，使锅炉效率下降，还易在低温处腐蚀设备；煤的水分含量高还易使制粉设备难以工作，需要用高温空气或烟气进行干燥。

(2)灰分

灰分是指煤完全燃烧后其中矿物质的固体残余物。灰分的来源：一是形成煤的植物本身的矿物质和成煤过程中进入的外来矿物杂质；二是开采运输过程中掺杂进来的灰、沙、土等矿物质。煤的灰分几乎对煤的燃烧、加工、利用的全部过程都有不利影响。灰分含量高，不仅使煤发热量减少,而且影响煤的着火和燃烧。灰分增加1%,燃料消耗即增加1%。由于燃烧的烟气中飞灰浓度大,使受热面易受污染而影响传热、降低效率,同时使受热面易受磨损而减少寿命。为了控制排烟中粉尘的排放浓度,保护大气环境,对烟气中的尘粒必须进行除尘处理。

（3）挥发分

根据煤中灰分含量的多少,可将煤分成不同的级别,见表1－3。

表1－3　煤炭灰分等级划分标准

代号	等级名称	技术要求 A_d/%
SLA	特低灰煤	≤5.00
LA	低灰分煤	5.01～10.00
LMA	低中灰煤	10.01～20.00
MA	中灰分煤	20.01～30.00
MHA	中高灰煤	30.01～40.00
HA	高灰分煤	40.01～50.00

注：A_d 是煤中干燥基组分的质量分数。

在隔绝空气的条件下,将煤加热到850℃左右,从煤中有机物质分解出来的液体和气体产物称为挥发分。煤的挥发分随煤的变质程度呈现有规律地变化,变质程度越大,挥发分越少。挥发分高的煤易着火、燃烧。由于挥发分是表征煤炭性质的主要指标,因此通常也根据挥发分的多少对煤炭进行分级,其分级标准见表1－4。

表1－4　煤的挥发分级标准

名称	低挥发分	中挥发分	中高挥发分	高挥发分
V_{daf}/%	≤20.0	20.01～28.00	28.01～37.00	>37.00

（4）发热量

单位质量煤完全燃烧时所放出的热量称为煤的发热量。煤的发热量分为高位发热量 $Q_{gr,p}$ 和低位发热量 $Q_{net,p}$。煤的发热量因煤种不同而不同,含水分、灰分多的煤发热量较低。

（5）煤的分类

煤的科学分类为煤炭的合理开发和利用提供了基础,通常最简单的分类方法是根据煤中干燥无灰基挥发分含量(V_{daf})将煤分为褐煤、烟煤和无烟煤3大类。根据不同用途,每一大类又可细分为几小类。我国动力用煤将烟煤中 V_{daf} <19%的煤称为贫煤,将 V_{daf} >20%的煤分为低挥发分烟煤和高挥发分烟煤。我国现行煤炭分类标准是将煤炭分为10大类：褐煤、长焰煤、不黏煤、弱黏煤、贫煤、气煤、肥煤、焦煤、瘦煤和无烟煤。

为了合理使用煤炭资源,对不同产地和矿井的煤都要进行工业分析、元素分析及发热值测定,并将测定结果提供给用户。工业分析主要包括测定煤的水分、灰分、挥发分,并计算固定碳；元素分析主要包括碳、氢、氮、硫等元素分析。对于动力、冶金和气化用煤,还需要进行专门的试验,如对动力用煤,需进行与燃烧有关的性能测定,主要包括煤对 SO_2 的化学反应性、煤的稳定性、煤的结渣性、煤灰熔融性等；对于冶金炼焦用煤,需进行烟煤焦质层指数测定。

1.2.2 煤炭资源与开发

1. 煤炭储量与分布

世界煤炭资源十分丰富，2011年底世界主要国家和地区煤炭探明储量见表1-5。

表1-5 2011年底世界主要国家和地区煤炭探明储量 10^6 t

国家和地区	无烟煤和烟煤	亚烟煤和褐煤	总计	占总量比例/%	储产比/年
美国	108501	128794	237295	27.6	239
北美洲总计	112835	132253	245088	28.5	228
中南美洲总计	6890	5618	12508	1.5	124
德国	99	40600	40699	4.7	216
哈萨克斯坦	21500	12100	33600	3.9	290
俄罗斯	49088	107922	157010	18.2	471
乌克兰	15351	18522	33873	3.9	390
其他欧洲及欧亚大陆国家	1440	20735	22175	2.6	238
欧洲及欧亚大陆总计	92990	211614	304604	35.4	242
南非	30156	—	30156	3.5	118
中东	1203	—	1203	0.1	*
中东国家及非洲总计	32721	174	32895	3.8	126
澳大利亚	37100	39300	76400	8.9	184
中国	62200	52300	114500	13.3	33
印度	56100	4500	60600	7.0	103
其他亚太地区国家	1583	2125	3708	0.4	88
亚太地区总计	159326	106517	265843	30.9	53
世界总计	404762	456176	860938	100.0	112
其中 经合组织	155926	222603	378529	44.0	182
非经合组织	248836	233573	482409	56.0	86
欧盟	5101	51047	56148	6.5	97
前苏联	86725	141309	228034	26.5	408

注：*超过500年；

煤的探明储量：通过地质与工程信息以合理的确定性表明，在现有的经济与作业条件下，将来可从已知储层采出的煤炭储量；

储量/产量(R/P)比率：用任何一年年底所剩余的储量除以该年度的产量，所得出的计算结果即表明如果产量继续保持在该年度的水平，这些剩余储量可供开采的年限；

资料来源：世界能源委员会的《能源资源调查》，《BP世界能源统计年鉴》(2012年6月)。

截止到2011年底，世界煤炭探明储量估计为8609.38亿t，按目前煤炭消费水平计算，足以开采200多年。世界各地煤炭资源分布不平衡，世界煤炭资源的70%分布在北半球北纬30°~70°之间。其中，以欧亚大陆、亚太、北美洲最为丰富，分别占全球探明储量的35.4%、30.9%和28.5%，中东和非洲地区仅占3.8%；南极洲数量很少。煤炭储量前3位的国家是俄罗斯、美国和中国。

我国煤炭资源丰富，成煤时代多、分布广、煤种齐全。煤炭资源总量虽然较多，但探明程度低，人均煤炭资源量仅为世界平均水平的42.5%，列世界第53位。根据国土资源部《2010年全国矿产资源储量通报》，"十一五"期间，煤炭勘查新增探明资源储量4092亿t，是"十五"期间的12.7倍；煤炭探明资源储量由1.16万亿t增至1.34万亿t，增长15.6%。"十一五"期间，煤炭总产量142.4亿t，是"十五"的1.5倍；从2006年到2010年，煤炭产量从25.3亿t增至32.4亿t，年均增长6.4%，占世界煤炭产量的比重从40.9%升至45.0%；重点建设了蒙东、神东、陕北、鲁西、河南等13个大型煤炭基地，提高煤炭生产集中度。

"十一五"期间，煤炭勘探方面取得的重大突破包括：东疆地区煤炭资源整体勘查共新探获资源量超过1700亿t；内蒙古巴尔虎左旗诺门罕盆地煤炭资源勘查预获煤炭资源量205亿t；东胜煤田艾来五库沟－台吉召地段煤炭普查项目初步探明201亿t超大煤田。山西、宁夏、甘肃、四川、黑龙江等地煤炭资源也有新发现。其中，新疆准东煤田奇台县大井－将军庙矿区、内蒙古鄂温克族自治旗红花尔基煤田东区等3个探明资源储量增长超过百亿吨煤矿，新疆伊南煤田察布查尔县脱维勒克井田、山西省大同矿区塔山井田等6个探明资源储量增长超过50亿t煤矿。

我国煤炭资源的地理分布极不平衡，煤炭储量主要分布在华北和西北地区。表1-6为2008年我国各大区煤炭储量分布概况。山西、内蒙古、贵州、安徽和陕西5省煤炭储量合计约占全国煤炭总储量的75%，总体呈现北多南少，西多东少的分布，与煤炭消费区分布极不协调。从各大行政区内部看，煤炭资源分布也不平衡，如华东地区的煤炭资源储量87%集中在安徽、山东，而工业主要在以上海为中心的长江三角洲地区；中南地区煤炭资源的72%集中在河南，而工业主要在武汉和珠江三角洲地区；西南煤炭资源的67%集中在贵州，而工业主要在四川；东北地区相对好一些，但也有52%的煤炭资源集中在北部黑龙江，而工业集中在辽宁。我国煤炭资源和生产力呈逆向分布，造成了"北煤南运"和"西煤东调"的被动局面。大量煤炭自北向南、由西到东长距离运输，给煤炭生产和运输造成极大的压力。

表1-6 我国各大区煤炭储量分布情况　　　　　　　　　　%

地区名称	占全国煤炭总储量	占全国炼焦煤总储量	占全国无烟煤总储量	占全国褐煤总储量
华北	55.67	62.49	49.84	72.01
东北	2.54	4.05	0.33	3.15
华东	5.34	15.08	2.35	0.87
中南	3.08	2.75	10.72	0.85
西南	8.92	6.61	35.47	11.28
西北	24.54	9.02	1.30	11.85

2. 煤炭开采

埋藏在地下的煤层由于成煤条件不同，地质情况各异，有的埋藏很深，有的埋藏较浅，因此开采方法也不一样。煤的开采方法有两类，露天开采和矿井开采。露天开采的优点是开采效率高，生产成本低，建设周期短，劳动条件好，安全性高；缺点是易受气候和季节影响，矸石占地面积大。只有在适宜的地质条件(煤层较厚、覆盖层较薄)下，才适合采用露天开采方法。凡是不经济或不适合露天开采的煤田，就必须采用矿井开采。矿井开采又可分为平硐开拓、斜井开拓和竖井开拓。我国适合露天开采的煤炭资源不多，煤炭生产以地下开采为主。

随着科学技术的发展，煤炭开采也在迅速发展之中。首先，露天开采进一步扩大，露天开采量约占世界煤炭产量的40%以上，美国、俄罗斯、德国、澳大利亚等发达国家露天矿的产量更高达60%~80%。露天开采技术的发展趋势是露天矿规模和设备的大型化、开采工艺的多样化、生产过程及设备监控的计算机化。此外，提高设备的可靠性，提高工时利用率，尽量减少开采对生态环境的不良影响，也是各国露天矿努力的目标。

3. 煤炭的生产和消费情况

2001~2011年主要产煤国家和地区煤炭的产量见表1-7，主要国家和地区的煤炭消费量见表1-8。

表1-7　2001~2011年主要产煤国家和地区煤炭产量　　　　　　百万吨油当量

国家和地区	2001年	2002年	2003年	2004年	2005年	2006年	2007年	2008年	2009年	2010年	2011年	2010~2011年变化情况	2011年占总量比例
美国	590.3	570.1	553.6	572.4	580.2	595.1	587.7	596.7	540.9	551.8	556.8	0.9%	14.1%
北美洲总计	632.2	609.5	589.5	610.7	620.7	634.7	629.4	637.8	578.7	592.7	600.0	1.2%	15.2%
哥伦比亚	28.5	25.7	32.5	34.9	38.4	42.6	45.4	47.8	47.3	48.3	55.8	15.4%	1.4%
中南美洲总计	36.8	33.9	39.9	43.0	46.3	51.2	53.6	56.3	56.4	57.2	64.8	13.3%	1.6%
德国	54.1	55.0	54.1	54.7	53.2	50.3	51.5	47.7	44.4	43.7	44.6	2.1%	1.1%
哈萨克斯坦	40.7	37.8	43.3	44.4	44.2	49.1	50.0	56.8	51.5	56.2	58.8%	4.5%	1.5%
波兰	71.7	71.3	71.4	70.5	68.7	67.0	62.3	60.5	56.4	55.5	56.6	2.0%	1.4%
俄罗斯	122.6	117.3	127.1	131.7	139.2	145.1	148.0	153.4	142.1	151.1	157.3	4.1%	4.0%
乌克兰	43.5	42.8	41.6	42.2	41.0	41.7	39.9	41.3	38.4	39.9	45.1	13.0%	1.1%
欧洲及欧亚大陆总计	439.6	427.2	439.8	440.6	440.8	448.0	449.8	456.9	426.6	437.3	457.1	4.5%	11.6%
中东国家总计	0.7	0.8	0.7	0.8	0.8	0.9	1.0	1.0	0.7	0.7	0.7	—	◆
南非	126.1	124.1	134.1	137.2	137.7	138.0	139.6	142.4	141.2	143.3	143.8	0.3%	3.6%
非洲总计	130.2	128.0	137.5	140.9	141.1	140.4	142.1	144.5	143.3	146.1	146.6	0.3%	3.7%
澳大利亚	180.2	184.3	189.4	196.8	205.7	210.8	217.1	224.1	232.1	236.0	230.8	2.2%	5.8%
中国	809.5	853.8	1013.4	1174.1	1302.5	1406.4	1501.1	1557.1	1652.6	1797.7	1956.0	8.8%	49.5%
印度	133.6	138.5	144.4	155.7	162.1	170.2	181.0	195.6	210.8	217.5	222.4	2.3%	5.6%
印度尼西亚	56.9	63.5	70.3	81.4	93.9	119.2	133.4	147.8	157.6	169.2	199.8	18.1%	5.1%
亚太地区总计	1220.7	1281.2	1460.8	1657.3	1819.6	1966.3	2090.7	2184.8	2317.4	2492.7	2686.3	7.8%	67.9%
世界总计	2460.2	2480.5	2668.1	2893.2	3069.3	3241.6	3366.5	3481.2	3523.2	3726.7	3955.5	6.1%	100.0%
其中　经合组织	1029.1	1006.2	989.5	1012.5	1025.7	1040.4	1039.9	1047.5	986.3	1000.0	1004.4	0.4%	25.4%
非经合组织	1431.2	1474.3	1678.6	1880.7	2043.6	2201.3	2326.7	2433.7	2536.9	2726.6	2951.0	8.2%	74.6%
欧盟	207.5	205.0	203.8	198.5	191.0	184.3	180.8	173.0	162.5	160.1	164.3	2.6%	4.2%
前苏联	210.1	201.4	215.8	222.2	228.5	239.9	242.3	256.1	236.3	252.2	266.5	5.7%	6.7%

注：煤炭产量仅指商用固态燃料，即：烟煤和无烟煤（硬煤）、褐煤与亚烟煤；

◆低于0.05%；

资料来源：《BP世界能源统计年鉴》（2012年6月）。

表 1 - 8　2001～2011 年主要国家和地区煤炭消费量　　　　百万吨油当量

国家和地区	2001年	2002年	2003年	2004年	2005年	2006年	2007年	2008年	2009年	2010年	2011年	2010～2011年变化情况	2011年占总量比例
美国	552.2	552.0	562.5	566.1	574.2	565.7	573.3	564.1	496.2	526.1	501.9	4.6%	13.5%
北美洲总计	593.1	591.3	598.4	601.7	616.8	603.9	612.4	600.8	529.8	559.5	533.7	4.6%	14.3%
中南美洲总计	19.0	18.3	19.9	20.8	21.5	21.1	22.8	24.4	23.1	28.2	29.8	5.7%	0.8%
德国	85.0	84.6	87.2	85.4	82.1	83.5	85.7	80.1	71.7	76.6	77.6	1.2%	2.1%
波兰	58.0	56.7	57.7	57.3	56.7	58.0	57.9	56.0	51.9	56.4	59.8	6.0%	1.6%
俄罗斯	102.4	103.0	104.0	99.5	94.2	96.7	93.4	100.4	91.9	90.2	90.9	0.8%	2.4%
乌克兰	39.7	38.9	40.3	39.1	37.4	39.7	39.7	40.2	35.1	37.9	42.4	11.9%	1.1%
欧洲及欧亚大陆总计	518.5	519.5	536.3	530.3	513.6	530.3	533.2	519.8	471.1	483.3	499.2	3.3%	13.4%
中东国家总计	8.3	8.7	9.0	9.0	9.1	9.1	9.3	8.8	8.7	8.5	8.7	2.1%	0.2%
南非	73.4	75.9	81.4	85.4	82.9	84.0	89.1	95.1	89.9	91.3	92.9	1.7%	2.5%
非洲总计	82.2	84.7	89.5	94.1	91.7	92.1	96.5	102.7	96.1	98.1	99.8	1.7%	2.7%
澳大利亚	48.2	51.1	49.4	50.8	53.5	56.0	54.1	54.6	54.5	43.8	49.8	13.6%	1.3%
中国	720.8	760.4	900.2	1065.6	1186.2	1317.7	1392.5	1441.1	1579.5	1676.2	1839.4	9.7%	49.4%
印度	145.2	151.8	156.8	172.3	184.4	195.2	210.3	230.4	253.8	270.8	295.6	7.9%	7.9%
印度尼西亚	16.8	18.0	24.2	22.2	24.7	30.1	37.8	30.1	34.6	41.2	44.0	6.7%	1.2%
日本	103.0	106.6	112.2	120.8	121.3	119.1	125.3	128.7	108.8	123.7	117.7	4.8%	3.2%
韩国	45.7	49.1	51.1	53.1	54.8	54.8	59.7	66.1	68.6	75.9	79.4	4.6%	2.1%
中国台湾	30.6	32.7	35.1	36.6	38.1	39.6	41.8	40.2	38.7	40.3	41.6	3.4%	1.1%
亚太地区总计	1160.0	1220.5	1384.6	1583.4	1729.5	1882.5	1993.2	2067.6	2217.8	2354.4	2553.2	8.4%	68.6%
世界总计	2381.1	2443.2	2637.7	2839.3	2982.9	3139.0	3267.3	3324.1	3346.6	3532.0	3724.5	5.4%	100.0%
其中　经合组织	1124.1	1131.4	1155.8	1169.3	1180.8	1179.5	1201.2	1178.0	1056.7	1110.8	1098.6	1.1%	29.5%
非经合组织	1257.0	1311.8	1481.9	1670.0	1801.5	1959.5	2065.4	2146.1	2289.9	2421.2	2625.7	8.4%	70.5%
欧盟	318.0	316.1	326.2	322.3	313.5	321.3	322.5	298.9	264.0	276.0	285.9	3.6%	7.7%
前苏联	169.3	169.5	174.5	170.9	164.2	171.9	170.9	179.2	165.2	166.3	169.8	2.1%	4.6%

注：消费量仅指商用固态燃料，即：烟煤和无烟煤（硬煤）、褐煤与亚烟煤；

　　资料来源：《BP 世界能源统计年鉴》(2012 年 6 月)。

2011 年，全球煤炭产量为 39.55 亿 t 油当量，增长 6.1%，其中我国煤炭产量增幅达 8.8%，占全球增长的 2/3。在其他地区，美国和亚洲煤炭产量大幅增长，但欧盟产量下跌，这也是欧洲煤炭价格相对坚挺的原因。全世界煤炭消费量折合 37.24 亿 t 油当量，较 2010 年增长 5.4%，煤炭占全球能源消费的 30.34%，其中我国煤炭消费量折合 18.39 亿 t 油当量，同比增长 9.7%，占世界煤炭消费总量的 49.4%。经济合作与发展组织（Organisation for Economic Cooperation and Development，OECD）所有地区煤炭消费都大幅增加。分来看，由于亚太地区、北美地区和欧洲及欧亚地区是世界主要的煤炭资源储藏地，这 3 个地区煤炭消费量占世界总量的 96.3%。其中，亚太地区是世界最大的煤炭消费区，2011 年煤炭消费量占世界总量的 68.6%，北美地区占 14.3%，欧洲及欧亚地区占 13.4%。分组织来看，2011

年，OECD 成员国煤炭消费量占 29.5%，非经合组织成员国占 70.5%。欧盟 27 国占世界总量的 7.7%，前苏联地区占 4.6%，其中俄罗斯占 2.4%。分国别来看，煤炭消费量占世界的比重，七国集团（Group of Seven，G7，加拿大、法国、德国、意大利、日本、英国和美国）为 20.8%，金砖国家（BRICS，巴西、俄罗斯、印度、中国和南非）为 62.6%，两者合计占世界的 83.4%，中美作为世界上最大的两个煤炭消费国，其消费总量占世界总量的 62.9%。

近 20 年里我国煤炭进出口贸易变化显著。20 世纪最后 10 年，我国煤炭贸易以出口为主，煤炭进口量仅为出口量的 4% 左右。从 2002 年开始，我国煤炭进口量快速增长，年进口量超过 1000 万 t，2005 年煤炭进口量增长至出口量的 3%，2007 年煤炭进出口量已经接近持平。据国家能源局发布的数据示，2009 年我国累计进口煤 1.26 亿 t，比上年增长 211.9%，出口煤 2240 万 t，下降 50.7%；全年净进口 1.03 亿 t。第一次成为煤炭净进口国，煤炭对外依存度约 3%。

《"十二五"能源规划》中提出 2015 年，煤炭消费 26.1 亿 t 标煤煤炭，在一次能源消费总量所占比例将由 2010 年的 70.9% 下降到 63.6%。

1.2.3　洁净煤技术

煤炭是主要的能源之一，煤炭的开发利严重地污染环境，因此，煤炭的清洁开发和利用是摆在全人类面前的紧迫问题。

洁净煤技术是旨在减少污染和提高效益的煤炭加工、燃烧、转换和污染控制等新技术的总称。洁净煤技术的构成如图 1-1 所示，主要包括洁净生产、加工技术，高效洁净转化技术，高效洁净燃烧与发电技术，燃煤污染排放治理技术。洁净煤技术于 20 世纪 80 年代中期兴起于美国，迄今美国在先进的燃煤发电系统和液体燃料替代方面取得了重大进展。欧共体、日本、澳大利亚也相继推出洁净煤研究开发与实施计划。

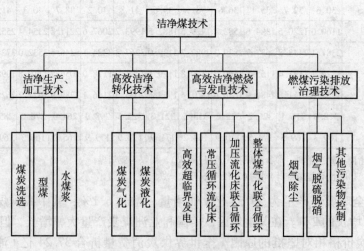

图 1-1　洁净煤技术的构成

洁净煤技术包括煤的燃烧前处理、燃烧中处理和燃烧后处理。从处理难度看，燃烧前处理较简单，燃烧中处理和燃烧后处理较为困难，而且投资和成本也很高。因此，世界各国在分阶段发展各环节净化技术的同时，也都分阶段进行技术经济效益优化。

中国煤炭消费量大，能源利用率低，造成的环境污染十分严重。在我国政府 1997 年批准的《中国洁净煤技术"九五"计划和 2010 年发展纲要》中，洁净煤技术包括 4 个领域、14 项技术，即：①煤炭加工：洗选、型煤、水煤浆；②煤炭高效洁净燃烧；循环流化床发电技术、增压硫化床发电技术、整体煤气化联合循环发电技术；③煤炭转化：气化、液化、燃料电池；④污染排放控制与废弃物处理：烟气净化、电厂粉煤灰综合利用、煤层气开发利用、煤矸石和煤泥水综合利用、工业锅炉和窑炉技术改造。

1. 燃烧前处理

（1）选煤

燃烧前的处理主要是煤炭洗选（选煤）、型煤和水煤浆 3 项措施。选煤的目的是降低原煤中的灰分、硫分等杂质的含量，并将原煤加工成质量均匀、能适应用户需要的不同品种及规格的商品煤，它是煤炭进一步深加工的前提。选煤方法很多，包括物理洗选、化学洗选、生物洗选以及超纯煤制备。常规的物理选煤只能利用物理性质的不同，从煤中分离出矸石、硫化铁等异物，而不能分离以化学态存在于煤中的硫，也不能分离出另一种污染物——氮化物，一般可除去煤中 60% 灰分和 40% 黄铁矿硫。新型物理选煤技术是把煤粉磨得更细，从而能使更多的杂质从煤中分离出来。超细粉的新技术可以除去 90% 以上的硫化物及其他杂质。

通过物理洗选排除大部分矿物质后，即可对煤进行化学脱硫。常采用的脱硫方法有热解法脱硫、碱法脱硫、气体脱硫、氧化脱硫。

对煤中的有机硫，适合采用生物脱硫的方法，生物脱硫反应都是在常温下进行，脱硫过程中煤损失少；但是作用时间长，需要很大的反应容器，工艺复杂，成本高，这些因素都制约生物脱硫的大规模工业应用。最新的方法是采用酶来脱除煤中的有机硫。

新中国成立时，全国仅有 10 余座选煤厂，入洗能力 1360 万 t/a，焦精煤产量 67 万 t/a，选煤方法也只有跳汰和溜槽。"十一五"期间，全国选煤厂原煤入洗能力由 2005 年的 8.4 亿 t 增加到 2010 年的 17.6 亿 t；全国选煤厂数量由 1000 座增加到 1800 座，增长 80%；大型煤炭企业单厂平均入选能力达到 260 万 t/a。不过，我国煤炭洗选加工在快速发展的同时，也存在着许多问题与瓶颈：①入选率低，2009 年全国原煤入洗量 14 亿 t，入洗率 45.9%，但动力煤入选率只有 35% 左右；②发展不平衡，我国既有技术装备世界一流的大型现代化选煤厂，也还有许多规模小、技术装备落后的选煤厂，全国 1800 多座选煤厂中，达到优质高效选煤厂标准的还不到 100 座；③选煤设备国产化水平低，大型装备可靠性较差、使用寿命短、自动化程度和故障自诊断技术水平较低，部分关键部件还依赖进口；④质量标准化工作还有待推进，现代化管理水平不高的问题较为突出。随着我国煤炭开发的规模不断扩大，高灰煤、高硫煤、低价煤特别是褐煤资源开发比重增加，迫切需要分选、提质加工，但相关技术和装备发展较慢，不能满足需要。

（2）型煤

型煤是将粉煤或低品位煤加工成一定形状、尺寸和有一定物化性能的煤制品。型煤一般需加黏结剂，高硫煤加入固硫剂成型，可减少 SO_2 排放。型煤分为民用型煤和工业型煤两类。

型煤是各种洁净煤技术中投资小、见效快、适宜普遍推广的技术。与原煤直接燃烧相比，可减少烟尘 50% ~80%，减少 SO_2 排放 40% ~60%，燃烧热效率提高 20% ~30%，节煤率达 15%，具有节能和环境保护的双重效益。

与民用型煤相比，我国工业型煤发展很慢，特别是供锅炉用的工业型煤更是如此。大量炉窑仍然烧原煤，热效率低、污染严重。若将粉煤制成型煤，并加入不同的添加剂，增加型煤的反应活性、易燃性、热稳定性，提高煤灰熔点和固硫功能，将提高煤炭的利用率。初步估计，我国工业锅炉中有90%以上属层燃式，适于块状燃料。

（3）水煤浆

水煤浆是20世纪70年代兴起的煤基液态燃料，由煤粉、水和少量添加剂组成。水煤浆有以下特点：①水煤浆为多孔隙的煤粉和水的固液混合物，具有类似6#油的流动性，既保留煤原有的物理特性，又可以像燃料油那样通过管道输送，并在加压的情况下通过喷嘴雾化并燃烧。所以水煤浆可以作为工业炉窑、工业锅炉和电站锅炉的燃料以代替燃料油，也可作为民用燃料。水煤浆的价格比燃料油更便宜；②水煤浆在制造过程中可以进行净化处理。原煤制成水煤浆，其灰分低于8%，硫分低于1%，且燃烧时火焰中心温度较低，燃烧效率高，烟尘、SO_2、NOx等的排放都低于燃油和燃烧散煤。

水煤浆的制备以浮选精煤为原料，经脱水、脱灰、磨制，加添加剂后与水混合成浆。水煤浆中煤粉颗粒的质量分数为65%~70%，含水30%~35%。水煤浆的制备方法包括干法、湿法和混合法。制备好的水煤浆在储运过程中应保持很好的稳定性，以避免在储存罐的底部及运输管道内产生沉淀物。在燃烧过程中，水煤浆的雾化特性对着火性能和稳燃性都有很大影响，因此对水煤浆的喷嘴要精确设计。总之，只有针对水煤浆的特点，采取一系列的措施，才能使水煤浆的应用取得良好的效果，以真正解决众多燃油锅炉和工业炉窑对石油的过度依赖问题。

水煤浆是一种清洁燃料，与原煤、重油相比较主要具有以下优点：

①热效率高，一般中小锅炉燃煤的热效率约60%，燃用水煤浆可达85%左右，实践表明，燃用水煤浆可节煤1/3左右，减少对环境的污染；

②燃料费用低，按热值计算，约2t水煤浆可代替1t重油，其价格却不到重油的1/4，在同等热值的情况下，大大节约燃料费用；

③具有一定的脱硫、脱氮效果：火焰中心温度比煤粉炉低100~150℃，由于炉内存在水蒸气，可减少NO_x生成；水煤浆含有的水分和煤炭灰分中的碱性矿物质在燃烧时具有一定的脱硫效果；

④灰渣的二次污染少，与燃煤锅炉相比，燃水煤浆锅炉由于其燃烧效率和锅炉热效率的提高，炉渣中的碳分由烧煤炭的13.7%降到烧水煤浆的0.59%，出渣量亦大幅减少，延长除渣周期，节约灰渣存贮场地，从而减少灰渣的二次污染；

⑤环保和经济性兼备，与燃煤相比，燃用水煤浆可减少燃料的占地和输送环节，水煤浆密封运输，减少散煤运输过程中的损失与污染，同时还节约人力、物力及财力；

⑥安全性高，水煤浆是一种煤水混合物，其着火温度在800℃左右，在使用和储存时具有更高的安全性，减少了消防的投资和运行成本；

⑦烟囱无黑烟，燃用水煤浆锅炉的排烟大部分为水蒸气，消除燃煤锅炉运行时难以避免的"黑烟滚滚"，减少对环境的污染。

但是，与原煤、重油比较，水煤浆也存在一些缺点，需要在应用中予以重视和改进：①从水煤浆的性能来看，它适合长途运输。但是，由于水煤浆中含30%左右的水分，水的长距离运输是一种经济浪费，因此要充分考虑浆厂与电厂之间的距离；②如果存放周期过长或浆液质量有问题，水煤浆有可能会在储罐、管道中沉淀，清通比较困难，所以储罐的机械搅拌设施及严格的管理措施是必要的；③尽管水煤浆的含灰量比原煤少，但也存在结渣、积灰以及磨损等问题。到目前为止，该问题的解决方法还在探讨中。

2005 年国内第一条年产 50 万 t 水煤浆成套生产线在广东建成投产，截至 2010 年底，全国各类制浆厂的设计生产能力已突破 5000 万 t/a，生产和使用量已达到 3000 万 t/a。随着水煤浆应用规模的不断扩大，制浆用煤正在从价高、量少、易成浆的中等变质程度的烟煤向较难成浆的低煤阶烟煤扩展。国家水煤浆工程技术研究中心成功开发的"低阶煤高浓度制浆技术"使制浆浓度提高 3% ~5%。

2. 燃烧中处理

为达到环保目的，工厂企业通常采用高烟囱排放，将燃烧装置产生的有害烟气排放到远离地面的大气层中，并通过大气的运动使污染物浓度降低，以改善污染源附近的大气质量。但这种方法并不能减少 SO_2 和 NO_x 等有害物的排放总量，因此，燃烧过程中处理（炉内脱硫、脱硝）是十分重要的。

炉内脱硫通常是在燃烧过程中向炉内加入固硫剂，如石灰石等，使煤中硫分转化为硫酸盐并随炉渣排出。实践证明，最佳的脱硫温度是 $800 \sim 850℃$，温度高于或低于此温度范围，脱硫效率均会降低。因此，炉内加石灰石脱硫的最佳燃烧方式是流化床燃烧、层燃和煤粉燃烧，加石灰脱硫效果均不理想。

煤燃烧过程中产生的 NO_x 与煤的燃烧方式，特别是燃烧温度和过量空气系数等燃烧条件有关，因此，炉内脱硝主要是采用低 NO_x 的燃烧技术，包括空气分级燃烧、燃料分级燃烧和烟气再循环技术等。此外，向炉内喷射吸收剂（如尿素）也是一种可行的办法，因为尿素和 NO_x 反应会生成氮气和水。

3. 燃烧后处理

（1）烟气脱硫

燃烧后处理主要是烟气净化和除尘。炉内脱硫往往达不到环保要求，还需对烟气进行脱硫处理。目前已有多种商业化的烟气脱硫技术，图 1-2 为燃煤锅炉中各种不同的脱硫方案。

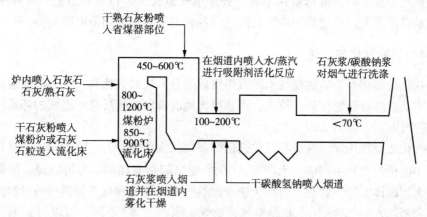

图 1-2 燃煤锅炉中各种不同的脱硫方案

烟气脱硫技术可以分为干法脱硫和湿法脱硫；按反应产物的处理方法可以分为回收法和抛弃法；按脱硫剂的使用情况分有再生法和非再生法。在各种脱硫工艺中，湿法烟气脱硫应用最广，特点是整个脱硫系统位于烟道的末端，在除尘器之后，脱硫剂、脱硫过程、反应副产品及其再生和处理均在湿态下进行，因而烟气脱硫过程的反应温度低于露点，脱硫以后烟气需经再加热后才能从烟囱排出。由于湿法烟气脱硫过程是气液反应，脱硫反应快、效率高，钙利用率也高。在钙硫比为 1 时，脱硫效率可达 90% 以上，适合于大型燃煤电站锅炉的烟气脱硫。但湿法脱硫有废水处理问题，因此费用很高，通常它的投资占电厂投资的

11% ~18%，年运行费用占电厂总运行费用的 8% ~18%。

（2）烟气脱硝

低 NO_x 燃烧技术最多只能降低 50% 的 NO_x 排放，因此还需考虑烟气脱硝。通常烟气脱硝也分为干法和湿法。

干法烟气脱硝主要有选择性催化还原法（Selective Catalytic Reduction，SCR）和选择性非催化还原法（Non - selective Catalytic Reduction，NSCR）。SCR 采用催化剂促进 NH_3 和 NO_x 的还原反应，反应温度取决于催化剂的种类。例如，采用 TiO_2 和 Fe_2O_3 作催化剂，反应温度为 300 ~400℃；当采用活性焦炭作为催化剂，反应温度为 100 ~150℃。采用 NH_3 时它只与 NO_x 发生反应，而不与烟气中的氧反应；如果采用其他还原剂（如 CH_4、CO、H_2 等），它们还会与氧反应，不仅使还原剂消耗量增大，还会使烟气温度升高。SCR 在西欧和日本有广泛应用，脱硝率达 80% ~90%。NSCR 与 SCR 的不同之处，是 NSCR 在烟气高温区加入 NH_3，且不用催化剂。此法脱硝率约 50% 左右，但设备和运行费用低。干法脱硝存在氨泄漏问题和硫酸氢铵的沉积腐蚀问题。

湿法脱硝是先将烟气中 NO 通过氧化剂（如 O_3、ClO_2^- 等）氧化生成 NO_2，NO_2 再被水或碱性溶液吸收。这种方法的脱硝效率可达 90% 以上，而且可以和湿法脱硫结合实现同时脱硫、脱硝；其缺点是系统复杂，用水量大并且有水的二次污染问题。

（3）烟气除尘

燃煤产生的大气污染物占我国烟尘排放总量的 60%，粉尘排放总量的 70% 以上，因此烟气除尘是一个突出的问题。常用的烟气除尘器有：①离心分离除尘器；②洗涤式除尘器；③布袋除尘器；④静电除尘器。

其中的静电除尘器具有很高的除尘效率，最高可达 99.99%，可捕集 0.1μm 以上的尘粒。优点是阻力损失小，运行费用不高，处理烟气量大，运行操作方便，可完全实现自动化；缺点是设备庞大，投资费用高。目前我国各大电厂普遍采用静电除尘器。

1.2.4 煤的气化与液化

煤的气化与液化也是清洁煤技术的重要组成部分。煤的气化与液化不但能解决直接燃烧时燃烧效率低、燃烧稳定性差的缺点，而且极大地改善煤直接燃烧所造成的环境污染。

1. 煤的气化

煤的气化是指利用煤或炭焦与气化剂进行多相反应产生 CO_x、H_2、CH_4 的过程，主要是固体燃料中的碳与气相中的氧、水蒸气、CO_2、氢之间相互作用。也可以说，煤炭气化过程是将煤中无用固体脱除、转化为可作为工业燃料、城市煤气和化工原料气的过程。随着工艺操作条件和所加入的气化剂（主要是空气、氧气、水蒸气等）不同，可以得到不同种类的煤气产品：供大、中、小城市民用的燃料气；供合成氨和合成甲醇用的化工合成原料气；供冶金和电力等工业作工艺燃料或发电燃料的工业燃料气。

煤气化技术的发展已有 150 年历史。常用的煤气化炉多为固定床式：氧气和水蒸气从气化炉的下部吹进炉内，在 2.0 ~3.0MPa 和 900 ~1000℃下进行煤的氧化 - 还原反应；生产的粗煤气从炉子上侧经过出气口进入冷却、净化系统，灰分从炉子下部排出。粗煤气的主要成分是 CO_2、CO、H_2 和 CH_4，经过脱除焦油、酚、含硫化合物及降低 SO_2 后，可制得中等热值的煤气，供民用、工业用或用作合成气。

目前煤气化技术已进入第二代，它是应用先进的水煤浆燃烧技术，可同时产生蒸汽，从而为蒸汽－燃气联合循环发电提供最理想的燃料气，使煤气化技术进入一个新的阶段。德士古气化炉就是第二代煤气化炉的代表。原煤先磨细到 0.1mm，制成悬浮状态并可用泵输送的水煤浆，浆中煤的浓度达 70%。氧气和水煤浆由气化炉顶部喷嘴喷入炉膛，着火燃烧，反应温度为 1400~1500℃，反应压力为 4.0MPa。生成的灰渣呈熔融状态，以液态排出。气化炉中产生的粗煤气温度很高，再通过废热锅炉使粗煤气冷却到 200℃ 左右，然后在洗涤器中去灰和进一步冷却后即可送往用户。废热锅炉产生的蒸汽也可同时供用户使用。

图 1-3 是华东理工大学开发的多喷嘴对置式水煤浆气化的工艺流程，引入撞击射流技术，通过强化气流床气化炉中的传递过程，取得了良好效果。中试装置(22t 煤/d 装置)的各项指标均超过 Texaco 技术，该技术在兖矿集团公司和山东华鲁恒升化工股份有限公司进行商业化示范装置运行，装置规模分别为 1150t 煤/d 和 750t 煤/d。

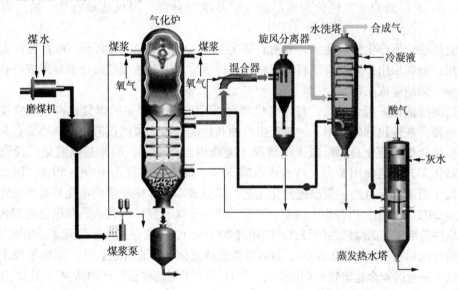

图 1-3　多喷嘴对置式水煤浆气化的工艺流程

由于石油和天然气的可采储量日益减少，发展煤的气化技术显得越来越重要。先进的催化气体法、核能余热气化法等正在开发研究之中，然而最有吸引力的仍是煤的地下气化。煤的地下气化集煤的开采和转化为一体，其经济性大大优于地面气化。但目前煤的地下气化还存在许多技术难题，要实现大规模、工业化的煤地下气化，尚需做很大的努力。

2. 煤的液化

飞机、坦克、火箭、汽车等都使用液体燃料，而石油的储量比煤少得多；其他水能、核能又不能代替液体燃料，因此，煤的液化一直是人们努力的目标。

煤的液化分为直接液化和间接液化。煤和石油的主要成分都是 C 和 H，不同之处在于煤中 H 元素的含量只有石油的一半；从理论上说，煤转化成石油，需改变煤中 H 元素的含量。煤中 C、H 含量比越小，越容易液化，因此褐煤和煤化程度较低的烟煤易于液化。

煤直接液化是在较高温度(>400℃)和较高压力(>10MPa)的条件下，通过溶剂和催化剂对煤进行加氢裂解而直接获得液化油。在此过程中，煤的大分子结构首先受热分解成独立的自由基碎片，在高压氢气和催化剂的作用下，自由基碎片加氢形成稳定的低分子物。如果对自由基供氢量不足，或自由基之间没有溶剂分子隔开，自由基在高温下又会缩聚成大分子。因此，液化反应必须有足够的氢源和溶剂。煤直接液化的反应机理如图 1-4 所示。

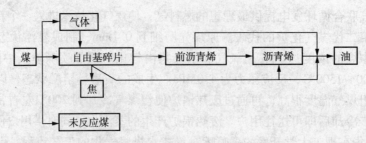

图 1-4　煤直接液化的反应机理

自由基碎片加氢后获得的液态物质可以分为油类、沥青烯和前沥青烯 3 种不同成分；继续加氢，前沥青烯转化成沥青烯，沥青烯再转化成油类物质。油类物质再继续加氢，脱除其中的 O、N、S 等杂原子，转化为成品油。成品油经分馏，即可获得汽油、航空煤油和柴油等。

煤直接液化所产生的液化油，含有许多芳烃和 O、N、S 等杂原子，可直接作为锅炉燃料油使用；但如果用作发动机原料，就必须进行提质加工，才能把液化油提炼成符合质量标准的汽油、柴油等成品油。

煤的间接液化采用合成法，将煤气化制出以 CO 和 H_2 为主的煤气，再经过变换和净化送入反应器，在催化剂的作用下，生产出汽油和烃类产物。煤间接液化的核心设备是合成反应器。但是，煤的液化必须形成大的规模才能获得经济效益，而建造煤液化厂投资十分巨大；煤液化工艺中氢使用量大，约占成本的 30%，原煤成本仅占 40%～50%，因此，煤制油价格高于石油。只有进一步改进液化工艺，降低成本，才能使煤的液化具有市场竞争力。

截至 2012 上半年，以神华、伊泰、潞安、神华宁煤和兖矿为代表，我国已经进入开工建设或实质性前期工作的煤制油项目总产能超过 2000 万 t，投资超过两千亿元。神华鄂尔多斯煤制油项目的规划总产能为 500 万 t/a，百万吨级直接液化煤制油示范工程于 2008 年 12 月试车成功后实现了装置的安全稳定较长周期运行。2011 年上半年，项目生产油品 46.7 万 t，实现利税 8 亿元，具有良好的经济效益。神华还计划建设配套的间接液化装置，实现间接液化和直接液化油品的调和，以提高煤制油产品的品质和市场竞争力。

通过直接液化和间接液化相组合以优化最终油品性能，通过煤炭分级利用以提升能量利用效率，通过油煤混炼或引入焦炉煤气以实现原料的多元化，通过 IGCC 和其他化学品装置实现多联产也是我国煤制油行业的新趋势。

3. 整体气化联合循环发电(IGCC)技术

整体煤气化联合循环发电系统(Integrated Gasification Combined Cycle，IGCC)，是将煤气化技术和高效的联合循环相结合的先进动力系统。它由两大部分组成，煤的气化与净化部分和燃气-蒸汽联合循环发电部分。整体煤气化联合循环由两大部分组成，第一部分的主要设备有气化炉、空分装置、煤气净化设备（包括硫的回收装置），第二部分的主要设备有燃气轮机发电系统、余热锅炉、蒸汽轮机发电系统。IGCC 的工艺过程如图 1-5 所示。

煤首先经过气化成为中低热值煤气，再经过净化除去煤气中的硫化物、氮化物、粉尘等污染物，变为清洁的气体燃料，然后送入燃气轮机的燃烧室燃烧，加热气体工质以驱动燃气轮机作功，燃气轮机排气进入余热锅炉加热给水，产生过热蒸汽驱动蒸汽轮机作功。详细内容见 3.3.6 节。

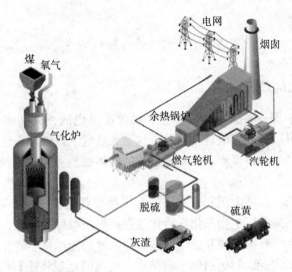

图 1-5　IGCC 工艺图

国家能源局发布的《煤炭工业发展"十二五"规划》提出到 2015 年，煤炭调整布局和规范开发秩序取得明显成效，生产进一步向大基地、大集团集中，现代化煤矿建设取得新进展，安全生产状况显著好转，资源回采率明显提高，循环经济园区建设取得重大进展，矿区生态环境得到改善，企业"走出去"取得新成效，矿工生活水平明显提高，基本建成资源利用率高、安全有保障、经济效益好、环境污染少和可持续发展的新型煤炭工业体系。

(1)煤炭生产：生产能力 41 亿 t/a。其中：大型煤矿 26 亿 t/a，占总产能的 63%；年产能 30 万 t 及以上中小型煤矿 9 亿 t/a，占总产能的 22%；年产能 30 万 t 以下小煤矿控制在 6 亿 t/a 以内，占总产能的 15%。煤炭产量控制在 39 亿 t 左右；原煤入选率 65% 以上。

(2)煤矿建设："十一五"结转建设规模 3.6 亿 t/a，"十二五"新开工建设规模 7.4 亿 t/a，建成投产规模 7.5 亿 t/a，结转"十三五"建设规模 3.5 亿 t/a。

(3)企业发展：形成 10 个亿吨级、10 个 5000 万吨级大型煤炭企业，煤炭产量占全国的 60% 以上。

(4)技术进步：全国煤矿采煤机械化程度达到 75% 以上。其中：大型煤矿达到 95% 以上；30 万 t 及以上中小型煤矿达到 70% 以上；30 万 t 以下小煤矿达到 55% 以上。千万吨级矿井(露天)达到 60 处，生产能力 8 亿 t/a。安全高效煤矿达到 800 处，产量 25 亿 t。

(5)安全生产：煤矿安全生产形势显著好转，重特大事故大幅度下降，职业危害防治明显改善，职业培训落实到位。煤矿事故死亡人数、重特大事故起数比 2010 年分别下降 12.5% 和 15% 以上，百万吨死亡率下降 28% 以上。

(6)综合利用：新增煤层气探明储量 10000 亿 m^3。煤层气(煤矿瓦斯)产量 300 亿 m^3。其中地面开发 160 亿 m^3，基本得到利用；井下抽采 140 亿 m^3，利用率 60% 以上。煤层气(煤矿瓦斯)发电装机容量超过 285 万 kW。低热值煤炭资源综合利用发电装机容量达到 7600 万 kW。煤矸石综合利用率 75%，矿井水利用率 75%。

(7)生态环境保护：土地复垦率超过 60%；煤田火区治理任务基本完成；主要污染物达标排放。

(8)资源节约：节约能源 9500 万 t 标准煤。其中煤矸石发电节约 8500 万 t 标准煤；煤矸石和粉煤灰制建材节约 1000 万 t 标准煤。

1.3 石油

1.3.1 有关石油的知识

石油又称"原油"，是一种天然的，黄色、褐色或黑色的，流动或半流动的，黏稠的可燃液体烃类混合物。可以被加工成各种馏分，包括天然气、汽油、石脑油、煤油、柴油、润滑油、石蜡以及其他许多种衍生产品，是最重要的液体燃料和化工原料。

1. 石油的成因

按照有机成油理论，水体中沉积于水底的有机物和其他淤积物一起，随着地壳的变迁，埋藏的深度不断增加，并经历生物和化学转化过程：先是被好氧细菌，然后是厌氧细菌彻底改造，细菌活动停止后，有机物便开始了以地温为主导的地球化学转化阶段。通常有效的生油阶段大约从 $50 \sim 60\,℃$ 开始，$150 \sim 160\,℃$ 时结束。过高的地温将使石油逐步裂解成 CH_4，最终演化为石墨。因此严格地说，石油只是有机物在地球演化过程中的一种中间产物。尽管有机成因说日臻完善，但随着石油地质工作研究的深入，一些不利于有机成因说的证据渐渐显现出来。在世界上已发现的 3 万多个油田中，8 个特大油田占全部储量的一半左右。如果石油是由动植物演变而成的，虽然生物在地球上的分布不均衡，但不会造成如此巨大的差别。

对于石油的形成过程还有俄国化学家门捷列夫于 1876 年提出的"无机成因说"和 1889 年俄国的索柯洛夫提出的"宇宙说"。围绕着石油成因的争论已持续了一个世纪之久，各自都有自己的理论依据和证据，谁也说服不了谁。因此，关于石油的形成问题，至今难以定论。

2. 石油的组分

石油主要是由烷烃、环烷烃、芳香烃等烃类化合物组成。由于它是一种由多种化合物组成的复杂的混合物，因此其成分随产地的不同而变化很大。石油的主要元素是 C（85% ~90%）和 H（10% ~14%），还有少量的含 S（0.2% ~0.7%）、O（0 ~1.5%）、N（0.1% ~2%）的化合物、胶质、沥青质等非烃类物质形态存在。此外还有微量 Na、Pb、Fe、Ni、V 等金属元素，它们的含量通常约为 100mg/L。一般石油中也有不溶解的水分存在。

3. 石油的物性指标

现在生产的原油品种很多，有非常重的沥青油和环烷油，其密度为 979 ~1000kg/m^3；也有非常轻的原油，密度为 792.5 ~815.5kg/m^3。密度小说明原油含链烷烃多；密度大则原油含环烷烃多。通常用许多物性指标来说明石油的特性，如黏度、凝点、盐含量、硫含量、蜡含量、胶质、沥青质、残炭、沸点和馏程等。其中凝点是在测定条件下能观察到的油品流动的最低温度值，它的测定对于柴油和润滑油在寒冷地区的使用非常重要，按规定，用于寒冷地区的油品的凝点应低于这些地区所能达到的最低气温。

测定原油的硫含量十分重要，是决定原油是否需做进一步处理的依据。汽油馏分中的硫化物是十分有害的，它不但会降低为提高辛烷值而添加于汽油中的烷基铅的有效性，而且某些硫化物在发动机的工作条件下会转变为腐蚀性的硫化物，缩短发动机的寿命。

残炭是表示原油倾向于生成炭质和金属残渣的指标，在测定条件下这些炭质和金属残渣不易燃烧和蒸发。对柴油、润滑油和燃料油而言，残炭的测定是很重要的。

原油中的蜡蜡量与油的流动点密切关系。在原油运输和装卸过程中，油的流动点必须低于原油在油轮、输油管道和储油罐中所能遇到的最低温度。含蜡较多的原油需要用特殊的加热设备，或者用含蜡少的油将它冲淡，以保证冬季管路正常运行。

4. 石油的分类

由于石油的组成极其复杂，确切地分类很困难。通常在市场上有以下 3 种分类方法：①按石油的密度分类，根据密度由小到大，相应地将石油分为轻质石油、中质石油、重质石油和特重质石油；②按石油中的硫含量分类，硫含量 <0.5% 为低硫石油，硫含量为0.5% ~ 2.0% 为含硫石油，硫含量 >2.0% 者称高硫石油。世界石油总产量中，含硫石油和高硫石油约占 75%（石油中的硫化物对石油产品的性质影响较大，加工含硫石油时应对设备采取防腐蚀措施）；③按石油中的蜡含量分类，蜡含量为 0.5% ~ 2.5% 者称低蜡石油，蜡含量在 2.5% ~10% 之间为含蜡石油，含量 >10% 者为高蜡石油。

1.3.2 石油资源

1. 世界石油资源

石油的利用使得人类社会进入异乎寻常的发展阶段，特别是从石油消费超过煤炭而成为世界第一大能源以来，30 年中世界经济得到迅猛发展，科学技术也达到空前水平，人类从工业社会进入信息社会。目前世界上已找到近 30000 个油田和 7500 个气田，这些油、气田分布于地壳上 6 大稳定板块及其周围的大陆架地区。在 156 个较大的盆地内，几乎均有油、气田发现，但分布极不平衡。例如，世界上石油储量超过 10 亿 t 和天然气储量超过 10000 亿 m^3 的特大油、气田共 42 个（我国除外），它们仅分布于 10 个盆地内，其波斯湾盆地就占 20 个，西伯利亚盆地占 10 个，储量为 650 亿 t，占世界总储量的近一半。沙特阿拉伯的加瓦尔油田和科威特的布尔干油田的石油储量占目前世界储量的 1/5。

2011 年底世界主要储油国家和地区石油探明储量分布见表 1 – 9。

表 1 – 9 1991 ~ 2011 年底世界主要储油国家和地区石油探明储量分布

国家和地区	1991 年/ 10 亿桶	2001 年底/ 10 亿桶	2010 年底/ 10 亿桶	2011 年底			
				10 亿 t	10 亿桶	占总量比例/%	储产比/年
美国	32.1	30.4	30.9	3.7	30.9	1.9	10.8
加拿大	40.1	180.9	175.2	28.2	175.2	10.6	*
北美洲总计	123.2	230.1	217.8	33.5	217.5	13.2	41.7
委内瑞拉	62.6	77.7	296.5	46.3	296.5	17.9	*
中南美洲总计	74.6	98.8	324.7	50.5	325.4	19.7	*
哈萨克斯坦	n/a	5.4	30.0	3.9	30.0	1.8	44.7
俄罗斯	n/a	73.0	86.6	12.1	88.2	5.3	23.5
欧洲及欧亚大陆总计	76.8	102.4	139.5	19.0	141.1	8.5	22.3
伊朗	92.9	99.1	151.2	20.8	151.2	9.1	95.8
伊拉克	100.0	115.0	115.0	19.3	143.1	8.7	*
科威特	96.5	96.5	101.5	14.0	101.5	6.1	97.0
卡塔尔	3.0	16.8	24.7	3.2	24.7	1.5	39.3
沙特阿拉伯	260.9	262.7	264.5	36.5	265.4	16.1	65.2
阿联酋	98.1	97.8	97.8	13.0	97.8	5.9	80.7
中东国家总计	660.8	698.7	765.6	108.2	795.0	48.1	78.7

国家和地区	1991 年/ 10 亿桶	2001 年底/ 10 亿桶	2010 年底/ 10 亿桶	2011 年底			
				10 亿 t	10 亿桶	占总量比例/%	储产比/年
利比亚	22.8	36.0	47.1	6.1	47.1	2.9	*
尼日利亚	20.0	31.5	37.2	5.0	37.2	2.3	41.5
非洲总计	60.4	96.8	132.7	17.6	132.4	8.0	41.2
中国	15.5	15.4	14.8	2.0	14.7	0.9	9.9
亚太地区总计	37.0	40.5	41.7	5.5	41.3	2.5	14.0
世界总计	1032.7	1267.4	1622.1	234.3	1652.6	100.0	54.2
其中 经合组	142.7	254.8	235.0	35.7	234.7	14.2	34.7
非经合组织	890.1	1012.6	1387.1	198.6	1417.9	85.8	59.7
石油输出国组织	769.0	855.5	1167.3	168.4	1196.3	72.2	91.5
非石油输出国组织 ‡	204.7	330.4	329.4	48.7	329.4	19.9	26.3
欧盟#	8.3	8.8	6.8	0.9	6.7	0.4	10.8
前苏联	59.0	81.4	125.4	17.2	126.9	7.7	25.8
加拿大油砂总计	32.4	174.7	169.0	27.5	169.2		
其中正在积极开发的储量	3.2	11.5	25.9	4.2	25.9		
委内瑞拉奥里诺科重油带	—	—	220.0	35.3	220.0		

注：* 超过 100；‡ 不包括前苏联地区；# 不包括爱沙尼亚、拉脱维亚和立陶宛 1991 年的数据；（后表所见相同）

石油的探明储量：通过地质与工程信息以合理的确定性表明，在现有的经济与作业条件下，将来可从已知储藏采出的石油储量；

数据来源：在编撰本表格的估测数字的过程中，BP 公司综合采用了第一手的官方资料，来自石油输出国组织秘书处、《世界石油杂志》、《石油与天然气杂志》等第三方的数据，以及根据公开信息所独立估测的俄罗斯和中国储量数据；加拿大正在积极开发的油砂数据为官方估测数字；委内瑞拉奥里诺科重油带石油储量的数据来自石油输出国组织秘书处和官方发布数据；

储量数据包括天然气凝析油、天然气液体产品（NGL）以及原油；

资料来源：《BP 世界能源统计年鉴》（2012 年 6 月）。

　　2011 年，世界石油探明储量充足，储产比为 54.2 年，高于 2010 年的 46.2 年；委内瑞拉上调官方储量估测，将拉丁美洲的石油储产比拉高到 93.9 年，超过中东，位居世界第一。但是，从全球来说，新发现储量跟不上石油开采量。按目前的开采速度，到 2050 年世界石油的产量会缩减至 1960 年的水平。目前比较一致的看法是，在石油资源严重短缺前，现有石油资源可维持 43 年，加上非常规石油（油页岩、油砂等），估计石油资源可持续开发 70 年。

　　由于石油资源日益匮乏，人们就把眼光投向另一类烃类资源：油页岩和油砂。

　　油页岩埋藏于沉积岩中，和矿物水成岩一层层地交错沉积。它是一种含有机油的岩石，灰分含量超过 1/3，且油质分子较重，在室温下不能用溶剂析出，而只能采用干馏的方法。干馏后得到的页岩油既可直接燃烧，也可加工成液体燃料，气化则可制取煤气；高温裂解加氢干馏可获得化工原料。此外，还可以从油页岩的矿物质中提炼金属、制造水泥和陶粒等建筑材料。油页岩的干馏过程是在隔绝空气的条件下将油页岩加热到 450～600℃，低于 105℃油页岩主要是脱水干燥，在 180℃ 左右释放出岩中的气体。当温度进一步升高，油页岩内的有机质热解生成蒸汽－气体混合物及残留在灰渣中的固定碳。蒸汽－气体混合物冷却至常温时分离成气相和液相产物。气相产物主要是煤气，液相产物上层为页岩油，下层为 NH_3、CO_2、H_2S、水溶性酶及有机碱的水溶液。

目前，世界大部分油页岩分布区地质勘探程度低，很难对全球的油页岩资源量正确预测。世界已探明的产油率在 4% 以上的油页岩储量折合页岩油约 4700 亿 t，超过已探明的石油储量。就目前的勘探情况而言，美国是世界上油页岩资源最丰富的国家，查明地质资源量折合页岩油为 3036 亿 t。美国西部格林河流域拥有世界上储量最大的油页岩矿藏。2012 年《世界能源展望》年度报告甚至认为：2020 年美国的石油产量将超过沙特成为世界第一大产油国。

油砂也称沥青砂，是一种含有很黏沥青油的砂石，其中 80% ~90% 为无机质，3% ~6% 为水，6% ~20% 为沥青油。沥青油常温下比水重，温度较高时可浮于水面，其性质介于最重的天然沥青和最轻的天然原油之间。与常规石油的采油方法相比，油砂开采工艺复杂、环境风险较高。油砂是黏稠的沥青状混合物，无法流动或用泵输送，只能经过提取和处理，或者经过加热和稀释，才能生产出有用的合成石油产品。油砂生产根据矿床所在的深度，采用地表开采法（矿采）或地下采收法（井采）采收，其中后者占据了绝大多数。沥青油可以通过延迟焦化、流化焦化、加氢裂化等方法提炼出重质和轻质油品。

世界油砂资源折算为稠油的总量高于世界常规石油的探明储量，开发潜力巨大。加拿大拥有世界上最大的油砂储量，其次为委内瑞拉、俄罗斯、美国和中东国家等。2010 年加拿大西部阿尔伯特（Alberta）省的油砂资源剩余可采储量达到 1431 亿桶，这使得加拿大石油储量在全世界排名第三，仅次于沙特阿拉伯和委内瑞拉，我国油砂资源储量也较为丰富，但储量尚未探明。总体而言，油砂遍及世界各地，是可观的烃类能源，具有很大的开发潜力。

2. 我国石油资源

我国沉积盆地广阔，有 485 个沉积盆地，沉积岩面积 $670 \times 10^4 km^2$，其中陆上面积 $520 \times 10^4 km^2$，近海大陆架面积 $150 \times 10^4 km^2$；面积大于 $4 \times 10^4 km^2$ 的大型盆地 12 个，面积 $10000 km^2$ 以上的盆地 50 个。这 62 个大盆地占盆地总数的 12.8%，却拥有全国石油地质资源量的 97%；其中 9 个主要含天然气的盆地拥有全国天然气地质资源量的 80%。目前我国石油资源的探明程度远低于其他产油国，特别是近海大陆架可采储资比仅为 0.145，而以上盆地和大陆架中很可能存在丰富的油气资源，因此在油气资源方面，我国尚有巨大的开发潜力。

根据《中国矿产资源报告（2011）》，"十一五"期间，我国石油资源探明储量累计 57.5 亿 t，年均 11.5 亿 t，大大超过"十五"（累计 45 亿 t，年均 9 亿 t）水平。发现了以冀东-南堡油田为代表的一大批新增探明地质储量超过 5000 万 t 的大中型油田（其中，探明地质储量超亿吨的油田 8 个）。主要发现和储量增长集中在松辽、渤海湾、鄂尔多斯、塔里木、海拉尔和准噶尔等主要含油气盆地，"十一五"期间我国新增的亿吨级油田和千亿立方米气田资源见表 1-10。从 2006~2010 年，我国石油技术可采储量由 27.6 亿 t 增至 31.7 亿 t，增长 14.9%。2011 年全国石油勘查新增探明地质储量 13.7 亿 t，同比增长 20.6%，是新中国成立以来第 9 次超过 10 亿 t 的年份；新增探明技术可采储量 2.66 亿 t，同比增长 21.4%。预计"十二五"期间，我国石油天然气探明储量将进一步增长。

我国是世界上油页岩储量十分丰富的国家之一，全国油页岩资源储量为 7199 亿 t，折合成页岩油约为 476 亿 t，仅次于美国、巴西和爱沙尼亚，居世界第 4 位；我国油页岩主要分布在东部、中部、青藏及西部等 4 个大区，松辽、鄂尔多斯、伦坡拉、准噶尔、羌塘、柴达木、茂名、大杨树、抚顺 9 个盆地页岩油资源储量大于 2000 万 t；松辽盆地农安、登娄库、长岭含矿区，建昌盆地碱厂、凌源含矿区，鄂尔多斯盆地铜川、华亭含矿区为首选目标区；松南、松北、博格达山北麓、江加错等含矿区为有利勘查目标；辽宁抚顺、吉林桦甸两个油页岩含矿区可作为开发示范区；广东茂名、山东黄县（龙口）两个含矿区可作为油页岩重点开发区。近年来，我国油页岩年产量仅有 580 多万 t，主要产区为辽宁抚顺、吉林桦甸和广东茂名，其次为甘肃、山东等省。

表 1－10　2006～2010 年我国新增亿吨级油田和千亿立方米气田

发现年份	油田名称	新增储量/t	气田名称	新增储量/亿 m³
2006	鄂尔多斯姬源油田	11149.67 万	鄂尔多斯靖边气田	1288.95
2007	渤海湾冀东南堡油田	44510.17 万	松辽盆地徐深气田	1035.15
2007	鄂尔多斯姬源油田	11755.54 万	松辽盆地徐深气田	1035.15
2007	松辽盆地古龙油田	10528.87 万		
2008	塔里木塔河油田	12955.47 万	四川盆地合川	1183.82
2008			准噶儿克拉美丽	1033.14
2008	鄂尔多斯姬源油田	11916.16 万	鄂尔多斯苏里格	1240.77
2009	鄂尔多斯华庆油田	23612.42 万	鄂尔多斯苏里格西一区	2137.97
2009		12483.04 万	塔里木塔中一号	1365.73
2009	塔里木塔河油田	整体过亿	四川盆地合川	1112.29
2009			四川盆地新场	1211.20
2010	辽河兴隆台潜山地区	超 1 亿	珠江口盆地白云凹陷	3000
2010	塔里木昆北油田	稠油超亿	苏里格大气田	取得突破
2010	蓬莱 9－1 油田	57.5 亿		

1.3.3　油田生产与消费

石油工业是一个以石油勘探、开采、储运、炼制为主的工业，由于其工作的对象是深埋于地下的石油矿藏，因此有较高的不确定性，也就是说具有较大的风险。

20 世纪 70 年代后，世界石油产量上升缓慢，近 30 年来，石油年产量一直在 30 亿 t 左右徘徊。2011 年世界石油的产量为 39.96 亿 t 标准油，其中石油输出国组织（Organization of Petroleum Exporting Countries，OPEC，简称欧佩克）的石油产量约占世界总产量的 42.4%，非石油输出国组织的石油产量约占 41.0%。2001～2011 年底世界主要产油国家和地区石油产量见表 1－11，世界主要国家和地区消费量见表 1－12。

2011 年在世界一次能源的消费中，石油处在第一位，在消费行业中交通运输占 57.0%，工业占 19.7%，其他行业占 17.1%，非能源行业占 6.2%。石油消费偏重于经济发达地区，经济越发达，越需要更多的石油。2011 年，世界石油消费总量为 40.59 亿 t，比 2010 年增长 2.7%。美国仍然是世界最大的石油消费国，我国是世界第二大石油消费国，但仅相当于美国消费量的 55%。

分区域来看，亚太地区是世界石油消费量最高的地区，年消费石油 13.16 亿 t，比 2010 年增长 2.7%；北美地区是世界第二大石油消费区，年消费石油 10.26 亿 t，下降 1.4%；欧洲和欧亚地区是世界第三大石油消费区，年消费石油 8.98 亿 t，下降 0.6%；接下来依次是中东地区和中南美地区；非洲是石油消费量最少的地区，2011 年仅消费石油 1.58 亿 t，比上年下降 1.4%。

表 1-11　2001~2011 年底世界主要国家和地区石油产量

国家和地区	1991 年/10 亿桶	2001 年底/10 亿桶	2010 年底/10 亿桶	2011 年底			
				10 亿 t	10 亿桶	占总量比例/%	储产比/年
美国	32.1	30.4	30.9	3.7	30.9	1.9	10.8
加拿大	40.1	180.9	175.2	28.2	175.2	10.6	*
北美洲总计	123.2	230.1	217.8	33.5	217.5	13.2	41.7
委内瑞拉	62.6	77.7	296.5	46.3	296.5	17.9	*
中南美洲总计	74.6	98.8	324.7	50.5	325.4	19.7	*
哈萨克斯坦	n/a	5.4	30.0	3.9	30.0	1.8	44.7
俄罗斯	n/a	73.0	86.6	12.1	88.2	5.3	23.5
欧洲及欧亚大陆总计	76.8	102.4	139.5	19.0	141.1	8.5	22.3
伊朗	92.9	99.1	151.2	20.8	151.2	9.1	95.8
伊拉克	100.0	115.0	115.0	19.3	143.1	8.7	*
科威特	96.5	96.5	101.5	14.0	101.5	6.1	97.0
卡塔尔	3.0	16.8	24.7	3.2	24.7	1.5	39.3
沙特阿拉伯	260.9	262.7	264.5	36.5	265.4	16.1	65.2
阿联酋	98.1	97.8	97.8	13.0	97.8	5.9	80.7
中东国家总计	660.8	698.7	765.6	108.2	795.0	48.1	78.7
利比亚	22.8	36.0	47.1	6.1	47.1	2.9	*
尼日利亚	20.0	31.5	37.2	5.0	37.2	2.3	41.5
非洲总计	60.4	96.8	132.7	17.6	132.4	8.0	41.2
中国	15.5	15.4	14.8	2.0	14.7	0.9	9.9
亚太地区总计	37.0	40.5	41.7	5.5	41.3	2.5	14.0
世界总计	1032.7	1267.4	1622.1	234.3	1652.6	100.0	54.2
其中　经合组织	142.7	254.8	235.0	35.7	234.7	14.2	34.7
非经合组织	890.1	1012.6	1387.1	198.6	1417.9	85.8	59.7
石油输出国组织	769.0	855.5	1167.3	168.4	1196.3	72.4	91.5
非石油输出国组织‡	204.7	330.4	329.4	48.7	329.4	19.9	26.3
欧盟#	8.3	8.8	6.8	0.9	6.7	0.4	10.8
前苏联	59.0	81.4	125.4	17.2	126.9	7.7	25.8
加拿大油砂总计	32.4	174.7	169.2	27.5	169.2		
其中正在积极开发的储量	3.2	11.5	25.9	4.2	25.9		
委内瑞拉奥里诺科重油带	—	—	220.0	35.3	220.0		

注：产量包括原油、页岩油、油砂与天然气液体产品（从天然气中单独萃取的液体产品），不包括其他来源（例如生物质和煤的衍生物）的液化燃料；

资料来源：《BP 世界能源统计年鉴》（2012 年 6 月）。

表1-12 2001~2011年底世界主要国家和地区石油消费量 千桶/d

国家和地区	2001年	2002年	2003年	2004年	2005年	2006年	2007年	2008年	2009年	2010年	2011年	2010~2011年变化情况	2011年占总量比例
美国	19649	19761	20033	20732	20802	20687	20680	19498	18771	19180	18835	-1.9%	20.5%
加拿大	2008	2051	2115	2231	2229	2246	2323	2288	2179	2298	2293	0.4%	2.5%
墨西哥	1939	1864	1909	1983	2030	2019	2067	2054	1995	2014	2027	1.3%	2.2%
亚美洲总计	23595	23676	24057	24945	25061	24953	25070	23841	22945	23491	23156	1.4%	25.3%
巴西	2030	2005	1953	2024	2070	2090	2235	2395	2415	2629	2653	2.3%	3.0%
中南美洲总计	4945	4930	4778	4966	5111	5233	5582	5786	5763	6079	6241	2.9%	7.2%
法国	2010	1953	1952	1963	1946	1942	1911	1889	1822	1761	1724	-1.7%	2.0%
德国	2787	2697	2648	2619	2592	2609	2380	2502	2409	2445	2362	-3.3%	2.7%
意大利	1920	1915	1900	1850	1798	1791	1740	1661	1563	1532	1486	-2.7%	1.8%
荷兰	922	933	943	984	1049	1070	1123	1069	1041	1058	1052	0.3%	1.2%
俄罗斯	2503	2565	2635	2619	2621	2772	2648	2779	2710	2804	2961	5.5%	3.4%
英国	1704	1700	1723	1766	1806	1788	1716	1683	1610	1588	1542	-2.6%	1.8%
欧洲及欧亚大陆总计	19593	19571	19776	19935	20095	20342	19984	20002	19123	19039	-0.6%	22.1%	—
伊朗	1392	1480	1575	1633	1696	1807	1843	1906	1923	1887	1824	-3.1%	2.1%
沙特阿拉伯	1622	1668	1780	1913	1970	2043	2163	2338	2555	2748	2856	3.7%	3.1%
中东国家总计	5260	5467	5707	6100	6365	6615	6895	7270	7510	7890	8076	1.8%	9.1%
非洲总计	2510	2560	2638	2747	2864	2855	3006	3150	3243	337	3336	1.4%	3.9%
澳大利亚	839	839	844	855	886	918	925	936	931	956	1003	5.7%	1.1%
中国	4859	5262	5771	6738	6944	7437	7817	7937	8212	9251	9758	5.5%	11.4%
印度	2288	2376	2420	2574	2567	2571	2835	3068	3267	3332	3473	3.9%	4.0%
印度尼西亚	1138	1184	1210	1278	1263	1234	1271	1263	1216	1426	1430	-1.1%	1.6%
日本	5392	5319	5410	5243	5327	5182	5007	4809	4381	4413	4418	0.5%	5.0%
新加坡	706	690	660	739	817	865	941	990	1067	1154	1192	3.3%	1.5%
韩国	2266	2320	2340	2294	2312	2320	2399	2308	2339	2392	2397	-0.1%	2.6%
中国台湾	939	957	998	1043	1053	1043	1096	992	987	1028	951	-7.5%	1.1%
泰国	797	848	911	981	1016	1012	1023	1004	1042	1052	1080	2.2%	1.2%
亚太地区总计	21343	21983	22738	24053	24429	24875	25783	25720	26047	27563	28301	2.7%	32.4%
世界总计	77245	78187	79586	82746	83925	84873	86321	85768	84631	87439	83034	0.7%	100.0%
其中 经合组织	48192	48155	48737	49535	49946	49804	49632	48023	46009	46523	45924	-1.2%	51.5%
非经合组织	29056	30032	30949	33211	33979	35069	36689	37745	38623	40917	42111	2.8%	48.5%
欧盟	14797	14704	14754	14891	15030	15044	14755	14685	13949	13860	13478	-2.6%	15.9%
前苏联	3541	3603	3730	3748	3745	3921	3857	3983	3827	3893	4110	5.7%	4.7%

注：消费量国内需求加上国际航空、海运以及炼厂燃料及损耗，还包括燃料乙醇和生物柴油的消费；

表格中的全球消费数据与全球生产数据之间存在差异，造成差异的原因包括库存的变化、非石油类添加物和替代燃料的消费、以及在定义、衡量或石油供应与需求数据转换时不可避免会产生的差异；

资料来源：《BP世界能源统计年鉴》(2012年6月)。

分组织来看，2011 年 OECD 成员国消费石油 20.92 亿 t，下降 1.2%，占世界消费总量的 51.5%；非 OECD 成员国消费石油 19.67 亿 t，增长 2.8%，占世界消费总量的 48.5%；欧盟 27 国石油消费量合计为 6.46 亿 t，较上年减少 2.6%；前苏联加盟共和国合计消费 1.91 亿 t 石油，增长 5.7%。2011 年，金砖国家石油消费总量合计 9.09 亿 t，比上年增长 8.4%，与上年相比，金砖国家石油消费量增长依次为中国 5.5%、巴西 2.3%、俄罗斯 5.5%、印度 3.9%。七国集团石油消费量合计为 14.75 亿 t，占世界总量的 37.07%，美国、德国、法国、意大利和英国石油消费量为负增长；加拿大增长 0.4%，日本增长 0.5%。

虽然在世界一次能源的消费中石油已取代煤的地位，但在我国能源消费结构中，石油的比重却远远小于煤，只占我国一次能源消费总量的 17% ~ 18%，而煤炭的比重却大于 70%。我国石油消费的另一大特征是我国已从石油净出口国变成石油净进口国。1993 年以前，我国石油工业不仅能满足国内需求，而且是石油净出口国。但随着国民经济的迅速发展，石油的需求也不断膨胀，从 1993 年开始，我国再度成为石油净进口国。"十一五"期间，我国原油总产量 9.5 亿 t，比"十五"增长 11.2%。2006 ~ 2010 年，原油产量从 1.85 亿 t 增至 2.03 亿 t，增长 9.7%。2010 年我国原油产量居世界第五，同比增长 7.1%，是 25 年来增幅最高的一年。在国土资源部发布的《全国矿产资源规划》(2008 ~ 2015 年)中预计，到 2015 年我国石油产量将达 2 亿 t 以上，2020 年我国将消耗石油 5 亿 t，石油产量远远无法满足国内的需求。

我国近期的原油产量表明，尽管国内原油的产量在个别区域会有所增加，但 2011 年前总产量没有大的增长。根据国民经济的发展态势和国内许多部门的预测，如按国民经济年增长 8% 的速度计算，采用目前的开采技术，全国年产量仅能满足国家需求的 50% 左右，50% 以上原油将依赖进口。而工业和信息化部统计数据也显示，我国石油对外依存度 2007 年为 49%，2008 年突破 50%，2009 年达 53%，2010 年达 55%，2011 年前 5 个月 55.2%，已超过美国(53.5%)。据预测，2020 年我国石油对外依存度将超过 60%。

2000 ~ 2010 年我国石油储产量、消费量、进口量如表 1 - 13 所示，我国原油 2001 ~ 2010 年进口地区分布如表 1 - 14 所示。

表 1 - 13　2001 ~ 2010 年我国石油储产量、消费量、进口量对比表　　　　　　亿 t

年份	2001	2002	2003	2004	2005	2006	2007	2008	2009	2010
探明储量	6.09	8.13	8.67	12.65	9.54	9.49	12.30	11.89	13.09	10.89
生产	1.65	1.67	1.69	1.74	1.81	1.84	1.87	1.95	1.89	2.01
消费	2.28	2.47	2.72	3.19	3.28	3.48	3.64	3.80	4.04	4.38
进口	0.63	0.81	1.02	1.45	1.47	1.64	1.78	1.85	2.16	2.37

表 1 - 14　我国进口原油统计　　　　　　10^6 t

国家与地区	2000 年	2005 年	2010 年
亚太地区	10 ~ 12	10	10
中东地区	25 ~ 35	35 ~ 45	35 ~ 45
非洲地区	4 ~ 5	5	6 ~ 8
俄罗斯、中亚地区	2 ~ 3	8 ~ 35	30 ~ 60
进口量总计	52	90	120

进入21世纪后，由于地缘政治的关系，油价波动很大，各国都将石油供需作为能源安全战略的一个重要组成部分，我国也开始建立自己的石油储备体系。因此，在今后一段相当长的时间内石油仍将和20世纪一样，对世界经济产生举足轻重的影响。

1.3.4 油田的开发

油田开发是一项庞大的、复杂的系统工程，涉及的技术领域很广，开发包括石油勘探、钻井和油田的开采。石油勘探是石油开发中最重要的基础环节，通常分为区域普查、构造详查、预探和详探4个阶段。油田发现之后，通过探井和评价井的试油、试采和生产试验，取得足够的地质、油藏和其他数据，然后由地质、油藏工程、钻采、地面工程和经济评价等人员，对油田开发进行可行性研究。目的是研究油田投入开发在技术上是否可行，在经济上是否合理。

油田总体开发方案经石油公司最高领导层和国家有关部门批准后，进入油田开发实施（建设）阶段。根据总体开发方案设计要求进行钻井、完井和油气集输等地面工程建设。该阶段结束之后，转入油田开发生产阶段。这个阶段应特别注意油藏管理，不断地进行油田开发调整，使油田正常运转，保持旺盛的生产能力。油田开发方案工作流程如图1-6所示。

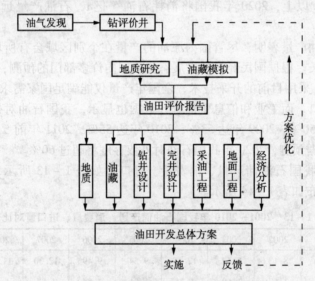

图1-6 油田开发方案工作流程示意图

1. 钻井

钻井，就是从地面打开一条通往油、气层的孔道，以获取地质资料和油气能源。现代钻井方法是使用井架钻台，油井平均深度为1700m，有的大于10000m。

钻井工作分布在整个勘探、建设和生产过程中，分别起着评价、建产和开发调整的作用。在油田建设阶段，所钻井的类型称为开发井，用来开发油气田，建立油藏流体采出到地面的通道。开发井包括采油井、采气井、注水井、注气井等等。

常用的钻井方法有冲击钻井和旋转钻井。冲击钻井是一种古老的钻井方法，也是旋转钻井方法出现前采用的钻井方法。该技术是利用钻井工具本身的重力冲击井底，破碎岩石的方法（图1-7）。而旋转钻井采用钻头的旋转，在钻头压力破碎岩石的同时，使用旋转作用切削和研磨岩石（图1-8）。旋转钻井与冲击钻井相比，钻井速度高，能够适应多种钻井环境。

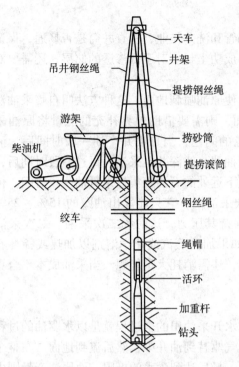

图 1-7　冲击钻井示意图

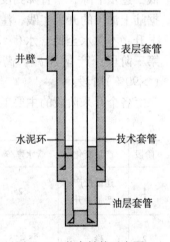

图 1-8　转盘旋转钻井示意图

在钻井过程中，井底岩石被钻头破碎后形成小的碎块，称为岩屑。为提高钻井速度，要把岩屑及时从井底清除，携带至地面，合适的钻井液能够保证清洗过程顺利、安全、高效地进行。钻井液在钻井过程中的主要作用是：清洗井底，携带岩屑；冷却和润滑钻井工具；保护井壁，防止坍塌；平衡地层压力；保护油气层。

固井作业是钻井工程中的一道重要工序。固井作业的主要作用是加固井壁和分隔油、气、水层。一口井从开始到完成，时常需要下入多层套管并注入水泥，需要进行多次的固井作业。图 1-9 所示为三层套管固井示意图。第一层为表层套管，目的是固封表层的黏土层、流沙层、砾石层以及水层等，并在井口安装防止井喷的装置；第二层为技术套管，目的是固封易坍塌层和高压水层，或保护浅部的油气层等；第三层为油层套管，主要是为了试油和油气层的开采创造条件。需要注意的是，根据不同的地质条件和完钻井深，下入的套管级数也是不同的。

图 1-9　井身结构示意图

2. 油井完成

油井完成是钻井后的一个重要环节，主要包括钻开生产层、确定井底完成方式、安装井底和井口装置等。完井质量直接影响油井投产后的生产能力和油井寿命。完井是油气井生产前的最后一道工序，完井就是沟通油气层和井筒，为油气从地层流入井底提供通道。任何限制油气从地层流入井筒的现象都是对地层的污染、伤害。

根据油井和地层的连通方式，完井分为裸眼完井、射孔完井、衬管完井和砾石充填完井等。

3. 油井生产

在油井投产入生产前，通常进行通井、刮管和洗井作业，检查井筒是否畅通，保证套管内壁的清洁，使得下井工具正常工作及封隔器成功坐封。对于低渗透的储层，还需要对油层进行酸化、压裂等提高单井产量的改造措施。

如果地层压力较高，通过油层本身的能力使原油喷到地面，这种方法叫自喷采油法。如果地层压力低，不能把原油从井底举升到地面，则需要借助外界补充的能量将原油采到地面，这种方法叫人工举升方式。油井都有衰老的问题，当自喷井产油一段时间后，油压降低，产量下降。当衰老到不能自喷时，就需用抽油泵或深井泵采油。再过一段时期后，抽油泵也不能连续采油，需要间歇一段时期，让地下远处的石油聚集过来再抽一段时间。依靠地下自然压力把油集中到油井的采油期称为一次采油期，它只能采出油藏的 15% ~ 25%。为增加采收率，可向地下油藏注水或气体，以保持其压力，这时称二次采油。二次采油采收率，平均可到 25% ~ 33%，个别高达 75%。如果加注蒸汽或化学溶剂以加热或稀释石油后再开采，称为三次采油。三次采油的成本很高，还需消耗大量能源。当采油成本不合算或耗能过大时，就应关闭油井。

4. 注水开采过程简介

我国已投产的油田多数实施注水开采，注水开采油田的全过程就是以水驱油的过程。通过注水井往油层中注水，将油层中的油和天然气驱替到油井中，然后流到地面。在整个过程中，从油井中采出的水是从无到有，从低到高，最后达到含水的极限。而原油产量则由高到低，逐步下降，一直降到没有经济效益为止。油田的产量变化与油井含水上升密切相关，根据陆上油田的开采实践，注水开采油田可划分为四个阶段，即：第一阶段：建设投产、产量上升，不含水至低含水（<25%）阶段；第二阶段：油田稳产，中含水（25% ~ 75%）阶段；第三阶段：产量递减，高含水（75% ~ 90%）阶段；第四阶段：低速开采，特高含水（>90%）阶段。

各个开采阶段的主要工作措施如表 1 – 15 所示。

表 1 – 15　不同开采阶段的主要工作措施

阶段	产量变化	含水率/%	采出地质储量/%	工作措施
1	建设投产产量上升	<25	4.0	需要注水的油田及时注水，分层注水
2	稳产	25 ~ 75	12.8	前期：放大生产压差，提高产液量，进行油井增长措施　后期：换大泵，调整井网，钻加密井
3	递减	75 ~ 90	6.4	油井堵水，注水井堵大通道，控水稳油
4	低速开采	>90	9.8	控水稳油，维持生产所必要的井下作业措施

从表 1 – 15 可见，砂岩油田注水开采平均采收率大约在 33% 左右，其中：①建设投产，产量上升阶段（低含水阶段）采出 4% 左右；②稳产阶段（中含水 25% ~ 75%），采出 12.8% 左右；③递减和低速开采阶段（高含水 75% ~ 90% 和特高含水 >90%），采出 16.2% 左右，因此约有一半的可采储量是在高含水和特高含水阶段采出的。通过表 1 – 15 可以推断出当油井含水 25% 时，每采出 3t 原油，同时要采出 1t 水；当含水上升到 75% 时，每采出 1t 原油，同时要采出 3t 水。由于水的密度比原油大，当含水增加时，井底压力增加，生产压差（地层

压力与井底压力差)减小,产液量下降,所以,当油井含水之后,如果油井有自喷能力,随着油井含水上升,在地面上要不断地放大油嘴,即放大生产压差来提高油井的产液量,才能保持原油稳产。如果油井已没有自喷能力改用机械采油,例如采用井下抽油泵或井下潜油电动离心泵,而且还要随着油井含水的上升,不断地换成大泵以提高产液量。但是,当油田含水达到 60% 以上时,即使提高排液量仍不能保持稳产,与此同时,还必须采取一些相应的增产措施,以及补钻加密井和调整井等,才能保持稳产。至于油田开采到高含水阶段,又会有许多新的技术工作要开展。

随着我国国民经济的稳定增长,对石油的需求也不断提高。目前我国石油短缺状况十分严重,石油供需矛盾日益突出。主要表现在:一方面我国人均石油资源量仅为世界水平的 1/6;另一方面,已开发的油田多数已进入高含水的中后期开发阶段,水驱采收率不高(平均仅 33%),约 2/3 的资源还留在地下,而开发剩余可采储量和勘探发现新储量的难度也越来越大。因此,在提高已探明资源的利用率的同时,要提高油井产量,保持油田稳产,需要开展大量的油藏地质研究、井下作业和油田调整挖潜工作,并不断采用先进技术,才能使油田开采达到较好的效果。目前我国正在进行大幅度提高石油采收率的研究,采用新的化学复合驱的方法来提高石油的采收率。化学复合驱发挥了碱、聚合物和表面活性剂等化学剂的作用,特别是利用了原油中的天然表面活性剂与加入的表面活性剂、聚合物间的协同效应,可大幅度提高石油采收率。据估计,此项研究的成功将可增加可采储量 10 亿 t。

1.3.5 石油的加工

开采出来的石油(原油)虽然可以直接作燃料用,但价格便宜;若在炼油厂中进行深加工,经济效益可增加许多倍。而且飞机、汽车、拖拉机等也不能直接燃用原油,必须把原油炼制成燃料油才能使用。因此,石油的加工是石油利用中非常重要的一环。

根据所需产品的不同,炼油厂的加工流程大致分为 3 种类型:

①燃料型:以汽油、煤油、柴油等燃料油为主要产品;②燃料 – 润滑油型:除生产燃料油外,还生产各种润滑油;③石油化工类:提供石脑油、轻油、渣油用作生产石油化工产品的原料。

石油炼制的方法可以归结为两大类。一类是分离法,如溶剂法、固体吸附法、结晶法和分馏法等,其中最常用的是分馏法。分馏法的工艺是先将原油脱盐,以避免分馏设备腐蚀。然后把脱盐原油加热到 385℃ 左右,送至高 30m 以上的常压分馏塔底。塔内设有许多层油盘,石油蒸气上升时逐层通过这些油盘,并逐步冷却。不同沸点的成分便冷凝在不同高度的油盘上,并可按所需的成分用管子引出。塔底是不能蒸发的渣油、重油,中层为柴油等馏分,上层为汽油、石脑油等。常压分馏塔底的剩余油再送到减压塔快速蒸发。减压塔利用蒸汽喷射泵降低油气分压,使重油气化并与沥青分离。不同产地的原油分馏所得的各类轻、重油比例相差很大。常压 – 减压蒸馏是炼油厂加工原油的第一道工序。

石油炼制的另一类方法是转化法。转化法是利用化学的方法对分馏的油品进行深加工,例如,把重油、沥青等分解成轻油,把轻馏分气聚合成油类。常用的转化法有热裂化、催化裂化、加氢裂化和焦化等。油品经过深加工后,经济效益大大增加。

图 1 – 10 是燃料型炼油厂的流程图,包括常压 – 减压蒸馏、催化裂化、加氢裂化、焦化等多道炼油工序。

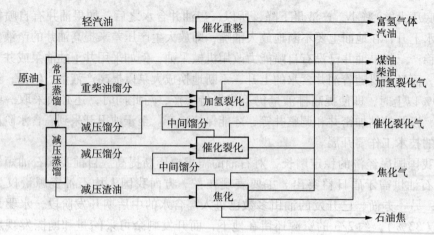

图 1 - 10 燃料型炼油厂的流程图

美国《油气杂志》统计显示,截至 2010 年底,世界共有炼油厂 662 座,总炼油能力达 44.1 亿 t/a,比 2009 年增加 5030 万 t/a,增长 1.2%。其中,炼油能力增长主要来自亚太地区。从 1991～2010 年,亚太地区占世界炼油份额继续上升,由 17.6% 增至 28.2%;北美地区从 25.1% 降至 24.2%;西欧地区 20 多年来未建新炼厂,其份额从 19% 降至 16.6%。由于今后数年世界新建炼油项目主要集中在亚太和中东地区,欧美日等发达国家和地区在世界炼油份额中的比重将会继续下降。世界炼油重心继续东移,中国和印度成为亚太乃至世界炼油能力迅速增加的主要驱动力。

大型化、基地化、炼化一体化、产业集群化已成为世界炼化工业的主要发展模式,2010 年世界炼油产业集中度继续保持较高水平。以瓦莱罗、埃克森美孚为首的世界炼油能力前 25 位的公司占世界总炼油能力的 59.8%,比 1997 年的 49.3% 提高了 10.5%。世界规模在 2000 万 t/a 以上的炼厂数量达 21 座,比 1997 年的 11 座增加了 10 座,其中委内瑞拉帕拉瓜纳炼油厂规模达 4700 万 t/a。为优化配置资源,综合利用炼厂和石化装置各种产品和中间产物,减少水、电、汽等公用工程系统的投资和费用,世界炼油业炼化一体化、基地化及产业集群化建设明显增强。目前已形成的一体化炼化基地有美国墨西哥湾、韩国蔚山、新加坡裕廊岛和比利时安特卫普等。位于美国墨西哥湾沿岸的得克萨斯州和路易斯安那州 2009 年的炼油能力,占全美总炼油能力的 44.9%,乙烯产能占全美乙烯总能力的 95.1%;比利时安特卫普炼油和乙烯能力均占全国 100% 份额;而印度贾姆纳格尔、沙特朱拜勒以及伊朗伊玛姆等地,已经或正在加快建设一批世界级炼化一体化产业基地。炼化一体化之所以成为世界炼化工业调整布局的发展模式,从经济上看,除可以降低成本、优化物料配置外,还可以使炼厂 25% 的产品变成附加值更高的石化产品。炼油装置结构加快调整,深加工能力增长迅速,中间馏分油涨势强劲。

1.3.6 主要石油产品及油品结构

1. 石油产品

石油由许多组分组成,每一组分都各有其沸点。通过炼制加工,可以把石油分成几种不同沸点范围的组分。一般沸点 40～205℃ 的组分作为汽油;180～300℃ 的组分作为煤油;250～350℃ 的组分作为柴油;350～520℃ 的组分作为润滑油(或重柴油);高于 520℃ 的渣油作为重质燃料油。

按石油产品的用途和特性，可将其分成 14 大类，即溶剂油、燃料油、润滑油、电器用油、液压油、真空油脂、防锈油脂、工艺用油、润滑脂、蜡及其制品、沥青、油焦、石油添加剂和石油化学品。主要石油产品的用途如下：

(1)溶剂油：按用途可分为石油醚、橡胶溶剂油、香花溶剂油等。可用于橡胶、油漆、油脂、香料、药物等工业作溶剂、稀释剂、提取剂；在毛纺工业中作洗涤剂。

(2)燃料油：按燃料油的馏分组成，可分为石油气、汽油、煤油、柴油、重质燃料油，柴油之前的各种油品统称为轻质燃料油。按使用对象或使用条件，各种燃料油又可分成不同的级别，如煤油可分为灯用、信号灯用和拖拉机用 3 个级别，柴油可分为轻级、重级、船用级和直馏级，重油可分为陆用级和船用级。

石油气可用于制造合成氨、甲醇、乙烯、丙烯等。汽油分车用汽油和航空汽油，前者供各种形式的汽车使用，后者供螺旋桨式飞机使用；煤油分航空煤油和灯用煤油，前者作喷气式飞机燃料，后者供点灯用，也可作洗涤剂和农用杀虫药溶剂；柴油分轻柴油和重柴油，前者用于高速柴油机，后者用于低速柴油机。

(3)润滑油：润滑油品种很多，几种典型的润滑油为：①汽油机和柴油机油，前者用于各种汽油发动机，后者用于柴油机，主要是供润滑和冷却；②机械油，用于纺织缝纫机及各种切削机床；③压缩机油、汽轮机油、冷冻机油和气缸油；④齿轮油，又分为工业齿轮油和拖拉机、汽车齿轮油，前者用于工业机械的齿轮传动机，后者用于拖拉机、汽车的变速箱；⑤液压油，用作各类液压机械的传动介质；⑥电器用油，又分为变压器油、电缆油，主要起绝缘作用。因其原料属润滑油馏分范围，通常也将其包括在润滑油中。

(4)润滑脂：润滑脂是在润滑油中加入稠化剂制成。根据稠化剂的不同，又可分为皂基脂、烃基脂、无机脂和有机脂 4 大类。用于不便于使用润滑油润滑的设备，如低速、重负荷和高温下工作的机械，工作环境潮湿、水和灰尘多且难以密封的机械。

(5)石蜡和地蜡：石蜡和地蜡是不同结构的高分子固态烃。石蜡分成精白蜡、白石蜡、黄石蜡、食品蜡等，可分别用于火柴、蜡烛、蜡纸、电绝缘材料、橡胶、食品包装、制药工业等。

(6)沥青：沥青可分为道路沥青、建筑沥青、油漆沥青、橡胶沥青、专用沥青等多种类型。主要用于建筑工程防水、铺路以及涂料、塑料、橡胶等工业中。

(7)石油焦：石油焦是优良的碳质材料，用于制造电极，也可作冶金过程的还原剂和燃料。

2. 油品结构

20 世纪 80 年代后期，世界石化产业结构进行了重大调整，资本重组、资产优化、机构改革、科技开发、产品结构调整成为此次世界石化产业结构调整的主旋律。由于经济发展的需要、环境保护的要求、节能技术的进步以及替代能源的采用等因素的影响，使世界油品需求的构成发生了很大的变化，加上产油国之间的激烈竞争，世界油品结构也随之发生变化，总体而言世界油品需求构成继续向轻质化发展，加热用的燃料油和重质油品显著减少，更多的重油通过深加工用以增加运输燃料和石化原料，如石脑油。

2010 年，世界主要油品(汽油、煤油、柴油、润滑油等)需求总量增至 7454 万桶/d，比2009 年增长 2%；世界主要油品供应量为 7556 万桶/d，世界汽油需求总量为 2225 万桶/d，比上年增长 0.6%，增量主要来自亚太、中东和拉美地区；世界柴油需求达 2430 万桶/d，比 2009 年增长 2.8%。随着世界航空运输业复苏，2010 年全球航煤需求比上年大幅增长

3.3%，达 636 万桶/日。亚太地区油品需求构成变化见表 1-16。

表 1-16　1985～2010 年亚太地区石油产品需求构成变化 %

| 年份 | 1985 | 1990 | 1995 | 2000 | 2005 | 2010 | 年均增长率 | | |
							1985/1995	1995/2000	2000/2010
液化气	8.0	7.6	8.1	8.5	8.7	9.2	6.6	5.1	4.1
石脑油	7.5	7.5	9.2	8.8	9.0	8.5	10.1	3.3	2.8
车用汽油	16.0	16.4	16.8	17.2	18.0	18.3	5.6	4.8	3.9
煤油/喷气燃料	11.7	11.1	11.1	11.2	11.3	11.6	4.6	4.3	3.6
柴油	24.7	27.0	29.2	31.1	32.3	33.1	6.6	5.4	3.9
燃料油	27.9	26.5	22.2	19.7	17.5	16.2	2.6	1.6	1.2
其他	4.1	3.9	3.7	3.3	3.3	3.2	4.4	2.7	2.5
柴汽比	1.54	1.65	1.74	1.8	1.8	1.8	—	—	—

亚太地区各种油品需求的年平均增长率有逐步下降的趋势，但从油品需求的构成来看，除燃料油比例逐年下降外，其他各种油品都有不同程度的增加，尤以柴油需求比例增加较大，柴油和汽油之比也呈不断增大的趋势。2010 年亚太地区的柴汽比达到 1.8 左右，远远高于世界平均水平。由于柴油需求增加较快，使该地区柴油缺口较大，柴油价格经常高于世界其他地区。我国每年柴油进口量较大，根据市场形势调整我国油品结构是很有必要的。

经济发展和环境保护对油品质量也提出了越来越严格的要求。例如，环境保护要求降低有害物质的排放，包括 CO、NO_x、SO_x、HC（特别是苯、芳烃等致癌物质）以及抗爆剂四乙基铅燃烧后的铅化合物等。世界清洁燃料总趋势是汽油低硫、低烯烃、低芳烃、低苯和蒸气压；柴油低硫、低芳烃、低密度和高十六烷值。现阶段，各国汽油硫含量、烯烃含量、芳烃含量和苯含量均呈明显下降态势，但不同的指标下降快慢不一，硫含量和苯含量下降速度快、控制严格，烯烃和芳烃含量下降速度则较慢、控制较宽松。世界大多数国家和地区在制定汽油标准时都以降硫含量为重点，在充分、严格满足汽车尾气排放标准的同时，尽可能降低汽油生产成本。当前汽油、柴油这两大油品质量的发展趋势如下：

（1）汽油

当今世界车用汽油质量的发展趋势是在维持高辛烷值的前提下，向无铅化、洁净化方向发展。汽油含铅不仅对人体健康有害、而且会使汽车尾气净化器的催化剂中毒。但是汽油无铅化会引起汽车阀座磨损，需要相应的新型汽车代替原有汽车；同时还必须有足够数量的高辛烷值调和组分取代铅。因此，国外汽油无铅化是分阶段进行的。美国 20 世纪 70 年代开始分阶段推行低铅化，1995 年起禁止销售含铅汽油；韩国 1995 年也实现了无铅化。

汽油含硫量直接关系到尾气的排放。预计短期内，世界约有 60% 的汽油含硫量低于100ppm。2011～2015 年，北美、西欧和日本的汽油硫含量将降至 50ppm 以下，甚至 10ppm以下。大多数国家和地区汽油标准对芳烃含量的限制较宽松，主要原因是车用汽油的主要添加剂是重整生成油，而重整生成油富含芳烃，是汽油辛烷值的主要来源。

我国新修订的车用无铅汽油标准规定自 2009 年 12 月 31 日起，全国范围内的无铅汽油含硫量降为 150ppm。国家环保部要求 2011 年左右国内所有制造和销售的轻型汽车必须符合国Ⅳ排放要求，以此类推，2013～2014 年车用汽柴油质量都需要达到国Ⅳ标准。

国外汽油的其他质量指标也有很大的提高。美国从改善环境质量出发，开始分步实施新配方汽油,其目标是使汽车尾气中的 HC 减少 15%,NO_x 减少 60%,更加严格控制汽油中芳烃(特别是苯)和烯烃的含量,并进一步降低汽油蒸气压。新配方汽油规定芳烃含量不大于 27%(V/V),苯含量不大于 1%(V/V),蒸气压根据地区要求不大于 49~57kPa,氧的质量分数大于 2%。

我国国内的汽油指标与欧盟以及世界燃油规范相比有较大的差距,具体见表 1-17。

表 1-17 世界燃油规范/欧盟/我国国内汽油标准主要指标

项目		世界燃油规范		欧盟				国内		
		Ⅲ类	Ⅳ类	欧Ⅱ	欧Ⅲ	欧Ⅳ	欧Ⅴ	国Ⅲ(2006)	国Ⅳ(2011)	国Ⅴ(2013)
硫含量/(μg/g)	≤	30	10	500	150	50	50	150	50	10
苯含量(体积分数)/%	≤	1	1	5	1	1	1	1.0	1.0	1.0
芳烃含量(体积分数)/%	≤	35	35	—	42	35	25	40	40	35
烯烃含量(体积分数)/%	≤	20	20	—	—	18	13	30	28	25

(2)柴油

与汽油一样,柴油中硫化物燃烧产生的硫氧化物排入大气,将造成环境污染。柴油硫含量是各国柴油标准关注的重点,也是降低幅度最大、要求最严格的。欧Ⅳ车用柴油硫含量要求不超过 50ppm,欧Ⅴ车用柴油硫含量要求不超过 10ppm,比欧Ⅳ车用柴油含硫量减少 80%。目前德国已要求柴油硫含量不大于 10ppm,美国要求不大于 15ppm。我国规定优质轻柴油含硫量不高于 0.2%,一级品不高于 0.5%,合格品不高于 1%,在质量标准上与国外先进水平差距较大。国际主流柴油质量标准加强了对芳烃含量的限制,但以控制多环芳烃含量为主,对总芳烃含量的要求并不苛刻。在芳烃含量方面,1992 年美国柴油国家标准规定芳烃质量分数不大于 35%,其主要目的是为了控制柴油中芳烃对尾气排放浓度和颗粒物的影响。

随着全国汽柴油标准升级,我国成品油质量追赶欧洲先进水平的步伐进一步加快。壳牌公司预测,到 2016 年我国汽柴油质量将全面赶上欧洲标准。

随着经济的继续发展和人民生活水平的进一步提高,我国对各类油品的需求将持续增长。为了适应这一形势,我国在石油产品结构调整上应采取以下措施:①增加进口原油的加工量,缓和石油产品的供需矛盾;②提高石油产品质量,加快石油产品的升级换代步伐;③调整产品生产结构,增加生产柴油等中间馏分的灵活性;④调整柴油消费结构,严格限制不合理的柴油消费,如严格限制柴油发电机发电,严格限制拖拉机跑运输等;⑤继续贯彻压缩柴油政策,重油适度深加工,减少燃料油进口。

21 世纪,世界需要更多的石油作为能源。西方发达国家需要,发展中国家更需要。争夺石油的斗争将会更加激烈。面对这种形势,我国石油工业除加大石油勘探和开发力度外,加大重组力度、减员增效、扩大生产规模、增加科技投入已成为我国石油工业适应 21 世纪挑战的关键。

➡ 1.4 天然气

1.4.1 天然气的特性

天然气是除煤和石油之外的另一种重要的一次能源。天然气燃烧时有很高的发热值,对环境的污染也较小,而且还是重要的化工原料。天然气的生成过程同石油类似,但比石油更易生成。天然气主要由甲烷、乙烷、丙烷和丁烷等烃类组成，其中 CH_4 占 80% ~ 90%。通常天然气可以分为纯天然气、石油伴生气、凝析气和矿井气 4 种。纯天然气是从矿井中开采出来的干天然气，也称气田气；石油伴生气是开采石油时的副产品；矿井气又称煤层气，是伴随煤矿开采而产生的，俗称瓦斯。通常 60% 的天然气为气田气，40% 为伴生气，煤层气则可能附于煤层中或另外聚集，在 7 ~ 17MPa 和 40 ~ 70℃ 时每吨煤可吸附 13 ~ 30m³ 的 CH_4。

天然气的勘探、开采同石油类似，但采收率较高，可达 60% ~ 95%。大型稳定的气源常用管道输送至消费区，每隔 80 ~ 160km 需设一增压站，加上天然气压力高，故长距离管道输送投资很大。

天然气中主要的有害杂质是 CO_2、H_2O、H_2S 和其他含硫化合物。因此，天然气在使用前需要净化，包括脱 S、脱水、脱 CO_2、脱杂质等。从天然气中脱除 H_2S 和 CO_2 一般采用醇胺类溶剂；脱水采用二甘醇、三甘醇、四甘醇等，其中三甘醇用得最多；也可采用多孔性的吸附剂，如活性氧化铝、硅胶、分子筛等。

最近 10 年液化天然气技术有了很大发展。液化后天然气体积仅为原来体积的 1/600，可以用冷藏油轮运输，运到使用地后再气化。另外，天然气液化后，可为汽车提供方便、污染小的天然气燃料。天然气的主要特性如表 1 - 18 所示。

表 1 - 18　天然气主要特性

天然气种类	相对分子质量	密度/（kg/m³）	标态下定热容/（kJ/m³·K）	标态下高热值/（kJ/m³）	标态下低热值/（kJ/m³）	标态下理论空气量/m³	标态下理论烟气量/m³	理论燃烧温度/℃
干井天然气	16.6544	0.7435	1.560	40403	36442	9.64	10.64/8.65	1970
油田伴生气	23.3296	1.0415	1.812	52833	48383	12.51	13.73/11.33	1986
矿井气	22.7557	1.0100	—	20934	18841	4.6	5.90/4.80	1900

1.4.2　天然气资源与生产

天然气是蕴藏量丰富、清洁而便利的优质能源。但由于其储运难、上市难、投资大、回收周期长等特点，许多国家的天然气工业普遍比石油工业落后 30 ~ 40 年，并经历了先慢后快的发展过程。例如，加拿大早期以石油为钻探目标，发现天然气也视为无用产品而烧掉。经过 30 多年才建成由西向东的输气管道，将气送到东部经济发达地区和美国市场，很快便成为世界第三大产气国。荷兰发现格罗宁根气田后，前 10 年的巨大投入和外汇赤字也曾引发失望，到 1965 年才稍有盈利；到 1988 年气田收入已占全国财政总收入的 16.7%，成为国家的支柱产业。

世界上天然气资源丰富，据预测，世界常规天然气总资源量达 400 ~ 600 万亿 m³，此外还有大量非常规天然气资源。与石油一样，世界天然气资源分布也很不均匀，主要集中在中东、俄罗斯和东欧，三者之和约占世界天然气总储量的 70%。

目前天然气资源的探明率还很低，展望未来，世界天然气的发展前景是诱人的。到 2010 年，剩余探明可采储量天然气为 165.8×10^{12} m³，石油为 1441×10^8 t。以热量计算，天然气储量已超过石油储量，2015 年世界天然气的产量将超过石油产量。2020 年能源结构中天然气将占 29% ~ 30%，石油占 27%，煤占 24%，核电为 8%，其他能源为 4%。

1991 ~ 2011 年底世界主要国家和地区天然气探明储量见表 1 - 19。

表1-19 1991~2011年底世界主要国家和地区天然气探明储量表　　10⁴亿 m³

国家和地区	1991年底/10亿桶	2001年底/10亿桶	2010年底/10亿桶	2011年底			
				10⁴ft³	10亿桶	占总量比例/%	储产比/年
美国	4.7	5.2	8.2	299.8	8.5	4.1	13.0
加拿大	2.7	1.7	1.8	70.0	2.0	1.0	12.4
北美洲总计	9.5	7.7	10.3	382.3	10.8	5.2	12.5
委内瑞拉	3.6	4.2	5.5	195.2	5.5	2.7	*
中南美洲总计	5.3	7.0	7.5	267.7	7.6	3.6	45.2
挪威	1.3	2.2	2.0	73.1	2.1	1.0	20.4
俄罗斯	n/a	42.4	44.4	1575.0	44.6	21.4	73.5
土库曼斯坦	n/a	2.6	13.4	858.8	24.3	11.7	*
欧洲及欧亚大陆总计	54.9	56.8	68.0	2778.8	78.7	37.8	75.9
伊朗	19.8	26.1	33.1	1168.6	33.1	15.9	*
伊拉克	3.1	3.1	3.2	126.7	3.6	1.7	*
卡塔尔	6.4	25.8	25.0	884.5	25.0	12.0	*
沙特阿拉伯	5.2	6.5	8.0	287.8	8.2	3.9	82.1
中东国家总计	42.7	70.9	79.4	2826.3	80.0	38.4	*
阿尔及利亚	3.6	4.5	4.5	159.1	4.5	2.2	57.7
埃及	0.4	1.6	2.2	77.3	2.2	1.1	35.7
非洲总计	9.5	13.1	14.5	513.2	14.5	7.0	71.7
澳大利亚	0.9	2.7	3.7	132.8	3.8	1.8	83.6
中国	1.0	1.4	2.9	107.7	3.1	1.5	29.8
印度尼西亚	1.8	2.6	3.0	104.7	3.0	1.4	39.2
马来西亚	1.7	2.5	2.4	86.0	2.4	1.2	39.4
亚太地区总计	9.3	13.1	16.5	592.5	16.8	8.0	35.0
世界总计	131.2	168.5	196.1	7360.9	208.4	100.0	63.6
其中　经合组织	15.2	16.1	18.1	660.2	18.7	9.0	16.0
非经合组织	116.1	152.5	178.0	6700.7	189.7	91.0	90.0
欧盟	3.8	3.6	2.3	64.4	1.8	0.9	11.8
前苏联	49.8	50.9	63.5	2638.5	74.7	35.8	96.3

注：*超过100年；

天然气的探明储量：通过地质与工程信息以合理的确定性表明，在现有的经济与作业条件下，将来可从已知储层采出的天然气储量；

数据来源：在编撰本表格估测数字的过程中，BP公司综合采用了第一手的官方资料以及来自法国 Cedigaz 公司、石油输出国组织秘书处的第三方数据；

资料来源：《BP世界能源统计年鉴》（2012年6月）。

2001~2011年底世界主要国家和地区天然气产量和消费量分别见表1-20和表1-21。

表 1-20　2001~2011 年世界主要国家和地区天然气产量表　　　10 亿 m³

国家和地区	2001年	2002年	2003年	2004年	2005年	2006年	2007年	2008年	2009年	2010年	2011年	2010~2011年变化情况	2011年占总量比例
美国	555.5	536.0	540.8	526.4	511.1	524.0	545.6	570.8	584.0	604.1	651.3	7.7%	20.0%
加拿大	186.5	187.9	184.7	183.7	187.1	188.4	182.7	176.6	164.0	159.9	160.5	0.3%	4.9%
墨西哥	38.3	39.6	41.4	45.0	47.2	51.5	54.0	53.9	54.6	55.1	52.5	-4.7%	1.6%
北美洲总计	780.3	763.5	766.9	755.1	745.5	763.9	782.2	801.3	802.6	819.1	864.2	5.5%	26.5%
中南美洲总计	104.5	106.7	118.7	131.7	138.6	151.1	152.5	157.6	151.9	162.8	167.7	3.0%	5.1%
荷兰	62.4	60.3	58.1	68.5	62.5	61.6	60.5	66.6	62.7	70.5	64.2	-9.0%	2.0%
挪威	53.9	65.5	73.1	78.5	85.0	87.6	89.7	99.3	103.7	106.4	101.4	-4.6%	3.1%
俄罗期	526.2	538.8	561.5	573.3	580.1	595.2	592.0	601.7	527.7	588.9	607.0	3.1%	18.5%
土库曼斯坦	46.4	48.4	53.5	52.8	57.0	60.4	65.4	66.1	36.4	42.4	59.5	40.6%	1.8%
乌兹别克斯坦	52.0	51.9	52.0	54.2	54.0	54.5	59.1	62.2	60.0	59.6	57.0	-4.4%	1.7%
欧洲及欧亚大陆总计	945.3	966.4	1001.2	1025.4	1029.0	1041.7	1043.1	1075.4	954.9	1026.9	1036.4	0.9%	31.6%
伊朗	66.0	75.0	81.5	84.9	103.5	108.6	111.9	116.3	131.2	146.2	151.8	3.9%	4.6%
卡塔尔	27.0	29.5	31.4	39.2	45.8	50.7	63.2	77.0	89.3	116.7	146.8	25.8%	4.5%
沙特阿拉伯	53.7	56.7	60.1	65.7	71.2	73.5	74.4	80.4	78.5	87.7	99.2	13.2%	3.0%
阿联酋	44.9	43.4	44.8	46.3	47.8	49.0	50.3	50.2	48.8	51.3	51.7	0.9%	1.6%
中东国家总计	233.3	247.2	262.9	285.1	319.9	339.1	357.8	384.3	407.0	472.3	526.1	11.4%	16.0%
阿尔及利亚	78.2	80.4	82.8	82.0	88.2	84.5	84.8	85.8	79.6	80.4	78.0	-3.0%	2.4%
埃及	25.2	27.3	30.1	33.0	42.5	54.7	55.7	59.0	62.7	61.3	61.3	-0.1%	1.9%
非洲总计	131.5	134.4	144.9	154.7	174.3	191.2	203.1	211.5	199.2	213.6	202.7	-5.1%	6.2%
中国	30.3	32.7	35.0	41.5	49.3	58.6	69.2	80.3	85.3	94.8	102.5	8.1%	3.1%
印度尼西亚	63.3	69.7	73.2	70.3	71.2	70.3	67.6	69.7	71.9	82.0	75.6	-7.8%	2.3%
马来西亚	46.9	48.3	51.8	53.9	61.1	63.3	64.6	64.7	64.1	62.6	61.8	-1.3%	1.9%
亚太地区总计	282.4	300.0	322.0	336.4	363.3	382.4	400.5	417.1	440.3	483.1	479.1	-0.9%	14.6%
世界总计	2477.2	2518.9	2616.6	2688.5	2770.4	2869.6	2939.3	3047.2	2955.9	3178.2	3276.2	3.1%	100.0%
其中　经合组织	1097.2	1087.1	1093.5	1093.7	1078.6	1091.5	1100.9	1130.9	1121.9	1148.2	1168.1	1.7%	35.8%
非经合组织	1380.1	1431.8	1523.0	1594.8	1691.8	1777.9	1838.4	1916.4	1834.0	2030.0	2108.1	3.8%	64.2%
欧盟	232.8	227.6	223.6	227.3	212.0	201.3	187.5	189.2	171.5	174.9	155.0	-11.4%	47%
前苏联	655.7	670.2	701.4	716.6	728.7	749.0	762.0	782.2	676.0	741.9	776.1	4.6%	23.6%

注：产量中不包括放空燃烧或回收的天然气；

上述数据尽量以（在温度为 15℃，压力为 1 巴的环境下计量）标准立方米为单位；（由于上述数据系通过应用平均转换因子对吨油当量单位进行直接转换而得出的结果，因此具体数字不一定与各国按本国算法得出的气体体积相等）

本表格在计算年度变化值及各组成部分在总量中所占比例时，使用以百万吨油当量为单位的数据；

资料来源：来自 Cedigaz 公司的数据，《BP 世界能源统计年鉴》（2012 年 6 月）。

表1-21 2001～2011年世界主要国家和地区天然气消费量表　　　10亿 m³

国家和地区	2001年	2002年	2003年	2004年	2005年	2006年	2007年	2008年	2009年	2010年	2011年	2010～2011年变化情况	2011年占总量比例
美国	629.7	652.1	630.8	634.4	623.4	614.4	654.2	659.1	648.7	673.2	690.1	2.4%	21.5%
加拿大	88.2	90.2	97.7	95.1	97.8	96.9	96.2	96.1	94.9	95.0	104.8	10.3%	3.2%
墨西哥	41.8	45.5	50.4	55.8	56.1	60.9	63.2	66.1	66.2	67.9	68.9	1.5%	2.1%
北美洲总计	759.8	787.8	778.9	785.2	777.3	772.2	813.7	821.3	809.9	836.2	863.8	3.2%	26.9%
中南美洲总计	100.7	102.1	107.9	117.5	122.9	135.5	134.6	141.3	135.1	150.2	154.5	2.9%	4.8%
德国	82.9	82.6	85.5	85.9	86.2	87.2	82.9	81.2	78.0	83.3	72.5	-12.9%	2.2%
意大利	65.0	64.6	71.2	73.9	79.1	77.4	77.8	77.8	71.5	76.1	71.3	-6.2%	2.2%
俄罗斯	366.2	367.7	384.9	394.1	400.3	408.5	422.1	416.0	389.6	414.1	424.6	2.5%	13.2%
乌克兰	68.8	67.7	69.0	68.5	69.0	67.0	63.2	60.0	47.0	52.1	53.7	3.0%	1.7%
美国	96.4	95.1	95.4	97.4	95.0	90.1	91.1	93.9	86.7	94.0	80.2	-14.6%	2.5%
乌兹别克斯坦	49.6	50.9	45.8	43.4	42.7	41.9	45.9	48.7	43.5	45.4	49.1	7.9%	1.5%
欧洲及欧亚大陆总计	1014.2	1017.5	1059.6	1083.2	1105.9	1112.2	1126.2	1130.6	1045.4	1124.6	1101.1	-2.1%	34.1%
伊朗	70.1	79.2	82.9	86.5	105.0	108.7	113.0	119.3	131.4	144.6	153.3	6.1%	4.7%
沙特阿拉伯	53.7	56.7	60.1	65.7	71.2	73.5	74.4	80.4	78.5	87.7	99.2	13.2%	3.1%
阿联酋	37.9	36.4	37.9	40.2	42.1	43.4	49.2	59.5	59.1	60.8	62.9	3.5%	1.9%
中东国家总计	206.8	217.6	229.0	247.1	279.2	291.5	303.1	331.9	344.1	377.3	403.1	6.9%	12.5%
埃及	24.5	26.5	29.7	31.7	31.6	36.5	38.4	40.8	42.5	45.1	49.6	10.0%	1.5%
非洲总计	63.8	65.8	72.6	79.7	83.0	88.1	94.1	100.1	98.9	106.9	109.8	2.7%	3.4%
中国	27.4	29.2	33.9	39.7	46.8	56.1	70.5	81.3	89.5	107.6	130.7	21.5%	4.0%
印度	26.4	27.1	29.5	31.9	35.7	37.3	40.1	41.3	510	61.9	61.1	-1.2%	1.9%
日本	74.3	72.7	79.8	77.0	78.6	83.7	90.2	93.7	87.4	94.5	105.5	11.6%	3.3%
亚太地区总计	308.4	325.0	351.3	366.6	398.4	424.7	458.9	479.8	497.2	557.9	590.6	5.9%	18.3%
世界总计	2453.6	2515.7	2599.3	2679.4	2766.7	2824.3	2930.4	3005.2	2930.6	3153.1	3222.9	2.2%	100.0%
其中　经合组织	1340.7	1370.4	1393.7	1418.5	1425.4	1425.7	1477.3	1499.2	1451.4	1536.2	1534.6	-0.1%	47.7%
非经合组织	1112.9	1145.4	1205.6	1260.9	1341.1	1398.6	1453.1	1505.9	1479.2	1616.9	1688.4	4.4%	52.3%
欧盟	451.9	451.6	473.7	486.7	494.8	487.8	482.0	491.3	460.1	496.9	447.9	-9.9%	13.9%
前苏联	539.6	541.7	557.9	566.4	576.9	586.5	600.9	593.9	542.1	580.7	599.5	3.3%	18.6%

注：上述数据计算转化过程同表1-20；

上表中的全球消费与全球生产数据之间存在差异，造成差异的原因包括储气设施与液化厂库存的变化，以及在定义、衡量或天然气供应与需求数据转换时不可避免会产生的差异；

资料来源：来自Cedigaz公司的数据，《BP世界能源统计年鉴》(2012年6月)。

2011年世界天然气消费量总计32229亿 m³，同比增长2.2%。美国依然是世界上最大天然气消费国，俄罗斯第二，伊朗第三，中国上升至第四。分区域来看，欧洲和欧亚地区为世界上最大的天然气消费区，2011年消费天然气占世界总量的34.1%，达到11011亿 m³，同比下降2.1%，其中前苏联地区就占世界总量的18.6%；北美地区是世界第二，年消费量占世界的 26.9%，比上年增长 3.2%，达到 8638 亿 m³；亚太地区年消费量为 5906 亿 m³，占世界总量的 18.3%，比上年增长 5.9%，是世界增长最快的区域。其他区域天然气消费量如下：中东地区消费 4031 亿 m³，增长 6.9%，占世界总量的 12.5%；中南美地区消费 1545 亿 m³，增长 2.9%，占世界总量的 4.8%；非洲地区消费了 1098 m³，增长 2.7%，占世界总量的 3.4%。2011 年国内天然气产量为 1031 亿 m³，国内表观消费量为 1318 亿 m³，占一次能源消费总量的比重由 2010 年的 4.4% 上升到 4.6%。

我国沉积岩分布面积广，陆相盆地多，形成优越的多种天然气储藏的地质条件。我国天然气资源量区域主要分布在我国的中西盆地。同时，我国还具有主要富集于华北地区非常规的煤层气远景资源。我国气田以中小型为主，大多数气田的地质构造比较复杂，勘探开发难度大。《中国矿产资源报告（2011）》显示，到 2010 年底，我国天然气地质储量 52 万亿 m³，可采储量 32 万亿 m³，探明率 15%，勘探处于早期阶段。"十一五"期间，我国天然气剩余技术可采储量由 3.0 万亿 m³ 增至 3.8 万亿 m³，增长 25.9%。天然气总量 3901 亿 m³，是"十五"的 2.1 倍。从 2006 年到 2010 年，天然气产量从 586 亿 m³ 增加到 968 亿 m³，年均增长 13.4%。非常规天然气勘探开发并取得积极进展，煤层气抽采利用量超过 32 亿 m³，页岩气试验探采工程启动。2011 年全国天然气勘查新增探明地质储量 7659.54 亿 m³，同比增长 29.6%；新增探明技术可采储量 3956.65 亿 m³，同比增长 37.6%。而在其中，鄂尔多斯地区的探矿新进展是石油和天然气储量大增的重要原因。我国天然气分布相对集中，主要分布在陆上西部的塔里木、鄂尔多斯、四川、柴达木、准噶尔盆地，东部的松辽、渤海湾盆地，以及东部近海海域的渤海、东海和莺－琼盆地，目前这 9 个盆地远景资源量达 46 万亿 m³，占全国资源总量的 82%；已探明天然气地质储量 6.21 万亿 m³，占全国已探明天然气地质储量的 93%；剩余资源量 40 万亿 m³，占全国剩余资源量的 81%。

西部地区的塔里木盆地、柴达木盆地、陕甘宁和四川盆地蕴藏着 26 万亿 m³ 的天然气资源和丰富的石油资源，约占全国陆上天然气资源的 87%；特别是新疆塔里木盆地，天然气资源量有 8 万多亿 m³，占全国天然气资源总量的 22%；北部库车地区天然气资源量有 2 万多亿 m³，是塔里木盆地中天然气资源最富集的地区，具有形成世界级大气区的开发潜力，但是由于天然气管线严重不足，难以把中、西部气田的气送到东部经济发达的用气区，因而气田不能进行正常产能建设。2000 年 2 月国务院会议批准启动"西气东输"工程，这是仅次于长江三峡工程的又一重大投资项目，是拉开西部大开发序幕的标志性建设工程。

（1）西气东输一线工程于 2002 年 7 月正式开工，2004 年 10 月 1 日全线建成投产。工程起于新疆轮南，终点为上海白鹤镇，途经 9 个省区市，采取"干支结合、配套建设"方式进行，全长约 4000km，年输气能力为 120 亿 m³，2004 年 12 月 30 日实现全线运营。

（2）"西二线"是我国第一条引入境外（中亚）天然气资源的战略通道工程，西起新疆霍尔果斯口岸，南至广州，途经 10 个省区市，西气东输二线配套建设 3 座地下储气库，干线全长 4895km，加上若干条支线，管道总长度（主干线和八条支干线）超过 9102km。工程设计输气能力 300 亿 m³/a，2008 年 2 月 22 日开工，西段于 2009 年 12 月 31 日 16 时建成投产，东段工程于 2011 年 6 月 30 日投产。

（3）西气东输三线工程于 2012 年 10 月 16 日开工，干线支线总长度为 7378km，沿线经过 10 个省、自治区，建成后每年可向沿线市场输送 300 亿 m³ 天然气，将进一步增强天然气供应保障能力，可使天然气在我国一次能源中的消费比重提高 1%。西气东输三线工程主供气源为新增进口中亚土库曼斯坦、乌兹别克斯坦、哈萨克斯坦三国天然气，年输送 250 亿 m³；补充气源为新疆煤制天然气,年供气 50 亿 m³。

实施西气东输工程,有利于促进我国能源结构和产业结构调整,带动东、西部地区经济共同发展,改善长江三角洲及管道沿线地区人民生活质量,有效治理大气污染。这一项目的实施,为西部大开发、将西部地区的资源优势变为经济优势创造了条件,对推动和加快新疆及西部地区的经济发展具有重大的战略意义。因此,我国天然气工业正处于气田气储量快速增长的青年期,随着长输干线的建设和支线管网的发展,天然气产量也会快速增长。

2001～2010 年我国天然气储产量和消费量见表 1-22。

表 1-22 2001～2010 年我国天然气储产量、消费量对比表 亿 m³

年份	2001	2002	2003	2004	2005	2006	2007	2008	2009	2010
探明储量	4567	4010	5437	6711	6150	4748	6132	5296	7540	5945
生产	302.7	329.4	354.1	399.9	490.4	584.5	698.9	744.9	829.9	950.0
消费	2274.3	291.8	339.1	396.7	467.6	561.4	695.2	813.0	887.0	1060

用历史的眼光看,21 世纪的前 10 年是我国天然气高速发展的时期。从美国、俄罗斯等国天然气发展的经历看,天然气高速发展时期都达到 20～30 年,我国目前还只有 10 年的高速发展期,因此,我国天然气发展还有相当一段时间的高速发展期。

回顾和预测世界能源的发展可以发现,煤、石油、天然气 3 种能源的生产与消费先后形成 3 个高峰期:20 世纪 20 年代是煤炭高峰期,煤炭占能源的比例超过 70%;20 世纪 70～90 年代石油接替煤炭,石油占能源的比例为 30%～40%;到 21 世纪初期,天然气将逐步代替石油,天然气占能源的比例有望超过 50%。图 1-11 为世界一次能源替代趋势图。

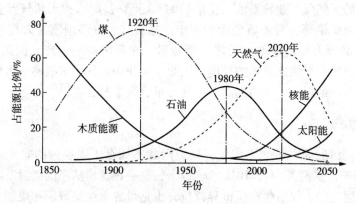

图 1-11 世界一次能源替代趋势图

20 世纪 70 年代后,世界石油产量上升缓慢,近 20 年来产量一直在 30 万亿 t 左右徘徊;而天然气的产量却高速增长,1970～1996 年,从 1 万亿 m³/a 上升到 2.34 万亿 m³/a,年产气量翻了一番多。与此同时,由于勘探技术的发展和投入的增加,天然气剩余可采储量从 41.6 万亿 m³/a 上升到 150.24 万亿 m³/a,增加了 3.6 倍。2010 年底,世界天然气总产量为 3.2933 万亿 m³。

1.4.3 天然气市场

2010 年全世界气体燃料的总消费量为 3.169 万亿 m³,其中工业消费占 44.8%,交通运输占 4.8%,其他行业和生活消费占 50.4%。天然气市场非常广阔,它主要用于以下几

方面:

(1)发电

天然气联合循环发电,不仅经济,而且污染少,在国外已大量采用。印度 2010 年天然气发电占 6.8% ~10.3%。我国也将加快发展,预计到 2020 年将占到总发电量的 5.6% ~7.1%,天然气需求量为 533 ~627 亿 m^3。

(2)民用及商业燃料

天然气是优质的民用及商业燃料,据预测,我国城镇人口到 2020 年将达 7.3 亿。其中大中型城市人口 3.5 亿,气化率将为 85% ~95%,其他城镇人口 3.8 亿,气化率将达 45%。民用及城市商业用气需求量将为 630 ~713 亿 m^3。

(3)化肥及化工原料

我国人口众多,是农业大国,按规划到 2020 年我国合成氨的需求量超过 4×10^7 t,作为制造氮肥的主要原料的天然气(约占氮肥制造业的 50%)预计需求 230 亿 m^3,再加上甲醇及炼油厂制氢用气及其他化工用气,总计将超过 322 亿 m^3。

(4)工业燃料

根据统计资料预测,天然气用作我国工业和运输燃料将占天然气总产量的 20% 以上,需求量将达 431 ~480 亿 m^3,其中天然气汽车 100 万辆,用气 150 亿 m^3。仅以上几项需求量合计,我国 2020 年天然气的需求量将达 1877 ~2088 亿 m^3。有学者预测,2020 年我国天然气的储量和产量将分别达到 7.42 ~8.15 万亿 m^3 和 970 ~1200 亿 m^3。届时天然气产量可满足全国需求量的 55% ~67%,不足的部分将从丰富的国际天然气资源中获得,以实现供需平衡。

目前,我国的天然气工业比石油工业落后约 30 年,长期困扰天然气产业的勘探、基础设施建设、市场及价格等各种矛盾仍十分突出。据统计,许多国家在人均国内生产总值达 1000 美元以后,必须大幅度地增加天然气消费量。在我国国内生产总值达到上述水平后,天然气的消费将出现一个快速增长的局面。因此,在我国油气供求战略中贯彻油气并举的方针,加速天然气市场的形成,大力提高天然气产量,是十分必要的。

1.4.4　煤层气

煤层气(俗称瓦斯)是一种与煤伴生,以吸附状态储存于煤层内的非常规天然气,其中 CH_4 含量大于 95%,热值 $33.44 \times 10^3 kJ/m^3$ 以上,是一种优质洁净的能源。我国是世界上主要的煤炭生产大国之一,煤炭生产居世界首位,也是世界上煤炭资源和煤层气资源最丰富的国家之一。我国煤层气资源分布广泛,据 2006 年我国新一轮全国煤层气资源评价显示,埋深 2000m 以浅煤层气地质资源量为 36.8 万亿 m^3,1500m 以浅煤层气可采资源量为 10.9 万亿 m^3。我国煤层气地质资源量与常规天然气地质资源量 38 万亿 m^3 基本相当。我国煤层气资源量约占世界总量的 13%,仅次于俄罗斯和加拿大,居第三位。其中鄂尔多斯盆地和沁水盆地是煤层气资源量最大的两大盆地,两者合计超过 13 万亿 m^3。

2011 年全国煤层气勘查新增探明地质储量 1421.74 亿 m^3,同比增长 27.5%;新增探明技术可采储量 710.06 亿 m^3,同比增长 27%,煤层气累计探明率达到 5.4%;我国煤层气资源的 74.6% 分布在中部和东部地区,这里人口密集,经济发达,是能源用户集中之地,这正好与天然气资源主要集中在西部(约占天然气资源的 66%)形成良好的互补关系。煤层气的开发将缓解我国发达地区能源紧张的状况。丰富的煤层气资源有望成为中国 21 世纪的接替性能源之一。

21 世纪大力发展煤层气工业有如下意义：

①减轻我国石油和天然气的供应压力：我国原油年增长速度仅为 1.7%，而与国民经济增长相适应的能源需求增长速度应为 4% ~5%。常规天然气也有类似的情况。据估计 2020 年我国天然气的缺口将达 650 亿 m³，煤层气开发将减缓这一状况；

②能有效地改善煤矿安全生产条件：据统计，在我国各类煤矿事故中，瓦斯事故最多，每年死亡人数约占煤矿事故死亡人数的 58%，每年造成的直接经济损失达 200 亿元以上。煤层气的开采将从根本上解除矿井瓦斯灾害的隐患；

③能有效地保护大气环境：CH_4 是一种温室气体，其排放对全球大气变暖有很重要的影响。目前我国煤矿开采向大气排放的 CH_4 量世界第一，因此开发煤层气将有利于保护大气环境。2008 年，全国煤矿的井下抽采总量达到 58 亿 m³，提前完成了"十一五"的规划目标，2009 年，15000 个煤矿煤层气抽采量为 64.5 亿 m³，利用率为 30%，但每年仍向大气释放煤层气约 200 亿 m³（其中 50% ~60% 为质量分数小于 30% 的低瓦斯气）。

煤层气资源的埋藏深度对其开发利用有重要影响。根据美国的经验，深度在 1000m 以内的煤层气资源具有较好的经济效益，反之经济效益明显下降。我国目前具有经济开采价值（<1000m）的资源约占总资源的 1/3，应优先考虑开发利用。

抽放煤层气是减少瓦斯涌出量、防止瓦斯爆炸和突发事故的根本性措施。长期以来，我国煤层气的开发方式主要是为了保障煤矿的安全生产而进行矿井瓦斯抽排。虽然我国拥有丰富的煤层气资源，却一直未进行规模性的开发。目前，我国煤层气开发方式总体分为井下抽采和地面抽采两种方式。2005 年，煤层气地面抽采量实现零的突破，并迅速发展，年均增长率达 141%。从 2005 ~2009 年井下抽采瓦斯数据看，井下抽采瓦斯的平均增长率为 30%，但从抽采量来看仍以井下抽采为主。截至 2009 年底，全国累计钻井 3713 口（含 102 口水平井），其中开发排采井 1682 口，开采煤层气 74.6 亿 m³，其中井下抽采 64.5 亿 m³，井下抽采量占 86%；地面抽采 10.1 亿 m³，地面抽采量仅占 14%。但是 2009 年煤层气利用量为 25.1 亿 m³，利用率为 33.6%。其中，井下煤层气利用量为 19.3 亿 m³，利用率达 30%，小于"十一五"规划中提到的利用率达到 60% 的目标；地面开采煤层气利用量为 5.8 亿 m³，利用率占 57.4%，也小于"十一五"规划中提到的 100% 利用率的目标。

在煤层气开采方面，我国煤层气的地质条件远较国外复杂，成煤时代、煤阶、构造环境以及水动力条件也与国外相差甚远。因此，国外的成藏富集理论不完全适合于我国煤层气的勘探。此外，我国煤层气开发时间短，勘探理论不成熟，开发试验选区不理想，钻井成功率低，而且试验气井产量普遍较低，产量递减快。我国煤层气利用率低有两方面原因：①我国煤层气资源赋存条件复杂，煤层渗透率低，抽采出的煤矿瓦斯中，低质量浓度瓦斯占很大比例，目前缺少低质量浓度瓦斯的有效利用方式，大量瓦斯被直接排放到大气中，导致瓦斯利用有限；②我国煤层气产业体系尚不完善，上游开发、中游集输、下游利用发展不协调，上游抽采出的煤层气缺少有效利用方式或与之相配套的长输管线。目前我国一方面正在加强有关我国煤层气成藏机制及经济开采的基础研究，另一方面也在加紧引进国外的先进技术。2011 年 11 月 14 日，在煤层气开发利用国家工程研究中心成立国际标准化组织煤层气技术委员会，将进一步促进我国煤层气产业标准化工作，为加强煤层气技术的国际交流、提升我国煤层气开发技术的核心竞争力提供了重要平台。

我国煤层气利用领域可分为民用、发电、工业燃料、汽车燃料、煤层气液化几个方面。

(1)煤层气民用是高质量浓度煤层气利用的主要方式。煤层气作为民用燃气主要集中在矿区或离矿区距离较近的城镇，一般通过短距离管道供应附近用户使用，也可通过 CNG 运输槽车向远距离居民供应。大部分矿井提供的瓦斯气热值接近于天然气，可供居民炊事、采暖及公用事业用，而平均价格低于天然气价格。我国利用煤层气作为城市气源较好的矿区有抚顺、阳泉、晋城、淮南、松藻、铁法、中梁山、鹤壁等地。2008 年，煤层气民用用户已达到 90 万户，2010 年达到 120 万户。

(2)煤层气发电是煤层气利用的另一个主要领域。截至 2009 年 7 月，国家电网公司经营区域内已有山西、辽宁、安徽、重庆、黑龙江、四川、江西、陕西、河南、宁夏等 10 个省市拥有煤层气发电，装机 570 台，总装机容量 484MW。其中，山西、安徽煤层气电厂较多，装机规模较大，分别为 278 台 279.9MW、54 台 47.1MW，辽宁、江西和宁夏各有 1 个煤层气电厂。

(3)煤层气热值与天然气基本相当，燃烧后很洁净，是上好的工业燃料，如煤层气用于耐火材料煅烧可将温度提升到 1800℃，在不增加成本的前提下，可生产出更优质的产品。山西省阳泉市已建成以瓦斯气为燃料的隧道窑 110 条，使能源利用率普遍提高了 30%。

(4)将地面抽采的高质量浓度煤层气经压缩装瓶后，可供出租车、城市公交车使用，这大大地改善了城市空气环境。

(5)煤层气液化是指煤层气经净化、提纯后，在一定的温度压力下，从气态变成液态的工艺。若采用深冷精馏的方法，可把质量分数为 35% ~50% 的矿井瓦斯提纯液化为质量分数为 99.8% 的 LNG，煤层气液化后，体积将缩小 600 倍，可大大降低运输成本。使用 LNG 槽车运送，可以随气源和用户的改变而改变运输路线，甚至可以作为天然气管道调峰资源使用。目前，煤层气液化的主要功能是调峰和培育市场。煤层气体积分数为 80% 以上的气体大部分都是用作煤层气液化。目前，液化煤层气业务逐渐成为煤层气利用项目的新宠。一大批煤层气液化项目得以实施，如中华煤气公司山西港华易高煤层气液化项目、沁水新奥煤层气液化项目、中国联盛投资集团的山西沁水顺泰能源煤层气液化项目、阳泉含氧煤层气液化项目等。

在《煤层气(煤矿瓦斯)开发利用"十二五"规划》中，到 2015 年，新增煤层气探明地质储量 8900 亿 m^3，2015 年国内煤层气开采目标定为 300 亿 m^3，其中地面开发 160 亿 m^3，基本全部利用，煤矿瓦斯抽采 140 亿 m^3，利用率 60% 以上。地面开采将以管输为主，就近利用，余气外输，井下瓦斯利用量 79 亿 m^3，利用率 60%。"十二五"期间，建成沁水盆地、鄂尔多斯盆地东缘两大煤层气产业化基地；并建设 13 条输气管道，总长度 2054km，总设计年输气能力 120 亿 m^3。煤矿瓦斯以就地发电和民用为主，鼓励高浓度瓦斯用于民用、工业燃料，低浓度瓦斯就地发电自用或上网。到 2015 年，煤矿瓦斯民用超过 320 万户，发电装机容量超过 285 万 kW。在煤层气与煤炭矿业权重叠的问题上，《规划》提出了煤层气、煤炭协调开发的机制，建立煤层气与煤炭共同勘探、合理开发、合理避让、资料共享等制度。煤炭远景开发区实行"先采气、后采煤"，煤矿生产区实行"先抽后采"、"采煤采气一体化"。

1.4.5 天然气水合物

1. 天然气水合物的形成

天然气水合物(Gas Hydrate)是一种新发现的能源。它外形像冰，是一种白色的固体结晶物质，有极强的燃烧能力，俗称"可燃冰"或者"固体瓦斯"和"气冰"。天然气水合物由水分子和燃气分子构成,外层是水分子构架,核心是燃气分子。其中燃气分子绝大多数是 CH_4,所以天然气水合物也称为甲烷水合物,分子式为 $CH_4 \cdot 8H_2O$。根据理论计算,$1m^3$ 的天然气水合物可释放出 $168m^3$ 的 CH_4 和 $0.8m^3$ 的水,因此是一种高能量密度的能源。天然气水合物资源丰富,全球天然气水合物中 CH_4 的总量据估算约为 $1.8 \times 10^{16}m^3$,其含碳总量为石油、天然气和煤含碳总量的两倍,因此有专家乐观地估计,当全球化石能源枯竭殆尽,天然气水合物将成为新的替代能源。

可燃冰是自然形成的,它们最初来源于海底的细菌。海底有很多动植物的残骸,这些残骸腐烂时产生细菌,细菌排出 CH_4,当正好具备高压和低温的条件时,细菌产生的 CH_4 气体就被锁进水合物中。天然气水合物只能存在于低温高压环境中,一般要求温度低于 $0 \sim 10℃$,压力高于 $10MPa$。一旦温度升高或压力降低,CH_4 就会逸出,天然气水合物便趋于崩解。

2. 天然气水合物的分布

由于需要同时具备高压和低温的环境,可燃冰大多分布在深海底和沿海的冻土区域,这样才能保持稳定的状态。勘探研究证明,海洋大陆架是天然气水合物形成的最佳场所,通常可存于海底之下 $500 \sim 1000m$ 的范围内,再往深处,由于地热升温,其固体状态易遭破坏。海洋总面积的 90% 具有形成天然气水合物的温压条件。此外在寒冷的永久冻土中也存在天然气水合物。到目前为止,世界上已发现的海底天然气水合物主要分布区有大西洋海域的墨西哥湾、加勒比海,南美东部陆缘,非洲西部陆缘和美国东岸外的布莱克海台等,西太平洋海域的白令海、鄂霍茨克海、日本海、苏拉威西海和新西兰北部海域等。陆上寒冷永冻土中的天然气水合物主要分布在西伯利亚、阿拉斯加和加拿大的北极圈内。

天然气水合物虽然给人类带来了新的能源希望,但它也可对全球气候和生态环境甚至人类的生存环境造成严重的威胁。当前大气中 CO_2 以每年 0.3% 的速率增加,而大气中的 CH_4 却以每年 0.9% 的速率在更为迅速地增加着,而且 CH_4 温室效应为 CO_2 的 20 倍。全球海底天然气水合物中的 CH_4 总量约为地球大气中 CH_4 量的 3000 倍,如此大量的 CH_4 如果释放,将对全球环境产生巨大影响,严重地影响全球气候。另外,固结在海底沉积物中的水合物,一旦条件发生变化,释放出 CH_4,将会明显改变海底沉积物的物理性质,引发大规模的海底滑坡,毁坏一些海底重要工程设施,如海底输电或通信电缆、海洋石油钻井平台等。

基于天然气水合物是 21 世纪的重要后续能源,并可能对人类生存环境及海底工程设施产生灾害性影响,全球科学家和各国政府都予以高度关注。美国 1994 年制订《甲烷水合物研究计划》,称天然气水合物是未来世纪的新型能源,1999 年又制订《国家甲烷水合物多年研究和开发项目计划》。2008 年 11 月 12 日,美国内政部长德克肯普索恩和美国地质调查局主任马克迈尔斯发布了一个评估:在阿拉斯加北坡,估计有 85.4 万亿 ft^3 可采的天然气水合物。日本于 1994 年制订了庞大的海底天然气水合物研究计划,1995 年又专门成立天然气水合物开发促进委员会。苏联自 20 世纪 70 年代末以来,先后在黑海、里海、白令海、鄂霍茨克海、千岛海沟和太平洋西南部等海域进行海底天然气水合物研究。印度科学与工业委员会设有重大项目《国家海底天然气水合物研究计划》,于 1995 年开始对印度近海进行海底天然气水合物研究,现已取得初步的良好结果。

我国在 20 世纪 80 年代末即开始关注天然气水合物的研究。20 世纪 90 年代以来,国家海洋局、原地质矿产部、中国科学院、石油部门以及有关高校对天然气水合物进行了初步的研究。我国最有希望的天然气水合物储存区可能是南海和东海的深水海底、冻土地带。仅南海北部的"可燃冰"储量就已达到我国陆上天然气总量的一半左右。2004年5月11日，在广州成立的中科院广州天然气水合物研究中心，标志着我国天然气水合物的研究与开发工作正式全面启动。2007年6月5日，中国地质调查局副局长张洪涛在国土资源部举行的新闻发布会上表示：历时9年，累计投入5亿元，我国在南海北部成功钻获天然气水合物实物样品"可燃冰"，从而成为继美国、日本、印度之后第4个通过国家级研发计划采到水合物实物样品的国家。我国在南海发现天然气水合物的神狐海域，成为世界上第24个采到天然气水合物实物样品的地区。据初步预测，南海北部陆坡天然气水合物远景资源量可达上百亿吨油当量。国土资源部总工程师张洪涛2009年9月25日宣布，我国地质部门在青藏高原发现了一种名为可燃冰的环保新能源，预计十年左右能投入使用。这是我国首次在陆域上发现可燃冰，使我国成为加拿大、美国之后，在陆域上通过国家计划钻探发现可燃冰的第三个国家；世界上第一次在中低纬度冻土区发现天然气水合物的国家。初略的估算，远景资源量至少有350亿t油当量。2010年12月，国土资源部广州海洋地质调查局完成的《南海北部神狐海域天然气水合物钻探成果报告》通过终审。《报告》显示，科考人员在我国南海北部神狐海域140km^{2}钻探目标区内，圈定11个可燃冰矿体，预测储量约为194亿m^3。获得可燃冰的3个站位的饱和度最高值分别为25.5%、46%和43%，是目前世界上已发现可燃冰地区中饱和度最高的地方。

3. 天然气水合物的开采技术

(1)钻孔取芯技术

随着钻探技术和海洋取样技术的提高，给人们提供了直接研究天然气水合物的机会。同时，钻探取芯技术也是证明地下水合物存在的最直接的方法之一。目前，已在墨西哥湾、布莱克海岭取到了天然气水合物岩芯。通常采用钻杆岩芯或活塞式取样器。分析测试时，取用一定样品(100~200g)放入无污染的封闭罐内，再在罐中注入足够的水，并保留一定空间(100cm^3)，通过灌顶气、样品机械混合后释放出的气体及样品经酸抽取后释放出气的CH_4~C_4H_{10}的组分进行气相色谱分析，以及对灌顶气进行甲烷δ13C和δD分析，不但可以推算水合物的类型，还可以确定气水合物的成因。

(2)测井方法

测井方法鉴定一个特殊层含气水合物的4个条件是：①具有高电阻率(约为水的50倍以上)；②短的声波传播时间(比水低131μs/m)；③钻探过程中明显有气体排放；④必须有两口或多口钻井区。

(3)化学试剂法

盐水、甲醇、乙醇、乙二醇、丙三醇等化学试剂可以改变水合物形成的平衡条件，降低水合物稳定温度。化学试剂法比热激发法缓慢，但有降低初始能源输入的优点，其最大缺点是费用昂贵。

(4)减压法

通过降低压力，引起天然水合物稳定的相平衡曲线移动，达到促使水合物分解的目的。一般通过在水合物质下的游离气聚集层中"降低"天然气压力或形成一个天然气"囊"，开采水合物下的游离气是降低储层压力的有效方法。另外，通过调节天然气的提取速度可以达到控制储层压力的目的，进而达到控制水合物分解的效果。减压法的最大特点是不需要昂贵的连续激发，因而可能成为今后大规模开采天然气水合物的有效方法之一，但单独使用减压法开采天然气很慢。

从以上各种方法的使用来看，单独采用一种方法开采天然气水合物是不经济的。若将降压法和热工开采技术结合起来会展示诱人前景，即用热激发法分解水合物，用降压法提取游离气。

我国开发天然气水合物有如下优势：首先，天然气水合物资源量巨大，且主要分布于我国东部海域，有利于改变我国能源分布不均匀的格局；其次，天然气水合物的勘探、生产可与常规油气的勘探生产同时进行；此外，以天然气为最终利用形式的天然气水合物，可充分继承利用现有的油气开采、运输与终端利用技术和装备等，在现有工业布局的基础上，无需进行重大的工程改造和投资，便可实现能源的平稳过渡与替代，而且也不会产生新的环境问题。因此，我国应加大对天然气水合物研究的投入，包括天然气水合物的勘探、资源评价、开发、利用及环保技术，为天然气水合物大规模的利用做好技术储备。

1.5 水能

1.5.1 水能资源

1. 世界水能资源分布

水能是自然界广泛存在的一次能源。它可以通过水电站方便地转换为优质的二次能源——电能，所以通常所说的"水电"既是常规能源，又是可再生能源，而且水力发电对环境无污染，因此水能被认为是世界上众多能源中永不枯竭的优质能源。

世界水能资源由世界能源理事会每3年汇总统计一次，英国《国际水力发电与坝工建设》季刊每年统计一次。据英国《国际水力发电与坝工建设》季刊出版的《2000年水电地图集》，调查统计全球157个国家和地区的水能资源和1998年水电开发情况，调查结果见表1-23。

表1-23 世界各大洲的水能资源

地区	水能理论蕴藏量		技术上可开发的水能资源		经济上能开发的水能资源	
	电量/(10^{12}kW·h)	装机容量/10^4MW	电量/(10^{12}kW·h)	装机容量/10^4MW	电量/(10^{12}kW·h)	装机容量/10^4MW
亚洲	16.486	188.2	5.34	106.8	2.67	61.01
非洲	10.118	115.3	3.14	62.8	1.57	35.83
拉丁美洲	5.67	64.7	3.78	75.6	1.89	43.19
北美洲	6.15	70.2	3.12	62.4	1.56	35.64
大洋洲	1.5	17.1	0.39	7.8	0.197	4.5
欧洲	8.3	94.8	3.62	72.4	1.807	41.3
全世界合计	48.224	550.5	19.39	387.8	9.70	211.5

注：独联体各国的水能资源分别计入亚洲和欧洲，俄罗斯的水能资源全部计入亚洲。

由表1-23可见，世界河流水能资源理论蕴藏量为48万亿kW·h，技术可开发水能资源为19.39万亿kW·h，约为理论蕴藏量的40%；经济可开发水能资源为9.7万亿kW·h，约为技术可开发量的 50%，为理论蕴藏量的 20%。世界可开发水能资源主要蕴藏在发展中国家。2000 年一些国家可开发水能资源见表 1 - 24，我国水能资源可开发量居世界第 1 位，其次为俄罗斯、巴西和加拿大，美国少于加拿大、刚果和印度，居世界第 7 位。

表 1 - 24　2000 年世界主要国家可开发水能资源统计表　　　　亿 kW·h

国别	技术可开发	经济可开发	国别	技术可开发	经济可开发
中国	19233	12600	委内瑞拉	2607	1035
巴西	13000	7635	瑞典	1300	900
俄罗斯	12700	6000	墨西哥	1600	800
加拿大	9810	5360	法国	720	715
刚果	7740	4192	意大利	690	540
印度	6600	4436	奥地利	7537	537
美国	5285	3760	西班牙	700	410
挪威	2000	1796	印度尼西亚	4016	400
哥伦比亚	1000	1400	瑞士	410	355
阿根廷	1720	1300	罗马尼亚	400	300
土耳其	2150	1230	德国	250	200
日本	1356	1143			

2. 我国水能资源分布

我国国土辽阔，河流众多，径流丰沛，落差巨大，蕴藏着丰富的水能资源。据估计，我国河流水能资源的理论蕴藏量为 6.76×10^{8} kW，年发电量为 59200×10^{8} kW·h，不管是水能资源的理论蕴藏量，还是可能开发的水能资源，我国在世界各国中均居第 1 位。据估计，单机装机容量 500 kW 及以上的可开发的水电站共 11000 余座，总装机容量可达 37853×10^{4} kW。按照目前统计，我国水能资源的可开发率，即可开发的水能资源的年发电量占水能资源的理论蕴藏量年电能之比为 32%。我国分地区的水能资源见表 1 - 25。

表 1 - 25　我国分地区的水能资源

地区	装机容量 $/10^{4}$ kW	年发电量 $/(10^{8}$ kW·h$)$	占全国的比例/%
华北地区	691.98	232.25	1.2
东北地区	1199.45	383.91	2.0
华东地区	1790.22	687.94	3.6
中南地区	6753.49	2973.65	15.5
西南地区	23234.33	13050.36	67.8
西北地区	4193.77	1904.93	9.9
全国	37853.24	19233.04	100.0

我国水能资源总量虽然十分丰富，但人均资源量不高。我国可开发的水能资源约占世界总量的 15%，但人均资源量却只有世界平均值的 70% 左右，同时我国水资源的分布不均衡。

从河流看，水能资源主要集中在长江、黄河中上游、雅鲁藏布江中下游、珠江、澜沧江、怒江和黑龙江上游。这 7 条江河可开发的大中型水电资源都在 $1000 \times 10^4 kW$ 以上，占全国大中型水电资源量的 90%。由于我国水能资源多集中在经济发展相对落后的地区，例如，云、川、藏水能资源就占全国的 57%，而经济较发达、人口集中的东部 11 省、市，水能资源仅占 6%，加上我国气候受季风影响，江河来水年内和年际变化大，这些不利条件都影响我国水能资源的开发利用。

1.5.2　水能利用

水能利用是水资源综合利用的重要环节。水力发电、农田灌溉、治涝防洪、水路航运、水产养殖、工农业用水及民用给水、旅游与环境保护等都与水资源密切相关。因此，水资源的利用（即通常所说的水利开发）就是要充分合理地利用江河水域的地上和地下水源，以获得最高的综合效益。

由于各用水部门自身的特点，对水资源的开发利用各有不同的要求。例如，水力发电、农田灌溉、防洪及渔业都要求集中水体，大都需要建造水库。但它们的要求又各有区别：农田灌溉耗水量大，若从上游引水，会减少发电用水流量；若从下游引水，虽可先发电后农灌，但控灌范围又会受灌区高程的限制，且两者的需水量和用水时间也有不同；防洪要求水库有较大容量，每年汛期前应尽量放低水库水位，以容纳汛期到来的洪水，这样一来，势必影响汛期前的发电和农灌；水库大坝的高程也受诸多因素的影响。因此，对水能的开发利用必须全面规划，统筹安排，使发电、防洪、灌溉、航运、供水、旅游、水产等协调发展。

水能利用是一项系统工程，其任务是根据国民经济发展的需要和水资源条件，在河流规划和电力系统规划的基础上，拟订出最优的水资源利用方案。

水力发电是将水能直接转换成电能。水电站主要是由水库、引水道和电厂组成。水库具有储存和调节河水流量的功能。拦河筑坝形成水库，以提高水位，集中河道落差，是水电站发电的必备条件。水库工程除拦河大坝外，还有溢洪道、泄水孔等安全设施。引水道的主要功能是传输水量至电厂，带动水轮机发电。电厂则主要由水轮发电机组及相应的控制设备和保护装置、输配电装置等组成。

1. 世界水能资源利用现状

世界河流水能资源利用状况 20 世纪 50 年代以来，世界水能资源开发的速度很快。据统计，世界各国水力发电装机容量 1950 年为 7200 万 kW，1998 年已达 67400 万 kW，增长了 8.36 倍，在各种发电能源中居第 2 位，仅次于火力发电。世界各国水电总发电量 1950 年为 3360 亿 kW·h，1998 年已达 26430 亿 kW·h，增长了 6.87 倍。以世界经济可开发发电量 8.082 万亿 kW·h 计算水能资源开发程度，1950 年仅开发 4.15%，到 1998 年达到 32.7%。

2002 年底，全世界已经修建了 49700 多座大坝（高于 15m 或库容大于 $100m^3$），分布在 140 多个国家，其中我国的大坝有 25000 多座。世界上有 24 个国家依靠水电为其提供 90% 以上的能源，如巴西、挪威等；有 55 个国家依靠水电为其提供 50% 以上的能源，包括加拿大、瑞士、瑞典等；有 62 个国家依靠水电为其提供 40% 以上的能源，包括南美的大部分国家。全世界大坝的发电量占所有发电量总和的 19%，水电总装机容量为 728.49GW。发达国家水电的平均开发度已在 60% 以上，其中美国水电资源已开发约 82%，日本约 84%，加拿大约 65%，德国约 73%，法国、挪威、瑞士也均在 80% 以上。

世界主要国家和地区 2001 ~ 2011 年水电消费量变化情况见表 1 - 26。

表 1-26　世界主要国家和地区 2001~2011 年水电消费量变化　　百万吨油当量

国家和地区	2001年	2002年	2003年	2004年	2005年	2006年	2007年	2008年	2009年	2010年	2011年	2010~2011年变化情况	2011年占总量比例
美国	49.6	60.4	63.0	61.3	61.8	66.1	56.6	58.2	62.5	59.5	74.3	24.9%	9.4%
加拿大	75.0	79.1	76.1	76.6	82.1	80.2	83.6	85.2	82.9	79.4	85.2	7.3%	10.8%
墨西哥	6.4	5.6	4.5	5.7	6.2	6.9	6.1	8.8	6.0	8.3	8.1	-2.6%	1.0%
北美洲总计	131.1	145.1	143.6	143.6	150.1	153.2	146.3	152.2	131.4	147.2	167.6	13.9%	21.2%
阿根廷	9.5	9.4	8.8	8.0	9.0	9.8	8.5	8.4	9.2	9.2	9.0	-2.2%	1.1%
巴西	60.6	64.7	69.2	72.6	76.4	78.9	84.6	83.6	88.5	91.2	97.2	6.5%	12.3%
哥伦比亚	7.1	7.6	8.1	9.0	9.0	9.7	10.1	10.4	9.3	9.1	10.9	19.7%	1.4%
委内瑞拉	13.7	13.5	13.7	15.9	17.5	18.5	18.8	19.6	19.5	17.4	18.9	9.0%	2.4%
其他中南美洲国家	16.9	17.8	18.2	17.8	18.3	18.5	19.3	19.3	19.1	20.3	20.4	0.5%	2.6%
中南美洲总计	118.3	124.1	129.0	133.8	141.7	148.0	153.0	153.8	157.7	158.6	168.2	6.0%	21.3%
法国	17.0	13.9	13.5	13.5	11.8	12.7	13.2	13.7	13.0	14.2	10.3	-27.5%	1.3%
意大利	10.6	8.9	8.3	9.6	8.2	8.4	7.4	9.4	11.1	11.5	10.1	-12.1%	1.3%
挪威	27.4	29.4	24.0	24.7	30.9	27.1	30.6	31.8	28.8	26.7	27.6	3.5%	3.5%
俄罗斯	39.8	37.1	35.7	40.2	39.5	39.6	40.5	37.7	39.9	38.1	37.3	-2.1%	4.7%
瑞美	17.9	15.0	12.1	13.7	16.5	14.0	15.0	15.7	14.9	15.1	15.0	-0.6%	1.9%
土耳其	5.4	7.6	8.0	10.4	9.0	10.0	8.1	7.5	8.1	11.7	11.8	1.1%	1.5%
欧洲及欧亚大陆总计	189.2	176.3	169.1	180.3	180.1	177.0	179.3	182.5	184.3	196.4	179.1	8.8%	22.8%
中东国家总计	1.9	2.9	3.2	4.0	5.3	6.6	6.3	3.2	2.8	4.1	5.0	21.3%	0.6%
非洲总计	17.8	18.9	18.6	19.7	20.4	20.5	21.7	21.5	22.2	23.0	23.5	2.1%	3.0%
中国	62.8	65.2	64.2	80.0	89.8	98.6	109.8	132.4	139.3	163.0	157.0	-3.9%	19.8%
印度	16.3	15.5	15.7	19.0	22.0	25.4	27.7	26.0	24.0	25.0	29.8	18.9%	3.8%
日本	18.6	18.9	21.1	21.1	17.9	20.4	17.5	17.5	16.4	20.6	19.2	-6.7%	2.4%
亚太地区总计	128.9	131.4	135.0	154.3	164.6	181.9	193.6	214.6	219.0	249.7	248.1	-0.6%	31.3%
世界总计	587.2	598.6	598.4	635.6	662.3	687.2	700.4	727.7	737.5	778.9	791.5	1.6%	100.0%
其中　经合组织	288.5	293.3	287.8	292.7	295.2	299.4	292.0	301.9	299.5	307.6	315.1	2.5%	39.8%
非经合组织	298.7	305.3	310.6	343.1	367.1	387.8	408.4	425.8	438.0	471.4	476.4	1.1%	60.2%
欧盟	85.7	72.4	70.7	73.4	69.5	69.6	70.0	73.4	74.8	83.1	69.6	-16.2%	8.8%
前苏联	54.2	52.0	51.3	56.3	55.9	55.6	56.5	54.1	55.7	55.9	54.6	-2.4%	6.9%

注：消费量以一次水力发电总量为基准，跨国电力供应不被计算在内；按热当量进行转换，且假设现代热电站的能量转换效率为 38%；

资料来源：《BP 世界能源统计年鉴》（2012 年 6 月）。

2. 我国水能资源利用现状

我国河流众多，水能资源蕴藏量居世界首位。其中大陆地区技术可开发量 5.42 亿 kW，是仅次于煤炭的第二大常规能源，也是目前可以进行大规模开发的第一大清洁可再生能源。在地域分布上极不平衡，西部多，东部少，相对集中于西南。开发程度在地区间差异也很大，2009 年底我国水电开发程度为 45.7%，其中东部地区水电基本开发完毕，中部地区开发程度达到 73%，而西部地区开发程度较低，仅为 23%，特别是西南地区仅为 17%。

我国早在 4000 年前就开始兴修水利。至春秋战国时期，水利工程已有相当规模，建设水平也比较先进。但现代化的水电建设缺起步很晚，直到 1910 年才开始在云南滇池修建第一个水电站——石龙坝水电站，装机容量 472kW。到 1949 年底，全国水电装机容量仅为 16.3×10^4 kW，占全国总装机容量的 8.8%，当时的水电装机容量居世界第 20 位。经过 60 年的发展，我国水电事业突飞猛进，到 2009 年底，全国水电装机容量达到 19629 万 kW，年发电量 5717 亿 kW·h，占全国总发电装机的 20%、总发电量的 15% 左右，水电设计、施工和设备制造技术均已达到国际先进水平。至 2011 年底，水电发电量为占 2011 年全国一次能源消费总量的 6.7%，居世界第 1 位。全球水电产量增长为 2004 年以来最快，水电产量增长 5.3%，其中 60% 以上来自我国，新产能的增加和多雨的天气是主要原因。

国外装机容量最大的水电站是巴西和巴拉圭合建的伊泰普水电站，全长 7744m、高 196m，自上世纪 70 年代两次电力能源危机后，巴西政府决定同巴拉圭政府联合建造当时世界上最大的水电站。大坝于 1975 年 10 月开始建造，直到 1982 年才竣工，共耗资 200 亿美元。坝后的水库沿河延伸达 161km，形成深 250m、面积达 1350km²、总蓄水量为 290 亿 m³ 的人工湖。自 1990 年改进以后，伊泰普水电站 18 台水轮机组发电量高达 1260×10^4 kW。伊泰普水电站生产的电能由巴西与巴拉圭两国分享，不仅能满足巴拉圭全部用电需求，而且能供应巴西全国 30% 以上的用电量。圣保罗、里约热内卢、米纳斯吉拉斯等主要工业区 38% 的电力来自伊泰普水电站。世界上最大的抽水蓄能电站是美国巴斯康蒂电站，装机容量 210×10^4 kW；水头最高的水电站是瑞士的马吉亚蓄能电站，水头 2117m。

三峡工程全称为长江三峡水利枢纽工程。1992 年全国人大七届五次会议审议并通过《关于兴建长江三峡工程决议》；1994 年 12 月 14 日，三峡工程在前期准备的基础上正式开工。工程分 3 期，加上输变电工程，静态投资近 1200 亿元，总工期 17 年。三峡工程是中国，也是世界上最大的水利枢纽工程，各项规模都堪称世界之最。三峡水利枢纽工程具有防洪、发电、航运等综合效益，电站采用坝后式布置方案，三峡电站共设有 32 台 70×10^4 kW 的水轮发电机组，分别位于左、右岸电站和地下电站，加上两台 5 万 kW 电源机组，三峡电站总装机容量达到 2250×10^4 kW，第一台机组于 2003 年 7 月 10 日正式并网发电。三峡工程正常蓄水至 175m 时，三峡大坝前形成一个库容为 393 亿 m³ 的河道型水库，可调节防洪库容达 221.5 亿 m³。

在我国"十五"计划中，明确提出"积极发展水电"的建设方针。新中国成立以来，我国水电发展从小到大，装机容量从 1949 年的 16.3 万 kW 发展到 2004 年的 1.05 亿 kW，水电已为我国经济发展发挥了重要作用。但与经济发达国家开发状况相比，与我国丰富的水力资源相比，我国水电开发利用程度还很低，水电发展方兴未艾。水电建设规模在"十一五"期间达到了空前的水平，龙滩、景洪、构皮滩、拉西瓦、小湾、瀑布沟等大型水电站先后建成，向家坝、锦屏二级等大型、特大型水电站陆续开工，5 年新增装机容量接近 1910 年中国第一座水电站兴建以来前 95 年的总和，水电总装机容量突破 2 亿 kW，发挥了发电、防洪、供水等综合效益。

在《国家能源科技"十二五"规划》中提出，至 2015 年国内水电装机达到 2.8 亿 kW，电量 8482 kW·h，折合 2.67t 标煤。将重点开发黄河上游长江中上游红水河、乌江、澜沧江等 8 个流域 13 个水电基地。预计到 2020 年，水电装机容量达到 3 亿 kW，占发电装机容量的 30%，开发程度为 55%。届时，我国水力资源开发利用程度接近经济发达国家水平。

根据《电力工业"十二五"规划》，"十二五"期间 6 个大型水电基地可投产大型干流电站主要有溪洛渡、向家坝、锦屏梯级、糯扎渡等，预计可投产容量 5200 万 kW 左右；其他省区市以及四川、云南两省的非干流水电可投产容量 3550 万 kW 左右，全国水电投产规模 8750 万 kW 左右。到 2015 年，全国常规水电装机预计达到 2.84 亿 kW 左右，水电开发程度达到 71% 左右(按经济可开发容量计算)，其中东部和中部水电基本开发完毕，西部水电开发程度在 54% 左右。此外，要重视境外水电资源开发利用。重点开发缅甸伊江上游水电基地，在"十二五"开工 1460 万 kW，在"十三五"开工 680 万 kW、投产 1460 万 kW 左右，全部送入国内，主要在南方电网消纳。

21 世纪是我国水电大发展的世纪，西部大开发和西电东送的战略任务将促进我国水电事业的腾飞，我国水电技术也将因此而迅猛发展。

1.5.3　水电站

1. 水电站的基本类型

水电站是水能利用中的主要设施。由于河道地形、地质、水文等条件不同，水电站集中落差、调节流量、引水发电的情况也不相同。按集中河道落差的方式，水电站可以分为堤坝式水电站、引水式水电站、混合式水电站和抽水蓄能式水电站 4 种基本类型。

与火力发电相比，水力发电有以下的特点：①水力发电的发电量易受河流的天然径流量的影响。这是因为河流的天然径流量在年内和年际间常有较大的变化，水库的调节能力通常不足以补偿天然水量对水力发电的影响。因此水电站在丰水年发电多，在枯水年发电少。这种发电量受自然条件的制约是水力发电的最重要的特点。为了克服水力发电出力的变化，电网中必须有一定数量的火电厂与之配套；②电站在运行中不消耗燃料，天然径流量多时，发电量大，但运行费用并不因此增加。此外水电站厂用电少。根据这一特点，对电网而言，应让水电机组在丰水期多发电，以节约火力发电煤耗，提高电网的经济性；③水电机组启停方便，机组从静止状态到满负荷运行仅需几分钟。因此宜在电网中担负调峰、调频、调相任务，并作为事故备用电源；④水电站主要动力设备简单，辅机数量少，易于实现自动化。因此运行和管理人员少，运行成本低；⑤电站因不消耗燃料，没有有害气体、粉尘和废渣排放。

2. 水电站的主要参数

水电站的情况可以通过若干参数(如水库的特征水位及相应的库容，水电站的特征水头、流量、动能参数以及经济指标)来加以说明。

由于天然来水流量不均匀以及发电和综合用水量的变化，水库的特征水位及相应的库容也是变化的。一般用水库的特征水位来表示其变化特性(图 1 - 12)。水库的全部容积并不能都用于径流调节，因此水库在运行中存在一个最低水位，即死水位。死水位以下的库容称为死库容，它不参与径流调节。死水位是由水库泥沙淤积情况、保障自流灌溉的引水高程、航运水深及鱼类栖息等多方面因素决定的。死水库中的水量是不能被利用的，死水位也是最低的发电水头。

水库正常运行时，为满足各部门在枯水期的正常用水，水库在丰水期末将水蓄至正常高水位，高水位与死水位之间的库容就称为有效库容。这部分库容将参与正常的径流调节。有效库容所对应的水层深度为水库工作深度。正常高水位是水库设计中的重要参数之一，也直接关系到一些主要水工建筑物(如大坝、溢流坝、水闸门等)的尺寸、投资、水库回水的淹没量、水力发电的正常最高水头及综合利用效益等指标。此外大坝的结构设计、强度的稳定性分析计算也以此为依据。水库工作深度的大小直接关系到水电站调节性能的出力大小。主要用于防洪和发电的水库,汛期前要加大发电用水量,以腾空一部分库容,使水库的水位降低到汛前水位,作为汛期拦蓄洪水之用。当出现特大洪水时,水库将被迫蓄水到超高水位。正常水位到超高水位之间的库容,叫超高库容,它起着对水库下游流域的滞洪和削减洪峰的作用。

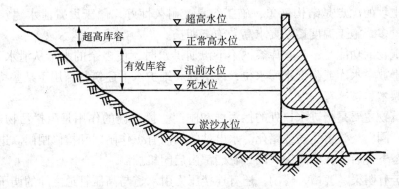

图 1 - 12　水库的特征水位示意图

由于水泵径流调节和水电站的负荷都是变化的,因此水电站的水头和流量也是变化的,水电站的特征水头有最大水头、最小水头和加权平均水头等,它们都可以从气象和水能计算资料中获得。水电站的特征流量则包括最大引用流量、平均引用流量和最小引用流量等,它们可以由水轮机的特性和水电站的出力确定。

水电站的规模、运行情况和工程效益用水电站的动能参数来表征。其中设计保证率是指水电站正常发电的保证程度。它是正常发电总时段与计算期总时段的比值;水电站设计保证率与电网中水电的比重、水库的调节性能、水电站的规模等诸多因素有关,表 1 - 27 为水电站设计保证率的参照值。

表 1 - 27　水电站设计保证率的参照值　　　　　　　　　　　　　　　　　　　　　%

电力系统中水电容量的比例	< 25	25 ~ 50	> 50
水电站设计保证率	80 ~ 90	90 ~ 95	95 ~ 98

与设计保证率有关的保证出力则是指水电站相应于设计保证率的枯水时段发电的平均出力。另一重要的动能参数装机容量是指水电站内全部机组额定出力的总和,它表征了水电站的规模。说明水电站运行情况和工程效益的两个动能参数是多年平均发电量和水电站装机年利用小时数。前者指水电站各年发电量的平均值,后者是将水电站的多年平均发电量除以装机容量,相当于全部装机满载运行时的多年平均工作小时数,它集中反映了设备的利用程度。

水电站的经济指标包括水电站的总投资、年运行费用和年效益。水电站的总投资是指水电站在勘测、设计、施工、安装过程中投入资金的总和,包括水工建筑物和电厂的投资。为了表示水电站投资的经济性和合理性,常采用单位千瓦的投资或每千瓦时电能的投资,前者为总投资除以装机容量,后者为总投资除以多年平均发电量。

水电站的年运行费用是指水电站在运行过程中每年支出费用的总和,它通常包括建筑物和设备折旧费、大修费、经常支出的行政管理费和人员工资等。水电站的年效益则为水电站每年的售电收入扣除年运行费用后所得的净收益。

3. 水工建筑物

水能利用中的水工建筑物包括拦河坝、泄水、进水、输水建筑物，发电厂房和过坝设施等。拦河坝是堤坝式水电站的主要水工建筑物。坝的种类和形式很多，按建筑材料可分为混凝土坝和土石坝；按坝顶可否泄洪分为溢流坝和非溢流坝；按坝轴线形状分为直线形坝和拱坝；按坝体静作用的情况分为重力坝、拱坝、重力拱坝。大多数大中型水电站都是采用混凝土坝。混凝土坝的优点是结构简单，施工容易，耐久性好，便于设置泄水建筑物；但体积大，水泥用量多，施工温度控制要求高，施工期长。

泄水建筑物的功能是：当水库容纳不下汛期洪水时，使多余的水量从泄水建筑物排走；非常时期用于放空水库或降低水库水位，以清理和维护水下建筑物；用于某些特殊用途，如冲沙、排放漂木、排冰等。

进水建筑物主要是指进水口处的拦污栅和闸门。拦污栅的作用是阻拦污物进入输水道，以防水轮机、阀门、管道受损或堵死。水电站的闸门有工作闸门和检修闸门。进水口工作闸门在平压状态下开启，在动水中关闭，它们都由启闭机控制。

输水建筑有明渠、渡槽、隧洞，还有连接压力引水道与高压管道之间的调压井以及连接尾水管出口与下游河道的尾水建筑物。

发电厂房的型式取决于水电站的机组参数（水头、流量、装机容量、机组台数、机型等）和自然条件（水文、气象、地形、地质），常见的厂房形式有岸边式、河床式、坝下式、地下式、坝内式等。

水电站的拦河建筑物截断了天然河道，使上游水位高于下游水位，给航运和鱼类溯游带来困难，为此需设置船闸、过木设施和鱼道等过坝设施。船只进入闸室以后，关闭上、下游闸门，开动输水孔阀门，使闸室水位与上游（或下游）水位持平，打开闸门，船只即可驶出。对于上、下游水位差很大的水电站，为节省耗水量，往往采用双级或多级船闸。对于小型船只和木排、竹筏等，不一定采用船闸过坝的形式，而是采用直接提升，吊入滑道内曳引而下，或由下游沿筏道牵引提升入水库。鱼道是拦河坝上专门为鱼类通过而设的建筑物，其进、出口都有灯光诱鱼装置，鱼类进入鱼梯内，通过道板蜿蜒而行。

4. 水轮机

水轮机是将水能转换成机械能的水力原动机，主要用于带动发电机发电，是水电站厂房中主要的动力设备。通常将它与发电机一起统称为水轮发电机组。水流的能量包括动能和势能，而势能又包括位置势能和压力势能。但据水轮机利用水流能量的不同，可将水轮机分为两大类，即单纯利用水流动能的冲击式水轮机和同时利用动能和势能的反击式水轮机。

在生产和使用中常按照水轮机的单机出力及转轮直径大小，将水轮机分为小型、中型和大型。大型水轮机一般是指出力大于30MW的水轮机，大型混流式水轮机和大型轴流式水轮机的转轮直径在2.25~3m以上；单机出力小于30MW的水轮机一般称为中、小型机组，其中混流式水轮机的转轮直径为1.0~2.25m，轴流式水轮机的转轮直径为1.2~3.0m。

1.5.4 小水电

兴建小型水电站是解决我国以及其他发展中国家农村和边远地区能源问题的重要途径。所谓小水电资源，通常是指装机容量在2.5MW以下的水电资源。根据普查，我国小水电站

的理论蕴藏量为 1.8×10^5 MW，技术可开发量为 7540MW。小水电资源几乎遍及全国各地，可分为南北两大资源带，主要蕴藏在雨量充沛、河床陡峭的山区。至 2010 年我国已建成小水电站 45000 座，总装机容量 5512 万 kW，年发电量 1600 多亿 kW·h，约占我国水电装机和年发电量的 30%，小水电发展的资源空间非常巨大。如全面实施 2009~2015 年全国小水电代燃料工程规划，可以解决 170 万户、677 万农村居民生活燃料问题。

目前小水电遍布全国 1/2 的地域、1/3 的县市，累计解决了 3 亿多无电人口的用电问题，小水电地区的户通电率从 1980 年的不足 40% 提高到 2009 年的 99.6%，供电质量和可靠性大大提高。小水电站主要体现出以下优点：①小水电站工程简单、建设工期短，一次基建投资小，水库的淹没损失、移民、环境和生态等方面的综合影响甚小；②由于小水电接近用户，因此输变电设备简单、线路输电损耗小；③在小水电的建设中，能充分发挥地方政府和群众办电的积极性，并与当地的防洪、灌溉、供水结合起来；④小水电不仅在增加能源供应、改善能源结构、保护生态环境、减少温室气体排放方面作出了重要贡献，还在电力应急保障中发挥了独特作用。以上这些优点使小水电在我国和一些发展中国家发展迅速，成为农村和边远山区发电的主力。经过多年发展，小水电已成为我国农村经济社会发展的重要基础设施、山区生态建设和环境保护的重要手段。

我国对小水电的发展十分重视，小水电的发展首先促进县、乡、村的工业发展，活跃农村经济。其次，由于电力排灌的发展，提高农田抗旱排涝能力，促进当地的农业生产。随着电力问题的解决，农副产品得以深加工；农民的生活得到改善；农村文化活动日益活跃；减少了薪柴、秸秆的燃烧，保护环境。小水电的发展还为地方经济的发展积累资金，也促进我国发电和用电设备制造业的进步，为解决我国农村能源短缺做出贡献。

1.6 二次能源

1.6.1 概述

由一次能源经过加工或转化而得到的不同形式的产品能源称为二次能源。二次能源可以由常规能源加工或转化而来，也可以由非常规能源转化而来。由于常规能源可以分为燃料能源和非燃料能源，因此二次能源也可以分为由燃料能源转换而来的燃料型二次能源和由非燃料能源转换而来的非燃料型二次能源，前者包括煤气、焦炭、汽油、煤油、柴油、重油、液化石油气、丙烷、甲醇、乙醇、苯胺、火药等；后者包括电、蒸汽、热水、余热等。由非常规能源转换而来的燃料型二次能源有沼气、氢等，非燃料型二次能源主要是激光。

二次能源通常都属高品质的能源，与一次能源相比，它们或者是热值高、燃烧清洁、热效率高；或者是运输、使用方便，较容易转换成其他形式的能量；或者是能满足不同工艺的要求。二次能源中应用最多的燃料能源是各种燃料油、煤气和焦炭，使用最多的非燃料能源是电、蒸汽和热水。

本节只讨论由常规能源加工或转换而得到的二次能源。

1.6.2 燃料型二次能源

1. 气体燃料

气体燃料简称煤气，是以可燃气体为主要成分的混合气体。它是人为地利用固体燃料或液体燃料加工而得到的气态的二次能源。早期的人工制取的气体燃料都是用煤提炼的，称为煤制气或煤气，也称瓦斯气。随着城市气源的多样化，不仅有煤制气，还有油制气、天然气、液化石油气等。

2. 液体燃料

液体燃料种类繁多，除最常用的汽油和柴油外，还有燃料油、航空煤油、醇类液体燃料（甲醇、乙醇）以及新兴起的柴油的替代燃料——二甲基醚等。

3. 焦炭

二次能源中，焦炭是最重要的固体燃料，也是冶金工业不可缺少的原料，特别在现代高炉炼铁中，它既为矿石在炉内还原提供热源和还原剂，又是整个高炉料柱的主要支撑物和疏松剂。

焦炭是用炼焦用煤在焦炉炭化室内隔绝空气加热到1300℃以上，使煤炭化获得的产物。加热煤料排出的挥发物由炉顶的上升管导出，经过冷凝、冷却、洗涤、蒸馏等加工处理后，得到焦炉煤气、苯类、氨水、焦油等物质。留在炭化室内的即为焦炭。现代化焦炉是由许多炭化室与燃烧室间隔排列在一起的热设备。炭化室两侧由煤气加热，燃烧室由设在其下面的蓄热室预热煤气和空气供热。

焦炭生产除了获得主要产品焦炭，作为重要的二次能源产品外，还有焦炉煤气和多种煤化工产品，这些产品与国防、冶金、轻工、化工、电讯、交通运输等部门都有密切的关系，是重要的原料。

1.6.3 非燃料型二次能源

1. 电

（1）有关电的知识

电能是由其他一次能源转换而来的二次能源。由于电能输送、控制、转换和使用都非常方便，又不污染环境，因此是一种优质的二次能源。

我国正在努力实现全国电气化，电能是很重要的，因此电力工业必须优先发展，其发展速度要高于国民经济的其他部门。电力产业与国民经济之间的正向联系具体表现为发电量增长率和国内生产总值（Gross Domestic Product，GDP）增长率之间呈现出高度的正相关性。电力弹性系数（Electricity Elasticity Coefficient，EEC）主要是从电力生产、消费的角度来衡量电力发展速度与国民经济增长速度之间的的关系。EEC反映了电力发展速度与国民经济增长速度的比值，由于电力发展和经济增长速度都是相对数量，存在变化的随机性，导致EEC的随机性。但从长期来看，EEC绝大多数年份在1上下浮动，没有出现大于2或小于0.3的情况，存在相对稳定性。现代国家的经济发展阶段一般会经历3个阶段：一是农业化向一般工业化过渡阶段；二是一般工业化向重化工业过渡阶段；三是重化工业向第三产业过渡阶段。在第一阶段和第二阶段，电力增长十分迅猛，EEC一般会大于1；在第三阶段，由于带动相同GDP所需的电量相反会得到节约，EEC一般会小于1。另外，由于科技发展使得节电技术和电力需求侧管理应运而生，经济结构转型、节能节电工程技术和管理技术的不断发展，使单位GDP的能耗不断下降，长远来讲，EEC会趋向减小。

从我国改革开放以后30年的统计数据可以看出，我国EEC经历了一个变化的过程，以每五年为一个统计的节点，具体数据如下："六五"为0.61，"七五"为1.1，"八五"为0.88，"九五"为0.76，"十五"为1.43，"十一五"为0.96。

世界主要国家 1990 ~ 2008 年的 EEC 见表 1 – 28。

表 1 – 28　主要国家的电力生产弹性系数(1990 ~ 2008 年)　十亿美元；$10^6 \mathrm{kW \cdot h}$

国家	指标	1990	1995	2000	2005	2008	分段弹性系数		
							90 ~ 95	95 ~ 00	00 ~ 05
法 国	GDP	1087.46	1146.45	1328	1439.7	1517.5	3.21	0.55	0.79
	电力生产量	417773	493900	536100	571465	569908			
德 国	GDP	1545.84	1710.55	1900.2	1955.1	2092.1	-0.19	0.6	2.45
	电力生产量	547650	537045	572313	613438	626699			
意大利	GDP	917.51	977.33	1097.3	1135.8	1179.4	1.99	0.96	2.77
	电力生产量	213147	241480	269947	296839	312366			
日 本	GDP	4107.83	4428.55	4667.5	4978.3	5164.6	2.29	1.1	0.58
	电力生产量	834527	989880	1048639	1088435	1078078			
韩 国	GDP	288.33	413.01	511.7	639.4	723.4	1.89	1.64	1.34
	电力生产量	105370	203824	288526	387874	440502			
英 国	GDP	1132.21	1229.82	1450.9	1638.1	1777.6	0.72	0.62	0.45
	电力生产量	317755	337424	374375	395473	386232			
美 国	GDP	7055	7972.8	9764.8	10950.6	11596.2	0.91	0.57	0.51
	电力生产量	3202813	3582114	4025705	4268379	4329358			
南 非	GDP	107.64	115.8	132.9	159.7	178	1.66	0.88	0.82
	电力生产量	165385	186551	210670	244920	260500			
巴 西	GDP	461.49	538.6	601.7	670.5	808.9	1.38	2.16	1.33
	电力生产量	222821	275601	349197	403032	445142			
中 国	**GDP**	**553**	**935**	**1367.2**	**2100.4**	**2623.4**	**0.88**	**0.76**	**1.43**
	电力生产量	**650138**	**1035642**	**1386931**	**2538015**	**3318185**			
印 度	GDP	268.02	347.2	460.2	644.1	771.1	1.43	1.05	0.64
	电力生产量	289359	417815	562187	699041	803409			
俄罗斯	GDP	—	239.7	259.7	349.9	406.2	—	0.27	0.27
	电力生产量	—	859026	877766	953086	1013399			
乌克兰	GDP	—	34.5	31.3	45.2	52.2	—	1.26	-4.7
	电力生产量	—	193821	171445	18605	196135			

注：中国数据包括香港特区弹性系数；
　　弹性系数根据国际能源署(IEA)历年统计数据汇总计算。

在能源构成中，电能消耗的指数通常标志着一个国家的发达程度和工业化水平。我国用于发电的能源在一次能源消费中所占的比重仅为 30%，而全世界的平均值约为 50%，发达国家更高达 80%，由此可见，我国工业化程度和人民生活质量还是处于较低水平。

电能可以通过多种途径产生，其中最主要的途径是通过发电机将机械能直接转换成电能。另外，可在燃料电池中将化学能直接转换成电能；在太阳能电池中由辐射能直接转换成电能；核能转换为电能则是在所谓的核电池中实现的。磁流体发电、热电偶温差发电则可将热能直接转变成电能。但后面几种获得电能的方式目前仍处在研究、开发阶段。

将机械能转换成电能是目前获得电能的主要手段。驱动同步发电机的动力机械有蒸汽轮机、燃气轮机、内燃机、水轮机、风力机等。

另一种有实用意义的电能产生方式是燃料电池。燃料电池是把燃料的化学能直接转换为电能的装置，其工作过程很像电解水的逆过程。通常完整的燃料电池发电系统由电池堆、燃料供给系统、空气供给系统、冷却系统、电力电子换流器、保护控制系统等组成。

电力用户的电力负荷按其重要性和对供电可靠性的要求通常可以分为3类：第一类负荷是最重要的电力用户：对其突然停电时，将造成人员伤亡，重大设备损坏，引起生产混乱或交通枢纽受阻，城市供水、广播、通信中断，造成巨大经济损失或重大政治影响。对这类负荷，必须有两个独立的电源供电；第二类负荷也是重要的电力用户：对其突然停电，会造成大量减产、停工，生产设备局部破坏，局部交通阻塞，城市居民正常生活受影响。对这类负荷应尽量采用两回路线路供电，且两回路线路应引自不同的变压器或母线段；确有困难时，允许由一回路专用线路供电；第三类负荷为一般电力用户：此类负荷短时停电损失不大，可以用单回路线路供电。

由于各孤立运行的发电厂都是通过电力网连接起来形成并联运行的电力系统后，再将电能送至各电力用户的。电力系统的优点表现在：①能减少发电系统中总的装机容量，节约投资；②能够充分利用不同的能源，实现水电和火电的互补；③可以装设大容量的机组，提高发电的经济效益；④能保证供电的可靠性；⑤能提高电能质量。

（2）世界电力工业的基本情况

2003年8月，美国和加拿大东部的大面积停电使1000多万居民备受停电之苦，随后一个月内又相继发生了丹麦、瑞典和意大利的大停电事故，其中意大利的停电使该国5800万人口受到影响。这些停电事件引起全世界对电网和供电安全的担忧。意大利反对建核电厂，而本身油、煤资源缺乏，能源紧张，电力供应主要依赖法国进口。法国以核电为主，近年来因本国用电增加，电力出口量锐减。目前随着全球经济的逐步复苏，全世界的电力工业又迎来一次大发展，例如，美国自加州因电力紧张而导致大停电后，已决定重新建设新的核电厂。

全球电力发展也不平衡。2010年，OECD29个成员国的发电量占世界发电总量的63.4%，其终端消费电量则占世界消费总电量的65.6%，但这29个成员国人口仅占全球人口的19.3%。据联合国2007年对全球137个国家和地区人均用电量统计，低于100kW·h的国家有11个，在101~1000kW·h之间有31个，1001~10000kW·h有82个，超过10000kW·h有13个，包括挪威、冰岛、加拿大、瑞典、美国等，以及中东地区的卡塔尔、科威特、阿联酋和巴林。

2010年，世界总发电量合计为213251.15亿kW·h，较上年增长5.9%。亚太地区增速最高，达到9.1%；其次是非洲增长7.7%；最低的是中南美地区，仅增长3.5%。增速最高的是卡塔尔，较上年增长16.3%，最低的是立陶宛，比上年下降62.7%。从总发电量来看，2010年，世界十大电力生产国是美国、中国、日本、俄罗斯、印度、加拿大、德国、法国、韩国和巴西。我国已大大缩小了与美国的差距。2010年，中美两国总发电量分别为42065.4亿kW·h和43259.39亿kW·h，同比较上年分别增长13.2%和4.3%，占世界发电量的比重分别为19.7%和20.3%。

由于化石燃料对环境的污染，世界各国都日益重视水电、核能和其他可再生能源（如地热、太阳能、风能、生物质能）的发电；世界各国和我国的发电量构成中，发达国家对非化石燃料发电是非常重视的，其开发程度也远高于我国和其他发展中国家。

（3）我国电力工业

1882 年我国第一台发电机组在上海安装发电，从此诞生了我国的电力工业。但在新中国成立前的近 70 年中，电力工业发展非常缓慢。新中国成立后，经过 50 余年的努力，我国电力工业的规模，无论是装机容量还是年发电量都已居世界第 2 位。

中电联发布的《全国电力工业统计快报（2011 年）》显示，2011 年我国全社会用电量平稳较快增长；发电装机容量继续增加，结构调整加快，装备技术水平进一步提高，节能减排取得新进展。全年全社会用电量 46928 亿 kW·h，人均用电量 3483kW·h，超过世界平均水平。新增装机容量 9041 万 kW，年底发电装机容量达到 10.56 亿 kW，其中水电、核电、风电等非火电类型发电装机容量比重达到 27.5%，供电煤耗 330gce/kW·h（gce/kW·h 表示生产 1kW·h 的电需要消耗标准煤的质量，以 g 计），线路损失率 6.31%。2011 年，一批国家重点电源、电网建设项目按期投产，对电力工业的合理布局、优化配置和转型发展起到了重要作用。第一产业用电量 1015 亿 kW·h，第二产业用电量 35185 亿 kW·h，第三产业用电量 5082 亿 kW·h，城乡居民生活用电量 5646 亿 kW·h。

全国全口径发电量 47217kW·h，分类型看，水电发电量 6626 亿 kW·h，占全部发电量的 14.03%；火电发电量 38975 亿 kW·h，占全国发电量的 82.54%；核电、并网风电发电量分别为 874 亿 kW·h 和 732 亿 kW·h。

目前我国已经建成东北电网、华北电网、西北电网、西藏电网、华中电网、华东电网、南方电网 7 大电网（如图 1-13 所示），其中南方电网和华东电网属于南方电网公司，其余 5 个电网属于国家电网公司。

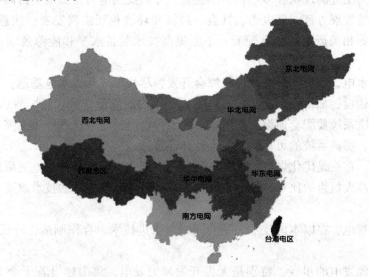

图 1-13　我国电网分布图

在电力工业获得迅速发展的同时，我国电力工业仍然存在诸多问题，主要表现在：

①电力供应不能适应国民经济的发展：我国从"一五"～"五五"时期，EEC 都大于 1，但从"六五"时期开始一直到 1999 年，大多数时候 EEC 都小于 1。由于电力发展速度低于经济发展速度和人民生活水平提高的速度，造成电力供应紧张，供需矛盾突出。与此同时，发电设备容量与用电设备容量比例上的失调也加剧了电力短缺的情况，造成这种局面的原因是多方面的，主要是电力投资强度不够，此外不注意节约用电也是原因之一。

②人均装机容量和发电量低。由于电力供应不足，加上人口众多，我国的人均装机容量和人均发电量以及人均净用电量均低。2007 年，世界人均发电量为 3003kW·h，我国人均发电量仅为 2484kW·h，居世界第 73 位；世界人均用电量为 2752kW·h，我国人均用电量为 2328kW·h，居世界第 67 位。

③电源结构不合理。我国电源结构中火电比重大，水电开发利用率低，核电则刚刚起步。在装机容量上，2010 年我国火电机组占 74.8%，水电机组占 24.5%，核电机组仅为 0.7%。我国水力资源居世界第 1 位，但其开发率却远低于世界平均水平，未能充分利用不同的能源实现水电和火电的互补。以水力资源居世界第 4 位的加拿大为例，其火电仅占总发电量的 26%，水电则占总发电量的 60%，因此能源利用率高，发电经济性好。

④电力技术装备水平低，经济性较差。我国电力工业的技术经济指标已在逐年提高，但这些技术指标和发达国家的先进指标相比还相差较远。如供电煤耗，高出 50~70gce/kW·h，热效率低 5% 左右。造成这种情况的原因除管理水平低外，我国电力技术装备水平落后也是主要的原因，如我国大容量、高参数的火电机组在发电设备中占的比重小，输电线路的电压等级低。

⑤电网的建设滞后于电源的建设，供电的自动化水平低。多年来由于资金短缺，我国电网建设明显落后于电源建设，电网建设技术标准低、备用容量小、结构不良、设备老化、网耗大、供电质量差，都是当前我国电网存在的主要问题。

⑥环境污染严重。由于我国电力工业以火电为主，火电厂中燃煤电厂又占绝对优势，加上资金困难影响火电厂对污染的治理，使得电力工业对环境的影响已成为不可忽视的问题。

根据我国电力工业的现状和多年积累的经验，今后我国电力发展应坚持以下原则：

①坚持可持续发展方针，使电力、社会、经济和环境相互协调发展；注意电力、煤炭，运输、设备制造等相关产业的相互配套，不断提高技术装备水平和能源效率；开发和节约并重；

②大力发展水电，积极推进流域梯级综合开发，尽快形成几大水电基地；

③加强电网建设，加快全国联网，实现更大范围内的能源资源优化配置；高压输电网、低压配电网、二次系统要配套建设；抓紧城市和农村电网的改造；进一步提高电力系统自动化和现代化水平，提高系统的可靠性、安全性和经济性；

④优化煤电，首先是优化煤电的地区布局和内部结构。在有条件的地区形成煤电基地和电站群；不断提高大机组的比重，继续发展热电联产，注意老电厂的技术改造；适度发展天然气发电；

⑤积极发展核电，在以本国技术为主的同时，引进技术，合作制造，降低核电厂造价，提高竞争力；

⑥加快新能源发电的步伐，特别是大力开发风力发电，集中建设若干个大型风力发电场，并带动相关产业的发展，同时推广城市废弃物和垃圾发电；

⑦深化电力体制改革，建立公平竞争，开放有序、健康发展的电力市场体系；

⑧建立我国电力系统安全和电网重大突发事件的应急处理机制，减少电力突发事件对社会、经济和人民生活造成的损失和影响。

2. 蒸汽

蒸汽作为二次能源，广泛用于各种加热过程，是纺织、轻工、化工、制药、食品、建材、采暖等行业理想的热源。

在一定的压力下对水加热，使水温升高至其沸点，在这个过程中，所加入的热量仅是使水温升高，并不用于水的相变。温度等于沸点的水称为饱和水，温度低于沸点的水则称为未饱和水。相应的沸腾温度也称为饱和温度，相应的压力就称为饱和压力。如果对饱和水继续加热，水就开始沸腾并逐渐变为蒸汽，这时饱和压力不变，饱和温度也不变。蒸汽和水共存的状态称为湿饱和蒸汽。随着加热过程的继续进行，水逐渐减少，蒸汽逐渐增多，直至水全部变为蒸汽。这时的蒸汽称为干饱和蒸汽或饱和蒸汽。饱和温度与水的压力有关。当压力为101.325kPa 时，水的饱和温度（即沸点）为100℃。压力高，饱和温度也高；反之亦然。每一个压力都对应于一个确定的饱和温度，或者说每一温度都对应于一个确定的饱和压力。例如，压力为0.36136MPa 时，对应的饱和温度为140℃；当饱和温度为180℃时，对应的饱和压力为1.0027MPa。水的饱和压力与温度的关系，以及在该饱和状态下的水、水蒸气的热物理性质（如比热容、比焓和汽化热等）都可以由水和水蒸气表查得。

当饱和蒸汽继续在等压下加热时，蒸汽比热容增大，温度升高，超过饱和温度而成为所谓的过热蒸汽，超过饱和温度之值称为过热蒸汽的过热度。过热蒸汽的各种热物理性质也可以由水蒸气表查得。

大多数热用户都采用饱和蒸汽作为热源，它们主要是利用蒸汽凝结所放出的汽化热。通常根据所要求的温度高低选用不同压力的饱和蒸汽。对于某些对温度要求较高的热用户，也可以采用过热蒸汽，此时所利用的热量除了汽化热外还包括蒸汽的过热热。

锅炉是生产蒸汽的主要装置。热用户根据所需蒸汽的温度、压力和流量来选用不同型号的锅炉。为了提高蒸汽的热利用率，应注意以下几方面的问题：①最大限度地回收凝结水，因为蒸汽凝结后，凝结水中还包含大量热量；另外凝结水是经过水处理后的优质除盐水，因此应将回收的凝结水作为给水送回锅炉。为此，在蒸汽管道和热设备上都应设置疏水器，疏水器的作用是既防止蒸汽泄漏，又能顺利地排出凝结水；②所有蒸汽管道和用热设备都应良好保温，以尽量减少散热损失；③应及时将换热面上的凝结水排除，以免它妨碍蒸汽直接与换热面接触，影响传热效率；④为了避免能量品质的下降，应尽量避免将高温、高压蒸汽通过节流或减温、减压器变为低温、低压蒸汽使用；⑤尽量避免空气漏入热设备，因为蒸汽中含有空气会大大降低蒸汽凝结传热的传热系数，必要时可采用抽气装置。

3. 热水

热水是除蒸汽之外被用作热源的另一种二次能源。热水大多由热水锅炉提供，少量是用高温蒸汽将水加热而获得的。

作为热源的热水也是饱和水，根据供热温度的高低，可以分为高温热水（温度高于120℃）和中温热水（水温低于120℃）。水作为热媒，在高温状态下的某些性质明显优于低温状态，表现在：①高温水的比热容明显高于低温水，例如，100℃的饱和水的比热容比20℃时增加了11.5%，所以高温水比低温水有更大的蓄热能力，可以用较小的管道输送较大的热量；②高温水的动力黏度比低温水低，例如，100℃的饱和水的动力黏度比20℃时减少了71.8%，因为流动的摩擦阻力与黏度有关，因此在相同条件下，输送高温水所消耗的泵功比低温水低得多。

使用高温水作热媒也有不利之处，表现在：①随着饱和温度增高，饱和压力迅速增高，如160℃的饱和水的压力比100℃时增加了510%。因此，以热水为工质的用热设备和管道必须是承压件，这样就使投资大大增加。一般认为，230℃是高温水的经济使用极限；②水的密度随温度的升高而减小，而膨胀系数却随温度升高而增大，这样就增加了热水系统结构设计上的复杂性，如不得不设置膨胀水箱等。

4. 余热

工业企业有着丰富的余热资源，从广义上讲，凡是温度比环境高的排气和待冷物料所包含的热量都属于余热。具体而言，可以将余热分为以下6大类：

①高温烟气余热：主要指各种冶炼窑炉、加热炉、燃气轮机、内燃机等排出的烟气余热，这类余热资源数量最大，约占整个余热资源的50%以上，其温度约为650～1650℃；

②可燃废气、废液、废料的余热：如高炉煤气、转炉煤气、炼油厂可燃废气、纸浆厂黑液、化肥厂的造气炉渣、城市垃圾等。它们不仅具有物理热，而且含有可燃气体。可燃废料的燃烧温度在600～1200℃，发热值约为3350～10465kJ/kg；

③高温产品和炉渣的余热：其中有焦炭、高炉炉渣、钢坯钢锭、出窑的水泥和砖瓦等，它们在冷却过程中会放出大量的物理热；

④冷却介质的余热：它是指各种工业窑炉壳体在人工冷却过程中冷却介质所带走的热量，如电炉、锻造炉、加热炉、转炉、高炉等都需采用水冷，水冷产生的热水和蒸汽都可以利用；

⑤化学反应余热：它是指化工生产过程中的化学反应热，这种化学反应热通常又可在工艺过程中再加以利用；

⑥废气、废水的余热：这种余热的来源很广，如热电厂供热后的废气、废水，各种动力机械的排气以及各种化工、轻纺工业中蒸发、浓缩过程中产生的废气和排放的废水等。

余热按温度水平可以分为3档：高温余热，温度大于650℃；中温余热，温度为230～650℃；低温余热，温度低于230℃。

余热利用的途径主要有3方面：余热的直接利用；发电；综合利用。

余热的直接利用包括：①预热空气，利用高温烟道排气，通过高温换热器来加热进入锅炉和工业窑炉的空气。由于进入炉膛的空气温度提高，使燃烧效率提高，从而节约燃料。在黑色和有色金属的冶炼过程中，广泛采用这种预热空气的方法；②干燥，利用各种工业生产过程中的排气来干燥加工的材料和部件。如陶瓷厂的泥坯、冶炼厂的矿料、铸造厂的翻砂模型等；③生产热水和蒸汽，主要是利用中低温的余热生产热水和低压蒸汽，以供应生产工艺和生活方面的需要，在纺织、造纸、食品、医药等工业以及人们生活上都需要大量的热水和低压蒸汽；④制冷，利用低温余热通过吸收式制冷系统来达到制冷或空调的目的。

利用余热发电通常有以下几种方式：①用余热锅炉（又称废热锅炉）产生蒸汽，推动汽轮发电机组发电；②高温余热作为燃气轮机的热源，利用燃气轮发电机组发电；③如余热温度较低，可利用低沸点工质，如正丁烷，来达到发电的目的。

余热的综合利用是根据工业余热温度的高低，采用不同的利用方法，实现余热的梯级利用，以达到"热尽其用"的目的。例如高温排气，首先应当用于发电，而发电的余热再用于生产工艺用热，生产工艺的余热再用于生活用热。如工艺用热要求的温度较高，则可通过汽轮机的中间抽气来予以满足。对于高温、高压废气，应尽可能采用燃气－蒸汽联合循环。

第 2 章　非常规能源

2.1　核能

2.1.1　核能的来源

人类生活中利用的大多是化学能。化石燃料燃烧时，燃料中的碳原子和空气中的氧原子结合，同时放出一定的能量。这种原子结合和分离使得电子的位置和运动发生变化，从而释放出的能量称为化学能，显然它与原子核无关。

如果设法使原子核结合或分离，是否也能释放出能量呢? 近百年来科学家持之以恒的努力给予的答案是肯定的。这种由于原子核变化而释放出的能量，早先通俗地称为原子能。因为所谓原子能，实际上是由于原子核发生变化而引起的，因此应该确切地称之为原子核能。经过科学家们多年的宣传，现在广大公众已了解原子能实际上是"核"的功劳，于是现在简洁的称呼"核能"取代了"原子能"; "核弹"、"核武器"取代了"原子弹"和"原子武器"。

"核能"来源于将核子(质子和中子)保持在原子核中的一种非常强的作用力——核力。原子核中所有的质子都带正电，当它们挤在一个直径 10^{-13} cm 的极小空间内时，其排斥力巨大，然而质子不仅没有飞散，相反和不带电的中子紧密地结合在一起。这说明在核子之间还存在一种比电磁力要强得多的吸引力，这种力称为"核力"。核力和人们熟知的电磁力以及万有引力完全不同，它是一种非常强大的短程作用力。当核子间的相对距离小于原子核的半径时，核力显得非常强大; 但随着核子间距离的增加，核力迅速减小，一旦超出原子核半径，核力很快下降为零。而万有引力和电磁力都是长程力，它们的强度虽会随着距离的增加而减小，但却不会为零。

科学家在研究原子核结合时发现，原子核结合前后核子质量相差甚远。例如氦核是由 2 个质子和 2 个中子组成，其质量为 4.002663 原子质量单位; 若将 4 个核子的质量相加，应为 4.032980 原子质量单位。这说明氦核结合后的质量发生了"亏损"，即单个核的质量要比结合成核的核子质量数大。这种"质量亏损现象"正是缘于核子间存在的强大核力，核力迫使核子间排列得更紧密。氦核的质量亏损所形成的能量为 $E = 28.3\text{MeV}$。就单个氦核而言，质量亏损所形成的能量很小，但 1g 氦释放的能量达到 6.78×10^{11} J，即相当于 19×10^{4} kW·h 的电能。由于核力比原子核与外围电子之间的相互作用力大得多，因此核反应中释放的能量就要比化学能大几百万倍。科学家将这种由核子结合成原子核时所放出的能量称为原子核的总结合能。由于各种原子核结合的紧密程度不同，原子核中核子数不同，因此总结合能也会随之变化。由于结合能上的差异，产生了两种利用核能的不同途径: 核裂变和核聚变。

核裂变又称核分裂，它是将平均结合能比较小的重核设法分裂成两个或多个平均结合能大的中等质量的原子核，同时释放出核能。重核裂变一般有自发裂变和感生裂变两种方式。自发裂变是重核本身不稳定造成的，故其半衰期都很长，如纯铀自发裂变的半衰期约为 45

亿年,因此要利用自发裂变释放出的能量是不现实的。感生裂变是重核受到其他粒子(主要是中子)轰击时裂变成两块质量略有不同的较轻的核,同时释放出能量和中子。一个铀核受中子轰击发生感生裂变时所释放的能量如表 2-1 所示。核裂变释放出的能量才是人们可以加以利用的核能。

表 2-1　铀核裂变时所放出的能量

能量组成	能量/MeV	组成/%
裂变碎片的动能:重核	67	32.9
轻核	98	48.1
瞬间 γ 射线的能量	7.8	3.8
裂变中子的动能	4.9	2.4
裂变碎片及其衰变产物的 β 粒子的能量	9	4.4
裂变碎片及其衰变产物的 γ 粒子的能量	7.2	3.5
中微子的能量	10	4.9
合计	203.9	100

　　图 2-1 是核裂变链式反应的示意图,每个铀核裂变时会产生 2~3 个中子,这些中子又会轰击其他铀核,使其裂变并产生更多的中子,这样一代一代发展下去,就会形成一连串的裂变反应。这种连续不断的核裂变过程就称为链式反应。显然,控制中子数的多寡就能控制链式反应的强弱。最常用的控制中子数的方法是用善于吸收中子的材料制成控制棒,并通过控制棒位置的移动来控制维持链式反应的中子数目,从而实现可控核裂变。镉、硼、铬等材料吸收中子能力强,常用来制作控制棒。

核聚变又称热核反应,它是将平均结合能较小的轻核(如氘和氚)在一定条件下聚合成一个较重的平均结合能较大的原子核,同时释放出巨大的能量。由于原子核间有很强的静电排斥力,一般条件下发生核聚变的几率很小,只有在几千万摄氏度的超高温下,轻核才有足够的动能去克服静电斥力而发生持续的核聚变。由于超高温是核聚变发生必需的外部条件,所以又称核聚变为热核反应。

由于原子核的静电斥力同其所带电荷的乘积成正比,所以原子序数越小,质子数越少,聚合所需的动能(即温度)就越低。因此,只有一些较轻的原子核(如氢、氘、氚、氦、锂等)才容易释

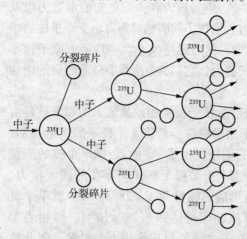

图 2-1　核裂变链式反应的示意图

放出聚变能。最常见的聚合反应是氘和氚的反应:

$$^2_1H + ^3_1H \rightarrow ^4_2He + ^1_0n$$

　　释放的能量是铀裂变反应的 5 倍。由于核聚变要求很高的温度,目前只有在氢弹爆炸和由加速器产生的高能粒子的碰撞中才能实现。使聚变能持续地释放,成为人类可控的能源,即实现可控热核反应,仍是科学家奋斗的目标。

2.1.2 核燃料

1. 核裂变的核燃料

核裂变的核燃料主要是铀。天然铀通常由 3 种同位素构成：^{238}U，约占铀总量的 99.3%；^{235}U，占铀的总量不到 0.7%；还有极少量的 ^{234}U。当 ^{235}U 的原子核受到中子轰击时会分裂成两个质量近于相等的原子核(变成 ^{236}U)，同时放出 2～3 个中子。^{238}U 的原子核不是直接裂变，而是在吸收快中子后变成另外一种核燃料——^{239}Pu，钚是可以裂变的。还有另外一种金属 ^{232}Th，它的原子核吸收一个中子后也能变成一种新的核燃料——^{233}U。所以 ^{235}U 和 ^{239}Pu 可以通过裂变产生核能，称为核裂变物质；^{238}U 则通过生成 ^{239}Pu 后再通过裂变产生核能。所以 ^{235}U、^{239}Pu、^{238}U 通称作核燃料。

与一般的矿物燃料相比，核燃料有两个突出的特点：一是生产过程复杂，要经过采矿、加工、提炼、转化、浓缩、燃料元件制造等多道工序才能制成可供反应堆使用的核燃料；二是还要进行"后处理"。基于以上原因，目前世界上只有为数不多的国家能够生产核燃料。

核燃料的另一特征是能够循环使用。化石燃料燃烧后，剩下的是不能再燃烧的灰渣。而核燃料在反应堆中除未用完而剩下部分核燃料外，还能产生一部分新的核燃料，这些核燃料经加工处理后可重新使用。所以为了获得更多的核燃料，也为了妥善处理这些"核废料"，从用过的核燃料中回收这一部分核燃料就显得特别重要。所谓核燃料循环，就是指对核燃料的反复使用。当然在反复使用过程中核燃料也是逐步消耗的。

地球上的铀储量有限，已探明的仅 $500 \times 10^4 t$，其中有经济开采价值的仅占一半，为此人们想方设法地在寻找铀资源。经过多年的研究发现海水中也含有铀，据估计，虽然每 1000t 海水中仅含铀 3g，但全球有 $15 \times 10^{14} t$ 海水，因而含铀总量高达 $45 \times 10^8 t$，几乎比陆地上的铀含量多千倍。如按热值计算，45t 铀裂变约相当于完全燃烧 $1 \times 10^8 t$ 优质煤，比地球上全部煤的地质储量还多千倍。因此从 20 世纪 70 年代开始，一些发达国家已开始着手研究海水提铀技术。目前已开发的海水提铀工艺技术有沉淀法、吸附法、浮选法和生物浓缩法等，其中吸附法比较成熟。它是利用一种特殊的吸附剂将海水中的铀富集到吸附剂上，然后再从吸附剂上"分离"出铀。但海水提铀在现阶段还存在一些经济和技术上的问题，尤其是成本太高。不过随着科学的发展，如将海水提铀和波浪发电、海水淡化、海水化学资源的提取等结合起来，海水提铀的前景是非常光明的，而且还将为海洋的综合利用开辟更广阔的天地。

2. 核聚变的核燃料

科学家经过多年的努力，发现最容易实现核裂变反应的是原子核中最轻的核，如氢、氘、氚、锂等。其中最容易实现的热核反应是氘和氚聚合成氦的反应。据计算，1g 氘和氚燃料在聚变中所产生的能量相当于 8t 石油，比 1g 的 ^{235}U 裂变时产生的能量要大 5 倍。因此氘和氚是核聚变最重要的核燃料。

作为核燃料之一的氘，地球上的储量特别丰富，每升海水中含氘 0.034g(虽然每 6000 个氢原子里只有一个氘原子，但一个水分子里有 2 个氢原子)，地球上有 $15 \times 10^{14} t$ 海水，海水中的氘含量即达 $450 \times 10^8 t$，几乎是取之不竭的。

作为另一种核燃料氚就是另外一种情况。海水里的氚含量极少，因此只能从地球上藏量很丰富的锂矿里分离出来。此外还有另一种获得氚的方法，把含氘、锂、硼或氮原子的物质放到具有强大中子流的原子核反应堆中；或者用快速的氘原子核去轰击含有大量氚的化合物

（如重水），也可以得到氚。海水中也含有丰富的锂，每立方米海水中锂的含量多达0.17g。

正由于核聚变的核燃料丰富，释放的能量大，聚变中的氢及聚变反应生成的氦都对环境无害，因此尽快实现可控的核聚变反应是21世纪人类面临的共同任务。

2.1.3 世界核能利用现状

从前苏联建成第一座核电站至今，世界核电得到了迅速发展。特别是20世纪70年代后，核电技术的成熟和中东战争引发的石油危机，更促成了核电发展的高潮。根据国际原子能机构（International Atomic Energy Agency，IAEA）的统计结果，截至2008年初世界各国核电站数量及核电占总发电量的百分比见表2-2。

表2-2 世界各国核电站数量及核电占总发电量的百分比

国家	核电站数量	核电占总发电量百分比/%	国家	核电站数量	核电占总发电量百分比/%
法国	58	78.1	芬兰	4	28.0
立陶宛	1	72.3	西班牙	8	19.8
斯洛伐克	1	57.2	美国	104	19.4
比利时	7	54.4	英国	19	18.4
瑞典	10	48.0	俄罗斯	31	15.9
乌克兰	15	47.5	加拿大	18	15.8
保加利亚	2	43.6	罗马尼亚	2	9.0
亚美尼亚	1	42.0	阿根廷	2	6.9
斯洛文尼亚	1	40.3	墨西哥	2	4.9
韩国	20	38.6	南非	2	4.4
匈牙利	4	37.7	荷兰	1	3.5
瑞士	5	37.4	巴西	2	3.3
德国	17	31.8	巴基斯坦	2	2.7
捷克	6	31.5	印度	17	2.6
日本	51	30.0	中国	11	1.9

世界在31个国家的211座核电站中运转着将近500个核电反应堆。其中，104个在美国，58个在法国，51个在日本，合计占总数约一半。从核电占电能的比例看，法国以78.1%居首位，超过45%的国家还有立陶宛、斯洛伐克、比利时、保加利亚、瑞典、乌克兰和韩国。目前全世界核电提供的电能占世界电力供应的17%，为此每年可以减少 23×10^8 t CO_2 的排放量，这意味着如果不使用核电，全世界 CO_2 的排放量将增加10%。2007年我国核电占总发电量的比例只有1.9%，占电力总装机容量的比例只有1.27%，这一比例远远低于世界平均水平。

世界主要各国和地区2001~2011年消费的核能发电量见表2-3。

表 2 - 3　世界主要国家和地区 2001 ~ 2011 年核电消费量　　　　百万吨油当量

国家和地区	2001	2002	2003	2004	2005	2006	2007	2008	2009	2010	2011	2010 ~ 2011 年变化情况	2011 年占总量比例
美国	183.1	185.8	181.9	187.8	186.3	187.5	192.1	192.0	190.3	192.2	188.2	-2.1%	31.4%
加拿大	17.2	17.0	16.8	20.3	20.7	22.0	21.0	21.1	20.3	20.3	21.4	5.6%	3.6%
北美洲总计	202.3	205.0	201.1	210.2	209.1	212.0	215.4	215.4	213.0	213.8	211.9	-0.9%	35.4%
中南美洲总计	4.8	4.4	1.7	4.4	3.9	1.8	4.4	4.8	4.7	4.9	4.9	1.4%	9.9%
比利时	10.5	10.7	10.7	10.7	10.8	10.6	10.9	10.3	10.7	10.8	10.9	0.9%	1.8%
捷克共和国	3.3	4.2	5.9	6.0	5.6	5.9	5.9	6.0	6.2	6.3	6.4	1.0%	1.1%
法国	95.3	98.8	99.8	101.7	102.4	102.1	99.7	99.6	92.8	96.9	100.0	3.2%	16.7%
德国	38.8	37.3	37.4	37.8	36.9	37.9	31.8	33.7	30.5	31.8	24.4	-23.2%	4.1%
俄罗斯	31.0	32.1	33.6	32.7	33.4	35.4	36.2	36.9	37.0	38.5	39.2	1.6%	6.5%
西班牙	14.4	14.3	14.0	14.4	13.0	13.6	12.5	13.3	11.9	14.0	13.0	-7.0%	2.2%
瑞典	16.3	15.4	15.3	17.3	16.4	15.2	15.2	14.5	11.9	13.2	13.8	4.3%	2.3%
瑞士	6.0	6.1	6.2	6.1	5.2	6.3	6.3	6.2	6.2	6.0	6.1	1.6%	1.0%
乌克兰	17.2	17.7	18.4	19.7	20.1	20.4	20.9	20.3	18.8	20.2	20.4	1.2%	3.4%
英国	20.4	19.9	20.1	18.1	18.5	17.1	14.3	11.9	15.6	14.1	15.6	11.1%	2.6%
欧洲及欧亚大洲总计	276.3	230.5	281.8	287.9	285.4	287.0	275.9	276.5	265.1	272.9	271.5	-0.5%	45.3%
非洲总计	2.6	2.9	3.0	3.4	2.9	2.7	2.8	2.7	3.1	3.1	2.9	-5.5%	0.5%
中国	4.0	5.7	9.8	11.4	12.0	12.4	14.1	15.5	15.9	16.7	19.5	16.9%	3.3%
印度	4.3	4.4	4.1	3.8	4.0	4.0	4.0	3.4	3.8	5.2	7.3	39.6%	1.2%
日本	72.7	71.3	52.1	64.7	66.3	69.0	63.1	57.0	65.0	66.2	36.9	-44.3%	6.2%
韩国	25.4	27.0	29.3	29.6	33.3	33.7	32.3	34.2	33.4	33.6	34.0	1.1%	5.7%
中国台湾	8.0	8.4	8.9	8.8	8.7	9.0	9.2	9.4	9.4	9.4	9.5	1.2%	1.6%
亚太地区总计	114.8	117.7	104.6	119.0	125.2	128.7	123.3	119.7	128.2	131.7	108.0	18.0%	18.0%
世界总计	600.8	610.5	598.3	624.9	625.7	635.2	621.8	619.0	614.1	626.3	599.3	-4.3%	100.0%
其中　经合组织	519.8	524.5	505.7	530.4	532.4	537.6	521.8	516.8	511.6	521.1	487.8	-6.4%	81.4%
非经合组织	81.0	86.0	92.6	94.6	94.3	97.6	100.1	102.2	102.5	105.2	111.5	6.0%	18.6%
欧盟	221.6	224.2	226.0	228.9	226.0	224.3	211.9	212.5	202.5	207.6	205.3	-1.1%	34.3%
前苏联	51.2	53.4	56.0	56.4	56.4	58.4	60.0	60.0	58.8	59.3	60.2	1.5%	10.0%

注：消费量以总发电量为基准，跨国电力供应不被计算在内；

按热当量进行转换，且假设现代热电站的能量转换效率为 38%；

资料来源：《BP 世界能源统计年鉴》(2012 年 6 月)。

然而在 20 世纪最后 10 年中，核电变成了一个备受争议的话题，它已从世界发展最快的能源沦为发展最慢的能源，远远落后于石油甚至煤炭之后。美国三里岛和前苏联切尔诺贝利核电站事故引起公众对核的恐惧，欧洲许多国家不但不建核电站，反而讨论如何迅速关闭核电站，导致核电发展停滞，并带来严重的负面影响，例如，1999 年瑞典核电占 47%，因为关闭核电站，只能被迫向丹麦燃煤电厂购电，不但电费上涨，而且导致西欧 CO_2 的排放总量超标。进入 21 世纪，德国、瑞士等国不得不暂缓关闭核电站。由于电力紧张，美国也中止了暂停建核电站的规定，重新起动核电站建设计划。

与欧美发达国家相反，亚洲由于经济迅速崛起，核电发展方兴未艾，截至到 2007 年底亚洲共有超过 100 座核电站在运行，其中 2/3 集中在日本，世界上最大的核电站是日本福岛核电站，容量为 909.6 万 kW。据 IEA 的统计，未来 70 座正在兴建或正在立项的核电站中，大部分分布在亚洲各国。韩国、中国内地和台湾、印度、巴基斯坦等仍有许多座新核电站在建设之中。

由于先进堆型的开发，核电技术的不断完善，核安全程度越来越高，加上全球经济的迅速发展，以及为了解决温室气体排放及酸雨等环境问题，核电在未来 20 年又将有一个新的发展，对发展中国家更是如此。美国能源部估计，2020 年工业化国家、东欧和俄罗斯等国、发展中国家占世界核电的比例分别为 70.1%、10.8%、19.0%。表 2 - 4 为 1999 ~ 2020 年世界核电能力的预测。

表 2 - 4   1999 ~ 2020 年世界核电产能 10^6 kW

国家及地区	1990 年	1995 年	2010 年	2015 年	2020 年
美国	97.2	97.5	93.7	79.5	71.6
法国	63.1	64.3	64.3	64.3	63.1
英国	13.0	11.4	9.8	8.1	5.3
东欧	10.6	11.6	10.0	10.6	10.6
俄罗斯	19.8	21.7	21.3	17.6	13.1
乌克兰	12.1	11.2	12.1	13.1	13.1
日本	43.7	44.5	47.6	56.6	56.6
韩国	13.0	15.9	16.3	19.4	22.1
其他国家	74.2	77.5	79.8	81.4	76.6
世界总计	348.9	361.5	364.6	362.3	350.9

由于经济的发展和煤炭供应紧张，我国的核电将有一个很大的发展。在经济发达、电力负荷集中的沿海地区，核电将成为电力结构的重要组成部分。截止到 2010 年 12 月底，我国已投入商业运行核电机组已达 13 台，总装机 1080 万 kW；国务院已核准 34 台核电机组，装机容量 3692 万 kW，其中已开工建设 26 台机组，共计 2871 万 kW，占世界在建核电机组总数的 40%。在"十二五"期间，在辽宁、山东、江苏、浙江、福建、广东、广西、海南等沿海省区加快发展核电；积极推进江西、湖南、湖北、安徽、吉林、重庆、河南等中部省份内陆核电项目，形成"东中部核电带"。至 2015 年我国核电装机 4294 万 kW，主要布局在沿海地区，2011 年开工建设我国首个内陆核电，力争 2015 年投产首台机组；2020 年规划核电装机规模达到 9000 万 kW、力争达到 1 亿 kW。表 2 - 5 为我国目前已有、在建和等建的核电机组。

表 2-5 我国目前已有、在建和筹建的核电机组

核电站	堆型	装机容量	地理位置	建成时间
秦山核电站	PWR	310MW	浙江海盐	1994.4
大亚湾核电站	PWR 1000	984MW×2	广大深圳	1994.5
秦山二期	PWR 600	650MW×2	浙江海盐	2004.5
岭澳核电站	PWR 1000	990MW×2	广东深圳	2003.1
秦山三期	PHWR 600	700MW×2	浙江海盐	2003.7
田湾核电站	VVER 1000	1060MW×2	江苏连云港	2006.8
岭东核电站	CPR 1000	1080MW×2	广东深圳	2005.12 开建
秦山二期扩建	PWR 600	650MW×2	浙江海盐	2006.04 开建
红河沿核电站	CPR 1000	1080MW×2	辽宁大连	2007.08 开建
宁德核电站	CPR 1000	1080MW×2	福建宁德	2008.02 开建
万家山核电站	CPR 1000	1080MW×2	浙江海盐	
福清核电站	CPR 1000	1080MW×2	福建福清	
石岛湾核电站	HTR	200MW×1	山东荣成	
阳江核电站	CPR 1000	1080MW×2	广东阳江	
三门核电站	AP 1000	1250MW×2	浙江三门	
海阳核电站	AP 1000	1250MW×2	山东海阳	
台山核电站	EPR	1700MW×2	广东台山	
大畈核电站			湖北咸宁	
彭泽核电站			江西彭泽	
桃花江核电站			湖南益阳	

注：PWR——压水堆；EPR——欧洲压水堆；HTR——高温气冷堆；AP1000——西屋公司开发的非能动先进压水堆；
VVER——前苏联设计的水冷却慢化反应堆；CPR1000——中广核的"二代加"百万千瓦级压水堆核电技术。

核电是清洁能源，是国家大力发展的能源。仅以目前投入运行的大亚湾核电站、岭澳核电站一期为例，与同等规模的燃煤电站相比，每年能减少燃煤消耗 1200×10^4t，只需要 120t 核燃料，不仅大大缓解日益严重的交通运输压力，而且大大降低导致"温室效应"和酸雨的气体年排放量，包括 CO_2 排放 2400 万 t、SO_2 排放 20 万 t、NO_x 为 12 万 t。关于核电与煤电的成本，国际上已作过比较：法国的煤电成本是核电的 1.75 倍，德国为 1.64 倍，意大利为 1.57 倍，日本为 1.51 倍，韩国为 1.7 倍，美国的核电成本早在 1962 年就低于煤电了。

2.1.4 反应堆

1. 反应堆的分类

实现大规模可控核裂变链式反应的装置称为核反应堆，简称为反应堆，它是向人类提供核能的关键设备。根据反应堆的用途、所采用的燃料、冷却剂与慢化剂的类型以及中子能量的大小，反应堆有许多分类的方法。

①按反应堆的用途分为：生产堆、动力堆、试验堆和供热堆；

②按反应堆采用的冷却剂分为：水冷堆、气冷堆、有机介质堆和液态金属冷却堆；

③按反应堆采用的核燃料分为：天然铀堆、浓缩铀堆和钚堆；

④按反应堆采用的慢化剂分为：石墨堆、轻水堆和重水堆；

⑤按核燃料的分布分为：均匀堆和非均匀堆；

⑥按中子的能量分为：热中子堆和快中子堆。

2. 动力堆

在核能的利用中动力堆最为重要。动力堆主要有轻水堆、重水堆、气冷堆和快中子增殖堆几种。

（1）轻水堆

轻水堆是动力堆中最主要的堆型。在全世界的核电站中，轻水堆约占85.9%。普通水（轻水）在反应堆中既作冷却剂又作慢化剂。轻水堆又有两种堆型：沸水堆和压水堆。前者的最大特点是作为冷却剂的水会在堆中沸腾而产生蒸汽，故称沸水堆。后者反应堆中的压力较高，冷却剂水的出口温度低于相应压力下的饱和温度，不会沸腾，因此这种堆又叫压水堆。

现在压水堆是核电站应用最多的堆型，在核电站的各类堆型中约占61.3%。

（2）重水堆

重水堆以重水作为冷却剂和慢化剂。由于重水对中子的慢化性能好，吸收中子的几率小，因此重水堆可以采用天然铀作燃料。这对天然铀资源丰富而又缺乏浓缩铀能力的国家是一种非常有吸引力的堆型。在核电站中重水堆约占4.5%，重水堆中最有代表性的加拿大坎杜堆。

（3）气冷堆

气冷堆是以气体作冷却剂，石墨作慢化剂。核电站的各种堆型中气冷堆约占2%~3%。除发电外，高温气冷堆的高温氦气还可直接用于需要高温的场合，如炼钢、煤的气化和化工过程等。

（4）快中子增殖堆

快中子增殖堆所能利用的铀资源中的潜在能量要比热中子堆大几十倍。这正是快堆突出的优点。快中子堆虽然应用前景广阔，但技术难度非常大，目前在核电站的各种堆型中仅占0.7%。

3. 供热堆

供热堆是专门用于供热的一种反应堆，当然也可以利用供热堆提供的热能，采用吸收式制冷或喷射制冷的方式实现冷、热联产，或用于海水淡化。

供热堆的结构和压水堆类似，由于是作为城市集中供热的热源，而受热力管网散热的限制，供热堆通常都比较靠近城市或热用户，因此堆的安全就显得特别重要。基于以上原因，现在池式低温供热堆就成为供热堆的主要形式。此外，池式低温供热堆也和压水堆一样，配有各种控制和监视系统等，以保证供热堆的安全运行。池式供热堆除安全性特别好外，造价也比动力堆低的多，投资仅为动力堆的1/10，其经济性已可和燃煤及燃油供热站相比，而对环境的影响却小得多。

2.1.5 核电站

1. 核电站的组成

核能最重要的应用是发电。由于核能能量密度高，作为发电燃料，其运输量非常小，发电成本低。例如，一座1000MW的火电厂每年约需三四百万吨原煤，相当于每天需8列火车用来运煤。同样容量的核电站若采用天然铀作燃料只需130t，采用3%的浓缩铀^{235}U作燃料仅需28t。利用核能发电还可避免化石燃料燃烧所产生的日益严重的温室效应。作为电力工业主要燃料的煤、石油和天然气又都是重要的化工原料。基于以上原因，世界各国对核电的发展都给予了足够的重视。

核电站和火电厂的主要区别是热源不同，而将热能转换为机械能，再转换成电能的装置则基本相同。火电厂靠烧煤、石油或天然气来获得热量，而核电站则依靠反应堆中的冷却剂将核燃料裂变链式反应所产生的热量带出来。

核电站的系统和设备通常由两大部分组成：核的系统和设备，又称核岛；常规的系统和设备，又称常规岛。目前核电站中广泛采用的是轻水堆，即压水堆和沸水堆。

2. 核电站系统

核电站是一个复杂的系统工程，它集中了当代的许多高新技术。为了使核电站能稳定、经济地运行，以及一旦发生事故时能保证反应堆的安全和防止放射性物质外泄，核电站设置有各种辅助系统、控制系统和安全设施。以压水堆核电站为例，主要有以下系统：

（1）核岛的核蒸汽供应系统包括以下子系统：①一回路主系统：它包括压水堆、冷却剂泵、蒸汽发生器、稳压器和主管道等；②化学和容积控制系统；③余热排出系统；④安全注射系统；⑤控制、保护和检测系统。

（2）核岛的辅助系统包括以下主要的子系统：①设备冷却水系统；②硼回收系统；③反应堆的安全壳及喷淋系统；④核燃料的装换料及贮存系统；⑤安全壳及核辅助厂房通风和过滤系统；⑥柴油发电机组：作用是为核岛提供应急电源。

（3）常规岛的系统火电厂的系统相似，通常包括：①二回路系统：又称汽轮发电机系统；②循环冷却水系统；③电气系统。

3. 核电站的安全性

（1）核电与核弹

在核电迅猛发展的今天，公众最关心的仍是核电的安全问题。公众首先提出的问题是：核电站的反应堆发生事故时会不会像核武器一样爆炸？回答是否定的。核弹是由高浓度（>90%）的裂变物质（几乎是纯^{235}U或纯^{239}Pu）和复杂精密的引爆系统组成的，当引爆装置点火起爆后，弹内的裂变物质被爆炸力迅猛地压紧到一起，大大超过了临界体积，巨大核能在瞬间释放出来，于是产生破坏力极强、具有毁灭性的核爆炸。

核电站反应堆的结构和特性与核弹完全不同，既没有高浓度的裂变物质，又没有复杂精密的引爆系统，不具备核爆炸所必须的条件，当然不会产生像核弹那样的核爆炸。核电站反应堆通常采用天然铀或低浓度（约3%）裂变物质作燃料，再加上一套安全可靠的控制系统，从而能使核能缓慢、有控制地释放出来。

（2）核电站放射性影响

核电站的放射性也是公众最担心的问题。其实人们生活在大自然与现代文明之中，每时每刻都在不知不觉地接受来自天然放射源的本底和各种人工放射性辐照。此外，饮食、吸烟、乘飞机都会使人们受到辐照的影响。从以上资料看，核电站对居民辐照是微不足道的，比起燃煤电站要小得多，因为煤中含镭，其辐照甚强。

（3）防止放射性泄漏的屏障

为了防止放射性裂变物质泄漏，核安全规程对核电站设置了如下7道屏障：①陶瓷燃料芯块：芯块中只有小部分气态和挥发性裂变产物释出；②燃料元件包壳：它包容燃料中的裂变物质，只有不到0.5%的包壳在寿命期内可能产生针眼大小的孔，从而有漏出裂变产物的可能；③压力容器和管道：200～250mm厚的钢制压力容器和75～100mm钢管包容反应堆的冷却剂，防止泄漏进冷却剂中的裂变产物的放射性；④混凝土屏蔽：厚达2～3m的混凝土屏蔽可保护运行人员和设备不受堆芯放射性辐照的影响；⑤圆顶的安全壳构筑物：它遮盖电站反应堆的整个部分，如反应堆泄漏，可防止放射性物质逸出；⑥隔离区：把电站和公众隔离；⑦低人口区：把厂址和居民中心隔开一段距离。

有了以上7道屏障，加上核工业和核技术的进步，把发生核电站爆炸的潜在可能性降到最低。

4. 三次核电站泄漏事件

（1）美国三里岛核电站事件

1979年3月28日凌晨4时，美国宾夕法尼亚州的三里岛核电站的操作室里显示，堆芯压力和温度骤然升高，2h后大量放射性物质溢出。6天以后堆芯温度才开始下降，引起氢爆炸的威胁免除。100t铀燃料虽然没有熔化，但有60%的铀棒受到损坏，反应堆最终陷于瘫痪。事故发生后，核电站附近的居民约20万人撤出这一地区，所幸并没有造成人员的伤亡。美国三里岛核电站发生泄漏事故这是人类历史上第一次核电站泄漏事故，最终定为五级事故。

（2）前苏联切尔诺贝利核电站事件

切尔诺贝利核电站是前苏联最大的核电站，共有4台机组。1986年4月，在按计划对第4机组进行停机检查时，由于电站人员多次违反操作规程，导致反应堆能量增加。4月26日凌晨，反应堆熔化燃烧，引起爆炸，冲破保护壳，厂房起火，灾难性大火造成放射性物质泄漏，1、2、3号机组暂停运转，电站周围30km宣布为危险区，撤走居民。5月8日，反应堆停止燃烧，温度仍达300℃。放射性物质污染了欧洲的大部分地区，事故列为核事故的第七级。10年后，放射性仍在继续危胁着白俄罗斯、乌克兰和俄罗斯约800万人的生命和健康，切尔诺贝利事故的后果将延续100年。

（3）日本福岛核电站事件

2011年3月11日下午，日本东部海域发生里氏9.0级大地震，并引发海啸。位于日本本州岛东部沿海的福岛第一核电站停堆，且若干机组发生失去冷却事故，多台机组相继发生爆炸，造成大量放射性物质泄漏。此外，电站所属的东京电力公司向海中排放了数万吨低放射性污水。最终定为七级事故。

福岛第一核电站爆炸后，各国政府都非常重视核电站的运行安全性，国务院总理温家宝2011年3月16日主持召开国务院常务会议，强调要充分认识核安全的重要性和紧迫性，核电发展要把安全放在第一位，必须从以下几个方面切实提高核电站的安全稳定性：①立即组织对我国核设施进行全面安全检查：通过全面细致的安全评估，切实排查安全隐患，采取相关措施，确保绝对安全；②切实加强正在运行核设施的安全管理：核设施所在单位要健全制度，严格操作规程，加强运行管理。监管部门要加强监督检查，指导企业及时发现和消除隐患；③全面审查在建核电站：要用最先进的标准对所有在建核电站进行安全评估，存在隐患的要坚决整改，不符合安全标准的要立即停止建设；④严格审批新上核电项目：抓紧编制核安全规划，调整完善核电发展中长期规划，核安全规划批准前，暂停审批核电项目包括开展前期工作的项目。

安全是核电的生命线。发展核电，必须按照确保环境安全、公众健康和社会和谐的总体要求，把安全第一的方针落实到核电规划、建设、运行、退役全过程及所有相关产业；要用最先进的成熟技术，持续开展在役在建核电机组安全改造，不断提升我国既有核电机组安全性能，全面加强核电安全管理；加大核电安全技术装备研发力度，加快建设核电安全标准法规体系，提高核事故应急管理和响应能力；强化核电安全社会监督和舆论监督；积极开展国际合作。

2.1.6 核废弃物处理与核安全

核废弃物处理与核安全伴随着核能的开发利用，从铀矿开采、水冶、同位素分离、元件制造、反应堆运行到乏燃料后处理整个核燃料运行过程，同位素生产和利用以及核武器研制过程都产生核废弃物，而且各个过程产生的核废弃物的类型、放射性比活度、废弃物数量各不相同。核废弃物需要科学管理、安全有效处置。全世界有商业核电厂440多座，每年要卸下大量的核废弃物（乏元件），其中含有大量钚和镅系核素以及长寿命的裂变产物。伴随这些核废弃物的是大量的辐射和衰变热，处理不当将造成水、大气、土壤的污染，并形成安全隐患。

1. 核废弃物的来源

核废弃物是指含有放射性元素或被放射性污染的、今后不再被利用的物质，主要是含有 α、β 和 γ 射线辐射的不稳定放射性元素并伴随着衰变热产生的无用材料，主要有以下来源：①各类反应堆运行（包括核电站、核动力舰船和核动力卫星）；②乏燃料后处理工业活动；③核废弃物处理、处置过程；④放射性同位素生产、应用和核技术应用过程，包括医院、科研院所的有关活动；⑤核武器研制、生产和实验；⑥核设施退役活动。核废弃物主要产生于核工业厂矿和核电站，同位素和核技术应用产生的核废弃物量少、半衰期短、毒性小。核废弃物以固体、液体和气体存在，其物理和化学特性、放射性浓度或活度、半衰期和毒性差异很大。放射性危害只能通过自身固有的衰变特性降低，无法达到无害化，放射性元素可以通过各种灵敏仪器检测其存在并判断危害程度。

2. 核废弃物种类

核废弃物可大致分成以下几类：①锕系元素：从原子序数 89 开始的元素系列，锕、钍、镤、铀、镎、钚等；②高放废物：高水平放射性废弃物，反应堆废弃物经后处理后以及核武器生产的某些过程产生，一般需要永久隔离；③中放废物：某些国家采用的一种放射性物质的类别，没有一致的定义；④低放废物：任何不是乏燃料、高放废物和超铀废物的总称；⑤混合废物：既含有化学性危险的材料又含有放射性材料的废物；⑥乏燃料：反应堆中的燃料元件和被辐照过的靶；⑦超铀废物：含有发射 α 粒子，半衰期超过两年，每克废物中浓度高于 100nCi（即每秒 317×10^3 次衰变）的超铀元素的废物。

3. 核废料安全管理原则

核废料管理目标是以优化方式进行管理和处置，使当代和后代人的健康和环境免受不可接受的危害，不给后代留下负担，使核工业和核科学技术可持续发展。

IAEA 在 1995 年经理事会通过发布了成员国都必须遵守执行的放射性废物管理 9 条原则：①为保护人类健康，对废物的管理应保证放射性低于可接受的水平；②为保护环境，对废物的管理应保证放射性应低于可接受的水平；③对废物的管理应考虑到境外居民的健康和环境；④对后代健康预计到的影响不应大于现在可接受的水平；⑤不应将不合理的负担加给后代；⑥国家制定适当的法律，使各有关部门和单位分担责任和提供管理职能；⑦控制放射性废物的生产量；⑧产生和管理放射性废物的所有阶段中的相互依存关系应得到适当的考虑；⑨管理放射性废物的设施在使用寿命期中的安全要有保证。

4.核废料处理的主要途径

国际上通用的核废料处理方式有两种，直接处理和后处理。

（1）直接处理

乏燃料元件从反应堆中卸出后，经过几十年冷却固化为整体后进行地质埋藏处置，其流程如图 2 - 2(a)所示。

（2）后处理

用化学方法对冷却一定时间的乏燃料进行后处理，回收其中的铀和钚再进入核燃料再循环，将分离出的裂变产物和次锕系元素固化成稳定的高放射性废弃物的固化物，进行地质埋藏处理，其流程如图 2 - 2(b)所示。

（3）分离－嬗变处理

目前用的两种处理途径不能将高放射性核废物的泄漏危险减少，经固化和地质处理的高放射性核废物不能完全保证经过长时间的地质变化后不泄漏。国际上认为对高放射性核废物处理的方法是分离－嬗变技术，其处理流程如图 2 - 2(c)所示。嬗变可将高放射性废物中绝大部分长寿命核素转变为短寿命，甚至变成非放射性元素，可以减小深地质处置的负担，但不可能完全代替深地质处置。分离－嬗变处理的关键在于分离技术，因为完全分离很难达到，还要产生二次废物，所以高放射性废物的分离－嬗变是一项难度大、耗资大、涉及多学科的系统工程，目前处于开发的初级阶段，距离实际处理还较远。

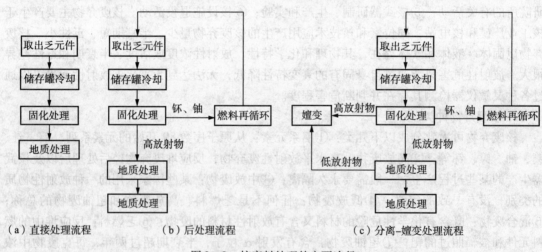

（a）直接处理流程　　　　（b）后处理流程　　　　（c）分离-嬗变处理流程

图 2 - 2　核废料处理的主要途径

2.2　太阳能

2.2.1　概述

太阳是一个巨大、久远、无尽的能源。尽管太阳辐射到达地球大气层的能量仅为其总辐射能量（约为 $3.75 \times 10^{23} kW$）的 22×10^8 分之一，但高达 $1.73 \times 10^{14} kW$，即太阳每秒钟照射到地球上的能量相当于完全燃烧 $500 \times 10^4 t$ 标准煤。地球上的风能、水能、海洋温差能、波浪能和生物质能以及部分潮汐能都是来源于太阳；地球上的化石燃料从根本上说也是远古以来贮存下的太阳能。我国太阳能资源丰富，根据中国气象科学研究院的数据，有 2/3 以上的国土面积年日照在 2000h 以上，年平均辐射量超过 $60 \times 10^4 kJ/cm^2$，各地太阳年辐射量大致在 $930 \sim 2330 kW \cdot h/m^2$ 之间。

太阳能既是一次能源，又是可再生能源。它既可免费使用，又无需运输，对环境无任何污染。但太阳能也有两个主要缺点：一是能流密度低；二是其强度受各种因素（季节、地点、气候等）的影响，不能维持常量。这两大缺点大大限制了太阳能的有效利用。

人类对太阳能的利用有悠久的历史。太阳能利用主要包括太阳能热利用和太阳能光利用。太阳能热利用应用很广，如太阳能热水、供暖和制冷，太阳能干燥农副产品、药材和木材，太阳能淡化海水，太阳能热动力发电等。太阳能光利用主要是太阳能发电和太阳能制氢。由于常规能源的日渐短缺，在世界各国政府的大力支持下，作为可再生能源主力的太阳能将在全球能源供应中扮演越来越重要的角色。

2.2.2　太阳辐射

1. 太阳

太阳是一个炽热的气态球体，直径约为 $1.39 \times 10^6 km$，质量约为 $2.2 \times 10^{27} t$，是地球质量的 3.32×10^5 倍，体积则比地球大 1.3×10^6 倍，平均密度为地球的 1/4。其主要组成气体为 H（约 80%）和 He（约 19%）。由于太阳内部持续进行着氢聚合成氦的核聚变反应，所以不断地释放出巨大的能量，并以辐射和对流的方式由核心向表面传递热量，温度也从中心向表面逐渐降低。虽然 1g 的 H 聚合成 He 在释放巨大能量的同时质量亏损 0.0072g，但根据目前太阳产生核能的速率估算，H 的储量足够维持 600 亿年，因此太阳能可以说是用之不竭的。

太阳的结构如图 2-3 所示。在太阳平均半径 23%（$0.23R$）的区域内是太阳的内核，其温度约为 $(8 \times 10^6) \sim (4 \times 10^7)$ K，密度为水的 $80 \sim 100$ 倍，占太阳全部质量的 40%，总体积的 15%。这部分产生的能量占太阳产生总能量的 90%。氢聚合时放出 γ 射线，当它经过较冷区域时，由于消耗能量，波长增长，变成 X 射线或紫外线及可见光。从 $(0.23 \sim 0.7)R$ 的区域称为"辐射输能区"，温度降到 1.3×10^5 K，密度下降到 $0.079 g/cm^3$；$(0.7 \sim 1.0)R$ 之间的区域称为"对流区"，温度下降到 5×10^3 K，密度下降到 $10^{-8} g/cm^3$。

太阳的外部是光球层，就是人们肉眼所看到的太阳表面，其温度为 5762K，厚约 500km，密度是 $10^{-6} g/cm^3$，由强烈电离的气体组成，太阳能绝大部分辐射都是由此向太空发射的。从太阳的构造可知，太阳并不是一个温度恒定的黑体，而是一个能发射和吸收不同波长的分层辐射体。地球大气层外太阳辐射光谱如图 2-4 所示。了解太阳辐射光谱对提高太阳能利用率是非常重要的，如研制各种性能优良的太阳能选择性涂层，能利用更宽波段的光催化剂等。

2. 太阳常数

众所周知，地球每天绕着通过它本身南极和北极的"地轴"自西向东自转 1 周。每转 1 周为一昼夜，所以地球每小时自转 15°。地球除自转外，还循偏心率很小的椭圆轨道每年绕太阳运行 1 周。地球自转轴与公转轨道面的法线始终成 23.5°。地球公转时自转轴的方向不变，总是指向地球的北极。地球处于运行轨道的不同位置时，太阳光投射到地球上的方向也就不同，于是形成了地球上的四季变化。

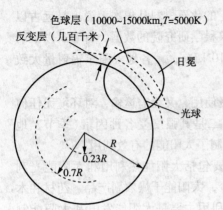

图 2-3　太阳结构示意图

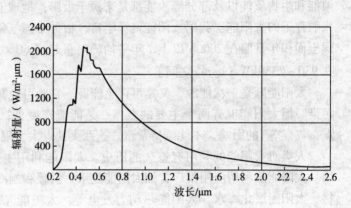

图 2-4　太阳辐射光谱图

地球以椭圆形轨道绕太阳运行，因此太阳与地球之间的距离不是一个常数，而且一年里每天的日地距离也不一样。某一点的辐射强度与距辐射源距离的平方成反比，这意味着地球大气上方的太阳辐射强度会随日地间距离不同而异。然而，由于日地间距离太大（平均距离为 $1.5 \times 10^8 \mathrm{km}$），地球大气层外的太阳辐射强度几乎是一个常数，因此，人们就采用所谓的"太阳常数"来描述地球大气层上方的太阳辐射强度。太阳常数是指平均日地距离时，在地球大气层上界垂直于太阳辐射的单位表面积上所接受的太阳辐射能。近年来通过各种先进手段测得的太阳常数的标准值为 $1367 \mathrm{W/m^2}$。一年中由于日地距离的变化而引起太阳辐射强度的变化不超过 3.4%。

3. 到达地面的太阳辐射

太阳辐射穿过大气层而到达地面时，由于大气中空气分子、水蒸气和尘埃等对太阳辐射的吸收、反射和散射，不仅使辐射强度减弱，还会改变辐射的方向和辐射的光谱分布。因此，实际到达地面的太阳辐射通常是由直射和漫射两部分组成。直射是指直接来自太阳、其辐射方向不发生改变的辐射；漫射则是被大气反射和散射后方向发生了改变的太阳辐射。

到达地面的太阳辐射主要受大气层厚度的影响。大气层越厚，太阳辐射的吸收、反射和散射就越严重，到达地面的太阳辐射就越少。此外，大气的状况和大气的质量对到达地面的太阳辐射也有影响。太阳辐射穿过大气层的路径长短与太阳辐射的方向有关。

地球上不同地区、不同季节、不同气象条件下到达地面的太阳辐射强度都是不同的。通常根据各地的地理和气象情况，将到达地面的太阳辐射强度制成各种可供工程使用的图表，它们对太阳能利用、建筑物的采暖、空调设计都是至关重要的数据。

2.2.3　太阳能热利用

1. 太阳能集热器

太阳能集热器是把太阳辐射能转换成热能的设备，它是太阳热利用中的关键设备。太阳能集热器按是否聚光这一主要特征可以分为非聚光和聚光两大类。

（1）平板集热器

平板集热器中最简单且应用最广的集热器。它吸收太阳辐射的面积与采集太阳辐射的面积相等，能利用太阳的直射和漫射辐射。典型的平板集热器如图 2-5 所示。

①吸热体：它的作用是吸收太阳能并将其内的流体加热，包括吸热面板和与吸热面板结合良好的流体管道。为提高吸热效率，吸热板常经特殊处理或涂有选择性涂层，选择性涂层

对太阳的短波辐射具有很高的吸收率，而本身发射出的长波辐射的发射率却很低，这样既可吸收更多的太阳辐射能，又可减少吸热体因本身辐射而造成对环境的热损失；

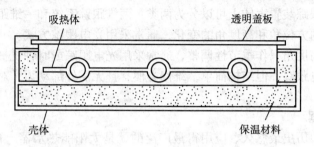

图2-5 典型的平板集热器

②透明盖板：它布置在集热器的顶部，其作用是减少集热板与环境之间的对流和辐射散热，并保护集热板不受雨、雪、灰尘的侵袭。透明盖板应对太阳光透射率高，而自身的吸收率和反射率却很低。为提高集热器效率，可采用两层盖板；

③保温材料：它填充在吸热体的背部和侧面，其作用是防止集热器向周围散热；

④外壳：它是集热器的骨架，应具有一定的机械强度、良好的水密封性能和耐腐蚀性能。

经过多年发展，平板集热器的性能日益提高，形式多样，规格齐全，能满足各种太阳能热利用装置的需要。近年来，真空管平板集热器有了很大发展，它将单根真空管装配在复合抛物面反射镜的底面，兼有平板和固定式聚光的特点，能吸收太阳光的直射和80%的散射。由于复合抛物面反射镜是一种性能优良的广角聚光镜，集热管又为双层玻璃真空绝热，隔热性能优良，工作流体通道采用不锈钢管，集热面为选择性吸收热表面，因此这种真空管平板集热器性能优良，工作温度最高可超过175℃。即使在环境温度比较低和风速较高的情况下，也有较高的效率，已广泛用于家庭热水采暖、空调和工业热利用中。图2-6为全玻璃真空集热管的示意图。

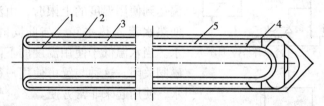

图2-6 全玻璃真空集热管

1—内玻璃管；2—外玻璃管；3—真空夹层；4—带有吸气剂的卡子；5—选择性涂层

（2）聚光集热器

平板集热器直接采集自然阳光，集热面积等于散热面积，理论上不可能获得较高的运行温度。为了更有效地利用太阳能，必须提高入射阳光的能量密度，使之聚焦在较小的集热面上，以获得较高的集热温度，并减少散热损失，这就是聚光集热器的特点。

聚光集热器通常由三部分组成：聚光器、吸收器和跟踪系统。其工作原理是：自然阳光经聚光器聚焦到吸收器上，并加热吸收器内流动的集热介质；跟踪系统则根据太阳的方位随时调节聚光器的位置，以保证聚光器的开口面与入射太阳光总是互相垂直的。

提高自然阳光能量密度的聚光方式很多，根据光学原理，可以分为反射式和折射式两大类。所谓反射式，是指依靠镜面反射将阳光聚集到吸收器上。常用的有槽形抛物面反射镜和旋转抛物面反射镜、圆锥反射镜、球面反射镜等。折射式则是利用制成棱状面的透射材料或一组透镜使入射阳光产生折射再聚集到吸收器上。

聚光集热器的跟踪装置大体上可以分为两类：两维跟踪系统和一维跟踪系统。两维跟踪系统同时跟踪太阳的方位角和高度角的变化，通常采用光电跟踪方式。一维跟踪系统只跟踪太阳的方位角，对高度角只作季节性调整，通常采用光电跟踪或时钟机械跟踪。时钟机械跟踪精度虽比不上光电跟踪，但结构简单，维修方便，且无需外部动力，对一些小型聚光集热器颇为经济实用。

2. 太阳能热水器

太阳能热利用中历史最悠久、应用得最广泛的就是太阳能热水器。自 1891 年美国马里兰州的肯普发明第一台太阳能热水器以来，已有 100 多年的历史。

太阳能热水器通常由平板集热器、蓄热水箱和连接管道组成。按照流体流动的方式分类，可将太阳能热水器分成 3 大类：闷晒式、直流式和循环式。

（1）闷晒式

闷晒式的特点是水在集热器中不流动，闷在其中受热升温，故称闷晒式。这种热水器结构十分简单，当集热器中的水升温到一定值时即可放水使用。

（2）直流式

直流式热水器由集热器、蓄热水箱和相应的管道组成。水在这种系统中并不循环，故称直流式。为使集热器中出来的水有足够的温升，水的流量通常都比较小。

（3）循环式

循环式太阳能热水器是应用最广的热水器。按照水循环的动力，又可分为自然循环和强迫循环。图 2-7 就是自然循环式太阳能热水器的示意图。

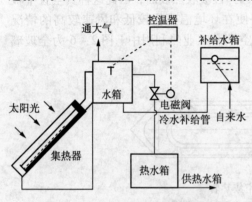

图 2-7　自然循环式太阳能热水器

水箱中的冷水从集热器的底部进入，吸收太阳能后温度升高，密度降低，与冷水之间形成的密度差构成了循环的动力。当循环水箱顶部的水温达到使用温度的上限时，由温控器打开电磁阀使热水流入热水箱，与此同时补给水箱自动补水。当水温低于使用温度的下限时，温控器使电磁阀关闭。这种装置可使用户得到所需温度的热水，使用起来非常方便。

由于自然循环压头小，对于大型太阳能供热水系统，通常需要采用强迫循环，由泵提供水循环的动力。

3. 太阳能采暖

太阳能采暖可以分为主动式和被动式两大类。主动式是利用太阳能集热器和相应的蓄热装置作为热源来代替常规热水（或热风）采暖系统中的锅炉。被动式是依靠建筑物结构本身充分利用太阳能来达到采暖的目的，又称为被动式太阳房。

（1）被动式太阳房

图 2-8 是最简单、自然供暖的被动式太阳房的示意图。这种太阳房白天直接依靠太阳辐射供暖，多余的热量为热容量大的建筑物本体（如墙、天花板、地基）及由碎石填充的蓄热槽吸收；夜间通过自然对流放热使室内保持一定的温度，达到采暖的目的。这种太阳房构

造简单，取材方便，造价便宜，无需维修，有自然的舒适感，特别适合发展中国家的广大农村。

为进一步提高被动式太阳房的采暖效率，增大接受阳光的窗户面积，同时采用隔热套窗和双层玻璃窗来防止散热是首先应采取的措施。对被动式太阳房的进一步改进是在向阳的垂直玻璃窗面内装设厚约 60cm 的混凝土墙（墙涂黑），兼做集热和蓄热壁。玻璃窗面和墙之间留有 30～50mm 夹层，墙上下两端开有长方形的通气孔。当墙壁吸收阳光被加热后，夹层中的热空气通过上端开孔流入房间内；冷空气从下端空壳流进夹层，构成自然循环，达到采暖的目的。这种带蓄热墙的太阳房是 1967 年由法国人特布朗提出的，这种结构的太阳房称为特布朗墙太阳房。

被动式太阳房形式多样，建筑技术简单，便宜，舒适。随着农村经济的发展，在我国西北、华北等太阳能丰富的地区，将建起更多的被动式太阳房。

（2）主动式太阳房

主动式太阳房的结构形式很多，图 2－9 是一种典型的不带辅助锅炉的主动式太阳房。它利用集热器产生的热水采暖，结构简单，蓄热器置于室外，室内由地板供暖，不占用室内居住面积是这种系统的一大优点。

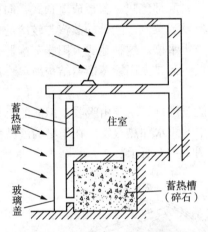

图 2－8　被动式太阳房的示意图

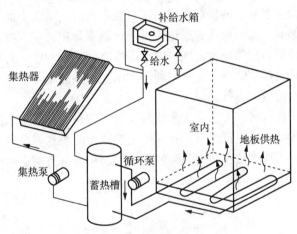

图 2－9　无辅助锅炉的主动式太阳房

太阳辐射受天气影响很大，为保证室内能稳定供暖，并在供暖同时还能供热水，比较大的住宅和办公楼通常还需配备辅助热水锅炉。来自太阳能集热器的热水先送至蓄热槽中，再经三通阀将蓄热槽和锅炉的热水混合，然后送到室内暖风机组给房间供热。这种太阳房可全年供热水。除了上述热水集热、热水供暖的主动式太阳房外，还有热水集热、热风供暖太阳房以及热风集热、热风供暖太阳房。前者的特点是热水集热后，再用热水加热空气，然后向各房间送暖风；后者采用的就是太阳能空气集热器。热风供暖的缺点是送风机噪声大，功率消耗高。

4. 太阳能干燥

自古以来，人们就广泛采用在阳光下直接曝晒的方法来干燥各种农副产品。采用这种传统的干燥方法，产品极易遭受灰尘和虫类的污染，产品质量受到严重影响，干燥时间也长。为此，近年来世界各国对太阳能干燥进行了许多研究。太阳能干燥不但可以节约燃料，缩短干燥时间，而且由于采用专门的干燥室，能够保持干净卫生，必要时还可采用杀虫灭菌措施，既可提高产品质量，又可延长产品贮存时间。

按干燥器(或干燥室)获得能量的方式,太阳能干燥器可分为集热器型干燥器、温室型干燥器和集热器－温室型干燥器。集热器型干燥器是利用太阳能空气集热器,先把空气加热到预定温度后再送入干燥室,干燥室视干燥物品的类型而多种多样,如箱式、窑式、固定床式或流动床式等。温室型干燥器的温室就是干燥室,它直接接受太阳的辐射能。集热室－温室型干燥器则是上述两种形式的结合。其温室顶部为玻璃盖板,待干燥物品放在温室中的料盘上,既直接接受太阳辐射加热,又依靠来自空气集热器的热空气加热。

太阳能干燥器结构简单,配以简单的辅助热源,即可连续工作,不但在农村有广阔的前途,而且在城市农副产品加工中也可使用。

5. 太阳能海水淡化

地球上的水资源中海水占97%,随着人口增加和大工业发展,城市用水日趋紧张。为了解决日益严重的缺水问题,海水淡化越来越受重视。世界上第一座太阳能海水蒸馏器是由瑞典工程师威尔逊设计,1872年在北智利建立的,面积为44504m²,日产淡水17.7t,这座太阳能蒸馏海水淡化装置一直工作到1910年。20世纪70年代后,由于能源危机的出现,太阳能海水淡化也得到了更迅速的发展。

太阳能海水淡化装置中最简单的是池式太阳能蒸馏器(图2－10)。它由装满海水的水盘和覆盖在其上的玻璃或透明塑料盖板组成。水盘表面涂黑,底部绝热。盖板成屋顶式,向两侧倾斜。太阳辐射通过透明盖板,被水盘中的水吸收,蒸发成蒸汽。上升的蒸汽与较冷的盖板接触后凝结成水,顺着倾斜盖板流到集水沟中,再注入集水槽。这种池式太阳能蒸馏器是一种直接蒸馏器,它直接利用太阳能加热海水并使之蒸发。池式太阳能蒸馏器结构简单,产淡水的效率也低。

还有另一类多效太阳能蒸馏器。它是一种间接太阳能蒸馏器,主要由吸收太阳能的集热器和海水蒸发器组成,并利用集热器中的热水将蒸发器中的海水加热蒸发。在干旱的沙漠地区,将咸水淡化和太阳能温室结合起来非常有前途,如图2－11所示。

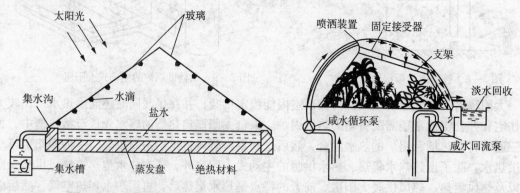

图2-10 太阳能池式蒸馏器　　　　图2-11 太阳能咸水淡化温室

这种装置采用特殊的滤光玻璃,这种玻璃只阻挡阳光中的红外线,而让可见光和紫外线透过,以供植物光合作用之需。白天用盐水喷洒在滤光玻璃板上,吸走由于吸收红外线所产生的热量,然后流回热水池中。夜晚贮存的热水重新循环,向温室提供热量。洒在玻璃板上的盐水有一部分蒸发,产生的蒸汽凝结在温室外墙板的反面,然后顺板流入淡水回收池中。从海水或咸水中制取的淡水除用来灌溉温室中的植物外,还可用于其他目的。

《海水淡化科技发展"十二五"专项规划》中,海水淡化是从源头增加水资源量的有效手段,将海水淡化作为解决淡水资源匮乏的战略选择,已不仅是水价高低或技术优劣层面的考虑，而且是确保国家安全和可持续发展的必然要求，是沿海地区未来生存发展的必然选择。在2013年3月国家发改委的印发《关于公布海水淡化产业发展试点单位名单（第一批）的通知》中，浙江舟山市和深圳市入选海淡试点城市，天津滨海新区、河北沧州渤海新区入选试点园区，浙江鹿西乡（岛）入选试点海岛，杭州水处理技术研究开发中心入选海淡产业基地，天津国投津能发电为海淡供水试点，甘肃庆阳市环县为苦咸水淡化试点。

我国首个自主设计、国内总承包的大型海水淡化项目——河北省的北控阿科凌曹妃甸海水淡化工程于2011年10月10日竣工，目前该工程每天可处理海水规模5万t。截止2011年，我国海水淡化总能力约64.3万 m^3/d。

6. 太阳炉

与一般工业用电炉、电弧炉不同，太阳炉是利用聚光系统将太阳辐射集中在一个小面积上而获得高温的设备。由于太阳炉无杂质，可以获得3500℃左右的高温，因此在冶金和材料科学领域中备受重视。

透镜点火是最早的太阳炉。法国科学家拉瓦锡就曾用一个透镜系统来熔化包括铂在内的各种材料。但透镜材料的吸收及透镜成像的像差都会造成太阳辐射的损耗，因此不易获得更高的温度。此后，科学家采用更好的聚光方法和精确的太阳跟踪系统，使太阳炉获得更大的功率和更高的温度。1952年在法国南部比利牛斯山建立了世界上第一个大型太阳炉，入射到太阳炉中的太阳辐射约为70kW。20世纪70年代法国又在该地建造了世界上最大的巨型太阳炉，输出功率1000kW，最高温度达4000K，每年吸引了许多国家的科学家来此进行高温领域的科学研究。

聚光器是太阳炉必不可少的主要部件，通常都采用抛物面镜作聚光器。性能优良的聚光器必须几何形状精确，表面反射率高。世界上最大的定日镜型太阳炉聚光器是由9500块大小为45cm×45cm、背面镀银的平面镜按抛物面形状排列组成的。为了跟踪太阳，太阳炉还必须有精确的光电跟踪和伺服系统。

由于太阳炉能获得无污染的高温，并可迅速实现加热和冷却，因此是一种非常理想的从事高温科学研究的工具。例如，利用太阳炉熔化高熔点的金属，如钽、钨等；熔化氧化物制取晶体；进行高温下物性的研究等。

7. 太阳能制冷和空调

利用太阳能作为动力源来驱动制冷或空调装置有着诱人的前景，因为夏季太阳辐射最强，也是最需要制冷的时候。这与太阳能采暖正好相反，越是冬季需要采暖的时候，太阳辐射越弱。太阳能制冷可以分为两大类：一类是先利用太阳能发电，再利用电能制冷；另一类则是利用太阳能集热器提供的热能驱动制冷系统。最常用的制冷系统有吸收式制冷和太阳能吸附式制冷。

太阳能吸收式制冷系统一般采用LiBr-水或氨水作工质。图2-12为太阳能氨水吸收式制冷系统。这种系统要求热源的温度比较高，一般要求采用真空管集热器或聚光集热器。太阳能LiBr-水吸收式制冷系统对热源的温度要求较低，在90~100℃即可，因此特别适合于利用太阳能，因为一般平板型和真空管集热器均可达到这一温度。太阳能吸附式制冷的原理和普通吸附式制冷的原理一样，与吸收式制冷相比，其结构简单，但制冷量较小，适合于作太阳能冰箱。利用太阳能采暖和空调是太阳能热利用的主要方向之一。

图2-13为太阳能热水、采暖和空调综合系统的示意图。

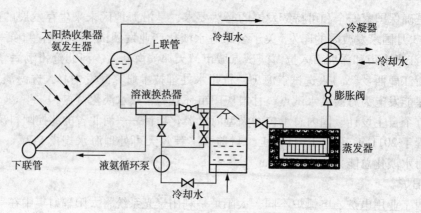

图 2-12　太阳能氨水吸收式制冷系统

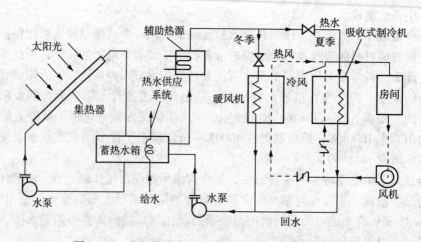

图 2-13　太阳能热水、采暖和空调综合系统的示意图

8. 太阳池

太阳池是一种人造盐水池。它利用具有一定盐浓度梯度的池水作为太阳能的集热器和蓄热器，从而为大规模地廉价利用太阳能开辟了一条广阔的途径。

20 世纪初，匈牙利科学家凯莱辛斯基在考察匈牙利迈达夫湖时意外发现，夏末在湖深 132cm 处的水温竟高达 70℃。但这一意外发现一直未受到足够重视，直到 20 世纪 60 年代初，以色列科学家在死海海岸建立了第一座实验池，发现 80cm 深处水温可达 90℃，于是世界上第一座用人造盐水池来收集太阳能的装置被命名为"太阳池"。此后，美国、前苏联、加拿大、法国、日本、印度等国也对太阳池进行了大量的研究。1979 年以色列成功利用太阳池(深 2.7m，面积 7000m²)作热源建立了一个 150kW 的发电站。现在太阳池在采暖、空调和工农业生产用热方面都已得到实际应用，并取得了良好效果。

(1)太阳池工作原理

由于水对太阳辐射中长波是不透明的，因此到达太阳池水面的长波部分(红外线)在水面以下几厘米就被吸收了。而短波部分(可见光和紫外线)可穿过清水层达到太阳池涂黑的池底，并被池底吸收。太阳池中盐水的作用是利用一定的盐浓度梯度，阻止底层水和表层水之间的自然对流。由于水体和池底周围土壤的热容量非常大，太阳池就变成了一个巨大的太阳能集热器和蓄热体。为了进一步改善太阳池的性能，通常在池中部加上透明塑料制的下隔层，以进一步阻止池中水的自然对流。在池的顶部也增加上隔层，用以防止池表层水的蒸发并避免风吹的影响。建造良好的太阳池，其底层水可接近沸腾温度。图 2-14 为太阳池示意图。

（2）太阳池的应用

太阳池的贮热量很大，因此可以用来采暖、制冷和空调。许多国家都利用太阳池为游泳池提供热量或为健身房供暖，或用于大型温室，其中利用太阳池发电是最为吸引人的。图 2-15 为太阳池发电系统的原理示意图。

它的工作过程是先把池底层的热水抽入蒸发器，使蒸发器中

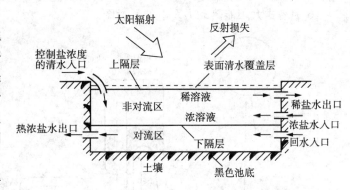

图 2-14 太阳池示意图

低沸点的有机工质蒸发，产生的蒸汽推动汽轮机做功；排汽再进入冷凝器冷凝；冷凝液通过循环泵抽回蒸发器，从而形成循环。太阳池上部的冷水则作为冷凝器的冷却水，因此整个系统十分紧凑。

以色列 20 世纪 80 年代在死海建了一座功率为 5MW 的太阳池发电站。2000 年以后以色列的太阳池发电达 2000MW。美国已在建单机容量为 30MW 的太阳池发电站。太阳池发电的成本远低于其他太阳热发电方法，其价格还可同燃油电站竞争，因此将有较大发展。

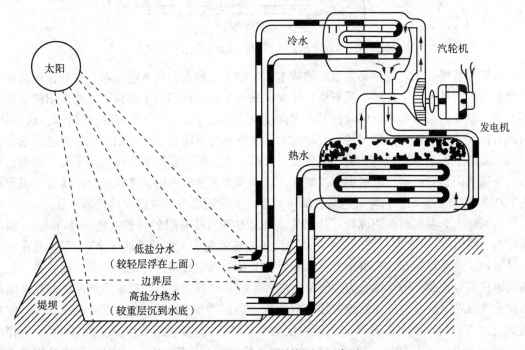

图 2-15 太阳池发电系统原理示意图

9. 太阳能热动力发电

太阳能热动力发电一直是太阳能热利用的主要研究方向，根据太阳能热动力发电系统中所采用的集热器的形式不同，该系统可以分为分散型和集中型两大类。分散型发电系统是将抛物面聚光器配置成很多组，然后把这些集热器串联和并联起来，以满足所需的供热温度。

集中型发电系统也称为塔式接受器系统，它由平面镜、跟踪机构、支架等组成定日镜阵列，这些定日镜始终对准太阳，把入射光反射到位于场地中心附近的高塔顶端的接受器上。图2-16为塔式太阳能热动力发电的示意图。

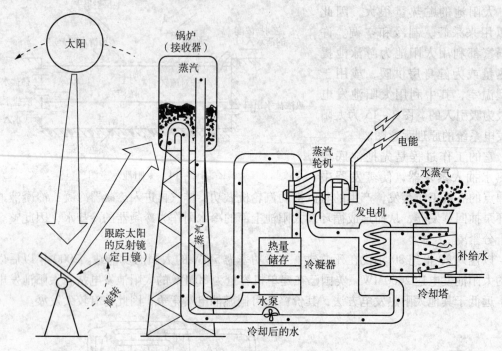

图2-16　塔式太阳能热动力发电示意图

为了降低塔式太阳能热动力系统的成本，发展了一种太阳坑发电技术。它是在地面挖一个球形大坑，坑壁贴上许多小反射镜，使大坑成一个巨大的凹面半球镜，它将太阳能聚焦到接受器，以获得高温蒸汽。试验证实，太阳坑发电的方案是可行的。其技术简单，成本低，因而有巨大的市场潜力。另一种有前途的太阳能热动力发电技术是太阳能烟囱发电。它是在一大片圆形土地上盖满玻璃，圆中心建有高大的烟囱，烟囱底部装有风力透平机。透明玻璃盖板下被太阳加热的空气通过烟囱被抽走，驱动风力透平机发电。在西班牙已建有一座容量为100kW的试验电站。这种发电装置简单可靠，非常适合于我国广大的西部地区。

由河海大学新材料新能源研究开发院、南京春晖科技有限公司和以色列Weizmann科学研究院、EDIG公司联合开发的70kW塔式太阳能热发电试验电站系统于2007年3月在江宁启动运行。该系统建在江宁将军大道东侧，整个系统由定日镜群、太阳能塔、接收器、燃气轮发电机组、跟踪控制系统、天然气辅助能源系统、冷却水系统、压缩空气系统、热水辅助系统和气象站系统等组成。系统主要技术参数：额定功率70kW，太阳能塔高度33m，定日镜32台（单台定日镜面积约20m²，镜面反射率≥85%），接收器工作温度约900℃，工作压力4.0bar，设计效率80%。32面定日镜分成7排，时刻跟踪太阳，将阳光传递给铁塔上的集热器，系统以空气作为载热工质按Brayton循环方式做功，将空气加热到1000℃，高温加压空气推动发电机转动，实行光电转换，而且可以由太阳能和天然气联合发电，互为补充。这只是一个小型的太阳能热发电示范基地，但标志着在南京打造"阳光三峡"迈出了坚实的一步，其建成引起全国极大的关注。

《可再生能源发展"十二五"规划》中提出的太阳能发电装机目标为，到2015年达

1000 万 kW,2020 年达 5000 万 kW，到"十二五"末太阳能屋顶发电装机达 300 万 kW，到 2020 年达 2500 万 kW。

2.2.4　太阳能光利用

太阳能光利用最成功的是用光电转换原理制成的太阳电池（又称光电池）。太阳电池 1954 年诞生于美国贝尔实验室，1958 年被用作"先锋 1 号"人造卫星的电源上了天。这种电池可使人造卫星的电源安全工作达 20 年之久，从而彻底取代只能连续工作几天的化学电池，为航天事业的发展提供了一种新的动力能源。

太阳电池是利用半导体内部的光电效应，当太阳光照射到一种称为"P - N 结"的半导体上时，波长极短的光很容易被半导体内部吸收，并碰撞硅原子中的"价电子"，使"价电子"获得能量变成自由电子而逸出晶格，从而产生电子流动。太阳电池的结构如图 2 - 17 所示。

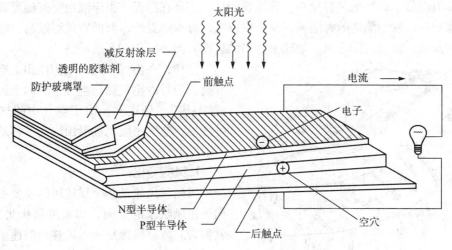

图 2 - 17　太阳电池的结构

常用的太阳电池按其材料可以分为晶体硅电池、CdS 电池、Sb_2S_3 电池、GaAs 电池、非晶硅电池、铜铟硒太阳能薄膜电池（简称铜铟硒电池，CIS）、叠层串联电池等。晶体硅电池应用最广，其中单晶硅的光电转换效率在实验室已高达 24.2%，工厂规模化生产的单晶硅电池效率也在 12% 以上。为降低成本，多晶硅电池得到很大的发展，现在多晶硅电池的效率已达 12%，而成本仅为单晶硅电池的 70%，是一种很有前途的太阳电池。GaAs 电池转换效率高达 25.7%，规模生产效率也可达 18%，但价格较贵，目前主要用于空间领域。非晶硅电池价格最便宜，但转换效率低（6% ~ 8%），且长期使用后性能下降，因此多用作袖珍计算器、电子表和玩具的电源。

由于各种不同材料制成的太阳电池所吸收的太阳光谱是不同的，因此将不同材料的电池串联起来，就可以充分利用太阳光谱的能量，大大提高太阳电池的效率。叠层串联电池的研究已引起世界各国的重视，成为最有前途的太阳电池。

太阳电池质量轻，无活动部件，使用安全，单位质量输出功率大，既可作小型电源，又可组合成大型电站。目前其应用已从航天领域走向各行各业，太阳能汽车、太阳能游艇、太阳能自行车、太阳能飞机都相继问世，它们中有的已进入市场。利用太阳电池建立太空太阳电站也成为人类努力的目标。

▶ **2.3 风能**

2.3.1 有关风的知识

风是人类最熟悉的自然现象之一，它是由太阳辐射热引起的。太阳照射到地球表面，地球表面各处受热不同而产生温差，从而引起大气的对流运动形成风。地球南北两极接受太阳辐射能少，所以温度低，气压高；而赤道接受热量多，温度高，气压低。另外地球昼夜温度、气压都在变化，这样由于地球表面各处的温度、气压变化，气流就会从压力高处向压力低处运动，形成不同方向的风，并伴随不同的气象条件变化。

地球上各处的地形、地貌也会影响风的形成，如海水由于热容量大，接受太阳辐射能后，表面升温慢，而陆地热容量小，升温比较快。于是在白天，由于陆地空气温度高，空气上升而形成海面吹向陆地的海陆风；反之在夜晚，海水降温慢，海面空气温度高，空气上升而形成陆地吹向海面的陆海风。地球上的风的运动方向如图2-18所示。

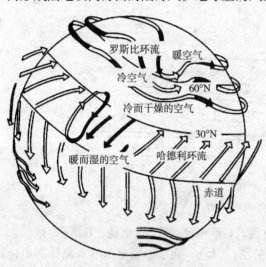

图2-18 地球上风的运动方向

同样，在山区，白天太阳使山上空气温度升高，山谷冷空气随热空气上升向上运动，形成"谷风"。到夜间，由于空气中的热量向高处散发，空气密度增加沿山坡向下移动，形成"山风"。

1. 风的变化

风向和风速是两个描述风的重要参数。风向是指风吹来的方向，如果风是从北方吹来，就称为北风。风速是表示风移动的速度，即单位时间内空气流动所经过的距离。风向和风速这两个参数都是在变化的。

（1）风随时间的变化

风随时间的变化，包括每日的变化和季节的变化。通常一天之中风的强弱在某种程度上可以看作是周期性的。如地面上夜间风弱，白天风强；高空中正相反，是夜里风强，白天风弱。这个逆转的临界高度约为100~150m。由于季节的变化，太阳和地球的相对位置也发生变化，使地球上存在季节性的温差。因此风向和风的强弱也会发生季节性的变化。

我国大部分地区风的季节性变化情况是：春季最强，冬季次之，夏季最弱。当然也有部分地区例外，如沿海温州地区，夏季季风最强，春季季风最弱。

（2）风随高度的变化

从空气运动的角度，通常将不同高度的大气层分为3个区域（图2-19）。

离地2m以内的区域称为底层；2~100m的区域称为下部摩擦层，二者总称为地面境界层；

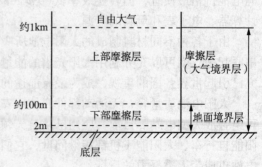

图2-19 大气层的构成

100～1000m 的区段称为上部摩擦层，以上 3 个区域总称为摩擦层。摩擦层之上是自由大气。地面境界层内空气流动受涡流、黏性和地面植物及建筑物等的影响，风向基本不变，但越往高处风速越大。各种地面不同情况下，如城市、乡村和海边平地，其风速随高度的变化如图 2－20 所示。

（3）风的随机性变化

如果用自动记录仪来记录风速，就会发现风速是不断变化的，一般所说的风速是指平均风速。通常自然风是一种平均风速与瞬间激烈变动的紊流相重合的风。紊乱气流所产生的瞬时高峰风速也叫阵风风速。图 2－21 表示阵风和平均风速的关系。

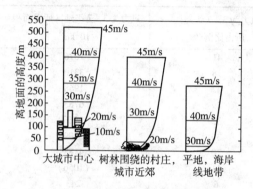

图 2－20　不同地面上风速随高度的变化

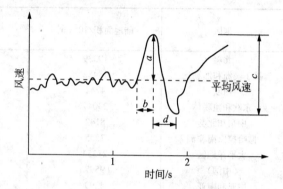

图 2－21　阵风和平均风速
a—阵风振幅；b—阵风的形成时间；
c—阵风的最大偏移量变；d—阵风消失时间

（4）风向观测

风向是不断变化的，观测陆地上的风，一般采用 16 个方位，观测海上的风，一般采用 32 个方位，通常用"风玫瑰图"来表示一个给定地点一段时间内的风向分布。它是一个圆，圆上引出 16 条放射线，分别代表 16 个不同的方向，每条直线的长度与这个方向的风的频度成正比。静风的频度放在中间。风玫瑰图上还指出了各风向的风速范围。

2. 风力等级

世界气象组织将风力分为 13 个等级，在没有风速计时，可以根据它来粗略估计风速。

2.3.2　风能资源

地球上风能资源十分丰富，据世界能源理事会估计，在地球 $107 \times 10^6 km^2$ 的陆地面积中，有 27% 的地区年平均风速高于 5m/s（距地面 10m 处）。表 2－6 给出了 2007 年统计的地面风速高于 5m/s 的陆地面积，这部分的面积总共约为 $3 \times 10^7 km^2$。

如果将地面平均风速大于 5.1m/s 的陆地用作风力发电场，每 km^2 的发电能力为 8MW，据此推算上述陆地面积的总装机容量可达 $24 \times 10^7 MW$，显然这只是个假想数字，因为这部分陆地还有其他用途。美国和荷兰有关风力发电潜力的研究表明，上述面积中只有约 4% 可用作风力发电。如果再考虑风力发电机的利用率，则全球陆上风力发电能力估计可达 $2.3 \times 10^6 MW$，每年可发电 $20 \times 10^{12} kW \cdot h$。实际上年平均风速在 4.4～5.1m/s 之间的陆地面积约占地球陆地总面积的一半，而对于平均风速为 3m/s 地区，风力泵也是一种很经济的风能利用方式。这表明小型风力发电机和风力泵可应用于世界上的许多地区。

我国是季风盛行的国家，风能资源量大面广，根据 2008 年全国风能资源普查成果统计，

初步探明陆域离地 10m 高度风能资源总储量为 43.5 亿 kW，其中技术可开发量约为 3 亿 kW，如果推算到风电机组轮毂高度，风能的技术可开发量约为 6 亿 kW。主要分布在我国西北地区大部、华北北部、东北北部、青藏高原腹地以及沿海地区。据气象部门多年观测资料，中国风能资源较好的地区为东部沿海及一些岛屿；内陆沿东北、内蒙、甘肃至新疆一带，风能资源也较丰富。平均风能密度 150～300W/m^2，一年中有效风速超过 3m/s 时间为 4000～8000h。

我国风能资源分布见表 2-7。

表 2-6　世界风能资源估计

地区	陆地面积/10^2km^2	风力为 3～7 级地区所占比例/%	风力为 3～7 级地区所占面积/10^2km^2
北美	19339	41	7876
拉丁美洲和加勒比	18482	18	3310
西欧	4742	42	1968
东欧和独联体	23047	29	6783
中东和北美	8142	32	2566
撒哈拉以南非洲	7255	30	2209
太平洋地区	21354	20	4188
（中国）	（9597）	（11）	（1056）
中亚和南亚	4299	6	243
总计	106660	27	29143

表 2-7　我国主要风能地区的风能资源

地区	地点	年平均风速/(m/s)	风能密度/(W/m^2)
福建	平潭	6.8～8.6	200～300
	东山	7.3	200
	马祖	7.3	200
	九仙山	6.9	200
	崇武	6.8	200
	台上	8.3	200
台湾	马公	7.3	150
广东	南澳岛	7.0	200
	东沙岛	7.1	150
海南	东方	6.4	150
浙江	岱山岛	7.0	150
	大陈岛	8.1	200
	嵊泗岛	7.1	200
	括苍山	6.0	150
江苏	西连到	6.1	150
	朝连岛	6.4	150
山东	青山岛	6.2	150
	砣矶岛	6.9	200
	成山岛	7.8	200

续表

地区	地点	年平均风速/(m/s)	风能密度/(W/m²)
辽宁	海洋岛	6.1	150
	长海	6.0	150
内蒙古	宝音图	6.0	150
	前达门	6.0	150
	朱日和	6.8	150

2.3.3 风能利用

我国是世界上最早利用风能的国家之一。公元前数世纪，我国人民就利用风能提水、灌溉、磨面，用风帆推动船舶前进。在国外，公元前 2 世纪，古波斯人就利用风能碾米，10 世纪伊斯兰人用风能提水，11 世纪风力机已在中东获得广泛的应用。13 世纪风力机传至欧洲，14 世纪已成为欧洲不可缺少的原动机，除了汲水外还用于榨油和锯木。在 19 世纪，风力机更为荷兰、丹麦、美国等国的经济发展做出了重要贡献。例如，19 世纪初荷兰大约有 1 万台叶片长达 28m 的大型风力机。19 世纪后半叶，风力机在丹麦还很盛行，当时约有 3000 多台风力机还在运行，总功率达 150~200GW，当时丹麦工业界的约 1/4 的能源依仗于风能。

工业革命后，特别是到了 20 世纪，由于煤炭、石油、天然气的开发，农村电气化的逐步普及，风能利用呈下降趋势，风能技术发展缓慢，直到 20 世纪 70 年代中期，能源危机才使人们重新重视风力机的研究和发展。30 年来风能利用技术已取得了显著的进步。

由于空气的密度仅仅是水密度的 1/813，因此与水能相比，在相同的流速下，风能的能流密度是很低的。风能和其他能源的能流密度之比见表 2-8。由于风能能流密度低，给其利用带来了一定的困难。

表 2-8 不同能源的能流密度

能源类别	能流密度/(kW/m²)	能源类别		能流密度/(kW/m²)
风能(风速 3m/s)	0.02	潮汐能(潮差 10m)		100
水能(流速 3m/s)	20	太阳能:	晴天平均	1.0
波浪能(波高 2m)	30		昼夜平均	0.16

1. 风力发电

利用风力发电已越来越成为风能利用的主要形式，受到世界各国的高度重视，而且发展速度最快。风力发电通常有 3 种运行方式：一是独立运行方式，通常是一台小型风力发电机向一户或几户提供电力，它用蓄电池蓄能，以保证无风时的用电；二是风力发电与其他发电方式(如柴油机发电)相结合，向一个单位或一个村庄，或一个海岛供电；三是风力发电并入常规电网运行，向大电网提供电力，常常是一处风场安装几十台甚至几百台风力发电机，这是风力发电的主要发展方向。尽管风力发电具有很大的潜力，但目前它对世界电力的贡献还是很小的，这是因为风力发电的大规模发展仍受到许多因素的影响，如风力机的效率不高，寿命还有待延长，风力机在大型化上仍存在某些困难，风力发电的高投资和发电成本仍高于常规发电方式，由于风能资源区远离主电网，联网的费用较大等。另外公众和政府部门对风力发电的认识也在某种程度上影响风力发电的发展（如认为建风力发电场妨碍土地在其他方面的使用）。

我国风电自 1986 年山东省荣成第一个风力发电场并网发电以来，尤其是"十一五"期间，2006 年《可再生能源法》颁布后，我国风电取得跨越式发展。总装机容量从 1989 年底的 4200kW 增长到 2008 年底的 894 万 kW，跃居世界第四位，风力发电量占全国总装机容量的 1.1%。其中，内蒙古、辽宁、吉林、甘肃、江苏、新疆、黑龙江等风电装机容量为 705.5 万 kW，占全国风电总装机的 78.9%。

2010 年，世界风电装机总容量为 199522.8MW，比 2009 年增长 24.6%；我国风电装机容量比上年猛增 73.2%，达到 44781MW，占世界总装机容量的 22.4%，从而超过美国的 40274MW，跃居世界首位。据预测，我国将在 2020 年前投入足以实现年发电量 150 亿瓦的风力涡轮机，到 2020 年全球的风力发电能力将达 40×10^4MW，相当于 200 个大型发电站。

2. 风力泵水

风力泵水从古至今一直得到较普遍的应用。至 20 世纪下半时，为解决农村、牧场的生活、灌溉和牲畜用水以及为了节约能源，风力泵水机有了很大的发展。现代风力泵水机根据用途可以分为两类：一类是高扬程、小流量的风力泵水机，它与活塞泵相配提取深井地下水，主要用于草原、牧区，为人畜提供饮水；另一类是低扬程、大流量的风力泵水机，它与螺旋泵相配，可提取河水、湖水或海水，主要用于农田灌溉、水产养殖或制盐。

3. 风帆助航

在机动船舶发展的今天，为节约燃油和提高航速，古老的风帆助航也得到了发展。航运大国日本已在万吨级货船上采用电脑控制的风帆助航，节油率达 15%。

4. 风力致热

随着人民生活水平的提高，家庭用能中对热能的需求越来越大，特别是在高纬度的欧洲和北美，家庭取暖、煮水等的能耗占有极大的比重。为解决家庭及低品位工业热能的需要，风力致热有了较大的发展。"风力致热"是将风能转换成热能，目前有 3 种转换方法：一是风力机发电，再将电能通过电阻丝发热，变成热能，虽然电能转换成热能的效率是 100%，但风能转化成电能的效率却很低，因此从能量利用的角度看，这种方法是不可取的；二是由风力机将风能转换成空气压缩能，再转换成热能，即由风力机带动离心压缩机，对空气进行绝热压缩而放出热能；三是将风力机直接转换成热能，这种方法致热效率最高。

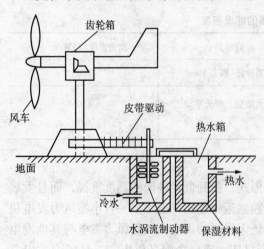

图 2—22　风力热水装置示意图

风力机直接转换成热能也有多种方法。最简单的是搅拌液体致热，风力机带动搅拌器转动，使液体（水或油）变热（图 2-22）。"液体挤压致热"是用风力机带动液压泵，使液体加压后再从狭小的阻尼小孔中高速喷出而使工作液体加热。此外还有固体摩擦致热和涡电流致热等方法。

2.3.4 风力机

风力机又称风车，是一种将风能转换成机械能、电能或热能的能量转换装置。风力机的类型很多，通常将其分为水平轴风力机、垂直轴风力机和特殊风力机 3 大类，应用最广的是前两种类型的风力机。

由于风力机安装地点的风力和风速是不断变化的，为了使风力机能稳定地工作，并有效地利用风能，风力机上都必须有调向和调速装置。调向装置的作用是使风力机风轮的迎风面始终正对来流方向，常用的调向装置有尾舵调向、侧风轮调向、自动调向和伺服电机调向等。调速装置的作用是使风力机在风速变化时能保持不变，此外在风速过高时还能起过速保护作用。常用的调速装置有固定叶片调速装置和可变浆距调速装置等。

风力机的效率主要取决于风轮效率、传动效率、储能效率、发电机和其他工作机械的效率。

图 2—23 给出了各种不同用途风力机各主要构成部分的能量转换及贮存效率。

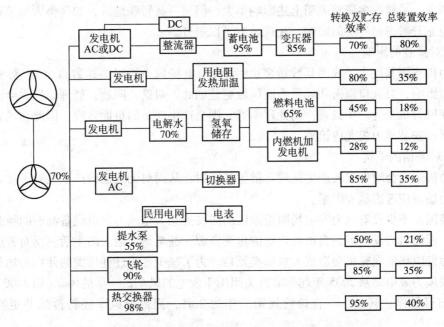

图 2 – 23　风能利用装置中各主要部分的能量转换和贮存效率

2.3.5 风能利用中的问题

风能利用前景广阔，但在风能利用中有两个问题需要特别注意：一是风力机的选址；二是风力机对环境的影响。

1. 风力机的选址

无论是哪一种用途的风力机，选择设置地点都是十分重要的。选址合适不但能降低设备费用和维修成本，还能避免事故的发生。除了考虑设置地点的风况外，还应考虑其他自然条件的影响，如雷击、结冰、盐雾和沙尘等。

在平坦地形上设置风力机时应考虑的条件是：①离开设置地点 1km 的方圆内，无较高的障碍物；②如有较高的障碍物（如小山坡）时，风力机的高度应比障碍物高 2 倍以上。在

山丘的山脊或山顶设置风力机时，山脊不但可以作为巨大的塔架，而且风经过山脊时还会加速。因此山顶和山脊的肩部(即两端部)是安装风力机的好场所。

2. 风力机对环境的影响

如果不考虑风能利用中所采用材料(如钢铁、水泥等)在生产过程中对环境的污染，通常认为风能利用对环境是无污染的。但是由于人们对环境的要求越来越高以及环境保护的含义越来越广，在风能利用中也必须考虑风力机对环境的影响，这种影响反映在以下几方面：

(1)风力机的噪声

风力机产生的噪声包括机械噪声和气动噪声，分析表明风轮直径小于 20m 的风机，机械噪声是主要的。当风轮直径更大时，气动噪声就成为主要的噪声。噪声会对风力机设置处的居民产生一定的影响，特别是对人口稠密地区(如荷兰)，噪声问题更加突出，因此应采取各种技术措施来减少风力机的噪声。

(2)对鸟类的伤害

风力机的运行常常会对鸟类造成伤害，如鸟被叶片击落。大型风力场也影响附近鸟类的繁殖和栖息。虽然许多研究表明上述影响不大，但对一些特殊地区，如鸟类大规模迁徙的路线上，应充分考虑对鸟类的影响，在选址上予以避开。

(3)对景观的影响

风力机或因其庞大，或因其数量多(大型风力电场风力机可多达数百台)，势必对视觉景观产生影响，对人口稠密和风景秀丽区域更是如此。对这一问题，处理得好，会产生正面影响，使风力机变为一个景观；而处理不好，则会产生严重的负面效应。因此在风景区和文化古迹区，安装风力机尤应慎重。

(4)对通信的干扰

风力机运行会对电磁波产生反射、散射和衍射，从而对无线通信产生某种干扰。在建设大型风力场时应考虑这一因素。

在美国，不少设有风力发电场附近地区的居民抱怨大型风力发电设备制造的噪音；还有人指出，近海风力发电场还会影响当地的鱼类资源，甚至是当地人的生活。反对者还特别提到，风力发电场的涡轮机会造成大量鸟类死亡。为了减少冬季迁徙鸟类的死亡，加利福尼亚州阿特蒙风力发电站从 2005 年起季节性关闭用于发电的风车，一半的风车(约 2500 个)将从 11 月 1 日开始停止转动，一直持续到第二年的 2 月，而部分风车还将拆除并更换成新型风车。

2.4 地热能

2.4.1 地球内部构造

地球本身就是一座巨大的天然储热库。所谓地热能，就是地球内部蕴藏的热能。有关地球内部的知识是从地球表面的直接观察及钻井的岩样和火山喷发、地震等资料推断而得到的。根据目前的认识，地球的构成是这样的：在约 2800km 厚的铁－镁硅酸盐地幔上有一薄层(厚约 30km)铝－硅酸盐地壳；地幔下面是液态铁－镍地核，其内还含有一个固态的内核。在 6~70km 厚的表层地壳和地幔之间有个分界面，称为莫霍不连续面，莫霍界面会反射地震波。从地表到深 100~200km 的部分为刚性较大的岩石团。由于地球内圈和外圈之间存在较大的温度梯度，所以其间有黏性物质不断循环。

大洋壳层厚约 6～10km，由玄武岩构成，大洋壳层会延伸到大陆壳层下面。大陆壳层则是由密度较小的钠钾铝－硅酸盐的花岗石组成，典型厚度约为 35km，但是在造山地带其厚度可能达 70km。地壳和地幔最简单的模型如图 2－24 所示。地壳好像一个"筏"放在刚性岩石圈上，岩石圈又漂浮在黏性物质构成的软流圈上。由于软流圈中的对流作用，会使大陆壳"筏"向各个方向移动，从而导致某一大陆板块与其他大陆板块或大洋板块碰撞或分离。它们就是造成火山喷发、造山运动、地震等地质活动的原因。图中的箭头表示了板块和岩石圈的运动及其下面黏性物质的热对流。

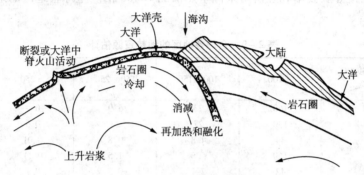

图 2－24　地壳和地幔模型的示意图

地幔中的对流把热能从地球内部传到近地壳的表面地区，在那里热能可绝热储存达百万年之久。虽然这里储存区的深度已大大超过了目前钻探技术所能达到的深度，但由于地壳表层中含有游离水，这些水有可能将热储区的热能带到地表附近，或穿出地面而形成温泉，特别在所谓的地质活动区更是如此。

地质学上常把地热资源分为蒸汽型、热水型、干热岩型、地压型、岩浆型 5 大类。

1. 蒸汽型

蒸汽型地热田是最理想的地热资源，它是指以温度较高的干蒸汽或过热蒸汽形式存在的地下储热。形成这种地热田要有特殊的地质结构，即储热流体上部被大片蒸汽覆盖，而蒸汽又被不透水的岩层封闭包围。这种地热资源最容易开发，可直接送入汽轮机组发电，可惜蒸汽田很少，仅占已探明地热资源的 0.5%。

2. 热水型

它是指以热水形式存在的地热田，通常既包括温度低于当地气压下饱和温度的热水和温度高于沸点的有压力的热水，也包括湿蒸汽。90℃ 以下称为低温热水田，90～150℃ 称为中温热水田，150℃ 以上称为高温热水田。中、低温热水田分布广、储量大，我国已发现的地热田大多属这种类型。

3. 干热岩型

干热岩是指地层深处普遍存在的没有水或蒸汽的热岩石，其温度范围很广，在 150～650℃ 之间。干热岩的储量十分丰富，比蒸汽、热水和地压型资源大得多。目前大多数国家都把这种资源作为地热开发的重点研究目标。

4. 地压型

它是埋藏在深为 2～3km 的沉积岩中的高盐分热水，被不透水的页岩包围。由于沉积物的不断形成和下沉，地层受到的压力越来越大，可达几十兆帕，温度处在 150～260℃ 范围内。地压型热田常与石油资源有关。地压水中溶有 CH_4 等碳氢化合物，形成有价值的副产品。

5. 岩浆型

它是指蕴藏在地层更深处，处于黏弹性状态或完全熔融状态的高温熔岩。火山喷发时常把这种岩浆带至地面。据估计，岩浆型资源约占已探明地热资源的40%左右。

上述5类地热资源中，目前应用最广的是热水型和蒸汽型。

2.4.2 地热资源

据估计，在地壳表层10km的范围内，地热资源就达$12.6×10^{23}$kJ，相当于$4.6×10^{16}$t标准煤，超过全世界煤技术和经济可采储量热值的70000倍。全球各地区的地热资源估计如表2-9所示。

表2-9　全球各地区的地热资源估计　　　　　　　　　　　　　百万吨油当量

温度/℃ 地区	<100	100~150	150~250	>250	总计
北美洲	160	23	5.9	0.4	189
拉丁美洲	130	27	28	0.5	186
西欧	44	4.8	0.8	0.01	49.6
东欧和独联体	160	5.8	1.5	0.11	167
中东和北非	42	2.1	0.5	0.1	44.7
撒哈拉以南非洲	110	7.4	2	0.1	119
太平洋地区(不包括中国)	71	6.2	4	0.2	81.2
(中国)	(62)	(13)	(3.3)	(0.2)	(78.3)
中亚和南亚	88	5	0.6	0.04	93.6
总计	870	95	47	1.7	1000

我国地处欧亚板块的东南边缘，在东部和南部与太平洋板块和印度洋板块连接，是地热资源丰富的国家之一。地热能开发利用起于20世纪70年代，我国首次开展了20多个省区地热考察和普查。1975年在西藏羊八井2004号钻井是我国首次勘探出高温地热，温度高达329.8℃，也是迄今我国已发现的温度最高的地热钻井，用于发电总装机容量25MW。1999年实施国土资源大调查以来，以北京、天津为试点城市，开展了浅层地温能调查评价，建立了监测体系和实施了开发利用示范工程。

2009~2011年，国土资源部在系统收集国内基础地质、地热地质、水文地质、城市地质、石油地质等已有资料的基础上，对287个地级以上城市浅层地温能、12个主要沉积盆地地热资源、2562处温泉区隆起山地地热资源、3000~10000m的干热岩资源潜力进行了重新评价。国土资源部2012年10月发布官方数据表明，我国大陆3000~10000m深处干热岩资源，总计860万亿t标准煤，相当于我国目前年度能源消耗总量的26万倍；我国浅层地温能资源量相当于95亿t标准煤，每年浅层地温能可利用资源量相当于3.5亿t标准煤。我国的高温地热主要分布在西藏南部、云南西部、福建、广东、台湾等地，中低温地热遍及全国各地，仅自然露头就有3000多处。

我国多年来地热能直接利用量稳居世界第一。到2010年底，全国浅层地温能供暖(制冷)面积达到14000万 m^3，全国地热供暖面积达到3500万 m^3，全国高温地热发电总装机容量24MW，洗浴和种植使用地热热量约合50万t标准煤；各类地热能总贡献量合计500万t标准煤。2010年，我国煤炭消耗接近30亿t，全国能源消耗总量约相当于32.5亿t标准煤，如全部有效开发利用每年可节约2.5亿t标准煤，减少 CO_2 排放5亿t；全国沉积盆地地热资源储量折合 8530 亿 t 标准煤；每年可利用的常规地热资源总量相当于 6.4 亿 t 标准煤，每年可减少 CO_2 排放 13 亿 t。

我国地热能利用占能源消耗总量非常小，大力开发利用地热能，节约煤炭消耗的空间十分巨大。"十二五"期间，我国将启动地热能调查与开发利用工程。通过实施该工程，到 2015 年，预计全国地热能利用总量达到 2.0×10^{18}J，相当于 6880 万 t 标准煤，届时占我国能源消耗总量的 1.7%，每年可以减少排放 CO_2 等废气废渣 1.8 亿 t。

"十二五"期间，我国相关部门将大力加强地热资源调查评价与开发利用工作：①浅层地温能：主要任务是查明我国主要城市浅层地温能分布特点和赋存条件，评价资源量及开发利用潜力，编制开发利用规划，建立监测网络，推动浅层地温开发利用示范城市建设。调查评价工作，2012 年前完成省会级城市，2015 年前完成地级市和部分重点县级城镇；②地热资源：主要任务是摸清全国地热资源家底，对开发前景好的重点地区作进一步调查，查明地热资源分布和储藏特征，评价开采潜力和可开采资源量，建立综合开发和梯级开发示范工程。重点地区包括青藏、滇西等高温地热资源分布区，华北盆地、呼包平原、胶东半岛、汾渭盆地、松辽盆地、四川盆地、江汉盆地等中低温地热资源分布区；③干热岩资源：主要任务是调查研究我国干热岩资源的分布，评估资源潜力，圈定开发远景区，选择典型地段，实施干热岩科学钻探与开发利用试验研究。

2.4.3 地热能的利用

人类很早以前就开始利用地热能，例如，利用温泉沐浴、医疗，利用地下热水取暖、建造农作物温室、水产养殖及烘干谷物等。但真正认识地热资源并进行较大规模的开发利用，却是始于 20 世纪中叶。跟太阳能、风能相比，地热资源具有不受季节影响，又不受周围变化影响的特点，利用率很高，除了机器的检修以外，一年四季都可以运行，所以达到了 72% ~75% 的利用率，是所有清洁能源当中最高的。地热能源不像核能和其他能源，它是非常安全的能源。其不足之处在于分布不均匀，东南沿海以及青藏高原高温资源较为丰富，但是大部分的国土面积只有低温资源，高温资源比较少。

地热能的利用可分为地热发电和直接利用两大类。对于不同温度的地热流体，可能利用的范围如下：①200 ~400℃：直接发电及综合利用；②150 ~200℃：双循环发电，制冷，工业干燥，工业热加工；③100 ~150℃：双循环发电、供暖、制冷、工业干燥、脱水加工、回收盐类、罐头食品；④50 ~100℃：供暖、温室、家庭用热水、工业干燥；⑤20 ~50℃：沐浴、水产养殖、饲养牲畜、土壤加温、脱水加工。

为提高地热利用率，现在许多国家采用梯级开发和综合利用的办法，如热电联产联供、热电冷三联产、先供暖后养殖等。

地热能利用在以下几方面可起重要作用。

1. 地热发电

地热发电是地热能利用的最主要方式。高温地热流体应首先应用于发电。根据地热流体的类型，目前有两种地热发电方式，即蒸汽型地热发电和热水型地热发电。

（1）蒸汽型地热发电

蒸汽型地热发电是把蒸汽田中的干蒸汽直接引入汽轮发电机组发电，但在引入发电机组前，应把蒸汽中所含的岩屑和水滴分离出去。这种发电方式最为简单，但干蒸汽地热资源十分有限，且多存于较深的地层，开采技术难度大，故发展受到限制。

（2）热水型地热发电

热水型地热发电是地热发电的主要方式。目前热水型地热电站有两种循环系统：

①闪蒸系统：当高压热水从热水井中抽至地面，由于压力降低，部分热水会沸腾并"闪蒸"成蒸汽，蒸汽送至汽轮机做功；而分离后的热水可继续利用后排出，当然最好是再回注入地层；②双循环系统：地热水首先流经热交换器，将地热能传给另一种低沸点的工作流体，使之沸腾而产生蒸汽。蒸汽进入汽轮机做功后进入凝汽器，再通过热交换器而完成发电循环。地热水则从热交换器回注入地层。这种系统特别适合于含盐量大、腐蚀性强和不凝结气体含量高的地热资源。发展双循环系统的关键技术是开发高效的热交换器。

地热发电的前景取决于如何开发利用地热储量大的干热岩资源，其关键技术是能否将深井打入热岩层中。美国新墨西哥州的洛斯阿拉莫科学实验室正在对这一系统进行远景试验。

地热发电在我国某些地区发展很快，例如，在西藏有羊八井电站（装机容量 25180kW）、朗久电站（装机容量 1000kW）、那曲电站（装机容量 1000kW），它们已成为西藏电力的主要供应者。1980 年以来，世界地热电站也发展很快。

地热电站与常规电站相比，除了可以减少污染物（特别是 CO_2）的排放外，另一个突出的优点是占地面积远小于采用其他能源的电站。在世界各国鼓励可再生能源利用的政策影响下，地热发电将有一个很大的发展。

2. 地热供暖

将地热能直接用于采暖、供热和供热水是仅次于地热发电的地热利用方式。因为这种利用方式简单、经济性好，备受各国（特别是位于高寒地区的西方国家）重视，其中冰岛开发利用得最好。该国早在 1928 年就在首都雷克雅未克建成了世界上第一个地热供热系统，如今这一供热系统已发展得非常完善，每小时可从地下抽取 7740t 温度 80℃ 的热水，供全市 11 万居民使用。由于没有高耸的炬囱，冰岛首都已被誉为"世界上最清洁无烟的城市"

此外，利用地热给工厂供热，如用作干燥谷物和食品的热源，用作硅藻土生产、木材、造纸、制革、纺织、酿酒、制糖等生产过程的热源，也是大有前途的。目前世界上最大的两家地热应用工厂就是冰岛的硅藻土厂和新西兰的纸浆加工厂。

我国利用地热供暖和供热水发展也非常迅速，在京津地区已成为地热利用中最普遍的方式。例如，早在 20 世纪 80 年代，天津市就有深度大于 500m、温度高于 30℃ 的热水井 356 口，其热水已广泛用于工业加热、纺织、印染造纸和烤胶等。

3. 地热务农

地热在农业中的应用范围十分广阔。如利用温度适宜的地热水灌溉农田，可使农作物早熟增产；利用地热水养鱼，在 28℃ 水温下可加速鱼的育肥，提高鱼的出产率；利用地热建造温室，育秧、种菜和养花；利用地热给沼气池加温，提高沼气的产量等。

将地热能直接用于农业在我国日益广泛，北京、天津、西藏和云南等地都建有面积大小不等的地热温室。各地还利用地热大力发展养殖业，如培养菌种、养殖非洲鲫鱼、鳗鱼、罗非鱼、罗氏沼虾等。例如，湖北英山县有 300m 深热水井 5 口，建造温室 $1129m^2$、温水养鱼 $2000m^2$ 并进行育种和培育水生饲料。现在全国地热养殖池已达 $300 \times 10^4 m^2$。

4. 地热行医

地热在医疗领域的应用有诱人前景，目前热矿水就被视为一种宝贵的资源，世界各国都很珍惜。由于地热水从很深的地下提取到地面，除温度较高外，常含有一些特殊的化学元素，从而使它具有一定的医疗效果。如含碳酸的矿泉水供饮用，可调节胃酸、平衡人体酸碱度；含铁矿泉水饮用后，可治疗缺铁贫血症；氢泉、硫化氢泉洗浴可治疗神经衰弱和关节炎、皮肤病等。

由于温泉的医疗作用及伴随温泉出现的特殊地质、地貌条件，温泉常常成为旅游胜地，吸引大批疗养者和旅游者。在日本就有1500多个温泉疗养院，每年吸引1亿人到这些疗养院休养。

我国利用地热治疗疾病历史悠久，含有各种矿物元素的温泉众多，因此充分发挥地热的行医作用，发展温泉疗养行业是大有可为的。

2.4.4 地热能利用中的环境问题

地热能是一种可再生能源，虽然与常规能源相比，其对环境的影响较小，但随着人们环境意识的提高和环境法规的日益严格，在地热能的利用中仍然要重视环保问题。

地热能开发的早期，蒸汽是直接排放到大气中的，热水直接排入江河，使用地下热水后也不采用回灌等。这些粗放的利用方式引起了一些环境问题，因为地热蒸汽中经常含有硫化氢和CO_2，地热水的含盐量通常都很高。为保护环境，在地热能利用中必须采用回灌技术，这不但有助于减少地面的沉降，还可对地热田补充水源。

由于地热能常常蕴藏在风景优美的地区或偏远地区，因此，在利用地热能特别是建设地热电站时，要对选址、利用规模和设计进行精心考虑，尽量减少对环境的影响。又由于地热水中含盐量高，在进行钻井站布置和钻井时，要避免其对清洁水源的影响。

2.5 海洋能

地球表面积约为$5.1 \times 10^8 km^2$，其中陆地表面积为$1.49 \times 10^8 km^2$，占29%；海洋面积达$3.61 \times 10^8 km^2$，占71%。以海平面计，全部陆地的平均海拔约为840m，而海洋的平均深度却为3800m，整个海水的容积高达$1.37 \times 10^9 km^3$。海洋不仅为人类提供航运、水产和丰富的矿藏，而且还蕴藏着巨大的能量。海洋能的表现形式多种多样，通常包括潮汐能、波浪能、海洋温差能、海洋盐差能、海流能等。

2.5.1 潮汐能

潮汐能是以势能形态出现的海洋能。海水涨落的潮汐现象是由地球和天体运动以及它们之间的相互作用而引起的。月球对地球的引力方向指向月球中心，其大小因地而异。同时地表的海水又受到地球运动离心力的作用，月球引力和离心力的合力正是引起海水涨落的引潮力。除月球外，太阳和其他天体对地球同样会产生引潮力。虽然太阳的质量比月球大得多，但太阳离地球的距离也比月球与地球之间的距离大得多，所以其引潮力还不到月球引潮力的一半。其他天体或因远离地球，或因质量太小，所产生的引潮力微不足道。如果用万有引力计算，月球所产生的最大引潮力可使海平面升高0.563m，太阳引潮力的作用为0.246m，但实际的潮差却比上述计算值大得多。如我国杭州湾的最大潮差达8.93m，北美加拿大芬地湾最大潮差更达19.6m。这种实际与计算的差别目前尚无确切的解释。一般认为，海水的自由振动频率与受迫振动频率一致而导致的共振会使潮差显著增大。

全世界潮汐能的理论蕴藏量约为$3 \times 10^9 kW$。我国海岸线曲折，全长约$1.8 \times 10^4 km$，沿海还有6000多个大小岛屿，组成$1.4 \times 10^4 km$的海岸线，漫长的海岸蕴藏着十分丰富的潮汐能资源。我国潮汐能的理论蕴藏量达 $1.1 \times 10^8 kW$，其中浙江、福建两省蕴藏量最大，约占全国的 80.9%。

潮汐能的主要利用方式是潮汐发电。利用潮汐发电必须具备两个物理条件：首先，潮汐的幅度必须大，至少要有几米；第二，海岸地形必须能储蓄大量海水，并可进行土建工程。潮汐发电的工作原理与一般水力发电的原理是相近的，即在河口或海湾筑一条大坝，以形成天然水库，水轮发电机组就装在拦海大坝里。

潮汐电站可以是单水库或双水库。图 2-25 是单水库潮汐电站的示意图，只筑一道堤坝和一个水库。老的单水库潮汐电站是涨潮时使海水进入水库，落潮时利用水库与海面的潮差推动水轮发电机组。它不能连续发电，因此又称为单水库单程式潮汐电站。新的单水库潮汐电站利用水库的特殊设计和水闸的作用，既可涨潮时发电，又可在落潮时运行，只是在水库内外水位相同的平潮时才不能发电。这种电站称为单水库双程式潮汐电站，可大大提高潮汐能的利用率。为使潮汐电站能够全日连续发电，必须采用双水库的潮汐电站，如图 2-26 所示。这种电站建有两个相邻的水库，水轮发电机组设在两个水库之间的隔坝内。一个水库只在涨潮时进水(高水位库)，一个水库(低水位库)只在落潮时泄水；两个水库之间始终保持有水位差，因此可以全日发电。由于海水潮汐的水位差远低于一般水电站的水位差，所以潮汐电站应采用低水头、大流量的水轮发电机组。目前全贯流式水轮发电机组由于其外形小、质量轻、管道短、效率高，已为各潮汐电站广泛采用。

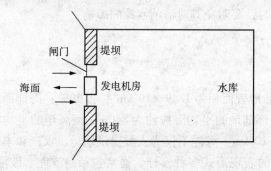

图 2-25　单水库潮汐电站的示意图

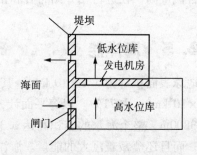

图 2-26　双水库潮汐电站的示意图

我国已建成的潮汐电站如表 2-10 所示。其中最大的浙江江夏潮汐试验电站，拦潮大坝长 70m、高 15.5m，形成 $275 \times 10^4 m^2$ 的水库，年发电量达 $1100 \times 10^4 kW \cdot h$，具有显著经济效益。

表 2-10　我国的潮汐电站

站名	装机容量/kW	机组数	建成年代	设计水头/m	运行方式
浙江沙山	40	1	1961	2.5	单库单向
广东甘竹滩	5000	22	1970	1.3	单向发电
浙江岳普	1500	4	1971	3.5	退潮发电
浙江海山	150	2	1975	3.39	双库单向
江苏浏河	150	2	1976	1.25	退潮发电
广西果子山	40	1	1977	2.0	退潮发电
山东白沙口	960	6	1978	1.2	单向发电
浙江江夏	3200	5	1980	3.0	双向发电
福建幸福洋	1800	4	1981	3.02	单向发电

潮汐电站会改变潮差和潮流，还会改变海水温度和水质。拦潮后形成的水库对生态既有有利影响，也有不利影响。例如，它能为水产养殖提供适合的条件，但同时也会对地下水和排水等带来不利影响。此外，在建设潮汐电站时，还必须考虑海岸的侵蚀和对鸟类栖息环境的影响，特别是在河口建潮汐电站时，更应注意环境问题，如对鱼类的影响等。

随着拦潮坝建造计技术的进步，如修围堰时采用特别的沉箱技术等，建坝工期缩短，工程造价降低；新型水轮机的研制，可以利用超低水头发电。这些因素都有利于潮汐发电的发展。在各国政府鼓励政策的激励下，至 2020 年潮汐能利用的前景预测如表 2 - 11 所示。

表 2 - 11   2000 ~ 2020 年潮汐能利用的前景预测　　　　　　　百万吨油当量

地区	2000 年	2010 年	2020 年
北美洲		0.8	3.8
西欧	0.1	4.2	4.3
俄罗斯和东欧		1.4	4.7
中亚和南亚		0.2	0.7

2.5.2　波浪能

波浪能是以动能形态出现的海洋能。波浪是由风引起的海水起伏现象，它实质上是吸收了风能而形成的。通常一个典型的海洋中部在 8s 的周期内会涌起 1.5m 高的波浪。当有效波高为 1m、周期为 9s 时，在 1m 的波宽度上，波浪的功率为 4.5kW。实际上波浪功率的大小还与风速、风向、连续吹风的时间、流速等诸多因素有关。据估计全世界可开发利用的波浪能达 $2.5 \times 10^9 kW$。我国沿海有效波高约 2 ~ 3m、周期为 9s 的波列，波浪功率可达 17 ~ 39kW/m，渤海湾更高达 42kW/m，利用前景诱人。

海洋波浪能属低品位能源，在自然状态下由于大部分波浪运动没有周期性，故很难经济地开发利用。以波浪为动力的装置必须具备以下特点：①能够增大与波浪高度有关的水位差；②对波浪的幅度和频率有广泛的适应性；③既能适应小的波浪，又能承受大风暴引起的滔天巨浪。

从海洋波浪中吸取能量的方法有以下几类：①利用前推后拥波浪的垂直涨落来推动水轮机或空气涡轮机；②用凸轮或叶轮利用波浪的来回或起伏运动推动涡轮机；③利用汹涌澎湃的波浪冲力把海水先汇聚到蓄水柜或高位水槽中，再推动水轮机。

利用波浪能的方式有很多种，利用波浪能发电是最主要的一种，利用波浪能发电的装置很多，应用最广泛的是浮标式波浪发电，这种浮标式波浪发电装置已广泛用于航标和灯塔的照明。另一种是固定式的波浪发电装置，它不用浮标，而是将空气室固定地建在海边，利用海浪使空气活塞内的空气反复压缩、膨胀，从而推动涡轮机发电。这种固定式的波浪发电装置对小岛渔村和边防哨所很有实用意义。

在大多数情况下，波浪能装置输出的是电能，但输出功率不稳定，且离电网较远。因此直接将这部分电能用于海水淡化是波浪能利用的一种理想选择，当然也可以利用波量能装置产生高压水，再利用反渗透法来生产淡水，通常只有约 20% 的高压水流经过反渗透膜，其余 80% 的高压水仍可通过小型冲击式水轮机发电。目前这种利用波量能既能发电又能进行海水淡化的装置已投入市场。海水淡化市场包括干旱地区的迎风沿海和一些岛屿，现在这些地区每人每天的需水量约为 40L，到 2020 年，随着人口增加，50% 的用水将靠海水淡化，据估计，届时 1/3 的淡化水将依靠波浪能产生。

随着波浪能利用技术的进一步成熟，在各国政府的鼓励下，波浪能利用将有较大的发展。

2.5.3 温差能

温差能是以热能形态出现的海洋能，又称海洋热能。海洋是地球上一个巨大的太阳能集热和蓄热器。投射到地球表面的太阳能大部分被海水吸收，使海洋表层水温升高。赤道附近太阳直射多，其海域的表层温度可达 25～28℃，波斯湾和红海由于被炎热的陆地包围，其海面水温可达 35℃。而在海洋 500～1000m 深处，海水温度却只有 3～6℃。这个垂直的温差就是一个可供利用的巨大能源。据估计，如果利用这一温差发电功率可达 2×10^6 MW。

海洋温差能主要用于发电，在海洋上修建海洋温差电站一直是人类的理想。自 1979 年 8 月在美国夏威夷建成世界上第一座温差发电装置以后，世界各国都对海洋温差发电给予足够的重视，目前 186 MW 级的海洋温差电站已投入试运行。2012 年 11 月 23 日，经过长达四年的研究，国家海洋局第一海洋研究所完成的"15kW 温差能发电装置研究及试验"课题在华电青岛发电厂通过验收，使得我国成为继美国、日本之后，第三个独立掌握海水温差能发电技术的国家。

海洋温差发电主要采用开式和闭式两种循环系统。

1. 开式循环系统

开式循环系统如图 2-27 所示。表层温海水在闪蒸蒸发器中由于闪蒸而产生蒸汽，蒸汽进入汽轮机做功后再流入凝汽器。来自深层的冷海水作为凝汽器的冷却介质。由于蒸汽是在负压下工作，所以必须配置真空泵。这种系统简单，还可兼制淡水；但设备和管道体积庞大，真空泵及抽水水泵耗功较多，影响发电效率。

2. 闭式循环系统

闭式循环系统如图 2-28 所示。来自表层的温海水先在热交换器内将热量传给低沸点工质——丙烷、氨等，使之蒸发，产生的蒸气再推动汽轮机做功。深层冷海水蒸发器仍作为凝汽器的冷却介质。这种系统不需要真空泵，是目前海洋温差发电中常采用的循环系统。

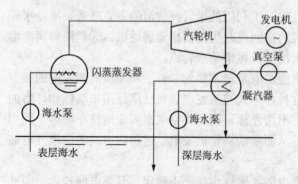

图 2-27 海洋温差发电的开式循环系统

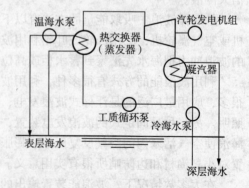

图 2-28 海洋温差发电的闭式循环系统

由于冷热温差很小，利用海洋温差发电效率仅为 3% 左右，远低于普通火电厂，且换热面积大，建设费用高；海水腐蚀和海洋生物的吸附以及远离陆地输电困难等不利因素都制约着海洋温差发电的发展。但海洋辽阔，储能丰富，修建海上温差发电站仍具有广阔前景。其发出的电能可以采用以下几种方式利用：①离陆地较近时，可用海底电缆向陆地变电站送电；②离陆地较远时，可利用电能先蒸发海水，制取淡水，再将淡水电解成氢和氧，然后用船将它们分别运往陆地,其中氢是一种宝贵的燃料;③用电能从浓缩海水中提取铀和重水,然后运往陆地供核电站使用;④利用电能从海水中提取稀有金属,其中锂也是一种热核燃料;⑤向海上采油和锰矿开采提供电力。

海洋温差电站对环境有一定的潜在影响,由于电站要大量抽取冷水,因此有可能对鱼卵、幼鱼和成鱼造成伤害。此外,大型温差电站不仅会改变当地的生态系统,危及珊瑚,还可能影响到海区的温度、盐度、海流或气候等大尺度的海洋过程,目前对于这些问题的研究还很不充分。

2.5.4 盐差能

盐差能是以化学能形态出现的海洋能。地球上的水分为淡水和咸水两大类,全世界水总储量为 $1.4 \times 10^9 \mathrm{km}^3$,其中 97.2% 为分布在大洋和浅海中的咸水。海洋的咸水中含有各种矿物质和大量的食盐,$1 \mathrm{km}^3$ 海水里含有 3600 万 t 食盐。利用大海与陆地河口交界水域的盐度差所潜藏的巨大能量一直是科学家的理想。据估计,世界各河口区的盐差能达 $3 \times 10^{10} \mathrm{kW}$,可能利用的就有 $2.6 \times 10^9 \mathrm{kW}$,因此开发盐差能将是新能源利用的很好方向。

理论和实际都证明,在两种不同浓度的盐溶液中间放置一个渗透膜,浓度低的溶液就会向浓度高的溶液渗透,直到膜两侧盐浓度相等为止。根据这一原理,可以人为地从淡水水面引一股淡水与深入海面几十米的海水混合,在混合处将产生相当大的渗透压力差,该压力差将足以带动水轮机发电。据测定,一般海水含盐浓度为 3.5% 时,所产生的渗透压力相当于 25 个

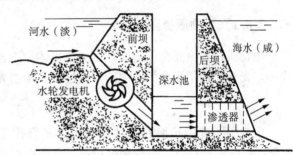

图 2-29 利用盐差能发电的示意图

标准大气压,而且浓度越大,渗透压力也越大。例如在死海,其渗透压力甚至相当于 5000m 的水头。图 2-29 就是根据上述原理设计的一种盐差能发电的方案。

尽管盐差能发电还处于研究之中,但其潜力已日益为人们所认识。美国有人估计,若利用密西西比河流量的 1/10 去建设盐差能电站,其装机容量可达 $10^6 \mathrm{kW}$,即每立方米的淡水入海可获得约 $0.65 \mathrm{kW} \cdot \mathrm{h}$ 的电力。

2.5.5 海流能

海流能是另一种以动能形态出现的海洋能。所谓"海流",就是海水的运动,主要是指海水的水平运动,即大量的海水从一个海域长距离地流向另一个海域。这种海水运动通常由两种因素引起:

(1)海面上常年吹着方向不变的风,如赤道南侧常年吹着不变的东南风,其北侧则是不变的东北风。风吹动海水,使水表面运动起来,而水的黏性又将这种运动传到海水深处。随着深度增加,海水流动速度降低;有时流动方向也会随着深度增加而逐渐改变,甚至出现下层海水流动方向与表层海水流动方向相反的情况。在太平洋和大西洋的南北两半部以及印度洋的南半部,占主导地位的风系造成了一个广阔的、按反时针方向旋转的海水环流。在低纬度和中纬度海域,风是形成海流的主要动力;

(2)不同海域的海水,其温度和含盐度常常不同,它们会影响海水的密度。海水温度越

高，含盐量越低，海水密度就越小。这种两个邻近海域海水密度的不同也会造成海水环流。

世界著名的海流有大西洋的墨西哥湾暖流、北大西洋海流、太平洋的黑潮暖流、赤道潜流等。墨西哥湾海流和北大西洋海流是北大西洋里两支相连的最大的海流，它们以每小时1～2海里的流速贯穿大西洋，从冰岛和大不列颠岛中间通过，最后进入北冰洋。太平洋的黑潮暖流的宽度约为100海里，平均厚度约400m，平均日流速在30～80海里之间，其流量相当于全世界所有河流总流量的20倍。赤道潜流是一支深海潜流，总长度达8000海里，宽度在120～250海里之间，流速为每小时2～3海里。海水流动会产生巨大的能量。据估计，全球海流能高达5×10^9kW。

海流能发电和一般水力发电的原理类似，也是利用水轮机。作为能源，海流比陆地上的水力更可靠，不像水力那样会受枯水和洪水等水文因素的影响。目前海流能已用于海流海岸灯和航标导航等方面。随着科学技术的进步，海流能利用必将有很大发展。

▶ 2.6 生物质能

2.6.1 生物质资源

生物质是指由光合作用而产生的有机体。光合作用将太阳能转化为化学能并储存在生物质中。光合作用是生命活动中的关键过程，植物光合作用的简单过程为：

$$水 + 二氧化碳 \xrightarrow[植物]{太阳能} 有机体 + 氧$$

在太阳能直接转换的各种过程中，光合作用是效率最低的。光合作用的转化率约为0.5%～5%。据估计，温带地区植物光合作用的转化率按全年平均计算约为太阳全部辐射能的0.5%～1.3%，亚热带地区则为0.5%～2.5%。整个生物圈的平均转化率为0.25%。在最佳田间条件下，农作物的转化率可达3%～5%。据估计，地球上每年植物光合作用固定的碳达2×10^{11}t，含能量达3×10^{21}J，相当于世界能耗的10倍以上。

世界上生物质资源数量庞大，种类繁多。它包括所有的陆生、水生植物，人类和动物的排泄物以及工业有机废物等。通常将生物质资源分为以下几大类：①农作物类：主要包括产生淀粉的甘薯、玉米等，产生糖类的甘蔗、甜菜、果实等；②林作物类：主要包括白杨、纵树等树木类及苜蓿、象草、芦苇等草木类；③水生藻类：主要包括海洋生的马尾藻、海带等巨型藻类，淡水生的布袋草、浮萍、小球藻等；④光合成微生物类：主要包括硫细菌、非硫细菌等；⑤其他类：主要包括农产品的废弃物(如稻秸、谷壳等)、城市垃圾、林业废弃物、畜业废弃物等。

各类生物质燃料的热值如表2－12所示。

表2－12　各类生物质燃料的热值

生物质	热值/(10^3kJ/kg)	生物质	热值/(10^3kJ/kg)
纤维素	17.5	粪便	13.4
木炭	12～22.4	甲醇	22.4
草类	18.7	乙醇	29.4
藻类	10.0	生物烃油	36～42
城市垃圾	12.7		

我国是农业大国，生物质资源丰富，每年产生的生物质总量为 50 多亿 t（干重），相当于 20 多亿 t 油当量，约为我国目前一次能源总消耗量的 3 倍。仅以农作物秸秆为例，2010 年产量达到 7.26 亿 t。

我国又是一个畜牧和饲养家禽的大国。大中型的奶牛场、猪场和鸡场排放的粪便和污水即达百万吨。畜禽养殖业的排泄物及城市垃圾已成为我国重要的生物质资源。我国生物质资源虽然丰富，但生物质能源的商品化程度很低，仅占一次能源消费的 0.5% 左右。据估计，农作物秸秆等废弃物除了 40% 用作饲料、肥料及工业原料外，还有 60% 可作为能源使用。但目前主要采用简单燃烧，甚至田头焚烧的方式，不但浪费了能量，而且造成环境污染。例如，某些机场附近的秸秆焚烧已严重影响了飞机的正常起降。

2.6.2 生物质能的转换技术

生物质能的转换技术主要包括直接氧化（燃烧）、热化学转换和生物转换。图 2-30 列出各种生物质能的转换技术及其产品。

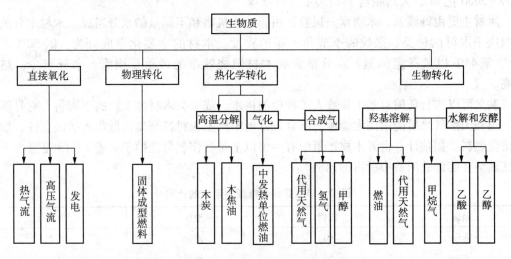

图 2-30 各种生物质能的转换技术及其产品

直接氧化（即燃烧）是生物质能最简单又应用最广的利用方式，目前亚洲、非洲的大多数发展中国家，用直接燃烧方式所获得的生物质能约占该国能源消费总量的 40% 以上。我国从薪柴、秸秆直接燃烧获得的能量约占全国能源消耗总量的 14%，占农村地区能源消耗量的 34%，占农村生活用能的 59%。普通炉灶直接燃烧生物质的热效率很低，一般不超过 20%，在农村推广的节能灶，其热效率可提高到 30% 以上。推广城市废弃物直接燃烧的垃圾电站，则可以大大提高生物质能的利用效率。

热化学转换方法主要是通过化学手段将生物质能转换成气体或液体燃料。其中高温分解法既可通过干馏获得像木炭这样的优质固体燃料，又可通过生物质的快速热解液化技术直接获得液体燃料和重要的化工副产品。而生物质的热化学气化，则是将生物质有机燃料在高温下与气化剂作用而获得合成气，再由合成气获得其他优质的气体或液体燃料。

生物转换主要借助于厌氧消化和生物酶技术，将生物质转换为液体或气体燃料，前者包括小型的农村沼气池和大型的厌氧污水处理工程，后者则可将一些含有糖分、淀粉和纤维素的生物质转化为乙醇等液体燃料。

目前生物质能利用中的主要问题是能量利用率很低，使用上也很不合理。除直接燃用木材、秸秆造成资源的巨大浪费外，热化学转换和生物转换的转化效率低、生产成本高也影响了生物质能的大规模有效利用。但由于生物质能的巨大潜力，世界各国均已把高效利用生物质能摆到重要位置。例如，欧洲目前生物质能约占总能源消费量的2%，预计15年后将达15%；欧盟能源发展战略绿皮书更预计到2020年生物质能燃料将代替20%的化石燃料；美国在生物质能利用方面发展较快，目前生物质发电量已装机9000MW，预计到2020年将达30000MW。21世纪，在现代高科技群体的支持下，生物质能的利用必将上一个新台阶，并在解决发展中国家的农村能源问题中发挥重要作用。

2.6.3 薪柴

树木是生物质的重要来源。森林和林地覆盖了世界陆地面积的30%，达38万亿m^2，其中14.6万亿m^2为热带森林，2.2万亿m^2为亚热带森林，10万亿m^2为开阔的热带稀树草原森林，4.5万亿m^2为温带森林，剩下$6.7×10^{12}m^2$为北部森林。以上林区木材的总蕴藏量达3400~3600亿m^3，大约相当于1750亿t标准煤。

木材主要由纤维素、木质素、树胶、树脂、无机物和不同量的水分组成。木材水分的含量取决于木材的种类、采伐的季节和干燥的程度。木材的主要化学成分为：碳50%，氢6%，氧44%以及微量的氮。水分是影响木材燃烧效率的最重要因素，水分越少，热值越高。

薪柴可以来自任何自然生长或人工种植的树木，或来自木材加工厂的下脚料。它是继石油、煤和天然气之后的第四大能源，而且是发展中国家农村甚至城市低收入居民烹饪、取暖的重要燃料。据估计，世界木材产量中有一半以上是当作燃料烧掉了。表2-13是世界不同地区薪柴在能源总消费中所占的比例。

表2-13 薪柴在能源中所占的比例   %

地区	比例	地区	比例
非洲	60	西欧	0.7
亚洲	20	世界	10
拉丁美洲	20		

薪柴通常取自当地的自然资源，但过度的采伐会导致水土流失和土壤沙漠化，不但造成河流淤塞、洪水泛滥，而且使全球气候恶化。因此，合理使用森林资源，建设所谓的"能源农场"，是生物质能利用中非常重要的一环，已备受世界各国的重视。

森林是一种可更新的能源。所谓"能源农场"，就是种植可快速生长的林木或植物（它们被称为能源植物）以获取能源为目的的农场。这种农场的优点是：能够储存能量，可随时提供使用；能保持生态平衡，净化环境；能为21世纪生物质能大规模的生物和化学转换提供原料；投资少、管理费用低，每千焦耳燃料的生产成本仅为柴油的一半。由于"能源农场"是种植薪柴林，和用材林的营造目的不同，因此在选择树种和经营措施上均有自己的特点，其中根据当地的自然条件选择速生、密植、高产、高发热值及固氮能力强的树种尤为重要。例如，在我国东北地区，可选择杨、桦、柞；西北地区则以沙柳、沙枣、酸刺、柠条为优；华北和中原地区刺槐、紫穗槐最好；华南以栋、合欢树为主。除了树木外，某些草本植物也是很好的能源植物。薪柴林作为一种绿色植被，也同其他树木一样，能起到防风固沙、保持水土、保护农田和草原，改善生态环境的作用。正因为如此，美国、加拿大、法国、韩国等国家在 20 世纪 50 年代已开始实施大规模的薪柴林营造计划，并取得显著效果。美国更是从 1978 年开始积极研究能源植物，目前已筛选出 200 多个品种，其试验的杨树林的生长量折合成发热量，每年每公顷达 430 桶石油当量。我国也应在生产承包责任制的基础上，在荒山、河滩、沙漠上大规模地建设"能源农场"，以解决十分严重的农村能源问题，并保护日益恶化的生态环境。

值得一提的是，由木柴干馏获得的木炭是一种优质的固体燃料。木炭的使用历史悠久，它含碳量高，含硫和含灰量低，既适于家庭取暖，又是冶金工业的优质燃料。例如木材大国巴西，其木炭产量的 38% 用于生铁冶炼，而木炭中 70% 产自原始森林，30% 产自人工林场。为了减少原始森林的退化，巴西一方面引进现代化的高炉，另一方面大力实施能源农场计划。

2.6.4　醇能

醇能是由纤维素通过各种转换而形成的优质液体燃料，其中最重要的是甲醇和乙醇。

1. 乙醇

乙醇又称酒精，人们常将用作燃料的乙醇称为"绿色石油"，这是因为各种绿色植物（如玉米芯、水果、甜菜、甘蔗、甜高粱、木薯、秸秆、稻草、木片、锯屑、草类及许多含纤维素的原料）都可以用作提取乙醇的原料。生产乙醇的方法主要有：利用含糖的原料（如甘蔗）直接发酵；间接利用碳水化合物或淀粉（如木薯）发酵；将木材等纤维素原料酸水解或酶水解。随着现代生物技术的发展，发达国家已普遍采用淀粉酶代替麸曲和液体曲。现在用酶法糖化液生产乙醇发酵率高达 93%，大大提高了出酒率。

虽然乙醇的发热值比汽油低 30% 左右，但乙醇密度高，因此，以纯乙醇作燃料的机动车功率比燃用汽油的机动车还高 18% 左右。采用乙醇作燃料，对环境的污染比汽油和柴油小得多，而生产成本却和汽油差不多。用 20% 的乙醇和汽油混合使用，汽车的发动机可以不必改装。因此，作为化石燃料，特别是汽油、柴油的替代能源，醇能有良好的应用前景。

世界各国对利用生物质能制备醇类燃料十分重视。例如，20 世纪 80 年代以后，美国在使用非粮食类生物质（如能源植物、草类、秸秆等）生产甲醇和乙醇方面取得很大进步，美国计划至 2030 年则要达到 $850 \times 10^8 L$ 乙醇，价格也降至 0.14 美元/L。巴西更是发展乙醇燃料最快的国家，其生产的乙醇燃料已占汽车燃料的 62%，目前至少有 800 万辆汽车使用乙醇汽油。我国是农业大国，绿色资源丰富，大力发展乙醇燃料可解决我国由于汽车数量的急剧增加而产生的能源短缺和环境恶化等问题。

2. 甲醇

甲醇（CH_3OH）是一种优质的液体燃料，其突出优点是燃烧时效率高，而 HC 和 CO 排放量却很小。如用 CH_3OH 作燃料的汽车发动机输出的功率可比汽油、柴油车高 17% 左右，而排出的 NO_x 只有汽油、柴油车的 50%，CO 只有后者的 12%。美国环保局的研究表明，如汽车改烧 85% 甲醇和 15% 无铅汽油组成的混合燃料，仅美国城市的 HC 排放量就可减少 20%～50%；如使用纯 CH_3OH 作燃料，HC 排放量可减少 85%～95%，CO 排放量可减少 30%～90%。正因为如此，美、日等汽车大国都制订了大力发展 CH_3OH 汽车的计划。美国政府批准使用 100 万辆代用燃料汽车来减少空气污染。日本早在 1991 年，由日本甲醇汽车公司生产的首批甲醇汽车在东京正式投入营运。

CH₃OH 不但可以作为车用燃料，而且正在进入发电领域。CH₃OH 发电既可完全避免 CH₃OH 直接燃烧所带来的污染问题，又能提高发电效率。早在 1990 年日本就兴建了一座 1000kW 级的甲醇发电试验站，目前 10000kW 级的试验电站也在建设之中。利用 CH₃OH 发电为醇能的应用开辟了更为广阔的前景。

CH₃OH 最早是作为生产木炭过程中的副产品。20 世纪 20 年代发明了高温、高压下由 H₂ 和 CO 通过催化剂合成 CH₃OH 的工艺。由于天然气的大量发现，现在 CH₃OH 生产主要是以天然气作原料，通过重整而获得的。然而为了利用生物质能，变废为宝，用树木及城市废物大量生产甲醇仍是世界各国研究的重点。目前采用的主要方法是，先用热化学转换的方法将固体生物质气化，获得合成气后再用其制 CH₃OH。此法目前的主要问题是生产成本高，但随着科技的进步，"植物甲醇"将成为替代燃料的主角之一。

2.6.5 沼气

沼气是一种无色、有臭、有毒的混合气体。它的主要成分是 CH₄，通常占总体积的 60%～70%；其次是 CO₂，约占总体积的 25%～40%；其余 H₂S、N₂、H₂ 和 CO 等气体约占总体积的 5% 左右。CH₄ 是一种良好的气体燃料，燃烧时火焰呈蓝色，最高温度可达 1400℃ 左右。CH₄ 的发热值很高，达 36840kJ/m³。CH₄ 完全燃烧时仅生成 CO₂ 和 H₂O，并释放出热能，是一种清洁燃料。

由于沼气中 CH₄ 含量不同，沼气的发热值约为 20930～25120kJ/m³，着火温度为 800℃。沼气中因含有 CO₂ 等不可燃气体，其抗爆性能好，辛烷值较高，又是一种良好的动力燃料。

沼气是有机物质在厌氧条件下经过多种细菌的发酵作用而最终生成的产物。沼气发酵过程一般要经历三个阶段，即液化、产酸和气化。各种有机的生物质，如秸秆、杂草、人畜粪便、垃圾、污水、工业有机物都可以作为生产沼气的原料。沼气池中为保证细菌的厌氧消化过程，要使厌氧细菌能够旺盛地生长、发育、繁殖和代谢。这些细菌的生命越旺盛，产生的沼气就越多。因此，造成良好的厌氧分解条件，为厌氧细菌的生命活动创造适宜环境是多产沼气的关键：

(1) 严格的厌氧环境：分解有机质并产生沼气的细菌都是厌氧的，在有氧气存在的环境中，它们根本无法进行正常的生命活动，因此生产沼气的沼气池应当严格密封。

(2) 足够的菌种：沼气发酵原料成分十分复杂，因此发酵过程需要足够的菌种，包括产酸菌和甲烷菌。这些菌种大量存在于阴沟、粪池、沼泽和池塘，因此一定要用阴沟、粪坑污泥或沼气池脚渣作为菌种，以保证正常产气。

(3) 合适的碳氮比：生产沼气的原料也是厌氧菌生长、繁殖的营养物质。这些营养物质中最重要的是碳素和氮素两种营养物质。在厌氧菌生命活动过程中，需要一定比例的氮素和碳素。根据经验，最佳的碳氮比约为 20∶1～30∶1。

(4) 适宜的发酵液浓度：投入沼气池的原料实际上是原料、菌种和水的混合物，适宜的发酵液浓度十分重要。水分太少不利于厌氧菌的活动，且影响原料的分解；水分太多，发酵液浓度降低，减少了单位体积的沼气产量，使沼气池得不到充分利用。

(5) 适当的 pH 值：厌氧菌适于在中性或弱碱性环境中生长和繁殖，故发酵液的 pH 值一般保持在 6.5～7.5。过酸、过碱对厌氧菌的生命活动均不利。如酸性过大，可在发酵液中加入适量的石灰或草木灰；如碱性过大，则应加入若干鲜草、水草、树叶和水。

(6) 适宜的温度：是保持和增强菌种活化能力的必要条件。通常发酵温度在 5～60℃ 范围内均能正常产气。在一定的温度范围内，随着发酵液温度的升高，沼气产量可大幅度增加。根据采用发酵温度的高低，可以分为常温发酵、中温发酵和高温发酵。

常温发酵的温度为 10 ~ 30℃，其优点是沼气池不需升温设备和外加能源，建设费用低，原料用量少。但常温发酵原料分解缓慢、产气少，特别在冬季，许多沼气池不能正常产气；中温发酵的温度为 35℃左右，这是沼气发酵的最适宜温度，其产气量比常温发酵高出许多倍。但中温发酵原料消耗比常温发酵也多许多倍。因此在原料来源充足，又有余热可供利用的地方，如酒厂、屠宰场、纺织厂、糖厂附近，应优先采用中温发酵；高温发酵温度为 55℃左右。这种发酵的特点是原料分解快，产气量高，但沼气中的 CH_4 含量略低于中温和常温发酵，并需消耗热能。

目前利用太阳能来提高沼气池温度，增加产气率是新能源综合利用的方向之一。

沼气池的种类很多，有池 - 气并容式的沼气池、池 - 气分离式沼气池；有固定式沼气池、浮动储气罐式的沼气池。最常用的是池 - 气并容固定式沼气池。用来建造沼气池的材料也多种多样，有砖、混凝土、钢、塑料等。通常沼气池都修建成圆形或近似圆形，主要是因为圆形池节约材料、受力均匀且易解决密封问题。

沼气的用途很广，除用作燃料外，生产沼气的副产品——发酵后的残余物（废渣和废水）也是优质的有机肥料。试验研究证明，沼气池的粪水比农村普通敞口池中的粪水全氮含量高 14%，氨态氮含量高 19.4%。将上述两种粪水分别施于水稻、玉米、小麦、棉花、油菜等农作物上，田间试验表明，施有沼气池粪水的农作物分别增产 6.5% ~ 17.5%。此外，沼气粪渣中的磷含量也较高，对提高土壤肥力也有明显的作用。

在发展中国家的农村地区大力推广沼气池还会产生巨大的社会效益。人畜粪便集中到沼气池，在池中发酵后，大多数的寄生虫卵会沉淀到池底，在缺氧和高温条件下大部分死去。卫生部门的检验报告证明，人畜粪便经发酵后寄生虫卵平均减少 95%，钩蚴数减少 99%。因此发展沼气不但能较好地解决农村能源的短缺问题，而且能改善农村卫生环境，提高大众的健康水平。同样，沼气在解决城市垃圾和废水、污水处理方面也能发挥重要作用。

进入 21 世纪，人类对生物质能的利用寄予了更大的希望。随着现代生物技术的发展，生物质能的开发必将出现质的飞跃。

➡ 2.7　氢能

2.7.1　概述

氢能是理想的清洁能源之一，已广泛引起人们的重视。氢不仅是一种清洁能源而且也是一种优良的能源载体。氢能源的应用领域极其广泛，从最初作为火箭发动机的液体推进剂已逐步扩大到汽车、飞机燃料等方面。同时，氢能是二次能源，需要通过一定的方法从其他能源制取，因此，氢能技术的发展又与能源、材料和化工等多方面科学的发展密切相关。

氢位于元素周期表之首，原子序数为 1，在常温常压下为气态，在超低温高压下又可成为液态。作为能源，氢有以下特点：

（1）氢是自然界普遍存在的元素，据估计，它构成了宇宙质量的 75%，除空气中含有氢气外，它主要以化合物的形态贮存于水中，而水是地球上分布最广泛的物质。据推算，如把海水中的氢全部提取出来，它所产生的总热量比地球上所有化石燃料燃烧放出的热量还大

9000 倍；

（2）所有气体中，氢气的导热性最好，比大多数气体的导热系数高出 10 倍，在能源工业中氢是极好的传热载体；

（3）除核燃料外，氢的发热值是所有化石燃料、化工燃料和生物燃料中最高的，氢燃烧的高位热值为 141.86MJ/kg，低位热值为 120.0MJ/kg，相同质量的条件下氢气燃烧产生的热量为轻柴油燃烧的 2.8 倍、煤的 5.5 倍左右、汽油的 3 倍；

（4）氢燃烧性能好，点燃快，与空气混合时有较宽的可燃范围，而且燃点高，燃烧速度快；

（5）氢本身无毒，与其他燃料相比，氢燃烧时最清洁，除生成水和少量氮化氢外，不会产生诸如 CO、CO_2、HC、铅化物和粉尘颗粒等对环境有害的污染物质，而且燃烧生成的水还可继续制氢，反复循环使用；

（6）氢能利用形式多，既可以通过燃烧产生热能，又可以作为能源材料用于燃料电池，或转换成固态氢而用作结构材料；

（7）氢可以以气态、液态或固态的金属氢化物出现，能适应贮运及各种应用环境的不同要求。

由以上特点可以看出，氢是一种理想的新的含能体能源。目前液氢已广泛用作航天动力的燃料，但氢能的大规模商业应用还有待解决以下关键问题：①廉价的制氢技术：氢是一种二次能源，它的制取不但需要消耗大量的能量，而且目前制氢效率很低，因此寻求大规模、廉价的制氢技术是各国科学家共同关心的问题；②安全可靠的储氢和输氢方法：氢在常温下为气态，单位质量的体积大，而液氢又极易气化，加上易泄漏、着火、爆炸等安全上的原因，因此如何妥善解决氢能的贮存和运输问题也就成为开发氢能的关键；③大规模高效利用氢能的末端设备：氢虽是发电、交通运输的理想能源，但目前能大规模地高效使用氢能的末端设备，特别是以氢为燃料的燃料电池仍存在许多问题，还有待进一步研究。

由于氢既是一种新的二次能源，又是重要的化工原料。随着上述 3 个关键问题的解决，特别是从太阳能、生物质能等新能源中大规模获取氢后，全世界的氢能利用将进入一个新的水平。

2.7.2 氢的制取

1. 传统方法

制氢的历史很长，方法也很多，传统的方法有以下几种：

（1）从含烃的化石燃料中制氢

这是过去以及现在采用最多的方法。它是以煤、石油或天然气等化石燃料作原料来制取氢气。自从天然气大规模开采后，现在氢的制取 96% 都是以天然气为原料。天然气和煤都是宝贵的燃料和化工原料，用它们来制氢显然摆脱不了人们对常规能源的依赖。各种制氢的途径及应用见图 2－31。

利用化石燃料制取氢的方法包括蒸汽转化法、不完全燃烧法、水煤气法、煤的高温蒸汽电解法、煤气化燃料的电导膜法、煤的裂解法、天然气裂解法等。

（2）电解水制氢

电解水制氢也是常用的方法。为了提高制氢效率，电解通常在高压下进行，采用的压力多为 3.5～5.0MPa，其工艺过程简单，无污染，电解效率约为 75%～85%。但由于电解水需消耗大量的电能，利用常规能源生产的电能来大规模地电解水制氢显然是不合算的。

电解水制氢的最大优点就是能够得到纯度很高的氢气提供给燃料电池，可以实现零排放。

(3)热化学制氢

热解制氢是将热能直接加热水或含有催化剂的水，使水受热分解为氢和氧。水在温度高于2727℃时，在不需要催化剂条件下可自行分解。到目前为止，虽有多种热化学制氢方法，但总效率都不高，仅为20%～50%，而且还有许多工艺问题需要解决，如由于材料耐高温的问题，直接热解水目前还存在巨大困难。依靠这种方法来大规模制氢还有待进一步研究。

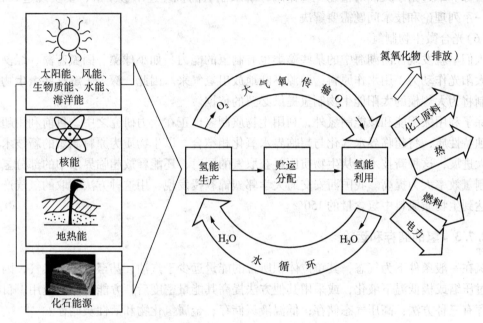

图2-31 各种制氢的途径及应用

2. 太阳能制氢

随着新能源的崛起，以水作为原料，利用核能和太阳能来大规模制氢已成为世界各国共同努力的目标。其中太阳能制氢最具吸引力，也最有现实意义。目前正在探索的太阳能制氢技术有以下几种：

(1)太阳热分解水制氢

热分解水制氢有两种方法，即直接热分解和热化学分解。前者需要把水或蒸汽加热到3000K以上，水中的氢和氧才能够分解，虽然其分解效率高，不需催化剂，但太阳能聚焦费用太昂贵。后者是在水中加入催化剂，使水中氢和氧的分解温度降低到900～1200K，催化剂可再生后循环使用，目前这种方法的制氢效率已达50%。

(2)太阳能电解水制氢

这种方法是首先将太阳能转换成电能，然后再利用电能来电解水制氢。

(3)太阳能光化学分解水制氢

将水直接分解成氧和氢是很困难的，但把水先分解为氢离子和氢氧离子，再生成氢和氧就容易得多。基于这个原理，先进行光化学反应，再进行热化学反应，最后进行电化学反应，即可在较低温度下获得氢和氧。在上述三个步骤中，可分别利用太阳能的光化学作用、光热作用和光电作用。这种方法为大规模利用太阳能制氢提供了现实的基础，其关键是寻求光解效率高、性能稳定、价格低廉的光敏催化剂。

（4）太阳能光电化学分解水制氢

这种方法是利用特殊的化学电池，这种电池的电极在太阳光的照射下能够维持恒定的电流，并将水离解而获取氢气。这种方法的关键是需要有合适的电极材料。

（5）模拟植物光合作用分解水制氢

植物光合作用是在叶绿素上进行的。自从在叶绿素上发现光合作用过程的半导体电化学机理后，科学家就企图利用所谓的"半导体隔片光电化学电池"来实现可见光直接电解水制氢的目标。不过由于人们对植物光合作用分解水制氢的机理还不够了解，要实现这一目标，还有一系列理论和技术问题需要解决。

（6）光合微生物制氢

人们早就发现江河湖海中的某些藻类也有制氢的能力，如小球藻、固氮蓝藻、绿藻等就能以太阳光作动力，用水作原料，源源不断地放出氢气来。因此，深入了解这些微生物制氢的机制将为大规模的太阳能生物制氢提供必要的依据。

除了利用太阳能和核能制氢外，利用生物质制氢也正在大力研究之中。目前利用超临界水的独特性质，将超临界水气化与超临界水氧化相结合，以生物质为原料制氢的新技术已取得重大进展，这种新技术在从生物质原料获取氢的同时，还能释放超临界水中的部分氢，从而使制氢效率大为提高。我国西安交通大学郭烈锦教授发现，用这种方法制取的氢气产量最高可达到生物质原料中氢含量的150%。

2.7.3　氢的储存和运输

氢在一般条件下为气态，其单位体积所含的能量远少于汽油，甚至少于天然气，因此必须经过压缩或极低温下液化，或采用其他方法提高其能量密度后，方能储存和应用。目前氢的储存有三种方法：高压气态储存；低温液氢储存；金属氢化物和活性炭储存。

1. 高压气态储存

气态氢可储存在地下库里，也可装入钢瓶中。为减小储存体积，必须先将氢气压缩，为此需消耗较多的压缩功。一般一个充气压力为20MPa的高压钢瓶储氢质量只占1.6%；供太空用的钢瓶储氢质量也仅为5%。为提高储氢量，目前正在研究一种微孔结构的储氢装置，它是一微型球床。微型球系薄壁（$1 \sim 10\mu m$）和微孔（$10 \sim 100\mu m$），氢气储存在微孔中。微型球可用塑料、玻璃、陶瓷或金属制造。

2. 低温液氢储存

氢气冷却到 $-253℃$，即可呈液态，这样就可储存在高真空的绝热容器中。液氢储存工艺首先用于宇航中，其储存成本较高，安全技术也比较复杂。高度绝热的储氢容器是目前研究的重点，现在一种间壁间充满中空微珠的绝热容器已经问世。这种 SiO_2 的微珠直径约为 $30 \sim 150\mu m$，中间是空心的，壁厚 $1 \sim 5\mu m$，部分微珠上镀有厚度为 $1\mu m$ 的铝。由于这种微珠导热系数极小，颗粒又非常细，可完全抑制颗粒间的对流换热。将部分镀铝微珠（一般约为3%~5%）混入不镀铝的微珠中，可有效地切断辐射传热。这种新型的热绝缘容器不需抽真空，其绝热效果远优于普通高真空的绝热容器，是一种理想的液氢储存桶，美国宇航局已广泛采用这种新型的储氢容器。

3. 金属氢化物储存

氢与氢化金属之间可以进行可逆反应，当外界有热量加给金属氢化物时，它就分解为氢化金属并放出氢气。反之，氢和氢化金属构成氢化物时，氢就以固态结合的形式储于其中。用来储氢的氢化金属大多为由多种元素组成的合金。目前世界上已研究成功多种储氢合金，如镧镍金属、铁钛合金、镁合金等。

带金属氢化物的储氢装置有固定式和移动式之分，它们既可作为氢燃料和氢物料的供应来源，也可用于吸收废热和储存太阳能，还可作氢泵或氢压缩机使用。

4. 碳材料储氢

碳的比表面积和孔隙体积是决定氢气吸附性能的两个因素。从微观结构看，决定吸附性能的因素还有孔隙尺寸分布，尤其是孔径和孔容分布，这是决定碳材料储氢的核心性能。活性炭物理性能很大程度上决定了其在气体分离过程中的吸附特征。

活性炭只能储存液态氢，不能储存气态氢，活性炭只能除去氢气中的杂质。在一定温度和压力条件下，在储氢罐中加入一定量的活性炭可以提高系统氢能的储存密度。通过改变吸附剂比表面积和多孔结构，可以获得最大的储氢能力。经球磨处理 80h 的石墨能吸附 7.4% 的氢气，XRD 分析结果显示，石墨的层间距加大。

5. 纳米碳储氢

美国人 R. F. Carl 和 R. E. Smalley、英国人 H. W. Kroto 发现碳元素在石墨、金刚石之外还有第三种形式，获得 1996 年诺贝尔化学奖。当时称这种新碳球为巴基球（Bucky‐ball）。研究巴基球发现，作为分子结构延伸的中空管状物，命名为巴基管（Bucky Tube），后来将直径只有几个纳米的微型管命名为碳纳米管（Carbon Nanotubes）。碳纳米管分为单壁碳纳米管、双壁碳纳米管和多壁碳纳米管（20~50 层管壁）。

流体在大于其分子大小的微孔内，密度将增大，微孔内可能储存大量气体。多壁碳纳米管对表面张力小的流体具有毛细作用，孔径更小的纳米级微孔将具有更强的毛细作用。这些推断引起人们对新型碳材料储氢的关注。研究发现，氢以分子形式吸附于碳纳米管中的空间位置。最大储氢量受碳纳米管内氢分子间斥力限制，单壁纳米管储氢量随碳纳米管直径增加而增长，多壁碳纳米管最大储氢量不受直径影响。

碳纳米管电化学储氢研究处于起步阶段，主要研究方法有铜粉复合定向碳纳米管电化学储氢和沉积纳米铜的定向多壁碳纳米管电化学储氢等。各种储氢方法的质量比较见表2‐14。

表 2-14　各种储氢方法的质量比较

项目	常规汽油	甲醇	液氢	压缩储氢/30MPa	金属储氢合金		纳米碳储氢	
					3.92%	2%	60%	8%
燃料质量/kg	15	25.7	3.54	3.54	3.54	3.54	3.54	3.54
氢载体质量/kg	0	0	0	0	86.73	173.46	2.36	40.17
储罐质量/kg	3	3.3	18.2	87.0	25	35.32	5.22	17.13
系统总质量/kg	18	29	21.74	90.54	115.27	212.3	11.12	61.38
燃料体积/L	20	32	50	128.8	29	58	—	47.89
储罐体积/L	4.5	7	35	41.2	12	24	25	25
系统总体积/L	24.5	39	85	170	41	82	—	72.89

由于活性炭吸附性强，利用纳米碳管储氢已展现良好的前景。由于纳米碳管储氢量大，随着其成本的进一步降低，这种储氢方法有可能实用化。

6. 氢气的运输

氢气可以像其他燃料一样，采用储罐车输送或管道输送。为适应小规模运输的需要，可以采用储罐车，大规模输送则需采用管道。研究表明，用管道输氢要比先将氢能转换成电能再输送电的成本低。此外，通过电网输送电力时，由于电网不能蓄电，电力必须及时用掉，而氢则可保持在管道内。另外一个优点是，管道输氢不需要像输电塔那样占用土地，也不会像输电塔那样影响景观。

氢虽然有很好的可运输性，但无论是气态氢还是液态氢，它们在使用过程中都存在着不可忽视的特殊问题。首先，由于氢特别轻，与其他燃料相比，在运输和使用过程中单位能量所占的体积特别大，即使液态氢也是如此。其次，氢特别容易泄漏，以氢作燃料的汽车行驶试验证明，即使是真空密封的氢燃料箱，每24h的泄漏率就达2%，而汽油一般一个月才泄漏1%。因此对储氢容器和输氢管道、接头、阀门等都需要采取特殊的密封措施。另外，液氢温度极低，只要有一滴掉在皮肤上，就会导致严重的冻伤，因此在运输和使用过程中，应特别注意采取各种安全措施。

2.7.4 氢能的应用

早在第二次世界大战期间，氢就用作 A－2 火箭发动机的液体推进剂。1960 年液氢首次用作航天动力燃料。1970 年美国发射的"阿波罗"登月飞船使用的起飞火箭也是用液氢作燃料。现在氢已是火箭领域的常用燃料。对现代航天飞机而言，减轻燃料自重，增加有效载荷变得尤为重要。氢的能量密度很高，这对航天飞机是极为有利的。今天的航天飞机以氢作为发动机的推进剂，以纯氧作为氧化剂，液氢就装在外部推进剂桶内，每次发射需用 $1450m^3$，约 100t。

目前科学家们正在研究一种"固态氢"的宇宙飞船。固态氢既作为飞船的结构材料，又作为飞船的动力燃料。在飞行期间，飞船上所有的非重要零件都可以转作能源而"消耗掉"，这样飞船在宇宙中就能飞行更长的时间。在超声速飞机和远程洲际客机上以氢作动力燃料的研究已进行多年，目前已进入样机和试飞阶段。

在交通运输方面，美、德、法、日等汽车大国早已推出以氢作燃料的示范汽车，并进行了几十万千米的道路运行试验。其中美、德、法等国是采用氢化金属储氢，而日本则采用液氢。试验证明，以氢作燃料的汽车在经济性、适应性和安全性 3 方面均有良好的前景，但目前仍存在储氢密度小和成本高两大障碍。前者使汽车连续行驶的路程受限制，后者主要是由于液氢供应系统费用过高造成的。美国和加拿大已联手合作拟在铁路机车上采用液氢作燃料。在进一步取得研究成果后，从加拿大西部到东部的大陆铁路上将奔驰着燃用液氢和液氧的机车。

氢能利用的最好终端设备是燃料电池，氢能的应用有美好的前景。

2.7.5 氢经济

20 世纪 70 年代能源危机发生后不久，1974 年在美国迈阿密召开的氢能经济会议上，一些科学家正式建议将氢能作为解决全球能源和环境问题的方案。近 40 年来，全世界在氢的规模制备、储存、运输和末端利用上取得了长足的进步，以氢为燃料的火箭和航天飞机不但为人类开拓了广阔的宇宙空间，而且以氢为燃料的燃料电池也逐步装备到汽车、船舶等交通工具上，它们还作为发电设备、电动工具、移动电源等渗透到各个领域。各国政府和政治家们已开始经常使用"氢经济"这个词，"氢经济（The Hydrogen Economy）"目前尚无确切定义，它的使用是为了概括性地表述人们期望整个社会能源需求都由氢能提供。它的提倡者强调氢的燃烧是最清洁的，而且作为能源，氢是取之不尽的。"氢经济"的支柱是大规模、廉价地制取氢。

氢是二次能源，它的获取是要消耗一次能源的，因此利用太阳能大规模地制氢是实现"氢经济"的关键。著名氢能学者约翰·博基斯在他的《太阳－氢能，拯救地球的动力》一书中是这样描述未来太阳－氢能系统的：①使用太阳光并将其转化成电能；②然后电解水，这样可以得到新的燃料——氢气和氧气；③用管道或车船将氢气输送到居民区和工业中心；④在居民区和工业中心，氢气作为一种燃料代替汽油和柴油用于内燃机或者用于燃料电池，输出机械能、热能或电能；⑤在所有这些过程中，最终产物是水，水也是这些过程中使用的原料。

▶ 2.8　燃料电池

2.8.1　燃料电池概述

燃料电池能够使用的燃料很多，其电化学反应为：

$$燃料 + 氧化剂 \longrightarrow 水 + 生成物 + 电$$

由此，只有当燃料电池以氢气做燃料时，燃料电池的输出才只有电和水，实现零排放，而且用纯氢做燃料时，燃料电池系统启动时间短，动态响应快。因此，燃料电池是氢燃料最为广泛、最具前途的应用。

1839 年英国化学家 William Robert Grove 发明了利用稀硫酸为电解质、氢－氧为燃料的第一台燃料电池。随后的 100 多年来，由于 19 世纪后期内燃机的问世及其迅速发展的排挤，以及电极过程动力学理论的落后，燃料电池的发展一直处于停滞状态。直到 20 世纪 60 年代，美国 Apollo 为实现登月计划需要一种不产生废料的大功率、高能量密度的电源，才使人类把目光重新聚焦在燃料电池上，宇航事业的发展推动了燃料电池向实用化迈进。由于当时碱性燃料电池（Alkaline Fuel Cell，AFC）造价昂贵，限制了它的商业化进程。20 世纪 70 年代，第一次中东石油危机爆发，发达国家开始重新考虑并制定发展燃料电池的长远规划。20世纪 80 年代末，由于矿物资源日趋贫乏和生态环境保护日益受到重视，又掀起能源利用率高、环境友好的燃料电池发电技术研究和开发的热潮。半个世纪以来，许多国家尤其是发达国家相继开发了第一代碱性燃料电池、第二代磷酸型燃料电池（Phosphoric Acid Fuell Cell，PAFC）、第三代熔融碳酸盐燃料电池（Molten Carbonate Fuel Cell，MCFC）、第四代固体氧化物燃料电池（Solid Oxide Fuel Cell，SOFC）和第五代质子交换膜燃料电池（Proton Exchange Membrane Fuel Cell，PEMFC）。

2.8.2　燃料电池的主要特点

燃料电池的最大特点是反应过程不涉及燃烧，其能量转换效率不受卡诺循环限制。能量转换效率可高达 60% ~ 80%，实际使用效率是内燃机的 2 ~ 3 倍。

1. 燃料电池的效率

燃料电池中转换为电能的那部分能量占燃料中含有的能量的比值称为燃料电池的效率。不同燃料电池的效率不同，氢氧燃料电池的理论能量转换效率可由氢、氧和水的热力学数据计算出：

$$\eta = \frac{\Delta G}{\Delta H} = \frac{-237.19}{-285.84} = 83\%$$

实际上由于电池内阻和电极工作时产生的极化现象，实际效率在 50% ~ 70% 之间。

2. 燃料电池的特点

（1）能量转换效率高

目前汽轮机和柴油机效率为 40% ~ 50%，燃料电池理论能量转换效率可达 80% 以上。温差电池（效率为 10%）和太阳电池（效率为 20%）与燃料电池无法相比。

（2）减少大气污染

与火电厂相比，最大优势是减少大气污染。表 2 - 15 是燃料电池与火电厂大气污染的比较。

表 2 - 15 燃料电池与火电厂的大气污染比较 kg/(1000kW · h)

电站燃料污染物	天然气	重油	煤	FCG - 1 燃料电池	EPA 燃料电池
SO_x	—	3.35	4.95	0.000046	1.24
NO_x	0.89	1.25	2.89	0.031	0.464
颗粒	0.45	0.42	0.41	0.0000046	0.155

（3）特殊场合使用

氢氧燃料电池发电之后的产物只有水，可用于航天飞机等航天器兼作宇航员的饮用水。燃料电池无可动部件，因此操作时很安静。

（4）高度的可靠性

燃料电池由多个单电池堆叠而成，如阿波罗登月飞船由 31 个单电池串联，电池电压 27 ~ 31V，这种结构维护十分方便。

（5）燃料电池的比能量高

对于封闭体系的电池，如镍氢电池或锂电池与外界没有物质交换，比能量不会随时间变化。燃料电池由于不断补充燃料，随着时间延长，其输出能量也越多。

（6）辅助系统

燃料电池需要不断提供燃料、移走反应生成的水和热量，因此需要复杂的辅助系统，若不采用氢而采用其他含有杂质的燃料，就必须有净化装置或重整装置。

2.8.3 燃料电池的分类

燃料电池可按工作温度或电解质分类，也可按使用的燃料分类。电解质决定了电池的操作温度和在电极中使用的催化剂种类以及燃料种类。

燃料电池是将化学能直接转化为电能的电化学装置。它是继水力发电、热能发电和核能发电之后的第 4 种发电技术。从理论上讲，由于燃料电池是通过电化学反应把燃料的化学能中的吉布斯自由能部分直接转化为电能，因此，它与传统热机相比，具有高的能源转化效率，同时，还具有环境友好（排放有害气体 NO_x、NO_2、SO_2 少）等优点。下面按燃料电池的

主要分类叙述燃料电池的工作原理

（1）PAFC

以磷酸为电解质，使用天然气或者甲醇等为燃料，在约 200℃ 温度下使氢气与氧气发生反应，得到电力与热，其原理如图 2-32 所示。

在燃料极，阳极表面的 H_2 在催化剂作用下分解成氢离子与电子，氢离子经过电解质膜到达阴极，与空气中的氧气反应生成水，水随电极尾气排出。PAFC 的电极反应如下：

阳极反应：$H_2 \longrightarrow 2H^+ + 2e^-$

阴极反应：$O_2 + 4H^+ + 4e^- \longrightarrow 2H_2O$

电池总反应为电解水的逆过程：$2H_2 + O_2 \longrightarrow 2H_2O$

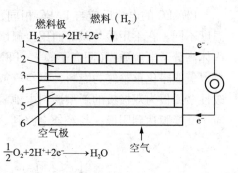

图 2-32　磷酸型燃料电池原理示意图
1—通道板；2—燃料极；
3，5—催化剂层；4—电解质；6—空气极

（2）MCFC

它以 Li_2CO_3、K_2CO_3 及 Na_2CO_3 等碳酸盐为电解质，在燃料极（阳极）与空气极（阴极）中间夹着电解质，工作温度为 600~700℃。碳酸盐型燃料电池所使用的燃料范围广泛，以天然气为主的碳氢化合物均可。

MCFC 发电时，向燃料极供给燃料气体（H_2、CO），向空气极供给 O_2、空气和 CO_2 的混合气。空气极从外部电路接受电子产生碳酸离子，碳酸离子在电解质中移动，在燃料极与燃料中的氢进行反应，在生产 CO_2 和水蒸气的同时，向外部负载放出电子。燃料 MCFC 的电极反应为：

阴极反应：$O_2 + 2CO_2 + 4e \longrightarrow 2CO_3^{2-}$

阳极反应：$2H_2 + 2CO_3^{2-} \longrightarrow 2H_2O + 2CO_2 + 4e^-$

电池总反应：$2H_2 + O_2 \longrightarrow 2H_2O$

（3）SOFC

它利用氧化物离子导电的稳定氧化锆（$ZrO_2 + Y_2O_3$）等作为电解质，其两侧是多孔的燃料极和空气极。SOFC 对燃料极（阳极）供给燃料气（H_2、CO、CH_4 等），对空气极（阴极）供给 O_2、空气，在燃料极与电解质、空气极与电解质的界面处发生化学反应。SOFC 固体电解质在高温下具有传递 O^{2-} 离子的能力，氧分子在催化活性的阴极上被还原成 O^{2-}，发生反应的方程式为：

$$O_2 + 4e^- \longrightarrow 2O^{2-}$$

氧离子在电池两侧氧浓度差驱动力的作用下，通过电解质中的氧空位定向迁移到阳极上，与燃料进行氧化反应：

$$2O^{2-} - 4e^- + 2H_2 \longrightarrow 2H_2O$$

$$4O^{2-} - 8e^- + CH_4 \longrightarrow 2H_2O + CO_2$$

电池总反应：

$$2H_2 + O_2 \longrightarrow 2H_2O$$

$$CH_4 + O_2 \longrightarrow 2H_2O + CO_2$$

SOFC 工作原理如图 2-33 所示。

SOFC 是最理想的燃料电池之一，它除了燃料电池高效、环境友好特点外，还具备以下优点：①全固体结构，安全性高；②工作温度高，电极反应迅速，不需要贵金属催化剂；③高温余热利用价值高；④燃料适应范围广，不仅可以用 H_2 和 CO，还可以直接使用天然气、气化煤气、碳氢化合物以及其他可燃气作为燃料。

（4）PEMFC

PEMFC 的电池反应与 PAFC 相同，它们的区别主要在于电池中的电解质、材料和工作温度不同。它不用酸与碱等而用全氟磺酸型固体聚合物为电解质，是一种以离子进行导电的固体高分子电解质膜（阳离子膜）。PEMFC 电池工作原理见图 2 - 34。质子交换膜燃料电池是以氢或净化重整气为燃料，以空气或纯氧为氧化剂，并以带有气体流动通道的石墨或表面改性金属板为双极板的新型燃料电池。工作时阳极的 H_2 在催化剂作用下形成 H^+，H^+ 通过质子交换膜达到阴极，与经外电路到达的电子以及氧反应生成水。电极反应如下：

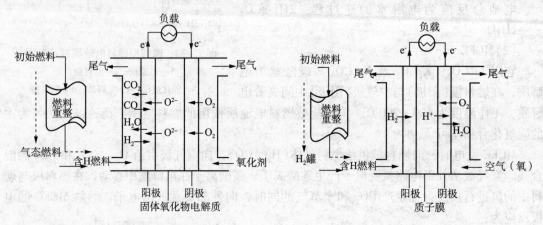

图 2 - 33　SOFC 工作原理示意图　　　图 2 - 34　PEMFC 工作原理示意图

阳极反应：$H_2 \longrightarrow 2H^+ + 2e^-$

阴极反应：$0.5O_2 + 2H^+ + 2e^- \longrightarrow H_2O$

电池总反应为电解水的逆过程：$H_2 + 0.5O_2 \longrightarrow H_2O$

与上述三种燃料电池相比，PEMFC 具有在室温下快速启动、无电解液流失、水易排出、寿命长等优点，它特别适合作为移动电源使用，是电动车和潜艇理想的候选电源之一。在未来以氢为主要燃料的氢能时代，PEMFC 将得到更广泛的应用。

表 2 - 16 给出了各种燃料电池的基本数据。

表 2 - 16　各种燃料电池的基本数据

电池种类	工作温度/℃	燃料气体	氧化剂	单电池发电效率（理论）/%	单电池发电效率（实际）/%	电池系统发电效率/%
AFC	60 ~ 90	纯 H_2	纯 O_2	83	40	
PEMFC	80	H_2、C[CO] $< 10 \times 10^{-6}$	O_2 空气	83	40	40
DMFC	80	甲醇	O_2 空气	97	40	48 ~ 55 60
PAFC	160 ~ 220	甲醇、天然气、H_2	O_2 空气	80	55	—

电池种类	工作温度/℃	燃料气体	氧化剂	单电池发电效率（理论）/%	单电池发电效率（实际）/%	电池系统发电效率/%
MCFC	660	甲醇、天然气、煤气、H_2	O_2 空气	78	55～65 47～50	60
SOFC	900～1000	甲醇、天然气、煤气、H_2	O_2 空气	73	60～65 44～47	55～60
SOFC	400～700	甲醇、H_2	O_2 空气	73	—	55～60

2.8.4　燃料电池应用

迄今为止，燃料电池商业化的应用主要包括电站的开发、电动车、小型移动电源和微型燃料电池。

1. 燃料电池电站

大型燃料电池电站已开发的主要类型有 PAFC、MCFC、SOFC。由于 PEMFC 工作温度低、余热利用困难、对燃料纯度要求高等原因，PEMFC 不以大型电站为主要发展目标，但可以建立针对家庭、办公室应用的小型独立电站。

（1）PAFC 电站

美国从 1967 年开始，就开发供家庭及小工商用户使用的以天然气为燃料的 PAFC 供电装置。到 1997 年已经售出 144 台 200kW 的 PAFC 电站，连续运行结果表明它有较高的可靠性。在此期间日本、西欧以及韩国等地也相继研究开发 PAFC 供电装置。PAFC 的发电效率可达 30%～40%，如再将其余热加以利用，其综合效率可达 60%～80%。

20 世纪 80 年代美国成功开发出 4.5MW 的 PAFC 电站，其中一台在东京运行一年，累计发电 5000MW·h；1984 年日本与美国联合技术公司共同合作开发出世界最大级的 11MW 的 PAFC 电站，目前已经在东京并网发电。经过多年运行，证明了 PAFC 电站目前技术上已经成熟。但是 PAFC 电站热效率较低，余热利用价值低（余热温度为 200℃），而且电池工作时启动时间长，不适合作为移动电源使用，国际上目前对它的研究已经日益减小。

（2）MCFC 电站

MCFC 电站是继 PAFC 电站后的第二代燃料电池电站。MCFC 电站工作温度为 650℃，余热利用价值高，电池不使用贵金属催化剂，可以用脱硫煤气作为燃料。MCF 电站的研究开发工作自 20 世纪 70 年代末开始，至当前，国际上大多 MCFC 电站进入了安装试运行阶段，一些兆瓦级电站的运行时间已经超过 2×10^4h。现在 MCFC 电站开发目标是与煤气化技术相结合，建立大型电站，目前在 MCFC 电站开发上占主导地位的国家是美国和日本。

（3）SOFC 电站

高温 SOFC 的工作温度在 900～1000℃，可提供优质余热。其燃料来源广泛，能量综合利用率达到 70% 以上，因此被作为第三代燃料电池电站。美国是 SOFC 研究开发最早的国家，1937 年 Baur 和 Preis 就制成第一个 SOFC，由于技术复杂和材料的制约，SOFC 发展缓慢，直到 20 世纪 80 年代以后，西屋公司成功制备出电解质薄膜和电极薄膜，SOFC 才开始真正进入开发热潮。目前，西屋公司和德国西门子公司在 SOFC 开发上处于世界领先水平，德国西门子公司建造的 100kW 的 SOFC 电站至今位居世界首位。

2. 燃料电池电动车

由于大气污染日趋严重，汽车用燃料电池的开发是燃料电池应用的重要方向之一。1995 年美国时代周刊将燃料电池电车列入 21 世纪十大高新技术之首。在各种燃料电池中，只有 AFC 和 PEMFC 可满足车用要求，但 AFC 必须清除空气中的 CO_2，20 世纪 90 年代以来 PEM-FC 成为燃料电池电动车的主要研发对象。由于 PEMFC 属于低温型燃料电池，保温问题比较容易解决，而且启动所需要的暖机时间较短，采用固体膜作为电解质降低了结构的复杂性，同时，氢作为燃料时，PEMFC 不需要去除杂质的辅助系统，使系统结构得到简化，上述优点使之成为研究最为活跃、进展最快、车上应用最多的燃料电池。

最早开展 PEMFC 电动车研究的是美国 GE 公司，1993 年加拿大 BPS 公司推出世界上第一辆以 PEMFC 为动力、车长 9.7m 的公共汽车样车，最高时速 72.4 公里。在 BPS 公司带动下，许多汽车制造商如奔驰、福特、通用、本田等都加入了 PEMFC 电动车的研发行列中。1994 年德国奔驰汽车公司与美国克莱斯勒公司合作推出的 Necar 1 型车，电池组质量超过 800kg，而 1999 年推出的 Necar 4 型车，电池组质量仅仅 100kg 左右。德国尼奥普兰汽车公司 1999 年开发出车长 8m 的燃料电池公共汽车，日本丰田公司于 2000 年展示了车长 10m 的燃料电池大客车，瑞典的斯堪尼亚汽车公司开发了燃料电池公共汽车。国内在燃料电池发动机方面已取得大功率氢－空燃料电池组制备的关键技术，轿车用净输出 30kW、客车用净输出 60kW 和 100kW 的燃料电池发动机，已在同济大学和清华大学燃料电池发动机测试基地分别通过了严格的测试并装车运行，燃料电池轿车已经累计运行 4000 多公里，燃料电池客车累计运行超过 8000 公里。

PEMFC 能否大量商业化以及能否广泛用于电动车，关键在于能否大幅度降低电池成本和开发先进的储氢材料和方法。

3. 燃料电池小型移动电源和微型燃料电池

燃料电池小型移动电源以 PEMFC 为主，如加拿大 BPS 公司为美国国防部开发的 100W 便携式 PEMFC 电源，质量仅有 13kg；1994 年美国氢动力公司开发的 12V 摄像机用和笔记本计算机用 PEMFC 电源，可以连续工作 16h 以上，而目前的笔记本计算机用锂离子二次电池，工作时间仅 2～5h。国际上正在开发的尺寸小、质量轻的千瓦级 PEMFC 电源，可以满足家庭及办公室小型电器的电力需求，有很大市场前景。

电子产品以及微电子机械系统向小型化、微型化、集成化发展，要求配备的电源也必须达到小型化和薄膜化。微电池概念出现在 20 世纪 90 年代，一般要求其底面积不大于 $10mm^2$，目前研究开发的微型燃料电池以 SOFC 和 PEMFC 为主。

2.8.5 燃料电池的发展前景

世界各国正在加紧开发和利用清洁能源，如煤气化和液化技术、生物质能和氢能的发展等，这些技术都将促进燃料电池的发展。AFC 电池在航天方面将继续发挥其优异性能，尽管目前在民用发电和电动车领域 AFC 还无法同其他电池竞争，但从长远角度看，随着氢燃料时代的来临，AFC 系统将具有价廉、性能优良的优势而被广泛应用。

实现 PAFC 商业化的关键是降低电池成本。PEMFC 电池的主要应用领域是电动车，需要解决的技术问题是降低质子膜、贵金属催化剂的价格和开发新型高效的储氢材料。如果电池成本能降到 30 \$/kW，它在电动车领域将会占据有利地位。

  MCFC 和 SOFC 电池已经达到兆瓦级示范阶段，但距离实用化还有一定距离，需要在提高材料性能、简化材料制备工艺、优化电池结构等方面开展研究，提高系统稳定性，大幅度降低电池的成本。MCFC 电池重点解决熔盐对电极、容器等的腐蚀问题以及电解质挥发渗漏问题。燃料电池应用前景见表 2 – 17。

表 2 – 17　燃料电池应用前景

目标	形式	场所	PEMFC	DMFC	AFC	PAFC	MCFC	SOFC
固定式电站	基于电网电站	集中	×	×	×	×	√	√
		分布	×	×	×	×	√	√
		补充动力	×	×	×	×	√	√
	基于用户的热电联产电站	住宅区	√	×	?	√	√	√
		商业区	√	×	?	√	√	√
		轻工业	?	×	?	√	√	√
		重工业	×	×	×	×	√	√
交通运输	发动机	重型	√	×	×	√	√	√
		轻型	√	×	×	×	×	×
	辅助功率单元	轻型和重型	√	√	×	×	×	√
便携电源	小型（百瓦级）	娱乐、自行车	√	√	×	×	×	?
	微型（瓦级）	电子、微电子	√	√	×	×	×	×

第3章 能量的转换与储存

3.1.1 概述

研究能量属性及其转换规律的科学是热力学。从热力学的角度看,能量是物质运动的度量,运动是物质的存在形式,因此,一切物质都具有能量。物质的运动可以分为宏观运动和微观运动。度量物质宏观运动能量的是宏观动能和势能。度量物质微观运动能量的是所谓的"热力学能"。广义的热力学能包括分子热运动形成的内动能、分子间相互作用所形成的内势能、维持一定分子结构的化学能和原子核内部的核能。温度越高,分子的内动能越大;内势能取决于分子之间的距离,距离越小,内势能越大。在没有化学反应和核反应的物理过程中,化学能和核能都不变,所以热力学能的变化只包括内动能和内势能的变化。只要物质运动状态一定,物质拥有的能量就一定。所以物质的能量主要取决于物质的状态,是状态参数。

尽管物质的运动形式多种多样,但就其形态而论,只有有序(有规则)运动和无序(无规则)运动两类。人们常将量度有序运动的能量称为有序能,量度无序运动的能量称为无序能。显然,一切宏观整体运动的能量和大量电子定向运动的电能都是有序能;而物质内部分子杂乱无章的热运动则是无序能。事实证明,有序能可以完全、无条件地转换为无序能;相反的转换却是有条件的、不完全的。能量的转换这一特性,导致能量不仅有"量"的多少,而且有"质"的高低,这正是能量转换中两个最重要的方面。

3.1.2 能量守恒与转换定律

能量在量方面的变化,遵循自然界最普遍、最基本的规律,即能量守恒与转换定律。这一定律和细胞学说及进化论,被称为19世纪自然科学的三大发现。能量守恒和转换定律指出:"自然界的一切物质都具有能量;能量既不能创造,也不能消灭,而只能从一种形式转换成另一种形式,从一个物体传递到另一个物体;在能量转换与传递过程中,能量的总量恒定不变。

热能是自然界广泛存在的一种能量,其他形式的能量(机械能、电能、化学能)都很容易转换成热能。热能与其他形式的能量之间的转换也必然遵循能量守恒和转换定律——热力学第一定律。热力学第一定律指出:热能作为能量,可以与其他形式的能量相互转换,在转换过程中能量总量保持不变。在热力学第一定律提出前,许多人曾幻想制造一种不消耗任何能量却能连续获得机械能的永动机。热力学第一定律发现后,制造这种违背热力学第一定律的永动机(后人称之为第一类永动机)的企图最终被科学理论所否定。因此,热力学第一定律也常表述为"第一类永动机是不可能制成的"。

3.2　化学能转化为热能

3.2.1　概述

燃料燃烧是化学能转换为热能的最主要方式。能够在空气中燃烧的物质称为可燃物，但不能把所有的可燃物都称为燃料（如米和砂糖之类的食品）。所谓燃料，就是在空气中容易燃烧并释放出大量热能的气体、液体或固体物质，是在经济上值得利用其发热量的物质的总称。燃料通常按形态分为固体燃料、液体燃料和气体燃料。

天然固体燃料有煤炭和木材等；人工固体燃料有焦炭、型煤、木炭等。其中煤炭应用最为普遍，是我国最主要的能源。天然液体燃料有石油（原油）；人工液体燃料有汽油、煤油、柴油、重油等。通常所说的燃料油一般是对重油而言，它实际上是渣油、裂化残油及燃料重油的通称。燃料重油则是将渣油、裂化残油或其他油品按一定比例混合调制而成。天然的气体燃料有天然气，人工的气体燃料则有焦炉煤气、高炉煤气、水煤气和液化石油气等。

为了使燃料高效地燃烧，需要对燃料进行分析，了解各种燃料的成分和化学组成。通常对固体燃料主要进行元素分析和工业分析；对液体燃料使用元素分析，气体燃料多用成分分析。

燃料的燃烧反应是一个氧化反应，燃料中的可燃元素碳、氢、硫和空气中的氧急剧化合时会发出显著的光和热。与氢和硫相比，碳的氧化较为缓慢和困难，因此在任何燃烧过程中，氢和硫都是在碳之前完全燃烧，其中氢燃烧最为激烈。

与燃烧有关的燃料特性主要有燃料发热量、着火温度和闪点。任何燃料的燃烧过程都有"着火"和"燃烧"两个阶段。由缓慢的氧化反应转变为剧烈的氧化反应（即燃烧）的瞬间叫做着火，转变时的最低温度叫着火温度。燃烧的着火温度主要取决于燃料的组成，此外还与周围介质的压力、温度有关。汽油、酒精之类的液体燃料极易挥发，即使在较低温度下其挥发物也能够与空气混合而形成可燃的混合气体。当它们与火焰或火花接近时，即使在低温下也可被引着火而燃烧起来，这种现象称为闪火或引火。使燃料引火的最低温度称为闪点或引火点。各种液体燃料的闪点见表 3 - 1。

表 3 - 1　各种液体燃料的闪点

燃料	闪点/℃	燃料	闪点/℃
石油（原油）	- 6.7 ~ 32.2	轻柴油	45 ~ 120
汽油	< 28	重柴油	> 120
煤油	28 ~ 45	乙醇	- 18 ~ 22

燃料燃烧过程是一个很复杂的化学物理过程，燃料燃烧必须具备的条件是：①必须有可燃物（燃料）；②必须有使可燃物着火的能量（或称热源），即使可燃物的温度达到着火温度以上；③必须供给足够的氧气或空气（因为空气中也含有助燃的氧气）。

缺少任何一个条件，燃烧就无法进行。此外，为了维持燃烧过程，还必须保证：①必须把温度维持在燃烧的着火温度以上；②必须把适当的空气量以正确的方式供应给燃料，使燃料能充分地与空气接触；③必须及时而妥善地排走燃烧产物；④必须提供燃烧所必需的足够空间（燃烧室）和时间。

根据燃烧状况的好坏可以把燃烧分成完全燃烧和不完全燃烧。完全燃烧是指燃料中的可燃成分全部燃尽。由于燃烧空气量及供应方法都很合适，完全燃烧时几乎不冒黑烟，燃烧产物中不含任何可燃物质，燃烧产生的热量也最多。空气供给量不足或供给方式不合适，或者燃烧温度降低，燃烧时就会冒大量黑烟，这就是所谓不完全燃烧。此时燃烧产物中会含有一些可燃物质，如游离碳、炭黑、CO、CH_4、H_2 等，不完全燃烧时产生的热量也较少。为衡量燃烧的完善程度，引入了燃烧的效率。燃烧效率是燃料燃烧时实际所产生的热量与燃料标准发热量之比。显然燃烧效率越高，燃烧就越完全。良好的燃烧过程，其燃烧效率可达 97% 以上。

通过燃料燃烧将化学能转换为热能的装置称为燃烧设备。锅炉就是典型的燃烧设备，它是通过化石燃料的燃烧将燃料的化学能转换为高温烟气的热能，并用之加热水使之变为蒸汽，再利用蒸汽推动汽轮机做功，带动发电机发电。由锅炉获得的热水或蒸汽也可供采暖或其他用热用户使用。

3.2.2 燃料的燃烧

1. 不同燃料的燃烧特点

由于燃料不同，如煤、油和气体燃料，它们的燃烧也各有特点。

（1）煤的燃烧

煤的燃烧基本上有两种：第一种是煤粉悬浮在空间燃烧，称为室燃或粉状燃烧；第二种是煤块在炉排上燃烧，称为层燃或层状燃烧。其他燃烧方式，如旋风燃烧只是空间燃烧的一种特殊形式，流化床燃烧介于第一种和第二种燃烧方式之间，它既有空间燃烧又有固定排炉。煤从进入炉膛到燃烧完，一般要经过 3 个过程，即着火前的准备阶段（水分蒸发、挥发分析出、温度升高到着火点）、挥发分和焦炭着火与燃烧阶段、残碳燃尽形成灰渣阶段。

（2）油的燃烧

油的燃烧方法有内燃和外燃两种方式。内燃是在发动机气缸内部极为有限的空间进行高压燃烧，是一种瞬间的燃烧过程。外燃是不在机器内部燃烧，而在燃烧室内燃烧，并直接利用燃烧发出的热量，如锅炉、窑炉内进行的燃烧。

油燃烧的全过程包含着传热过程、物质扩散过程和化学反应过程。

（3）气体燃料的燃烧

气体燃料的燃烧可以分为容器内燃烧和燃烧器燃烧，它们和油的两种燃烧方式相近。气体燃料的燃烧过程包括 3 个阶段，即混合、着火和正常燃烧。

2. 燃烧所需的空气量

（1）理论空气量

燃烧过程是一种激烈的氧化反应过程，燃烧过程所需的氧气通常来自空气，空气可以看作主要是由氧和氮所组成的混合气体，两种气体的体积比为 21/79，提供充足的空气是完全燃烧的必备条件。

根据燃烧的化学反应式，单位燃料完全燃烧时理论上所需的干空气量称为理论空气量。理论空气量的单位对固体及液体燃料为 m^3/kg，对气体燃料为 m^3/m^3。可以由燃料的化学反应式算出各种元素完全燃烧时的理论空气量，1kg 碳完全燃烧时需要的理论空气量为 $8.89m^3$，1kg 硫完全燃烧时所需要的理论空气量为 $3.33m^3$，1kg H_2 完全燃烧时所需要的理论空气量为 $26.7m^3$。对于各种不同的燃料，由于燃料中所含 C、S、H 的比例不同，因而燃烧时理论空气量也不相同。表 3 - 2 给出了各种燃料的理论空气量的大致范围。理论空气量的准确值则需依据燃料的工业分析结果再加以计算。

表 3 - 2　各种燃料的理论空气量的大致范围　　　　　　　m³/kg

燃料名称	理论空气量	燃料名称	理论空气量
褐煤	3.5 ~ 6.5	无烟煤	9 ~ 10
烟煤	7.5 ~ 8.5	焦炭	8.5 ~ 8.8

（2）实际空气量

实际燃烧时，燃料中的可燃元素与空气中的氧不可能有理想的混合、接触和化合，因此对于任何燃料，都要根据其特性和燃烧方式供应比理论空气量更多的空气，使燃料完全燃烧。为了使燃料完全燃烧而实际供应的空气量就称为实际空气量。

实际空气量与理论空气量的比值称为过量空气系数（或空气系数）。显然，过量空气系数的大小与燃料的种类及燃烧方式有关。已知过量空气系数即可由理论空气量求出实际燃烧时所需供应的空气量。通常燃烧设备中的过量空气系数均大于 1，只有对陶瓷窑炉因工艺上的需要，有时要求烟气中含有 CO，以采取还原焰烧成作业，此时过量空气系数小于 1。

3. 燃烧产生的烟气量

（1）理论烟气量

燃烧过程产生的热能都包含在烟气中，因此燃烧所产生的烟气是热能的携带者，烟气量则是热力计算中的基础数据。如供给燃料以理论空气量，燃料又达到完全燃烧，烟气中只含有 CO_2，SO_2、H_2O 及 N_2 共 4 种气体，这时烟气所具有的容积就称为理论烟气量。其单位，对固体和液体燃料为 m^3/kg，对气体燃料为 m^3/m^3。

若已知燃料的化学组成，可根据燃烧的化学反应式计算出理论烟气量，即理论烟气量等于燃烧所产生的 CO_2、SO_2、H_2O 及 N_2 共 4 种气体之和。当缺少燃料的化学组成资料时，可利用经验公式近似地计算理论烟气量。

（2）实际烟气量

实际燃烧过程是在不同的过量空气系数下进行的。完全燃烧时，实际烟气量可按下式计算：

$$V_a = V_0 + (\alpha - 1)L_0$$

式中　V_0——实际烟气量；

　　　V_0——理论烟气量；

　　　α——过量空气系数；

　　　L_0——理论空气量。

4. 燃烧温度

燃料燃烧时燃烧产物达到的温度称为燃烧温度。燃烧温度与燃料的种类和成分、燃烧条件、传热情况等多种因素有关。

根据不同燃料燃烧的特点，采用各种措施提高燃料的燃烧效率是节能的重要途径。此外燃料燃烧时会产生严重的环境污染问题，因此发展和推广高效低污染的燃烧技术既是节能的需要，也是保护环境实现可持续发展的重要措施。

3.2.3　气体燃料的燃烧技术

气体燃料便于储存、运输，燃烧方便，随着天然气的开发和煤的气化，其应用越来越广。气体燃料燃烧的效率主要取决于气体燃料燃烧器。对气体燃烧器的基本要求是：①不完全燃烧损失小，燃烧效率高；②燃烧速率高，燃烧强烈，燃烧热负荷高；③着火容易，火焰稳定性好，既不回火又不脱火；④燃烧产物有害物质少，对大气污染小；⑤操作方便，调节灵活，寿命长，能充分利用炉膛空间。

常用的气体燃烧器有扩散式燃烧器，对这类燃烧器，可燃气体与助燃空气不预先混合，燃烧所需空气由周围环境或相应管道供应、扩散而来。图3-1就是简单的扩散式燃烧器，另一种是预混式燃烧器。其特点是燃烧前可燃气体与氧化剂已经混合均匀。燃烧时这种燃烧器通常无焰，故也称无焰燃烧器。还有一种部分预混式燃烧器，这种燃烧器的特点是在燃烧器头部设预混段，可燃气体与空气进行部分预混，其余空气靠扩散供应。目前家庭用煤气灶大多属此类。

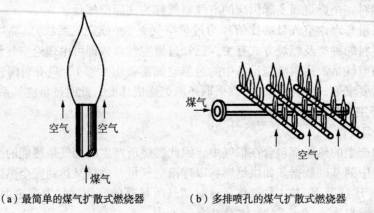

（a）最简单的煤气扩散式燃烧器　　　　（b）多排喷孔的煤气扩散式燃烧器

图3-1　简单的扩散式燃烧器

3.2.4　油的燃烧技术

油是最常用的液体燃料，油的沸点总是低于其着火温度，因此油先蒸发成油蒸气后在气体状态下燃烧，其燃烧和气体燃料燃烧几乎完全相同。油的燃烧实际上包含了油加热蒸发、油蒸气和助燃空气的混合以及着火燃烧3个过程，其中油加热蒸发是制约燃烧速率的关键。为了加速油的蒸发，主要的方法是扩大油的蒸发面积，通常油总是被雾化成细小油滴参与燃烧。油雾化质量的好坏直接影响燃烧效率。雾化细度是衡量雾化质量的一个主要指标，通常雾化气流中油滴的大小各不相同，油滴直径越小，单位质量的表面积就越大。例如，$1cm^3$球形油滴表面积仅为 $4.83cm^2$，如将它分成 10^7 个直径相同的小油滴，表面积将增加 250 倍为 $1200cm^2$。从雾化角度来说，不仅雾化油滴的平均直径要小，而且要求油滴大小尽量均匀，影响雾化质量的主要因素是喷射速度和燃油温度。研究表明，雾化油滴的尺寸取决于油气间相对速度的平方，相对速度越大，雾化油滴越细；同时燃油温度增加，表面张力和黏度下降，雾化油滴的直径变小。

为了实现油的高效低污染燃烧，需要提高燃油的雾化质量和实现良好的配风。

3.2.5　煤的燃烧技术

目前煤的燃烧方式主要是煤粉燃烧和流化床燃烧，我国大型锅炉和工业窑炉大多采用煤粉燃烧。煤粉燃烧技术发展至今已经历半个多世纪，为了适应煤种多变、锅炉调峰及稳燃和强化燃烧的需要，煤粉燃烧技术得到了迅速的发展。随着环保要求的日益严格，低污染煤粉燃烧技术也越来越受重视。近几年为了将稳燃和低污染燃烧结合起来，高浓度煤粉燃烧技术得到迅速发展。这些先进的煤粉燃烧技术不但能提高燃烧效率，节约煤炭，减少污染，还为锅炉的调峰和安全运行创造了条件。

为提高煤炭燃烧的效率和减少污染，发展了许多先进的燃烧技术，如煤粉燃烧稳定技术，包括各种新型的燃烧器，煤粉低 NO_x 燃烧技术，高浓度煤粉燃烧技术，流化床燃烧技术等。

目前我国大型锅炉已广泛采用煤粉燃烧稳定技术，它是通过各种新型燃烧器来实现煤粉的稳定着火和燃烧强化。采用新型燃烧器不但能使锅炉适应不同的煤种，特别是燃用劣质煤和低挥发分煤，而且能提高燃烧效率，实现低负荷稳燃，防止结渣，并节约点火用油。

煤的流化床燃烧是继层煤燃烧和粉煤燃烧后，于20世纪60年代开始迅速发展起来的一种新的煤燃烧方式。这种方式煤种适应性广，易于实现炉内脱硫和低 NO_x 排放，燃烧效率高，负荷调节性好，能有效地利用灰渣。由于以上优点，在经历了30年的发展历程后，呈现出良好的发展势头。

1. 特殊的气固流动形态——流态化

固体颗粒本身是没有流动性的，但在气体的作用下固体颗粒也能表现出流体的宏观特性。图3-2是气固两相随气流速度变化所呈现出的不同流态。固体颗粒被置于一块开有小孔的托板上，当气流速度较低时，气体只能通过静止固体颗粒之间的间隙，而不会使固体颗粒运动；这就是所谓固定床，层煤燃烧方式就是处于这种固定床状态，如图3-2(a)所示。

当气体流速升高到使全部固体颗粒都刚好悬浮于向上流动的气体中时，颗粒与气体的摩擦力与其重力正好平衡，颗粒在垂直方向的作用力等于零，通过床层任一截面的压降大致等于该截面上颗粒的质量，此时认为颗粒处于临界流态化。当气体速度超过临界流化速度时，床层就会出现不稳定；气体大多以气泡的形式通过床层。这时的床层成为鼓泡流化床，整个床从表面上看极像处于沸腾状态的液体，因此工业界也将之形象地称为沸腾床，如图3-2(b)所示。

进一步增加气流速度至足以超过固体颗粒的终端速度时，床层上界面消失，固体颗粒将随气体从床层中带出，成为气体输送状态。若在床层出口处用气固分离器将固体颗粒分离下来，再用颗粒回送装置将颗粒不断地送回床层之中，这样就形成颗粒的循环，此时就称它为循环流化床，如图3-2(c)所示。

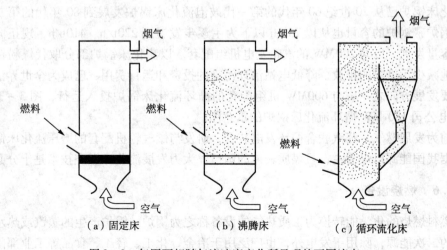

图3-2 气固两相随气流速度变化所呈现的不同流态

将流态化技术应用于煤的燃烧，就发展出了鼓泡流化床燃烧（也称常规流化床燃烧）和循环流化床燃烧这两种介于层煤燃烧和粉煤燃烧之间的新的燃烧方式。流化床燃烧又可分为常压和增压流化床燃烧两大类。

2. 流化床锅炉的优点

（1）燃料的适应性好

由于固体颗粒在流化气体的作用下处于良好的混合状态，燃料进入炉膛后很快与床料混合，燃料被迅速加热至高于着火温度，只要燃烧的放热量大于加热燃料本身和燃烧所需的空气至着火温度所需的热量，流化床锅炉就可不需要辅助燃料而直接燃用该种燃料。所以它可燃用常规燃烧方式难于使用的燃料，如各种高灰分、高水分、低热值、低灰熔点的劣质燃料和难于点燃和燃尽的低挥发分煤。

（2）污染物排放低

低的燃烧温度（800~950℃）和床内碳粒的还原作用，使流化床燃烧过程中 NO_x 的生成量大幅度地减少。而流化床内的燃烧温度又恰好是石灰石脱硫的最佳温度，在燃烧过程中加入廉价易得的石灰石或白云石，可方便地实现炉内脱硫。流化床燃烧与采用煤粉炉和烟道气净化装置的电站相比，SO_2 和 NO_x 的排放量可降低50%以上。

（3）燃烧效率高

由于颗粒在床内停留时间较长以及燃烧强化等因素使流化床燃烧的燃烬度高，再采用飞灰回燃或循环燃烧技术后，燃烧效率通常在97.5%~99.5%范围内。

（4）负荷调节性好

采用流化床燃烧，既可实现低负荷的稳定燃烧，又可在低负荷时保证蒸汽参数。其负荷的调节速率每分钟可达4%，调节范围可从20%~100%。

（5）有效利用灰渣

低温燃烧所产生的灰渣具有较好的活性，可以用来做水泥熟料或其他建筑材料的原料。由于燃料中的钾、磷成分保留在灰渣中，故灰渣有改良土壤和作肥料添加剂的作用。有的石煤中含有稀有元素，如钒、硒等，在石煤燃烧后，还可从灰渣中提取稀有金属。

正是上述这些优点使流化床燃烧技术在较短的时间内得到了迅速发展和广泛应用。

3. 流化床锅炉的发展

流化床锅炉已从20世纪60年代的第一代鼓泡流化床锅炉发展到80年代的第二代循环流化床锅炉，锅炉的容量也从以75t/h以下为主逐步发展到220t/h、410t/h，现正向800t/h和更大容量发展，以与200MW的汽轮发电机组配套。以流化床锅炉部分取代煤粉锅炉，可大幅度地减少污染物的排放，降低电站治理污染的投资和运行费用，已成为全世界洁净煤技术的重要发展方向之一。与600MW机组配套的循环流化床锅炉投入运行，图3-3为美国ACE热电公司180 MW循环流化床锅炉的示意图。

目前为发展燃气-蒸汽联合循环发电装置，研发与燃气轮机配套的增压流化床锅炉。因此，根据我国能源以煤为主，且煤质较差的国情，大力发展流化床燃烧技术是十分必要的。

3.2.6　燃烧设备

将燃料燃烧的化学能转换为工质热能的设备称之为锅炉。锅炉产生的蒸汽或热水也是一种优质的二次能源，除用于发电外，也广泛用于冶金、化工、轻工、食品等工业部门，而且是采暖的热源。锅炉本体是由"锅"和"炉"两部分组成。所谓炉，是指锅炉的燃烧系统，它通常包括炉膛、燃烧器、烟道、炉墙构架等,其作用是完成燃料(煤、重油、天然气或固体废弃物)的燃烧放热过程。而锅是指锅炉的汽水系统,由汽包、下降管、集箱、导管及各种受热面组成。其作用是吸收燃烧系统放出的热量,完成由水变成高温高压蒸汽的吸热过程。

吸收燃烧产物——高温烟气热量的锅炉受热面由直径不等、材料不同的管件组成。根据受热面作用的不同,可以分为:①水冷壁,布置在炉膛四周,吸收炉膛的辐射热,用以加热其内的工质水,并对炉墙起保护作用;②过热器,饱和蒸汽在其内加热成具有额定温度的过热蒸汽;③再热器,它将汽轮机高压缸的排气再加热到较高的温度,然后送入汽轮机的中、低压缸做功,借以提高发电厂的热效率;④省煤器,布置在锅炉尾部,利用尾部烟气的余热加热给水,以降低排烟温度,节约燃料;⑤空气预热器,布置在锅炉尾部,利用尾部烟气的余热加热助燃空气,用以强化着火和燃烧,同时使排烟温度进一步降低以提高锅炉效率。

为了保证锅炉能正常运行,锅炉还有许多辅助装置:储存和运输燃料的燃料供应装置;将煤磨成很细的煤粉并将煤粉送入炉膛燃烧的磨煤装置;将空气送入预热器和炉膛的送风装置;将锅炉烟气排至大气的引风装置;把符合标准的给水送入锅炉的给水装置;将锅炉中灰渣排走的除灰装置;除去烟气中飞灰以保护环境的除尘装置;还有对锅炉运行进行自动检测、自动控制和自动保护的自控装置。图 3-4 为燃煤锅炉设备的示意图。

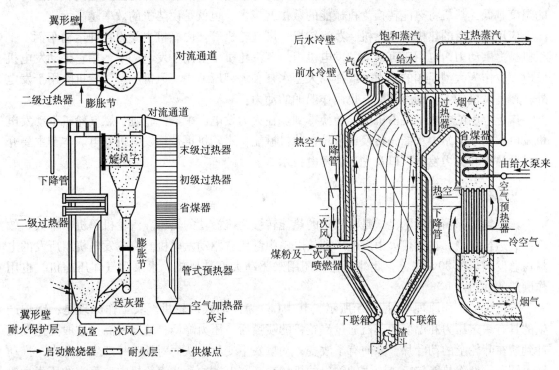

图 3-3　美国 ACE 热电公司循环
　　　　流化床锅炉的示意图

图 3-4　燃煤锅炉设备的示意图

通常用以下指标描述电厂锅炉的特性:①蒸发量,表示锅炉的容量,是指锅炉每小时能连续提供的蒸汽量,单位为 t/h;②蒸汽参数,指过热器出口过热蒸汽的压力和温度,以及再热器出口再热蒸汽的温度;③给水温度,指省煤器入口处的水温;④锅炉效率,指锅炉生产蒸汽的吸热量和锅炉输入燃料发热量之比,表示锅炉中燃烧热量的有效利用程度。

电厂锅炉的分类方法很多,例如,按燃料种类可分为燃煤锅炉、燃油锅炉和燃气锅炉。

我国能源以煤为主，因此燃煤锅炉多，发达国家则燃油和燃气锅炉占优势。通常电厂锅炉多按蒸汽的参数（主要指压力）来分类。

将燃料的化学能转换为热能的设备除锅炉外还有工业炉窑。工业炉窑量大面广，类型繁多。这些工业炉窑有的烧煤，有的采用重油、焦炭或天然气作燃料，都是能耗大的装置。目前我国大多数工业炉窑技术落后，热效率低，节能潜力大，是技术改造的重点。

3.3　热能转化为机械能或电能

3.3.1　概述

将热能转换为机械能是目前获得机械能的最主要的方式。热能转换成机械能的装置称为热机。因为热机能为各种机械提供动力，故通常又将其称为动力机械。根据能量贬值原理（热力学第二定律），热能不可能全部转换为机械能，任何企图制造一种能将热能100%地转换为机械能的热机是不可能实现的。换句话说，依靠单一热源做功的热机是没有的。因此，所有的热机都是工作在一个高温热源和一个低温冷源之间。高温热源的温度越高，低温冷源的温度越低，热机将热能转换为机械能的数量就越多，也就是说热机的效率越高。

应用最广泛的热机有内燃机、蒸汽轮机、燃气轮机等。内燃机主要为各种运输车辆、工程机械提供动力，也用于可移动的发电机组。蒸汽轮机主要用于发电厂中，用它带动发电机发电；也作为大型船舶的动力，或拖动大型水泵和大型压缩机、风机。燃气轮机除用于发电外，还是飞机的主要动力来源，也用作船舶的动力。

广泛应用的电能主要由机械能转换得到。在火力发电厂中蒸汽轮机、燃气轮机带动发电机发电；在水电站中水能先转换成水轮机的机械能，水轮机再带动发电机发电。本节主要介绍各种热机和火力发电厂以及先进的发电技术。

3.3.2　蒸汽轮机

蒸汽轮机，简称汽轮机，是将蒸汽的热能转换为机械功的热机。汽轮机单机功率大、效率高、运行平稳，在现代火力发电厂和核电站中都用它驱动发电机。汽轮发电机组所发的电量占总发电量的80%以上。此外汽轮机还用来驱动大型鼓风机、水泵和气体压缩机，也用作舰船的动力。

汽轮机的工作原理如图3-5所示，其中（a）为冲动式汽轮机。其工作原理是：锅炉产生的具有一定压力和温度的蒸汽通过汽轮机的喷嘴后，压力降低，速度增高；这股高速气流冲到装在叶轮上的动叶片，方向有了改变，动量发生变化，从而对动叶片产生作用力，推动转子转动，便将热能转换成由主轴输出的机械功。在上述冲动式汽轮机中，蒸汽的压降主要是在喷嘴叶片中。另外一种汽轮机，蒸汽同时在定叶片（喷嘴）和动叶片产生压降，此时除了从定叶片出口的高速气流冲击动叶片转动外，气流还在动叶片中加速，从而产生反作用力，推动叶片转动，这种汽轮机就称为反动式汽轮机，如图3-5（b）所示。为了充分利用高温高压蒸汽膨胀的能量，大型汽轮机通常有多级叶片，并将汽轮机分为高压缸、中压缸和低压缸。根据汽轮机的排气压力，通常有所谓的凝汽式汽轮机和背压式汽轮机之分。前者汽轮机带有凝汽器，它的排气压力低于大气压；后者无凝汽器，其排气压力高于或等于大气压力。显然，从热机的热效率公式可知，进入汽轮机的高温蒸汽参数一定时，凝汽式汽轮机由于其排气压力低，排气温度也低，所以它的热效率高于背压式汽轮机；但背压式汽轮机排出的低压蒸汽还可作其他用途。

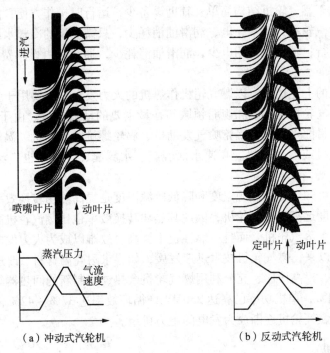

（a）冲动式汽轮机　　　　　　（b）反动式汽轮机

图 3 - 5　汽轮机的工作原理

　　汽轮机还可根据是否从中抽气，分为抽气式汽轮机和非抽气式汽轮机。抽气式汽轮机抽出的蒸汽既可供其他热用户使用，也可用来加热给水，以提高整个电厂的循环效率。在大型火力发电厂中，汽轮机通常分成高压缸和低压缸，锅炉来的新蒸汽在高压缸中做功后，其排气先被送到再热器，使蒸汽温度提高后再进入汽轮机的低压汽缸做功。这种汽轮机就称为再热式汽轮机。采用再热方式可以提高循环的热效率。

3.3.3　燃气轮机

　　燃气轮机和蒸汽轮机最大的不同是，它不是以蒸汽作工质，而是以气体作工质。燃料燃烧时所产生的高温气体直接推动燃气轮机的叶轮对外做功，因此以燃气轮机作为热机的火力发电厂不需要锅炉。图 3 - 6 就是最简单的燃气轮机发电装置示意图。它包括 3 个主要部件：压气机、燃烧室和燃气轮机。

　　空气进入压气机，被压缩升压后进入燃烧室，喷入燃油即进行燃烧，燃烧所形成的高温燃气与燃烧室中的剩余空气混合后进入燃气轮机的喷管，膨胀加速而冲击叶轮对外做功。做功后的废气排入大气。燃气轮机所做的功一部分用于带动压气机，其余部分（称为净功）对外输出，用于带动发电机或其他负载。和汽轮机相比，燃气轮机具有以下优点：①质量轻、体积小、投资省：燃气轮机的质量及所占的容积

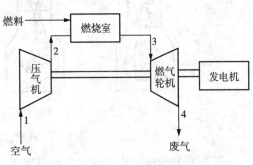

图 3 - 6　燃气轮机发电装置示意图

只有汽轮机装置的几分之一或几十分之一，因此它耗材少，投资费用低，建设周期短；②启动快、操作方便：从冷态启动到满载只需几十秒或几十分钟，而汽轮机装置则需几小时甚至十几小时；同时由于燃气轮机结构简单、辅助设备少，运行时操作方便，能够实现遥控，自动化程度可以超过汽轮机；③水、电、润滑油消耗少，只需少量的冷却水或不用水，因此可以在缺水的地区运行；辅助设备用电少，润滑油消耗少，通常只占燃料费的1%左右，而汽轮机要占6%左右。

鉴于燃气轮机的上述优点，以燃气轮机作热机的火力发电厂主要用于尖峰负荷，对电网起调峰作用。但燃气轮机在航空和舰船领域却是最主要的动力机械。由于燃气轮机小而轻，启动快，功率大，目前飞机上的涡轮喷气发动机、涡轮螺旋桨发动机、涡轮风扇发动机都是以燃气轮机作为主机或启动辅机。高速水面舰艇、水翼艇、气垫船也广泛采用燃气轮机作动力。

从热力学理论可知，提高热源温度和降低冷源温度是提高热功转换效率的关键。由于燃气轮机平均吸热温度远高于蒸汽轮机，因此其热功转换效率也比蒸汽轮机高许多。但燃气轮机的功率却远远小于蒸汽轮机，而且可靠性也不够高，故难以成为火力发电的主力机组。但是20世纪80年代以来，燃气轮机技术迅速发展，如寻求耐高温材料、改进冷却技术、使燃气初温进一步提高、提高压比、充分利用燃气轮机余热、研制新的回热器等。现在燃气轮机的初温已超过1400℃，单机功率已高达250MW，循环效率达37%～42%，可靠性也大大提高。这些发展已使燃气轮机逐渐成为发电的主力机组。

3.3.4 内燃机

内燃机包括汽油机和柴油机，是应用最广泛的热机。大多数内燃机是往复式，有汽缸和活塞。内燃机有很多分类方法，但常用的是根据点火顺序分类或根据汽缸排列方式分类。按点火或着火顺序，可将内燃机分成四冲程发动机和二冲程发动机。

四冲程发动机的工作过程如图3-7所示。它完成一个循环要求有4个完全的活塞冲程：①进气冲程：活塞下行，进气门打开，空气被吸入而充满汽缸；②压缩冲程：所有气门关闭，活塞上行压缩空气，在接近压缩冲程终点时，开始喷射燃油；③膨胀冲程（即下行冲程）：所有气门关闭，燃烧的混合气膨胀，推动活塞下行，此冲程是四个冲程中惟一做功的冲程；④排气冲程：排气门打开，活塞上行将燃烧后的废气排出汽缸，开始下一个循环。

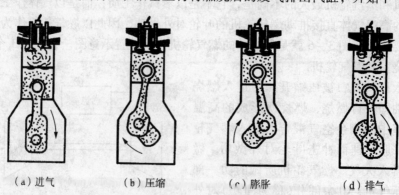

(a) 进气　　　　(b) 压缩　　　　(c) 膨胀　　　　(d) 排气

图3-7　压燃式四冲程发动机的工作原理

二冲程发动机是将四冲程发动机完成一个工作循环所需要的四个冲程纳入二个冲程中完成。图3-8为二冲程发动机的示意图。

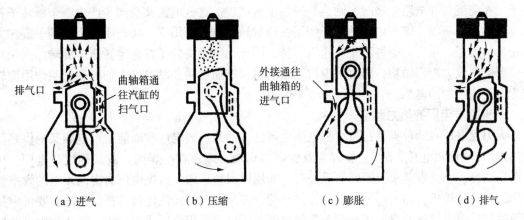

（a）进气 （b）压缩 （c）膨胀 （d）排气

图3-8 二冲程发动机的工作原理

当活塞在膨胀冲程中沿汽缸下行时，首先开启排气口，高压废气开始排入大气。当活塞向下运动时，同时压缩曲轴箱内的空气－燃油混合气；当活塞继续下行时，活塞开启进气口，使被压缩的空气－燃油混合气从曲轴箱进入汽缸。在压缩冲程（活塞上行），活塞先关闭进气口，然后关闭排气口，压缩气缸中的混合气。在活塞将要到达上止点之前，火花塞将混合气点燃。于是活塞被燃烧膨胀的燃气推向下行，开始另一膨胀做功冲程。当活塞在上止点附近时，化油器进气口开启，新鲜空气－燃油混合气进入曲轴箱。在这种发动机中，润滑油与汽油混合在一起对曲轴和轴承进行润滑。这种发动机的曲轴每转一周，每个汽缸点火一次。

四冲程发动机和二冲程发动机相比，经济性好，润滑条件好，易于冷却；但二冲程发动机运动部件少，质量小，发动机运动较平稳。

内燃机只能将燃料热能中的25%～45%转换成机械能，其余部分大多被排气或冷却介质带走。因此如何利用内燃机排气中的能量就成了提高内燃机动力性和经济性中的主要问题。早在20世纪初，瑞士工程师就提出了涡轮增压的设想，即利用废气涡轮增压器给进入汽缸的气体增压，使进入汽缸的空气密度增加，从而大大提高缸内的平均指示压力，使内燃机的功率显著增加。近百年来，内燃机废气涡轮增压技术得到了迅速发展，现在国外60%以上车用柴油机都采用涡轮增压技术，车用汽油机采用增压技术也日益增多。废气涡轮增压能回收25%～40%的排气能量，所以采用增压技术不但能提高发动机的功率，而且还能降低油耗和改善内燃机的排放性能。目前增压技术的发展主要表现在两方面：一方面是增压比和增压器效率不断提高；另一方面是增压系统向多种形式发展，使得变工况和低负荷下发动机都具有良好的运行特性。

随着科学技术的发展，绝热柴油机、全电子控制内燃机、燃用天然气、醇类代用燃料和氢的新型发动机都相继问世。由于环境问题日益突出，研制新一代高效、低排放的发动机已成为科学家们共同努力的目标。

3.3.5 火力发电厂

1. 发电机

将蒸汽轮机或燃气轮机的机械能转换成电能是通过同步发电机。同步发电机由定子（铁芯和绕组）、转子（钢芯和绕组）、机座等组成。转子绕组中通入直流电并在汽轮机的带动下高速旋转，此时转子磁场的磁力线被定子三相绕组切割，定子绕组因感应会产生电动势。当定子三相绕组与外电路连接时，则会有三相电流产生。这一电流又会同步产生一个顺转子转动方向的旋转磁场，带有电流的转子绕组在该旋转磁场的作用下，将产生一个与转子旋转方向相反的力矩，这一力矩将阻止汽轮机旋转，因此为了维持转子在额定转速下旋转，汽轮机一定要克服该力矩而做功，也就是说汽轮机的机械能通过同步发电机中的电磁相互作用而转变为定子绕组中的电能。

2. 火力发电厂的热力系统

火力发电厂有两种类型：只承担电能生产任务的凝汽式电厂和既能生产电能又提供热能的热电厂（又称热电联产厂）。前者为减少燃料运输，多建在产煤区，故又称坑口电厂。坑口电厂的另一个优点是灰渣问题易于处理，如用以回填矿床。这类电厂为提高发电的效率都采用凝汽式汽轮机。热电厂为了同时提供热能，多采用抽气式汽轮机，视供热的需要可以是一级抽气，也可以是两级抽气；对企业的自备电厂也可采用背压式汽轮机。供热和供电的比例可以根据需要调节。从能源利用的角度来说，热电联产是公认的节能手段。近几年来，除了热电联产外，还将发电和海水淡化结合起来，并发展了所谓的热、电、冷联产（即冬季供热、夏季供冷）和热、电、煤气联产等。

3. 火力发电厂的供水系统

火力发电厂除热力系统外，还配套有若干辅助系统，其中供水系统就是最主要的辅助系统。供水系统的作用是为凝汽器提供循环冷却水；为汽轮发电机的氢气或空气冷却器、油冷却器提供设备冷却水；为锅炉给水提供补充用水；为锅炉辅助设备如磨煤机，送、引风机轴承提供冷却水；为水力除灰、生活消防提供用水等。在各种用水中，凝汽器的循环水用量最大，约占全厂用水的95%。

按凝汽器循环冷却水的供水方式，供水系统可以分为直流供水和循环供水。直流供水是从江河或海洋直接取水，由循环水泵将水送入凝汽器水侧，吸收汽轮机排气（乏气）的热量后再返回江河或海洋中。这种系统要求电厂附近有充足的水源。由于凝汽器循环冷却水排水温度远高于水源的温度，因此会对水源造成所谓的热污染，故对建在河流边的大型发电厂，许多国家都禁止使用直流供水系统，以保护环境。

循环供水系统的特点是设置冷却塔。从冷凝器出来的冷却水，在冷却塔内被空气冷却后，再由循环水泵送入凝汽器循环使用。冷却塔又可分为自然通风和机械通风两种类型。大型火电厂多采用自然通风塔。作为冷却介质的空气依靠高大塔身形成自然抽吸力，由塔下部吸入，在塔内自下而上地流动。由凝汽器出来的冷却水则被送至塔上部，通过配水槽喷淋下来，在下落的过程中被自下而上的空气流冷却。汇集于塔底的冷却水再由循环水泵送至凝汽器。为形成大的抽吸力，电厂的冷却塔都非常庞大。如为1350MW机组配套的冷却塔，其高度达165m，底部直径153m。

由于水从冷却塔上喷淋下来与由下而上的空气进行热交换时，一部分水会被空气带走，因此对循环供水系统，还需定期补充冷却水。因为电厂是耗水大户，在水资源日益匮乏的今天，为了节水，一种干式冷却塔正在发展之中。在这种冷却塔的塔身中装有许多翅片管空冷器，来自凝汽器的冷却水从空冷器流过，被空气冷却后再循环使用。虽然这种干式冷却塔造价较高，但节水效果非常显著，我国太原第二热电厂、大同第二热电厂都是采用这种干式冷却塔。此外干式冷却塔还可避免湿式冷却塔出来的湿气对周围环境的污染和对建筑物的损害。

除了供水系统外，火力发电厂还有很多系统。现代火力发电厂生产系统如图3-9所示。

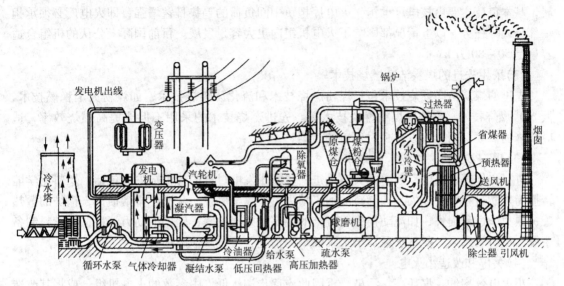

图 3－9　现代火力发电厂生产系统

4. 我国火力发电的发展方向

我国一次能源以煤为主的格局将持续相当长的一段时间。因此提高煤电转化比是我国能源发展的长期目标。今后我国火力发电的发展方向是：

（1）发展高参数的大机组

火电厂高参数的大机组效率高、调峰性能好、运行可靠，是今后我国火力发电的发展方向。图 3－10 是大型火电厂蒸汽参数与效率的关系。从图上可以看出，减小空气过量系数、降低排烟温度、降低凝汽器压力、提高蒸汽参数及采用二次再热等都是提高火电机组效率、使火电机组现代化的重要途径。

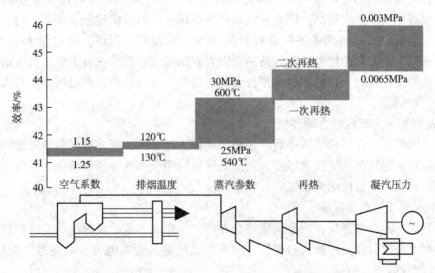

图 3－10　大型火电厂蒸汽参数与效率的关系

值得指出的是单台机组的容量问题。单台机组的最大容量曾发展到 130 万 kW。运行实践证明，单台机组发展到 100 万 kW 以上时，单位千瓦的设备投资费、基建费以及金属材料消耗等已不再降低，相反机组可用率反而下降，对燃煤电厂更是如此。而且由于核电的发展，基本负荷主要由核电厂承担，火电厂担负中间负荷的趋势日益增强，即火电厂必须承担一部分调峰任务。以上情况都影响了火电机组向更大容量发展。目前国际上公认的机组合适容量是 50～80 万 kW。

（2）采用先进的煤炭洁净燃烧技术

先进的煤炭洁净燃烧技术包括煤粉燃烧技术和流化床燃烧技术，如煤粉火焰稳燃技术、低 NO_x 燃烧技术、高浓度煤粉燃烧技术等。先进燃烧技术的采用不但能提高燃烧效率，适应调峰的需要，而且可以减少对环境的污染。

（3）进一步提高燃煤电厂的效率

进一步提高燃煤电厂效率的关键是进一步减小发电过程的各种损失，包括：燃料化学能转换为热能过程中的损失，如燃料的加工损失，不完全燃烧，灰渣、排烟损失，锅炉的散热等；热力学过程损失，如流动损失，凝结的端部温差损失等；辅助的动力消耗，如燃料制备系统、风机、水泵、凝结水泵、给水泵的动力消耗，发电及输电损失等。

（4）关停和改造小火电

小火电效率低、煤耗高、污染严重因此应逐步淘汰低、中参数的火电机组，或将其改造为热电联产机组势在必行。计划到 2015 年，将现有 $10 \times 10^4 kW$ 以下约 $1560 \times 10^4 kW$ 纯凝汽式机组全部关停。

（5）积极发展热电联产

工业生产中要消耗大量较低参数的蒸汽来满足加热、烘干、蒸煮、清洗等工艺流程的需要。在北方采暖也消耗很可观的能源。目前分散的小工业锅炉数量过多，烟囱林立。不仅造成严重的环境污染，更由于热效率低（有的小锅炉效率甚至低于 50%），煤炭浪费严重。如由热电厂供电供汽，则不仅充分发挥电厂锅炉效率高达 90% 的优点，而且在能量利用的过程中，合理地把高参数蒸汽高效地转换为机械能，先在热机中做功发电，再把较低参数蒸汽根据需要合理地供给热用户使用，从而可以减少凝汽式发电机组中冷却水带走的大量热损失，使热能利用效率大大提高。因此热电联产是各国公认的节能途径。例如，对于采暖期长的俄罗斯，热电联产机组约占装机总容量的 35%。根据我国国情，除建设大型热电厂外，还应积极发展小型分散的热电联产，特别是随着我国西气东输，在有天然气供应的地方，更应根据当地的气候条件，积极发展小型分散的热电联产或冷热电联产机组。实行大电力系统和分散电源相结合。

（6）发展燃气-蒸汽联合循环机组

燃气-蒸汽联合循环机组效率高、建设周期短、起动快，因此根据各地资源的经济性和电网需求，在沿海缺能地区及大城市，因地制宜地利用天然气和进口液化天然气发展燃气-蒸汽联合循环机组是解决电力紧张的有效途径。

（7）加紧建设坑口电厂

由于我国资源分布不均，因此国家将会在西北、华北、东北及西南等能源地区进行规划布局，分批、分阶段建设一批坑口电厂，向东部缺能地区输送电力，以促进资源优化配置，并推动全国联网。

3.3.6 先进的发电技术

1. 燃气-蒸汽联合循环

目前单纯燃气轮机循环发电系统的最高供电效率虽可达 40.92%，但由于燃气轮机的排气温度仍高达500℃以上，余热利用潜力很大，这部分余热正是采用燃气–蒸汽联合循环发电的基础。燃气–蒸汽联合循环发电的基本思路是：利用燃气轮机循环平均吸热温度高和蒸汽动力循环平均放热温度低的特点，各取所长；作为第一工质的燃气经燃气轮机做功后，具有较高温度的排气进入余热锅炉，作为第二工质的水在余热锅炉中吸收余热后变为蒸汽，进入蒸汽轮机做功后再进入冷凝器冷凝，从而构成一个闭合循环。图3–11就是这种燃气–蒸汽联合循环发电的示意图。

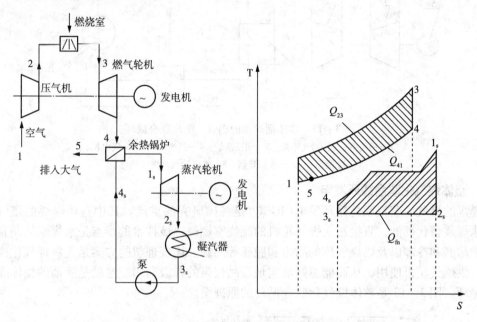

图3–11 燃气–蒸汽联合循环发电的示意图和温熵图

与常规的发电方式相比，联合循环发电具有发电效率高、可用率高、投资低、设计和建设周期短、环保性能好、负荷适应性强、启动迅速等优点。

由于液体和气体燃料对燃气轮机而言是最合适的燃料，所以燃用燃油和天然气的燃气–蒸汽联合循环，已有成熟技术，并得到了广泛的商业应用。由于世界石油和天然气资源有限，因此发展以煤为燃料的燃气–蒸汽联合循环发电，一直是世界各主要煤炭和电力厂商努力的目标。目前各种类型的燃煤联合循环发电技术已相继开发出来，并在世界各地建成了一批示范电厂。

目前燃烧天然气或油的燃气–蒸汽联合循环有3种基本类型。一种为不补燃的余热锅炉型，其特点是产生蒸汽的余热锅炉不补充燃料（燃气或燃油），完全依靠燃气轮机排气的余热。这种类型的主要优点是热效率高、系统简单、占地面积小、初期投资低而且起动快，通常只需18min即可发出60%的功率，80min可满负荷运行。为了提高联合循环机组的单机功率，就必须增加余热锅炉的产气量和提高其蒸汽参数，此时必须给余热锅炉补充一定数量的燃料，这就是所谓有补燃的余热锅炉型。另外一种类型是增压锅炉型，其特点是将燃气循环中的燃烧室和蒸汽循环中的锅炉合二为一。

为此设置燃气轮机排气换热器（图3–12），燃气轮机排气的余热先在换热器中加热给水，而后给水再在燃烧室（增压锅炉）中被加热成过热蒸汽，蒸汽再驱动蒸汽轮机，而锅炉中燃料燃烧产生的高温增压燃气则用来驱动燃气轮机。

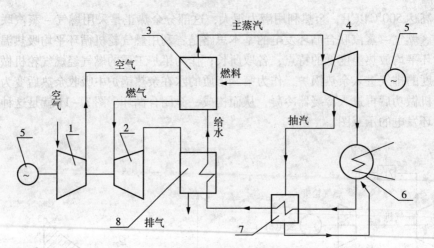

图 3 – 12　增压锅炉型的燃气 – 蒸汽联合循环
1—压气机；2—燃气轮机；3—增压锅炉；4—蒸汽轮机；5—发电机；
6—冷凝器；7—给水加热器；8—燃气轮机排气换热器

2. 整体煤气化联合循环发电

燃煤的燃气 – 蒸汽联合循环发电（IGCC）是各国研究的重点。其中直接燃煤的燃气轮机是以水煤浆替代燃油，直接送入燃气轮机的燃烧室燃烧。该技术的难点是水煤浆的制备、燃烧室的耐磨和冷却以及燃烧气体的除尘和脱硫等问题。比较理想的方案是先将煤气化成可燃气体，供燃气轮机使用，从而能更好地实现高品位煤的梯级利用。这就是所谓的整体煤气化联合循环。图 3 – 13 是整体煤气化联合循环的原理图。

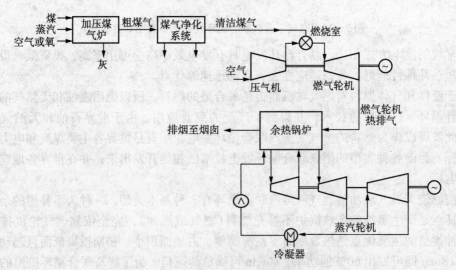

图 3 – 13　整体煤气化联合循环的原理图

IGCC 是一种不补燃的余热锅炉型的联合循环，整个系统通常由煤的制备、煤的气化、煤气的冷却（热量回收）、煤气的净化，燃气轮机发电、蒸汽轮机发电等部分组成。在上述各部分中，燃气轮机、蒸汽轮机和余热锅炉及相应的系统均已商业化，且已有成熟的商品。因此 IGCC 系统最终商业化的关键是煤的气化与净化。煤的气化炉可以分为固定式、流化床和气流床 3 种类型。

目前全世界已新建和在建的 IGCC 示范电厂已不下 10 座，但要使 IGCC 技术走向市场，还需要做以下工作：①开发高效率、大容量、运行可靠的气化炉，气化炉的碳转化率应在99%以上，冷煤气效率应为80%～88%，热煤气效率达93%～95%，单炉的煤转化量在3000t/d以上；②完善高温、高压热煤气的除尘技术，例如提高现有陶瓷过滤器的寿命，开发更可靠、高效低阻力的热气体除尘新技术，如移动床除尘器等；③发展热煤气的脱硫和硫回收技术；④开发新的能燃烧低热值煤气，且 NO_x 排放低的燃气轮机顶置燃烧室；⑤进一步优化系统，降低 IGCC 投资和运行费用。

华能(天津)IGCC 示范电厂是国内首个绿色煤电项目，工程将建设我国首台 25 万 kW 级整体煤气化燃气－蒸汽联合循环发电机组，采用华能自主研发的 2000t/d 级气化炉。该项目预计投产发电后，每年可向滨海新区提供绿色煤电 12 亿 kW·h，并达到天然气联合循环电站的排放水平，成为我国最清洁、高效的燃煤电厂。

3. 增压流化床燃气－蒸汽联合循环

增压流化床燃气－蒸汽联合循环(Pressurized Fluidized－Bed Combustion/Combined Cycle, PFBC－CC)实际上是一种增压锅炉型的联合循环。

第一代 PFBC－CC 的热力系统包括 3 部分，空气－燃气循环系统，水－蒸汽系统以及煤、脱硫剂、废料系统。空气经低压压气机压缩后，通过内冷却器冷却，进一步在高压压气机中升压至 0.6～2MPa，温度达 300℃。高温、高压空气经增压流化床风板下部的配风喷嘴，喷进流化床，作为流化介质和助燃空气。而燃烧产生的高温燃气温度约 850℃，由流化床上部空间进入旋风分离器净化后，再送至燃气轮机膨胀做功，做功后经余热回收，再由烟囱排向大气，与此同时，给水经预热后进入流化床锅炉中，在其中受热后产生蒸汽并进入蒸汽轮机做功。

在第一代 PFBC－CC 中，由于流化床的燃烧温度一般控制在 850～900℃ 的范围内，因此进入燃气轮机的燃气温度多在 850℃ 以下。燃气轮机入口温度低，除直接限制了燃气－蒸汽联合循环的热效率外(一般不会超过 40%)，而且使燃气轮机的功率远小于蒸汽轮机的功率(即燃气轮机的功率只占总功率的 20%～25%)，这种情况严重地制约了燃气轮机优势的发挥。另外，增压流化床锅炉进入燃气轮机的高温正压燃气中，含有大量的粉尘，虽经旋风分离器除尘，仍有相当数量的粉尘进入燃气轮机，加速了轮机叶片的磨损。

为了克服上述缺点，产生了第二代 PFBC－CC，其最大优点是在第一代基础上增加一个碳化炉(或部分气化炉)和燃气轮机的顶置燃烧室，以及在旋风除尘器后设置陶瓷过滤器。

值得注意的是，在第二代系统中以循环流化床来代替鼓泡床。这是由于循环流化床比鼓泡床燃烧更完全，可以达到更高的燃烧效率。此外，它可以在低的 Ca/S 下达到更高的脱硫效率，减少了脱硫剂的消耗；同时循环流化床的流化速度高，因此炉膛热负荷高，断面尺寸小，质量轻，有利于大型化；加上炉膛较为细长，便于利用分级燃烧技术来更好地控制 NO_x 的生成。

我国对 PFBC－CC 这种新的发电方式十分重视，在贾汪发电厂建立了 15MW 增压流化床联合循环的中试电站，该电站于 2000 年实现了 72h 连续运行和 2000h 的试验运行。其增压流化床锅炉出力为 60t/h，蒸汽出口压力 4.0MPa，温度 450℃，燃烧效率大于 98%。烟气轮机入口压力为 0.594MPa，入口温度为 760℃。这说明我国在 PFBC 技术方面已达到世界先进水平。

4. 燃料电池和 IGCC 组合的联合循环

燃料电池是将氢、天然气、甲醇、煤气等气体燃料的化学能，通过电化学反应直接转化为电能的装置。将燃料电池用于清洁煤发电是 21 世纪最具潜力的新型煤发电技术，这是因为这种新的发电技术不但效率高，而且 CO_2 排放很少。将燃料电池和 IGCC 组合起来的联合循环发电系统如图 3-14 所示。

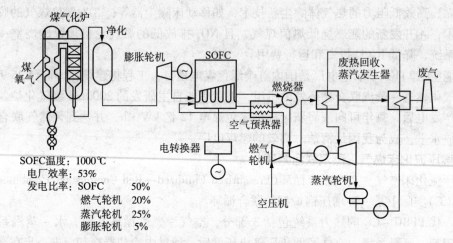

SOFC温度：1000℃
电厂效率：53%
发电比率：SOFC 50%
　　　　　燃气轮机 20%
　　　　　蒸汽轮机 25%
　　　　　膨胀轮机 5%

图 3-14　燃料电池和 IGCC 组合起来的联合循环发电系统

图中 SOFC 为固体氧化物燃料电池，它是以 H_2、CO 和 HC 气体作燃料的第二代高温燃料电池。因此，从煤气化炉产生的煤气经除尘、脱硫等净化处理后，就能直接用作燃料电池的燃料。由于第二代燃料电池运行温度高，产生的 1000℃ 排气可直接用于燃气-蒸汽联合循环。而运行温度较低的磷酸燃料电池，100℃ 的排气余热可以向建筑物供暖，并实现热电联产。

目前燃料电池已在分布式能量系统中作为电源使用，但要真正使燃料电池和 IGCC 组合的联合循环发电系统商业化，还需要做大量的工作。

5. 煤气-蒸汽-电力多联产系统

传统的煤炭利用方式是单一利用，可作为燃料提供热能或发电，或作为原料提供各种煤化工产品。随着科学技术的进步，这种单一利用方式并不是最佳的利用方式。例如，在煤的转化(气化或液化)过程中，片面地追求高的转化率必然带来系统设备复杂、成本过高等问题。21 世纪新型煤炭利用系统应该以煤气化为龙头，利用得到的合成气，一方面用以制氢，供燃料电池汽车用；另一方面通过高温固体氧化物燃料电池联合循环发电。按照这种方式，能源利用率可高达 50%~60%，不但污染物排放少，经济性也比现代煤粉锅炉高出 10%。新的煤炭利用系统如图 3-15 所示。

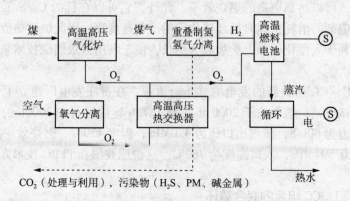

图 3-15　新的煤炭利用系统

随着化学合成法的进步，膜分离技术的工程化以及大型气化炉的出现，生产甲醇、二甲醚等化学品也变得更加容易实现，这些都大大促进了以煤气化为核心的多联产系统的发展。更高层次的多联产一体化系统如图 3 - 16 所示。

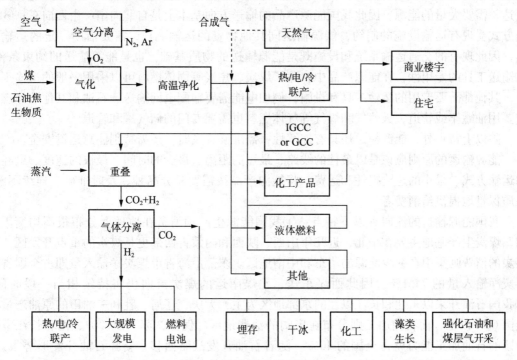

图 3 - 16　多联产的一体化系统

显然要实现这种多联产的一体化系统，必须解决一系列的科学和技术问题，例如合成气的蒸汽重整；与发电结合在一起的甲醇、二甲醚生产工艺流程的简化；为使大流量空气分离的先进的气体膜分离技术(目前传统的空分装置耗能很大，空分所需能耗将占整个发电量的15% 以上)；CO_2 的处理与综合利用等。在 21 世纪，随着科学技术的进步，以上问题将进一步得到解决，一个高效清洁的能源时代必将到来。

3.4　能量的传输

3.4.1　概述

能量的传输实质上是能量在空间的转移。广义上的能量传输通常有两个含义：一是指能量本身的传递，即能量从某一处传至另一处，如热量从高温物体传至低温物体，电流从高电压处流至低电压处，水流从高水位流向低水位；另一个含义是指能源的输运，即含能体(如煤、石油、天然气等)从生产地向用能处输送。

能源输送是能源利用中的一个重要环节，是能源生产和消费得以联系的纽带和桥梁，是保障国民经济各部门顺利发展和人民生活需要的重要因素。能源输送方式很多，通常有铁路、水路、公路、管道、输电线路等多种方式。不同的输送方式有不同的特点和适用范围。受资源分布、能源消费多寡、交通运输格局等诸多因素的影响，能源输送工作是一项十分复杂的系统工程，但从共性上看，能源输送有以下特征：①需求的普遍性，经济发展和人民生活都离不开能源，无论是国民经济的哪个部门、哪个行业或社会的哪个阶层都需要从能源生产者手中获得能源；②输送方向相对稳定，能源生产的地域和消费的地域是相对固定的，因此能源输送的方向也相对稳定，例如我国能源资源主要分布在西部和北部，而东部经济比较发达，需要大量的能源，因此我国能源产品的输送方向基本上是自北向南、由西向东；③输送方式受现有运输设施的制约，能源输送同其他物资的运输一样，需要借助一定的运输工具，因此现有的交通运输系统和设施既是能源输送的物质基础，也是能源输送的约束条件；④输送工具的专用性，在能源产品中，除了煤炭、焦炭等固体燃料可以采用一般的运输工具外，其他都需要专用的运输工具和设施，例如电能需要输配电网输送，石油和其他液体燃料需要用油罐车或管道，天然气和煤气等气体燃料也需要专门的储气罐和管道。

除以上特点外，能源输送还具有连续性，需准确、及时，还需特别注意运输安全。

能源输运的原则应该是以最佳的线路、最短的距离、最少的时间、最快的速度、最经济的运输方式、最小的运输损耗和运费，将能源产品按需要、分品种、及时准确、连续不断、保质保量地提供给消费者。

我国能源输送的流向有以下特点：①我国能源生产和消费在地理上分布很不均衡。例如，煤炭生产基地主要在华北，近几年山西、陕西和内蒙古西部更是煤炭的重点开发区，而煤炭的消费则集中在缺少能源的华东和中南地区。东部沿海省市煤炭净输入量即占全国省际煤炭净输入量的 74.1%。因此西煤东送、北煤南运的煤炭流向仍将持续相当一段时间；②我国石油开采以东北和长江以北的东部地区为主，大庆、辽河、胜利三油田的原油产量占全国 60% 以上，而石油加工则分布在广阔的消费地区。例如，苏、浙、沪、穗和长江中游地区的石油加工能力就占全国的 40%。随着石油开发战略西移，新疆石油开发形势很好，有望成为东部炼油厂的原油基地。这样的能源格局决定了北油南运、西油东运和成品油流向西南的基本流向；③进入 20 世纪 90 年代后，我国石油消费迅速增长，石油进口量大幅增加，2010 年进口石油已达 2.256 亿 t，进口石油主要来自中东、东南亚和西非。所以又出现进口原油北运以满足东部沿海炼油企业需要的新的石油流向。我国水能资源主要集中在西南地区，而工业发达和人口密集的城市却在东部和南部沿海，因此电能的流向将在相当长的一段时间内是西电东送，只有当东南部沿海地区核电有很大发展的情况下，才有望改变这一格局。

3.4.2　电能的输送

电能的特点是发电、传输、用电都是同时发生。由于目前尚不能大规模地储存电能，因此电能生产中的发电、供电、配电必须紧密配合，具有不间断连续工作的功能，用户在每一瞬间需要多少电，就能够供给多少电。电力过剩会造成电力生产能力的积压浪费，电力短缺则会影响国民经济的发展。电能供需必须每月、每日、每时、每分、每秒都取得平衡。除了数量上达到供需一致外，还必须保证供电的安全性、可靠性以及电能质量，如保持电压周波的稳定、保证电压的对称性和正弦性等。采用大机组发电，建设大电网，提高输电电压就成为电力工业发展的趋势。

电能的传递路径和转换效率如图 3－17 所示，投入的一次能源约有 70% 在转换和输配环节中损失掉了，在任何一个环节中节约哪怕一个百分点的能源，都可能取得巨大的经济效益。

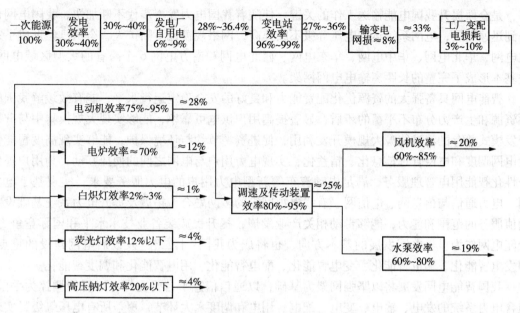

图 3-17 电能的传递路径和转换效率

发电厂产生的巨大电能必须输送到用户。随着生产的发展和用电量增加，发电厂数量和容量都在不断增长，而且由于资源和环境等方面的原因，发电厂和用户的距离也越来越远。因此，为了把发电厂发出的电能安全可靠地送到用户，并使输送的损耗减至最小，就必须有专门的输电系统，即通常所说的电力网。由发电厂、电力网和电力用户所组成的大系统称为电力系统，系统中既有水力发电厂，又有火力发电厂和核电厂。

电力网按其供电范围、电压高低可以分为地方电力网和区域电力网。地方电力网的电压等级一般不超过110kV，供电距离多在100km以内。区域电力网将范围较广地区的发电厂联系起来，而且输电线路长（有的超过1000km）、电压高、输送功率大、用户类型多。由焦耳定律可知，输电线路的损耗和通过线路的电流的平方成正比。为了减少长距离输电线路的电能损耗，必须减少输电线路的电流，即提高输送电压。但输送电压越高，输电线路投资越大，因此输配电线路的电压等级是一个需根据多方面因素决定的综合问题。显然对某一输送容量和输送距离存在一个输电的经济电压。

为了供电力用户使用，在用电终端还需将输电的高电压再降低下来，因此接受、输送和分配电能就成为变电所的任务。故变电所是电力网的重要组成部分，是电力系统的中间环节。根据其重要性和功能，变电所又分为枢纽变电所、中间变电所和终端变电所。枢纽变电所电压高、容量大，处于联系电力系统各部分的中枢位置。

我国电能的输送方式主要是高压交流输电，主要输电线路的电压等级为10kV、35kV、110kV、220kV、330kV、500kV、750kV。我国电能输送存在的问题是：①电压等级偏低，电压层次过多，造成重复容量多，线路长、线损高、事故多、调度不灵。国外电网电压等级已达750kV，甚至1500kV。在超高压输电方面我国与先进国家仍有很大差距；②输电方式单一，缺乏超高压直流输电。超高压直流输电与交流输电相比，除可减少导线用量降低投资外，还能减少电能损失。目前已被许多发达国家采用；③电网容量小，联网发展缓慢，影响了电网整体效益的发挥；④变配电设备陈旧老化，难以适应电力输送发展的需要。

加强电网建设，抓紧城市和农村电网的改造，进一步提高电力系统自动化和现代化水平，是全面提升我国电能输送工作的关键。伴随着我国电力发展步伐不断加快，我国电网也得到迅速发展，电网系统运行电压等级不断提高，网络规模也不断扩大，全国已经形成了东北电网、华北电网、华中电网、华东电网、西北电网和南方电网6个跨省的大型区域电网，并基本形成了完整的长距离输电电网网架。

智能电网具备强大的资源优化配置能力和良好的安全稳定运行水平，能有效缓解我国能源资源和生产力分布不平衡的矛盾，显著提高用户供电可靠率；能够实现大规模集中与分散开发模式并存的清洁能源大规模开发利用，促进资源节约与环境保护；能够实现高度智能化的电网调度和电网管理信息化、精益化，实现电力用户与电网之间的便捷互动，为用户提供个性化智能用电管理服务，满足电动汽车等新型电力用户的电力服务要求；实现基于电力网、电力通信与信息网、电信网、有线电视网等的多网融合，拓展及提升电力系统基础设施增值服务的范围和能力；能够带动相关产业发展，提升民族装备业技术水平和国际竞争力。智能电网作为世界电网发展的基本方向，也将成为我国"十二五"及以后电网建设的重点，即发电智能化、输电智能化、变电智能化、配电智能化、用电智能化和调度智能化。

我国智能电网发展将以坚强网架为基础，以通信信息平台为支撑，以智能调控为手段，包含电力系统的发电、输电、变电、配电、用电和调度六大环节，覆盖所有电压等级，实现"电力流、信息流、业务流"的高度一体化。

"十二五"期间，重点加强智能电网技术创新和试点应用，在系统总结和评价智能电网试点工程的基础上，加快修订完善相关标准，各环节的协调有序快速推进。"十三五"期间，智能电网技术和设备性能进一步提升，力争主要技术指标位居世界前列，智能化水平国际领先。

3.4.3 煤炭的运输

1. 煤炭的铁路输送

铁路是我国煤炭运输的主导方式，发挥着突出的骨干作用，我国2011年全国铁路运输煤炭22.7亿t，煤炭铁路运量占煤运总量的60%以上，煤炭运输占铁路货运总量的40%左右。

"三西"（山西、陕西、内蒙古西部）是我国煤炭能源中心和外运基地，其煤炭资源占我国总煤炭资源分布的64%。长期以来，"三西"产量大，外运量多。累计生产原煤接近全国的50%，煤炭调出量也已经占全国省际间煤炭调出总量的90%，约有20亿t的原煤都要经历运输之旅。煤炭输送主要是以山西、陕西和内蒙古西部（"三西"）为中心向全国缺煤省市输送。

我国已形成4大煤运通道：三西外运通道、东北通道、华东通道、中南通道。"三西"煤运通道分北、中、南3大通路。北通路由大秦、丰沙大、京原、集通和朔黄5条线组成，其中大秦是专为煤炭运输修筑的铁路，约占"三西"煤炭外运量的55%，北通道运出的煤炭除供应京津冀地区外，大部分在秦皇岛转海运；中通路由石太和邯长两条线组成，其运出煤炭大多经新菏兖日铁路从日照港转海运，也有部分转焦枝陇海铁路；南通路由太焦、侯月、陇海、西康和宁西5条线组成。2009年南部通道和北部通道能力利用率在90%以上，中部通道能力利用率为116%。"三西"地区铁路运输能力处于饱和状态。

目前，我国"西煤东运"、"北煤南运"主要集中在两条通道，即大秦线（山西大同－河北秦皇岛港）和朔黄线（山西神池－河北黄骅港）。朔黄线终端黄骅港吃水较浅，仅能容纳

3 万 t 级轮船，且港口航道上淤泥侵扰严重。大秦线经过扩能改造之后，运力在 4.5 亿 t 左右，它是目前世界上运输能力最大的专业煤炭运输线路。从 2012 年 11 月 1 日起，大秦线日运量目标上调至 132 万 t；而朔黄线可能继续扩能至 4 亿 t 以上。

2. 煤炭的水路输送

国内水路煤炭运输方面主要分 4 个大的通道：煤炭北煤南运的海运通道、长江煤炭运输通道、京杭运河通道、西江煤炭运输通道。进口煤炭水路运输：北煤南运海运大通道、北方装船港（秦皇岛、唐山港、天津港、黄骅港、青岛港、日照港、连云港，此外，营口和锦州两港增长较快）、华东接卸地（上海、江苏、浙江、福建）、华南接卸地（广东、广西等）以及沿海电厂接卸码头等。

北煤南运主要是北方的 7 大装船港运到南方的上海、江苏、浙江、福建以及广东广西，一些公用码头或者货主码头。从 2000 年以后，海运煤炭的增长速度较快，从 2001 年的 7 大装船港的 2.1 亿 t，一直到 2009 年达到 4.6 亿 t。从 7 大装船港的情况来看，秦皇岛成为我国最大的能源港口，是北煤南运和西煤东运的出海通道，占到了整个能力的一半以上。对于北煤南运接卸港，从整个北煤南运占的比重来看，包括上海港、宁波港和广州港，华中地区占 60%，河南地区达到 35%。"铁水联运"是北煤南运的主要方式，因此海运能力在煤炭运输系统中仅次于铁路的重要性。随着沿海电煤运输高速增长，北方 4 港煤炭下水量由 2000 年的 8456 万 t 发展到 2008 年的 3.8 亿 t，年均增长 20.7%，占北方 7 港下水量的 92%。

长江煤炭运输通道，主要分 3 大块，上游是云贵、重庆的煤，通过水富、泸州、重庆；中游通过浦口、裕溪口、汉口、枝城等；下游主要通过张家港、江阴、南京等港口，直接通过铁路公路运到长江的中下游地区。

3. 煤炭的公路运输

由于成本和运价等因素，理论上讲，公路煤炭运输只适合区域内近距离的运输，特别是乡镇煤矿生产规模小、布点分散，大量煤炭靠汽车集运到铁路车站。事实上，公路煤炭运输作为铁路和水路煤炭运输的重要补充，在主要的煤炭生产基地和煤炭中转港腹地，一直有部分中、短距离的公路直达运输或公路集港运输。跨地区公路煤炭运输主要集结在山西、内蒙古等地区。由于铁路运力不足，公路运输作为辅助运输手段，对煤炭的运输也起到了重要作用。

公路承担着京津冀地区较大的煤炭调入任务。2009 年京津冀地区消费煤炭 2.95 亿 t，其中调入煤炭约 2 亿 t。铁路净调入量为 0.9 亿 t，其余的 1.2 亿 t 基本是靠公路运输解决。这意味着公路运输的煤炭占该地区煤炭调入量的 57%，煤炭公路运输量的持续增长，也导致了交通拥堵等一系列后果。

"三西"煤炭公路跨省运输，对利用能力已经饱和的国道带来了相当大的交通压力。特别是蒙西通往京津冀地区的煤炭公路运输通道，仅有一条京藏公路。随着内蒙古煤炭外运量快速增加，内蒙古煤炭外运的公路主动脉京藏高速公路堵车现象频发。

4. 煤炭输送存在的问题

煤炭是我国运输业的主要运输对象，在运量构成中占很高的比例。

我国煤炭输送中存在的主要问题是：①煤炭运输不但运量大，而且运距长；②运输能力不足，难以适应煤炭工业的发展。以煤炭运输的弹性系数为例，随着煤炭产量的增长，煤炭运输量也相应增长，这种运输格局造成了能源输送的困难；③不合理输送现象普遍，运力浪费严重。

5. 解决煤炭输送问题的对策

为了解决我国煤炭输送中的问题,可以采取以下对策:①建输煤专用铁路并加速输煤铁路运输干线的改造,除了新建铁路,加速运煤铁路干线的改造也是十分重要的;②提高运煤线路机车的牵引力和输煤货车的行车速度,有计划地发展运煤的重载列车;③积极而慎重地发展煤炭的管道输送。管道输煤是一种新型的输煤方式,其优点是:运量大,连续性强,能满足大电厂连续生产的要求。管道输煤需耗水,因此应修建在煤源可靠、运量大、运距长、水源充足、用户稳定且铁路运力紧张的地方,在具体选址时还需要做好可行性研究;④适当发展坑口电站,以输电代替输煤,缓解煤炭输送的压力;⑤在水资源丰富、环境容量大的情况下,在主要产煤基地可适当配置高耗能工业,以外输钢铁、铝材、化工产品等高能耗产品来取代一批外运煤炭的运量,减轻铁路的运力负担;⑥重视公路和地方铁路的发展,提高地方煤矿的煤炭运输能力;⑦加强港口建设,充分利用便利的水运条件,发展煤炭的水陆联运。充分发挥煤炭水运成本低、运输能力大的优点;⑧编制煤炭的合理流向图,特别注意低热值煤的就地消费,避免长途输送;⑨提高煤炭的洗选水平,降低运输煤炭中的矸石、灰分杂质的含量,减少无效运输,节约运力;⑩加强运输管理,减少煤炭的输运损耗。如到港煤分品种堆放;完善装煤货车的保养和检修,减少煤炭的撒漏;改进码头煤炭的装卸工艺,减少煤炭的落水损耗等。

铁路交通运力紧张长期成为制约我国煤炭工业可持续发展的关键,也是造成我国煤炭产品物流成本高、交易费用大、国际竞争力弱的重要原因。煤炭流通环节是否顺畅对保障煤炭资源稳定供给具有重要影响,运输瓶颈的持续存在造成我国煤炭供给出现阶段性局部性资源供应偏紧。因此,国家应依据"三西"煤炭外调情况,统筹规划、建设煤炭综合运输通道。应着重铁路运输体制改革,提高铁路运输能力,重点解决煤炭铁路运输问题,包括煤矿线铁路、集装点等,通过完善铁路运输和集运系统,加大铁路运输能力,尽量满足煤炭外运的需求。理顺铁路运输体制,是解决煤炭运输通道拥堵的治本之策。同时,煤炭运输通道建设是"十二五"期间我国铁路建设的一个侧重点。"十二五"期间我国要建成煤炭大省山西中南部通往沿海的铁路通道、蒙西煤炭集散基地运往南方的铁路通道。这样就能在原有的两个煤炭运输的通道基础上,从根本上解决煤炭运输这个老大难问题。

煤炭铁路运输通道建设能够直接缓解煤炭外运压力,而油气通道和特高压电网的建设能够在很大程度上促进煤炭资源就地转化,提高就地转化水平,从而间接缓解铁路煤炭运输压力。虽然未来煤炭生产中心会继续西移,但是,随着就地转化水平的不断提高和立体式能源输送通道加快建设,煤炭运输瓶颈将大大缓解。

3.4.4 石油和天然气的运输

1. 石油输送

我国原油的输送主要是通过管道、水运和铁路,其中管道是主力,我国原油的70%靠管道运输。

原油输送以管道输送为主,通常陆上油田向炼油厂输送原油的方式有3种:通过管道直接输送到炼油厂;原油经管道输送再转海运或江运全炼油厂;原油管道运输转铁路送至炼油厂。管道输油有以下优点:连续性强、运量大,且不会向铁路和水路输油那样产生空驶现象;可实现密闭输送,输送损失小;与建铁路相比,建设周期短、资金回收快、输油成本低。据测算,管道、铁路油罐车、汽车油罐车3者输油成本之比为1:3:160。

我国原油输送已基本实现了管道化，管道输油已占原油产量的95%以上。原油和成品油也通过铁路输送，铁路原油输送量约占铁路总货运量的5.5%。由于东部石油产区的原油输送已基本上管道化，铁路只承担短距离的运输，长距离铁路输送的主要是成品油，约占成品油总运量的60%。铁路输送成品油，不但损耗大，成本高，油罐车需空载运回，且成品油的流向多在京沪、京广线上，也造成运输紧张。因此应发展成品油的管道输送。

水路输送也是原油和成品油输送的一个重要方面。长江沿岸因为有巴陵、荆门、武汉、九江、安庆、金陵和扬子石化7家炼油企业，原油总加工能力达4000多万t。由于我国石油贸易的迅速增长，特别是成品油进口的大幅增加，使进口石油的输送也成为一个突出的问题。除承运石油进出口运输的3家我国航运企业(中国海运、长江航运、中国远洋运输)外，主要是在国际船舶市场租赁国外油轮运输。

2. 天然气的输送

天然气是日益重要的常规能源，20世纪80年代开始，我国加速了天然气的开发，天然气主要是靠管道输送，目前我国天然气管道总长达11629km。2015年我国天然气管道长度将接近10万公里，其中主干道和支干线的建设将达到0.5~3万公里，支线建设将达到3.5~4万公里。近年来，迅速增长的天然气需求对我国天然气供给产生巨大压力。

主要的天然气管网有川渝天然气管网、陕甘宁输气管道、青海输气管道、新疆输气管道、莺歌海输气管道等。其中川渝天然气管网是我国最早建设的天然气管道，现已形成南环、北环两大输气主干线，南北环管网全长1087km，1999年川渝天然气管线总长6114 km，输气量为$71 \times 10^8 m^3$，对四川省和重庆市工农业生产发展和人民生活的改善起了很大作用。

陕甘宁输气管道承担向北京、西安、银川等地供应天然气的任务，其中陕京输气管道全长860km，已于1997年建成；至银川的陕宁输气管道，全长293.4km，1998年10月建成；至西安的靖西输气管道全长488.5km，1997年7月建成。这3条输气干线对解决陕甘宁盆地的天然气外输起了重要作用。

新疆输气管道是1995年以后开始建设的，青海输气管道在1998年开工建设，现均已建成输气。莺歌海输气管道则是修建两条海底管道，一条从莺歌海至香港新界，长778km，年输气29亿m^3，另一条则至海南三亚，长91km，年输气5亿m^3，是中国海洋石油总公司和美国阿科石油公司合作开发的。

我国最大的天然气输送工程是"西气东输"工程，它是我国西部大开发的重要组成部分之一，其目的是把西部地区丰富的天然气资源通过长距离的输气管道送至东部长江三角和珠三角地区。"西气东输"工程分两期开工建设，二线工程完工后，将在我国形成世界上最大的天然气管网。中国石油按照《国家"十一五"能源规划》，提出了"加快推进东北、西北、西南、海上四大油气战略通道和国内油气骨干管网建设，构筑多元化的油气供应体系"的目标，先后建成了冀宁联络线、淮武联络线，接管了长宁线、兰银线，管道总长度达6722km；西段年输气能力达到170亿m^3，东段达到130亿m^3；实现了塔里木、长庆、川渝和柴达木四大气区的联网，安全供气网络初步形成。同时，随着我国与中亚、俄罗斯和南亚地区的天然气合作项目的签署实施，我国的天然气管道建设将围绕全国天然气管道联网进行配套城市分输支线建设，衔接来自沿海、中亚、俄罗斯等地的气源，将处于一个爆发性的增长期。

总体而言，我国天然气长输管道建设起步较晚，无论是管网规模、技术装备水平，还是管网布局、规划及系统可靠性，与国外发达国家完善的供气网络相比均有很大差距。为落实"立足国内，利用海外；西气东输，北气南下；海气登陆，就近供应"的天然气发展策略，国家正逐步加快输气管网的建设速度，规划中的天然气管网将以现在的西气东输线、陕京一二线、忠武线、涩宁兰线等为主线。再兴建一批重点干线管道和联络管道，向南延伸到珠海、北海，向北、向西延伸到黑龙江、新疆与俄罗斯等跨国管道相连。在利用国外天然气资源方面，计划在长江三角洲、环渤海地区、泛珠三角地区建设 10 个左右的 LNG 接收站，形成年进口 5000 万 t 规模的 LNG 接收设施。截至 2011 年底，LNG 总接收能力超过 1500 万 t/a；到 2020 年，预计再新建管道 1.5 万 km，形成国产气管线、进口气管线和沿海 LNG 管道互相联通的天然气大管网。各气源互相衔接，资源统配，实现全国天然气联网供应。相信在不久的将来，天然气供应稳定化、气源多元化、输配网络化、市场规范化的战略目标一定会实现。我国 LNG 接收站概况如表 3 – 3 所示。

表 3 – 3　我国 LNG 接收站概况

油企	合作力	地点	容量/10⁴t	气源	状态
中国石化	—	广西北海	200	—	2012 年 2 月 3 日开工建设
中海油	—	广东揭阳	200	—	2010 年 12 月 11 日开工建设
中国石油	中电控股 深圳市燃气集团	深圳大铲湾	600	—	在建
中国石油	太平洋油气 江苏国信	江苏如东 西太阳沙人工岛	650	卡塔尔	2008 年 4 月开工建设 2011 年 5 月 24 日投产
中海油	BP 深圳市燃气集团	深圳大鹏湾	385	卡塔尔 澳大利亚	2006 年 9 月 28 日投产
中海油	福建投资	福建莆田秀屿港	260	印尼东固气田 澳大利亚	2005 年 4 月 15 日开工建设 2008 年 5 月投产
中海油	粤电集团	珠海高栏岛	700		2010 年 10 月 20 日开工建设
中海油	宁波电力	浙江宁波北仑港	300		2009 年 12 月 18 日开工建设
中国石化	青岛港	青岛胶南市董家口	300		2010 年 9 月 10 日开工建设
中海油	上海申能	上海洋山港 中西门堂岛	600	马来西亚	2009 年 10 月 27 日投产
中国石油	北京控股	河北唐山曹妃甸港	1000		2011 年 3 月 23 日开工建设
中国石油	大连港 大建投	辽宁大连鲶鱼湾	780	澳大利亚 卡塔尔	2011 年 12 月 17 日投产
中海油	海南发展	海南洋浦	300	中国南海	2011 年 8 月 2 日工建设
中国石化	澳门天然气	澳门黄茅岛	500		在用

3. 石油、天然气输送存在的问题

我国石油和天然气输送中存在的主要问题是：

①炼油工业布局不合理，各地区成品油产需不平衡，造成大量的不合理运输。一般来说，炼油厂应靠近消费区，以保证成品油区域的产需平衡。因为炼油厂可以加工来自各油田的原油，生产灵活性很大，而长距离输送原油比成品油简单经济。而国内仅约 30% 的炼油厂靠近消费区，成品油消费量占全国 10% 的西南地区炼油能力仅为全国的 0.1%，而仅消费全国 14% 成品油的东北地区却拥有 35.5% 的炼油能力。因此油罐车常是重车进关、空车出关，浪费了运力。此外原油大量的就地加工，也造成了为外运原油而修建的秦京管道不能满

负荷运行，浪费了管道运力。

②成品油管道输送发展较慢，油品主要靠铁路运输，损失严重。据估计，50t 的油罐车运汽油损失约 50kg，运柴油损失约 30kg。因此与管道输送相比，既不经济，安全性也差。

③天然气产需地相距很远，输气管道建设缓慢，运力严重不足。我国天然气主要蕴藏在川渝、陕甘宁、塔里木、吐哈盆地等，而消费地主要在东部沿海，输气管线长建设困难，加上我国天然气开发滞后，投资力度小，使有气供不上，有气用不上。

为了解决日益紧张的石油和煤炭输送问题，我国首先加强了沿海能源港口的建设。在北方沿海主要是重点建设和改造以能源输出为主的港口，包括大连港、秦皇岛港、京唐港、天津港、黄弊港、青岛港、日照港、连云港；在南方沿海则建设和改造以能源接卸为主的港口，如上海港、宁波港和广州港。此外对长江沿岸的能源港口如南京港、武汉港、芜湖港、枝城港也进行了重点改造。对京杭运河的苏北段（全长 461km）进行了河道整活、拓宽、浚深、裁弯取直以及修建可通过 2000t 级船队的双线船闸，同时改建扩建沿河的码头，如那州港、万寨港等。

对输油管道的建设，特别是成品油管道，我国也日益重视，由兰州至成都、重庆的成品油管道长 1200km，经甘肃、陕西、四川、重庆四省市，设计年输油能力 500 万 t，2000 年 3 月开工建设，现已成功输油。为适应航空运输发展的需要，2000 年 2 月建成了天津港南疆油码头到北京首都国际机场的成品油管道，长 185km，管径 300mm，多种油品顺序输送，设计年输送能力为 325 万 t，远期可达 400 万 t。

在建设输油管道的同时，加速对现有原油管道的技术改造、提高输送效率、降低运输成本和能耗也是十分重要的。例如，提高输油泵和加热炉的效率，减少油品损失和动力消耗；降低原油凝固点，采用新的清管技术、减小阻力，甚至实现沿途不加热输送；采用原油先进加热炉，再进油泵的新输油流程代替老流程，以降低油的黏度，提高泵的效率，减少能耗。

"十二五"期间要加强能源输送通道建设，减少一次能源大规模长距离输送压力。完善煤炭、石油、铁矿石等运输系统。要提高能源就地转化水平，加强立体式能源输送通道建设。在加大铁路运输通道建设的同时，加快现代电网体系建设，发展特高压等大容量、高效率、远距离先进输电技术。

3.5　能量的储存

3.5.1　概述

无论在日常生活中，还是在工业生产中，能量的储存都是非常重要的。这是因为对大多数能量转换或利用系统而言，获得的能量和需求的能量常常是不一致的，为了该利用能量的过程能连续地进行，就必须有某种形式的能量贮存措施或专门设置一些储能设备。能量的储存常常被人们忽略，如汽车的油箱、飞机和飞行器的燃料储箱、燃煤电厂的堆煤场、储气罐中的天然气、水电站大坝后的水以及飞轮所储存的动能，儿童玩具中弹簧所储存的势能等都是能量储存中最常见的例子。即使是建筑物的墙壁、地板和其他维护结构，也都具有蓄热的功能，它们白天吸收太阳能，晚上又将所吸收的太阳能释放出来。

对电力工业而言，电力需求的最大特点是昼夜负荷变化很大，巨大的用电峰谷差使峰期电力紧张，谷期电力过剩。如我国东北电网最大峰谷差已达最大负荷的 37%，华北电网峰谷差更达40%。如果能将谷期(深夜和周末)的电能储存起来供峰期使用,将大大改善电力供需矛盾,提高发电设备的利用率,节约投资。另外在太阳能利用中,由于太阳昼夜的变化和受天气、季节的影响,也需要有一个储能系统来保证太阳能利用装置的连续工作。

化石燃料如煤、石油、天然气以及由它们加工而获得的各种燃料油、煤气等,它们本身就是一种含能体,因此将这些含能体(或含能的物质)储存起来就能达到能量储存的目的,因此这种储能相对简单,因为对上述含能体而言其本身就可以看作是一种化学能的储能材料。但是对电能、太阳能、热能等其储存就比较困难,常常需要某些所谓的储能材料和储能装置来实现。

衡量储能材料及储能装置性能优劣的主要指标有储能密度、储存过程的能量损耗、储能和取能的速率、储存装置的经济性、寿命(重复使用的次数)以及对环境的影响。

在实际应用中涉及到的储能问题主要是机械能、电能和热能的储存。

3.5.2 机械能的储存

在许多机械和动力装置中,常采用旋转飞轮来储存机械能。例如,在带连杆曲轴的内燃机、空气压缩机及其他工程机械中都利用旋转飞轮储存的机械能使汽缸中的活塞顺利通过上死点,并使机器运转更加平稳;曲柄式压力机更是依靠飞轮储存的动能工作。在核反应堆中的主冷却剂泵也必须带一个巨大的重约6t的飞轮,这个飞轮储存的机械能即使在电源突然中断的情况下仍能延长泵的转动时间达数十分钟之久,而这段时间是确保紧急停堆安全所必需的。

机械能以势能方式储存是最古老的能量储存形式之一,包括弹簧、扭力杆和重力装置等。这类储存装置大多数储存的能量都较小,常被用来驱动钟表、玩具等。需要更大的势能储存时,只能采用压缩空气储能和抽水储能。

压缩空气是工业中常用的气源,除了吹灰、清砂外,还是风动工具和气动控制系统的动力源。现在大规模利用压缩空气储存机械能的研究已呈现诱人的前景。它是利用地下洞穴(如废弃的矿坑、废弃的油田或气田、封闭的含水层、天然洞穴等)来容纳压缩空气。供电需要量少时,利用多余的电能将压缩空气压入洞穴,当需要时,再将压缩空气取出,混入燃料并进行燃烧,然后利用高温烟气推动燃汽轮机做功,所发的电能供高峰时使用。与常规的燃汽轮机相比,因为省去了压缩机的耗功,故可使燃汽轮机的功率提高50%。

利用谷期多余的电能,通过抽水蓄能机组(同一机组兼有抽水和发电的功能)将低处的水抽到高处的上池(水库)中,这部分水量以势能形式储存,待电力系统的用电负荷转为高峰时,再将这部分水量通过水轮机组发电。这种大规模的机械能储存方式已成为世界各国解决用电峰谷差的主要手段。

3.5.3 电能的储存

日常生活和生产中最常见的电能储存形式是蓄电池。它先将电能转换成化学能,在使用时再将化学能转换成电能。此外,电能还可储存于静电场和感应电场中。

1. 蓄电池

电池一般分为原电池和蓄电池。原电池只能使用一次,不能再充电,又称一次电池;蓄电池能多次充电循环使用,以又称二次电池。只有蓄电池能通过化学能的形式储存电能。蓄电池利用化学原理,充电储存电能时,在其内部发生一个可逆吸热反应,将电能转换为化学能;放电时,蓄电池中的反应物在一个放热的化学反应中化合并直接产生电能。

蓄电池由正极、负极、电解液、隔膜和容器 5 部分组成。通常将蓄电池分为铅酸蓄电池和碱性蓄电池两大类。铅酸蓄电池历史最久,产量最大,价格便宜,用途最广。按用途又可将铅酸蓄电池分为启动用、牵引车辆用、固定型及其他用 4 种系列。碱性蓄电池包括镉 –镍、铁 – 镍、锌 – 银、锡 – 银等品种。表 3 – 4 给出了它们的使用特点和用途。

表 3 – 4　常用蓄电池的使用特点和用途

类　型	使用特点	用　途
Pb – 酸蓄电池	价格便宜,可大电流工作,使用寿命 1 ~ 2 年	汽车、拖拉机起动,照明电源,搬运车、叉车、井下矿用车的动力电源,矿灯照明电源
Ni – Cd 蓄电池	价格较贵,中等电流工作,使用寿命 2 ~ 5 年	井下矿用电机车,飞机直流部分及仪表、仪器、通信卫星等电源
Ni – Fe 蓄电池	价格便宜,中等电流工作,使用寿命 1 ~ 2 年	井下矿用电机车,矿灯电源
Zn – Ag 蓄电池	价格昂贵,可大电流工作,使用寿命短	导弹、鱼雷、飞机起动、闪光灯等动力电源

一些正在研究的新蓄电池有:有机电解液蓄电池,如 Na – Li 蓄电池、$Li – SO_2$ 和 Li – Br 蓄电池,它们的特点是成本低;金属 – 空气蓄电池,主要是 Zn – 空气蓄电池,它是以 Zn 作负极,空气制成的气体电极为正极,其特点是比能量大;使用熔盐或固体电解液的高温蓄电池,如 Na – S 蓄电池,可以在 300 ~ 350℃的温度下运行。

为了减少现有内燃机汽车对环境的污染,无污染的电动汽车日益受到人们的青睐,而廉价、高效,能大规模储存电能的蓄电池正是电动汽车的核心。在这种需求的刺激下,蓄电池一定会有新的突破。

2. 静电场和感应电场

电能可用静电场的形式储存在电容器中。电容器在直流电路中广泛用作储能装置;在交流电路中用于提高电力系统或负荷的功率因数,调整电压。

储能电容器是一种直流高压电容器,主要用以生产瞬间大功率脉冲或高电压脉冲波。在高电压技术、高能核物理、激光技术、地震勘探等方面都有广泛的应用。电容器介质材料多为电容器纸、聚酯薄膜、矿物油、蓖麻油。电容器的使用寿命与其储能密度、工作状态(振荡放电、非振荡放电、反向率、重复频度)及电感的大小有关。储能密度越高、反向率和重复频度越高、电感越小,其寿命就越短。储能电容器用途广泛、规格品种多,最高工作电压超过 500kV,最大电容量超过 1000μF,充放电次数超过 10000 次。

电能还可以储存在由电流通过如电磁铁这类大型感应器而建立的磁场中。利用感应电场储存电能并不常用,因为它需要一个电流流经绕组去保持感应磁场。然而随着高温超导技术的进步,超导磁铁为这种储能方式带来新的活力。

3.5.4　热能的储存

热能是最普遍的能量形式,所谓热能储存,就是把一个时期内暂时不需要的多余热量通过某种方式收集并储存起来,等到需要时再提取使用。从储存的时间来看,有 3 种情况:①随时储存:以小时或更短的时间为周期,其目的是随时调整热能供需之间的不平衡,例如热电站中的蒸汽蓄热器,依靠蒸汽凝结或水的蒸发来随时储热和放热,使热能供需之间随时维持平衡;②短期储存:以天或周为储热的周期,其目的是为了维持 1 天(或 1 周)的热能供需平衡。例如对太阳能采暖，太阳能集热器只能在白天吸收太阳的辐射热，因此集热器在白天收集到的热量除了满足白天采暖的需要外，还应将部分热能储存起来，供夜晚或阴雨天采暖使用；③长期储存：以季节或年为储存周期，其目的是为了调节季节（或年）的热量供需关系。例如把夏季的太阳能或工业余热长期储存下来，供冬季使用；或者冬季将天然冰储存起来，供来年夏季使用。

1. 热能储存的方法

热能储存的方法一般可以分为显热储存、潜热储存和化学储存3大类。

（1）显热储存

显热储存是通过蓄热材料温度升高来达到蓄热的目的。蓄热材料的比热容越大，密度越大，所蓄的热量也越多。表3-5给出若干蓄热材料的蓄热性质。从表中可以看出，水的比热容最大，是一种比较理想的蓄热材料。在蓄热材料的选择方面，价格便宜且易大量取得，无疑也是一个重要因素。在太阳能采暖系统中都必须配备蓄热装置，对于采用空气作为吸热介质的太阳能采暖系统通常选用岩石床作为热储存装置中的蓄热材料，对采用水作为吸热介质的太阳能采暖系统则选用水作为蓄热材料。

表3-5 若干蓄热材料的蓄热性质

材料	密度/(kg/m³)	比热容/[J/(kg·K)]	单位体积热容/[10³J/(kg·m³·K)]	
			无空隙	30%的空隙
水	1000	4180	4.18	2.53
碎铁块	7830	460	3.61	1.74
碎铝块	2690	920	2.48	1.78
碎混凝土块	2240	1130	1.86	1.63
岩石	2680	879	2.33	1.38
砖块	2240	879	1.97	

（2）潜热储存

潜热储存是利用蓄热材料发生相变而储热。由于相变的潜热比显热大得多，因此潜热储存有更高的储能密度。通常潜热储存都是利用固-液相变蓄热；因此，熔化潜热大、熔点在适应范围内、冷却时结晶率大、化学稳定性好、热导率大、对容器的腐蚀性小、不易燃、无毒以及价格低廉是衡量蓄热材料性能的主要指标。

液-气相变蓄热应用最广的蓄热材料是水，因为水具有汽化潜热较大、温度适应范围较大、化学性质稳定、无毒、价廉等许多优点。不过水在汽化时有很大的体积变化，所以需要较大的蓄热容器，只适用于随时储存或短期储存。

（3）化学能储存

化学能储存是利用某些物质在可逆反应中的吸热和放热过程来达到热能的储存和提取。这是一种高能量密度的储存方法，但在应用上还存在不少技术上的困难，目前尚难实际应用。

（4）地下含水层储热

采暖和空调是典型的季节性负荷，如何采用长能储存的方法来应付这类负荷一直是科学家关注的问题。地下含水层储热就是解决这一问题的途径之一。

含水层储热是利用地下岩层的孔隙、裂隙、溶洞等储水构造以及地下水在含水层中流速慢和水温变化小的特点，用管井回灌的方法，冬季将冷水或夏季将热水灌入含水层储存起来。由于灌入含水层的冷水或热水有压力，它们推挤原来的地下水而储存在井周围的含水层里。随着灌入水量的增加，灌入的冷水或热水不断向四周迁移，从而形成"地下冷水库"或"地下热水库"。当需要提取冷水或热水时，再通过管井抽取。

地下含水层储能可以分为储冷和储热两大类型（图 3 – 18）。含水层储冷：冬季将净化过的冷水用管井灌入含水层里储存，到夏季抽取使用，称为"冬灌夏用"。含水层储热：夏季将高温水或工厂余热水经净化后用管井灌入含水层储存，到冬季时抽取使用，称为"夏灌冬用"。

储热含水层必须具备灌得进、存得住、保温好、抽得出等条件，才能达到储能的目的。因此适合储热的含水层必须符合一定的水文地质条件：①含水层要具备一定的渗透性，含水的厚度要大，储水的容量要多；②含水层中地下水热交换速度慢，无异常的地温梯度现象；③含水层的上下隔水层有良好的隔水性，能形成良好的保温层；④含水层储热后，不会引起其他不良的水文地质和工程地质现象，如地面沉降、土壤盐碱化等。

用作含水层储能的回灌水源主要有地表水、地下水和工业排放水。地表水是指江河、湖泊、水库或池塘等水体。工业排放水则可分为工业回水和工业废水两大类；前者如空调降温使用过的地下水，它一般不含杂质，是含水层回灌的理想水源。工业废水含有多种盐类和有害物质，不能作为回灌水源。回灌水源的水质必须符合一定要求，否则会使地下水遭受污染。除了地下水含水层储热外，大规模的土壤库储热、岩石库储热等地下储能方法也有较大的发展。

2. 储热的工业应用

在工业生产和日产生活中有许多储热应用的例子。例如，地下水含水层储热技术已广泛地用于纺织、化工、制药、食品等工业部门，也用于影院和宾馆等建筑物的夏季降温空调、冷却和洗涤用水，冬季采暖及锅炉房供水等。这里仅介绍另外几种重要的储热应用。

（1）蒸汽蓄热器

蒸汽蓄热器是最典型的利用液体 – 气体相变潜热的蓄热器。这种蓄热器是一个巨大的能承受压力的罐体，有立式和卧式。其上部为汽空间，下部为水空间，通常连接于蒸汽锅炉和需要蒸汽的热用户之间。当热用户对蒸汽的需求减小时，多余的蒸汽通过控制阀进入蓄热器的水空间。由于汽温高于水温，蒸汽迅速凝结并放出热量，使水空间的水温升高，水位也因蒸汽的凝结而升高。于是上部的汽空间也随之减小，蒸汽压力也随之增高，多余蒸汽的热能就储存在蒸汽蓄热器中。反之，当热用户对蒸汽的需求增加时，锅炉的供汽不足，这时蓄热器上部汽空间的蒸汽会通过控制阀向热用户提供蒸汽。由于蒸汽从汽空间排出，蓄热器内的压力下降；当压力低于高温水的饱和温度所对应的压力时，水空间中的饱和水就会迅速汽化成蒸汽来补充汽空间的蒸汽，以维持对热用户的稳定供汽。由于设置了蒸汽蓄热器，消除了热用户负荷变动对锅炉运行产生的不良影响，使锅炉的燃烧稳定、效率高。运行实践证明，一台 10t/h 的锅炉，配备蒸汽蓄热器后，可供最大负荷为 15 ~ 20t/h 的不均衡负荷使用，经济效益显著。

蒸汽蓄热器还广泛地用于热电厂中。通常在高、低压蒸汽母管之间串联或并联着背压式汽轮机和蒸汽蓄热器（图 3 – 19），汽轮机组的排汽负担热负荷的基本部分，热负荷的变动部分则借助于蒸汽蓄热器来保证。蒸汽蓄热器的并入不但能使供热系统更加稳定，而且还能节约燃料。

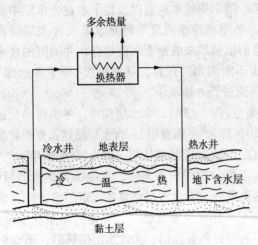

图 3 – 18 含水层储热、储冷示意图

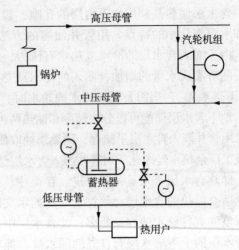

图 3 – 19 蒸汽蓄热器在热电厂中的应用

（2）蓄冷空调

随着生活水平的提高，空调发展十分迅速，不但大商场、超市、影剧院需要安装空调设备，就是普通家庭也大量使用各种空调器，而且空调用电负荷是典型与电网峰谷同步的负荷。据统计，其年峰谷负荷差达 80%～90%，日峰谷差可达 100%。发达地区大中城市空调负荷已达电网总负荷的 25% 以上，并以每年 20% 的速度递增，远远超过发电量的增长速度。因此，如何平衡空调用电的峰谷负荷变得十分重要。

采用"蓄冷空调"是平衡空调用电峰谷最好的办法，所谓"蓄冷空调"，就是利用深夜至凌晨用电低谷时的电能，采用电动压缩制冷机制冷的方式，将制取的冷量储存在冷水（温度通常为 4～7℃）、冰或共晶盐中，到白天用电高峰时则停开制冷机，将储存的冷量供给建筑物空调或用于需要冷量的生产过程。

蓄冷空调系统有很多划分方式，若按蓄冷材料分，有水蓄冷、冰蓄冷、共晶盐蓄冷 3 大类。水蓄冷是利用冷水的显热来储存冷量；冰蓄冷则是利用水相变的潜热来储存冷量；共晶盐蓄冷，又称为"高温"相变蓄冷，它是利用相变温度为 6～10℃的相变材料来蓄冷，这类相变材料通常是一种复合盐类，称为共晶盐，如以 $Na_2SO_4 \cdot 10H_2O$ 为主要成分的优态盐。水蓄冷的冷水温度为 4～7℃，空调用水的实际使用温度为 5～11℃，因此这种蓄冷方式系统简单，可以直接使用现有的冷水机组，操作方便，制冷与储冷之间无传热温差损失，节能效果显著；其缺点是蓄冷能力小，蓄冷装置体积大、占地多。这种蓄冷方式早期使用很多，目前随着地价上升，已较少应用。

因为水在结冰和融化时吸收和放出的潜热通常要比水的显热大 80 倍左右，因此冰蓄冷系统蓄冷量大，且由于其装置体积小，是目前蓄冷中应用最广的一种方式。冰蓄冷的缺点是在制冷与储冷、储冷和取冷之间存在传热温差损失，特别是储冷和取冷之间存在更大的温差，传热温差损失更大。因此冰蓄冷的制冷性能系数 COP（Coefficient of Performance）较水蓄冷低。

冰蓄冷的制冰方法主要有两种：静态制冰法和动态制冰法。

目前冰蓄冷系统大多采用静态制冰方式，但这种制冰方式有其固有的缺点，即随着冰层增厚，其传热热阻力增大，致使制冷机的 COP 下降；另外冰块还会造成水路堵塞。动态制冰由于冰晶和冰浆随水一起流动，单位时间内可携带更多的冷量。因此可减少冰蓄冷系统的体积和投资，是一种很有前途的冰蓄冷方式，目前正在发展之中。

国外蓄冷空调已有很大发展，在美国有的州规定大型建筑物（商场、剧院、体育馆等）的空调系统，其能源的60%必须来自蓄冷。在能源短缺的日本对蓄冷空调更是十分重视，1998年已有大型蓄冷空调4500套，转移高峰电力7420MW。我国从1992年开始发展水蓄冷和冰蓄冷空调，目前已有上百座大型建筑物采用了蓄冷空调系统。

（3）建筑物蓄热供暖

建筑物蓄热通常有两个含义：一是指建筑物的围护结构（墙体、屋顶、地板等）本身的蓄热作用；另一是指为了减少城市用电的峰谷差，充分利用夜间廉价的电能加热相变材料，使其产生相变，以潜热的形式储存热能，白天这些相变材料再将储存的热能释放出来，供房间采暖。此处只讨论后一种情况。

在利用相变蓄热的采暖方式中应用最广的是电加热蓄热式地板采暖。和传统的散热器采暖相比，其优点是：①舒适性好：普通散热器一般布置在窗下，主要靠空气对流散热。地板采暖主要利用地面辐射，人可同时感受到辐射和对流加热的双重效应，更加舒适；②清洁无污染：减少了空气对流引起的浮灰，使室内空气更清洁；③容易布置：较理想地解决了大跨度空间散热器难以合理布置的问题，可用于旅馆大厅、体育场馆等大空间供暖；④运行管理简单：无需设置供暖锅炉房，减轻了锅炉对城市环境的污染；⑤适于家居和办公室供暖：清洁美观，安装灵活，没有噪音；⑥运行费用远低于无蓄热的电热供暖方式：通常其费用仅为无蓄热的电热供暖方式的50%。

随着峰谷电价分计政策的实施，这种建筑物蓄热供暖方式将会有很大的发展。此外吸收太阳能辐射热的相变蓄热地板、利用楼板蓄热的吊顶空调系统以及相变蓄能墙等建筑物蓄能的新方法也正在开发研究之中，有的已获得了初步应用。

第4章 能源消费结构与能源安全

➡ 4.1 能源消费结构

能源结构是一次能源总量中各种能源的构成及其比例关系。通常由生产结构和消费结构组成。各类能源产量在能源总生产量中的比例，称为能源生产结构；各类能源消费量在能源总消费量中的比例，称为能源消费结构。

研究能源的生产结构和消费结构主要有以下几点意义：

(1)可以掌握能源的生产和消费状况，为能源供需平衡奠定基础。查明能源生产资源、品种和数量，以及消费品种数量和流向，为合理安排开采投资和计划，以及分配和利用能源提供科学依据；

(2)根据消费结构分析耗能情况和结构变化情况可挖掘节能潜力和预测未来的消费结构；

(3)不同国家能源的生产结构和消费结构各不相同。能源生产的资源条件、人们对环境的要求、能源贸易、社会的技术经济发展水平等因素的影响，都会使能源结构发生相应的变化；

(4)一次能源资源丰富的国家和地区，影响其生产结构的主要因素有：资源品种、储量丰度、空间分布及地域组合特点、可开发程度、能源开发及利用的技术水平。在能源生产基本稳定，能源供应基本自给的基础上，能源生产结构决定着能源消费结构；

(5)一次能源资源贫乏，能源产品依赖进口或输入的国家和地区，其能源生产结构和消费结构取决于产品来源、保证程度及相互替代的经济性。如某些工业发达国家国内煤炭生产的比重，往往受进口石油数量大幅度增减的影响。

世界的资源分布是分布不均匀，每个国家的能源结构差异也是非常大的。在发达国家的人们充分享受着汽车、飞机、暖气、热水这些便利的时候，贫困国家的人们甚至还靠着原始的打猎、伐木来做饭生活。

国际能源署的能源统计资料清楚地告诉我们非经济合作发展组织的地区，如亚洲、拉丁美洲和非洲，是可燃性可再生能源的主要使用地区。这3个地区使用的总和达到了总数的62.4%，其中很大一部分用于居民区的炊事和供暖。

目前世界各国能源结构的特点，一般取决于该国资源、经济和科技发展等因素：

①煤炭资源丰富的发展中国家，在能源消费中往往以煤为主，煤炭消费在一次能源中比重较大，其中2011年，中国为70.4%，印度为52.9%，而美国为22.1%；

②发达国家石油在消费结构中所占比重均在35%以上，其中2011年美国36.7%，日本42.2%，德国36.4%，法国34.1%，英国36.1%，韩国40.3%；

③天然气资源丰富的国家，天然气在消费结构中所占比例均在35%以上，其中2008年俄罗斯55.7%，英国36.4%；

④化石能源缺乏的国家根据自身特点发展核电及水电，其中2011年法国核能能源消费

结构中所占 41.1%，韩国核能占 12.9%，加拿大水力占 25.8%，巴西水力占 36.4%；

⑤世界前 20 个能源消费大国中，煤炭占第 1 位的有 5 个，占第 2 位的有 6 个，占第 3 位的有 9 个。

总之，当前就全世界而言，石油在能源消费结构中占第 1 位，所占比例正在缓慢下降；煤炭占第 2 位，其所占比例也在下降；目前天然气占第 3 位，所占比例持续上升，前景良好。2001 ~ 2011 年世界主要国家和地区一次能源消费量变化情况见表 4 - 1，按燃料划分的一次能源消费量变化情况见表 4 - 2。

表 4 - 1　2001 ~ 2011 年世界主要国家和地区一次能源消费量　　百万吨油当量

国家和地区	2001 年	2002 年	2003 年	2004 年	2005 年	2006 年	2007 年	2008 年	2009 年	2010 年	2011 年	2010 ~ 2011 年变化情况	2011 年占总量比例
美国	2259.7	2295.5	2302.3	2348.8	2351.2	2332.7	2372.7	2320.2	2205.9	2277.9	2269.3	-0.4%	18.5%
加拿大	298.2	303.1	305.9	313.8	326.8	321.7	327.5	327.7	314.0	315.7	330.3	4.6%	2.7%
墨西哥	140.9	140.7	147.7	155.1	161.1	164.6	168.2	170.8	166.6	170.4	173.7	2.0%	1.4%
北美洲总计	2698.8	2739.3	2756.0	2817.7	2839.2	2819.0	2868.4	2818.7	2686.5	2763.9	2773.3	0.3%	22.6%
巴西	182.3	186.2	190.3	200.1	207.0	212.6	225.6	235.9	234.3	258.0	266.9	3.5%	2.2%
中南美洲总计	468.4	473.2	479.0	502.5	521.8	546.5	568.2	587.3	582.6	619.0	642.5	3.8%	5.2%
法国	258.4	255.4	259.3	263.6	261.2	259.2	256.7	257.8	244.0	251.8	242.9	-3.5%	2.0%
德国	338.8	334.0	337.1	337.3	333.2	339.5	324.2	326.2	307.5	322.2	306.4	-5.0%	2.5%
意大利	176.9	175.4	181.0	184.6	185.1	184.6	181.8	180.4	168.1	173.1	168.5	-2.6%	1.4%
俄罗斯	623.3	625.8	644.8	651.4	650.9	670.3	673.9	679.3	644.4	668.7	685.6	2.5%	5.6%
英国	226.6	221.7	225.4	227.3	228.2	225.5	218.3	214.8	203.7	209.0	198.2	-5.2%	1.6%
欧洲及欧亚大陆总计	2852.1	2848.7	2912.7	2958.1	2969.4	3009.4	3002.6	3006.5	2831.0	2938.7	2923.4	-0.5%	23.8%
伊朗	130.9	144.1	152.0	158.4	179.2	189.3	195.1	200.9	212.6	223.0	228.2	2.5%	1.9%
沙特阿拉伯	123.0	127.5	135.8	147.4	151.6	157.8	164.4	178.5	186.0	202.1	217.1	7.4%	1.8%
中东国家总计	445.1	464.9	486.3	522.6	562.5	587.4	611.6	652.3	671.5	716.5	747.5	4.3%	6.1%
非洲总计	280.1	288.0	301.8	320.7	327.0	331.2	349.8	368.0	365.7	382.2	384.5	0.6%	3.1%
中国	1041.4	1105.8	1277.3	1512.5	1659.6	1831.9	1951.0	2041.7	2210.3	2402.9	2613.2	8.8%	21.3%
印度	297.4	308.8	317.4	345.8	364.5	382.1	415.5	445.9	487.6	520.5	559.1	7.4%	4.6%
日本	512.8	510.3	511.0	522.4	527.1	527.6	522.9	515.3	474.0	503.0	477.6	-5.0%	3.9%
韩国	193.9	203.1	209.6	213.8	220.8	222.9	231.9	263.4	237.4	255.6	263.0	2.9%	2.1%
亚太地区总计	2689.5	2799.8	3014.5	3328.0	3535.0	3755.2	3946.7	4059.9	4254.1	4557.6	4803.3	5.4%	39.1%
世界总计	9434.0	9613.9	9950.2	10449.6	10754.5	11048.4	11347.6	11492.8	11391.3	11977.8	12274.6	2.5%	100.0%
其中　经合组织	5407.4	5448.4	5507.0	5621.8	5668.9	5673.7	5718.4	5660.9	5388.6	5572.4	5527.7	-0.8%	45.0%
非经合组织	4026.6	4165.4	4443.1	4827.8	5085.5	5374.8	5629.2	5831.8	6002.7	6405.3	6746.9	5.3%	55.0%
欧盟	1756.4	1742.2	1778.5	1806.7	1808.7	1816.0	1791.8	1785.2	1682.0	1744.8	1690.7	-3.1%	13.8%
前苏联	931.3	935.3	961.8	972.0	973.1	1000.0	1009.8	1016.0	945.9	984.9	1015.1	3.1%	8.3%

注：一次能源包括进行商业交易的燃料，包括用于发电的现代可再生能源；

　　石油消费以 10^6 t 为单位计量，其他燃料以 10^6 t 油当量为单位计量。

　　资料来源：《BP 世界能源统计年鉴》(2012 年 6 月)。

表4-2　2010~2011年世界主要国家和地区按燃料划分的一次能源消费量　百万吨油当量

国家和地区	2010年							2011年						
	石油	天然气	煤炭	核能	水电	可再生能源	总计	石油	天然气	煤炭	核能	水电	可再生能源	总计
美国	849.9	611.2	526.1	192.2	59.5	38.9	2277.9	833.6	626.0	501.9	188.2	74.3	45.3	2269.3
加拿大	102.7	85.5	24.0	20.3	79.4	3.8	315.7	103.1	94.3	21.8	21.4	85.2	4.4	330.3
墨西哥	88.5	61.1	9.4	1.3	8.3	1.7	170.4	89.7	62.0	9.9	2.3	8.1	1.8	173.7
北美洲总计	1041.1	757.9	559.5	213.8	147.2	44.4	2763.9	1026.4	782.4	533.7	211.9	167.6	51.4	2773.3
巴西	118.0	24.1	13.9	3.3	91.2	7.3	258.0	120.7	24.0	13.9	3.5	97.2	7.5	266.9
中南美洲总计	281.0	135.2	28.2	4.9	158.6	11.1	619.0	289.1	139.1	29.8	4.9	168.2	11.3	642.5
法国	84.4	42.2	10.7	96.9	14.2	3.4	251.8	82.9	36.3	9.0	100.0	10.3	4.3	242.9
德国	115.4	75.0	76.6	31.8	4.8	18.9	322.4	111.5	65.3	77.6	24.4	4.4	23.2	306.4
意大利	73.1	68.5	14.3	—	11.5	5.8	173.1	71.1	64.2	15.4	—	10.1	7.7	168.5
俄罗斯	128.9	372.7	90.2	38.5	38.1	0.1	668.7	136.0	382.1	90.9	39.2	37.3	0.1	685.6
英国	73.5	84.6	31.0	14.1	0.8	5.0	209.0	71.6	72.2	30.8	15.6	1.3	6.6	198.2
欧洲及欧亚大陆总计	903.1	1012.2	483.3	272.9	196.4	70.8	2938.7	898.2	991.0	499.2	271.5	179.1	84.3	2923.4
伊朗	89.8	130.1	0.8		2.2	0.1	223.0	87.0	138.0	0.8		2.7	0.1	228.6
沙特阿拉伯	123.2	78.9	—	—	—	—	202.1	127.8	89.3	—	—	—	—	217.1
中东国家总计	364.3	339.5	8.5		4.1	0.1	716.5	371.0	362.8	8.7		5.0	0.1	747.5
非洲总计	160.6	96.2	98.1	3.1	23.0	1.2	382.2	158.3	98.8	99.8	2.9	23.5	1.3	384.5
中国	437.7	96.8	1676.2	16.7	163.4	11.9	2402.9	461.8	117.6	1839.4	19.5	157.0	17.7	2613.2
印度	156.2	55.7	270.9	5.2	25.0	7.6	520.5	162.3	55.0	295.6	7.3	29.8	9.2	559.1
日本	200.3	85.1	123.6	66.2	20.6	7.2	503.0	201.4	95.0	117.7	36.9	19.2	7.4	477.6
韩国	106.0	38.7	75.9	33.6	0.8	0.5	255.6	106.0	41.9	79.4	34.0	1.2	0.6	263.0
亚太地区总计	1281.7	502.0	2354.4	131.7	249.7	37.9	4557.6	1316.1	531.5	2553.2	108.0	248.1	46.4	4803.3
世界总计	4031.9	2843.1	3532.0	626.3	778.9	165.5	11977.8	4059.1	2905.6	3724.3	599.3	791.5	194.8	12274.6
其中　经合组织	2118.0	1387.9	1110.8	521.1	307.6	127.0	5572.4	2092.0	1386.1	1098.6	487.8	315.1	148.0	5527.7
非经合组织	1913.9	1455.2	2421.2	105.2	471.4	38.5	6405.3	1967.0	1519.5	2625.7	111.5	476.4	46.8	6746.9
欧盟	662.9	447.2	276.0	207.6	83.1	68.1	1744.8	645.9	403.1	285.9	205.3	69.6	80.0	1690.7
前苏联	180.4	522.6	166.3	59.3	55.9	0.4	984.9	190.6	539.0	169.8	60.2	54.4	0.4	1015.1

注：同表4-1。

我国是世界上以煤炭为主的少数国家之一，远远偏离当前世界能源消费以油气燃料为主的基本趋势和特征。2011年我国一次能源的消费总量为 2613.2×10^6 t 油当量，其中煤炭占70.4%、石油占17.7%、天然气占4.5%、水电占6.0%、核电占0.75%。煤炭高效、洁净利用的难度远比油、气燃料大得多。而且我国大量的煤炭是直接燃烧使用，用于发电或热电联产的煤炭只有47.9%，而美国为91.5%。

能源消费总量是指一定时期内全国（地区）物质生产部门、非物质生产部门和生活消费的各种能源的总和，是观察能源消费水平、构成和增长速度的总量指标。能源消费总量包括原煤和原油及其制品、天然气、电力，不包括低热值燃料、生物质能和太阳能等的利用。能源消费总量分为3部分，即终端能源消费量、能源加工转换损失量和损失量。其中终端能源消费量即指一定时期内全国(地区)物质生产部门、非物质生产部门和生活消费的各种能源在扣除了用于加工转换二次能源消费量和损失量以后的数量。能源加工转换损失量指一定时期内全国(地区)投入加工转换的各种能源数量之和与产出各种能源产品之和的差额。它是观察能源在加工转换过程中损失量变化的指标。能源损失量指一定时期内能源在输送、分配、储存过程中发生的损失和由客观原因造成的各种损失量。不包括各种气体能源放空、放散量。而按照 OECD/IEA 的定义，终端能源消费是终端用能设备入口得到的能源。因此终端能源消费量等于一次能源消费量减去能源加工、转化和储运三个中间环节的损失和能源工业所用能源后的能源量。中间环节损失包括选煤和型煤加工损失、炼油损失、油气田损失、发电/电厂供热、炼焦、制气损失、输电损失、煤炭储运损失、油气运输损失。在我国能源平衡表统计中，按等价值计算的终端能源消费中扣除选煤、炼焦、油田、炼油、输配电损失，未扣除发电损失和能源工业所用能源。因此，计算得出的终端能源消费量远高于按照国际通行准则计算得出的数量。

我国终端能源消费结构也不合理，电力占终端能源的比重明显偏低，国家电气化程度不高，需坚持节约优先、立足国内、多元发展、保护环境，加强国际互利合作，调整优化能源结构，构建安全、稳定、经济、清洁的现代能源产业体系。

在我国《国民经济和社会发展第十二个五年规划纲要》中，针对能源结构提出要"推进能源多元清洁发展"的方针。即发展安全高效煤矿，推进煤炭资源整合和煤矿企业兼并重组，发展大型煤炭企业集团。有序开展煤制天然气、煤制液体燃料和煤基多联产研发示范，稳步推进产业化发展。加大石油、天然气资源勘探开发力度，稳定国内石油产量，促进天然气产量快速增长，推进煤层气、页岩气等非常规油气资源开发利用。发展清洁高效、大容量燃煤机组，优先发展大中城市、工业园区热电联产机组，以及大型坑口燃煤电站和煤矸石等综合利用电站。在做好生态保护和移民安置的前提下积极发展水电，重点推进西南地区大型水电站建设，因地制宜开发中小河流水能资源，科学规划建设抽水蓄能电站。在确保安全的基础上高效发展核电。加强并网配套工程建设，有效发展风电。积极发展太阳能、生物质能、地热能等其他新能源。促进分布式能源系统的推广应用。

《能源科技"十二五"规划》提出：在 2015 年，化石能源消费总量为 36.3 亿 t 标准煤，其中，煤炭消费 38.2 亿 t 原煤，折合 26.1 亿 t 标准煤，煤炭在一次能源消费总量所占比例将由 2010 年的 70.9% 下降到 63.6%，减少 7.3%；石油消费 5 亿 t，折合 7.1 亿 t 标准煤；天然气消费 2300 亿 m³，折合 3.1 亿 t 标准煤，天然气在能源消费中所占比重也要提高，比例由 2010 年的 4.9% 提高到 2015 年的 7.5%。国内非化石能源将达 4.7 亿 t 标准煤，约占能源消费总量 11.5%，其中，水电 2.8 亿 t 标准煤、核电 0.9 亿 t 标准煤、其他可再生能源(风能、太阳能、生物质能等)为 1 亿 t 标准煤；到 2020 年非化石能源占一次能源消费 15%。

4.2 能源安全从战争开始

4.2.1 能源——战争的焦点

能源是许多战争的焦点，作为人类赖以生存必不可少的能源，在根本目的在于改善生存环境、掠夺财富的战争中，总是扮演很重要的角色，并且在一定的情况下，甚至可以左右战争的进程甚至结果。

西方关于战争的起因概括起来有3个理由，即黄金、福音和荣誉。黄金是一切财富的简称，既指狭义的黄金，也指能源、矿产资源、水以及牧场的竞争，总之是指对生存空间的竞争；福音所代表的是理想主义、意识形态及宗教的原因；荣誉代表维护地位和保持实力。无产阶级认为战争是政治的继续，而政治则是经济的集中表现。任何战争总是和敌对双方的经济利益联系在一起的，经济归根结底是战争的动因。经济是战争的物质基础，是战争胜负的决定因素之一，战争给经济带来破坏，但也为经济发展创造条件。战争的终极原因，是为了争夺或维护某个阶级、民族、政治集团的经济利益。纵观战争历史即社会发展史，与能源争夺的相关的例子屡见不鲜。可以说，在一定意义上，战争史就是能源资源的争夺史。

尤其是近代以来，随着工业革命的开始，人类对资源的需求迅猛增长。对能源的需求加剧，这也是近代战争的一个起因所在。由美国作家丹尼尔·耶金所著的报告文学《石油风云》生动地描述了20世纪的石油发展史，认为20世纪战争多为能源的争夺而引发的，而战争的胜负也在一定程度上取决于交战双方最终对能源的占有。能源作为一种商品与国家战略、全球政治和实力紧密地交织在一起。回顾20世纪中战争与能源的关系，不难发现其中的紧密联系。

1. 日本

日本的工业革命起于19世纪中叶，明治维新后工业得到迅速发展，对能源的需求也不断扩张。早在19世纪末，日本发动1895年侵华和1905年对俄战争，其结果和与中国签订不平等条约的重要意义在于保证了这一地区"日本的生命线"。日本是一个能源缺少的国家，本土的能源远远不能满足生存的需要，中国满洲的大量可利用能源正是日本所需要的。

在第二次世界大战前，日本的液体燃料供应依靠美国，1940年后日本侵占东南亚各国，希望占有那里的石油资源，进而完成侵华战争。1940年7月，罗斯福发现要使世界摆脱困境的唯一办法是切断对侵略国家的供应。但为了使美国海军能够顺利发展，罗斯福并没有及时地对日本采取石油禁运，怕因此过早引发战争。日本设法从美国进口远远超出其正常用量的航空汽油。由于美国国内对日本的禁运呼声越来越高，到8月初，美国实际上不再向日本出口石油。日本提出"本帝国为了拯救自身，必须采取措施确保来自南洋的原料"。当年12月1日，日本攻击珍珠港，日美之间正式宣战，这也直接导致太平洋战争的爆发。在二战史中记载，柏林－罗马－东京轴心国联盟形成后，按照战略部署，日本应按照协定于德国进攻前苏联时，同时从中俄边境向西伯利亚方向进攻前苏联，以完成东西夹击前苏联，牵扯前苏联军远东兵力的目的。但日本从自身能源需要考虑，修改了战略部署，将主攻方向放在相对能源较丰富的东南亚地区，这也直接导致二战的格局发生变化。由于能源的需要，日本不得不过早与美国宣战，导致其大部分兵力被迫受牵制于东南亚及太平洋战场，因而无力在1941年进攻前苏联和巩固在中国的军事存在。这也直接导致在前苏联西方面军全面溃败的时候，前苏联依然可以进行抵抗。左尔格及时将日本不会很快进攻前苏联的消息通知斯大林，使得在莫斯科战役前夕，前苏军可以调集其在西伯利亚的远东集团军主力，防守莫斯科，并以此获取莫斯科战役的胜利，以及后来库尔斯克战役的胜利，两场胜利从根本上改变了第二次世界大战的战局。

2. 英国

和日本一样，英国也是一个能源匮乏的国家。所以，英国很早就意识到大力发展海军从海上获取能源的重要性。从 17 世纪开始，英国依靠其强大的海军，建立起漫长的能源补给线，创造了日不落帝国的神话。两次世界大战，保卫英国的海上补给线都成为英国赖以存亡的焦点。从 20 世纪 20 年代起，由于威尔士燃煤的产量减少，以及燃煤发动机的技术问题，英国被迫依靠遥远的波斯石油作为海军舰船燃料。于是第二次世界大战爆发时，德军用潜艇围困英军，给英国造成毁灭性的打击。在 1942 年仅 3 个月，德军就击沉 108 艘船只，被击沉的油轮数目几乎为新造油轮的 4 倍。到 1942 年 12 月中旬，英国船用燃料只够大约两个月的供应量。首相丘吉尔也感到"形势看来十分不妙"，英国总参谋长也说："船运不足已制约所有进攻的行动；除非我们能够有效地与德国潜艇的威胁搏斗，我们也许无法赢得这场战争。"这导致了英美大西洋强大运输线的建立，并直接导致美国世界地位的提升。

3. 德国

德国的地理位置处于欧洲的中心，在历史上德国也总是以一种特殊的姿态出现。德国不属于资源较丰富的国家，因此在一次次发动战争的背景下，其实质也是为了掠夺邻近国家丰富的资源。20 世纪 30 年代，希特勒上台后，加强军备建设，由于石油等战略储备的不足，德国在战争开始就把战略重心放在资源丰富的中、东欧国家。罗马尼亚的普什蒂油田是当时除前苏联以外的欧洲最大的石油产区。在二战初期，希特勒就迫不及待地占领这个重要的战争命脉，这也是一直到第三帝国覆灭时，德国最主要的能源中心。普什蒂油田在 1940 年为德国提供高达总进口量 58% 的石油，也因此在二战的五年中，这里成为双方重兵相接的中心。盟军显然了解其对德军的重要性，在 1942 年战略轰炸计划开始后，盟军在此投入大量轰炸兵力，即使在轰炸机战损率高达 33% 的情况下依然坚持。保证在普什蒂油田的利益，进而占领巴库和其他高加索油田丰富的石油资源，这也是希特勒在 1941 年不顾古德里安劝阻执意进攻前苏联的重要意义所在，也是其心目中俄国战役的中心。在俄国战役初期，希特勒就单独组织兵力，由南方集团军群负责重点攻打高加索。德军为能够迅速利用前苏联高加索巴库油田的战略资源，甚至准备了 1.5 万人的石油技术队伍，负责在占领俄国油田后恢复和管理这些油田。但是随着德军主力在 1941 年秋在莫斯科战役中失利，他们永远也没有能达到真正占领高加索油田的战略目的。虽然在 1942 年 8 月德军一度占领高加索石油中心西端的迈科普，但其产油量只占巴库油田的 1/10，而且前苏军在撤离前已彻底破坏油田的产油设备，致使德国到 1943 年 1 月在迈科普一天也只能生产七十桶石油，远远不能达到其军队的需求。反倒是前苏军依托高加索油田强大的石油储备后来居上最后完成逆转打败德军。普什蒂油田的长期空袭导致减产以及占领高加索油田的战略意图的失败直接导致德国在第二次世界大战后期能源匮乏，无力组织大规模反攻，并最终导致整个战争的失败。

4.2.2　石油——战争的根源

由于世界上石油资源分布存在着严重的不均衡，而且石油是不可再生资源；数量有限，获得和控制足够的石油资源成为国家安全战略的重要目标之一。100 多年来，多次武装冲突和战争的背后都有石油问题，有的甚至就是因为争夺石油引发的"石油战争"。有人说"石油多的地方，战争就会多"。石油作为重要的战略物资，被誉为"黑金子"，它和国家的繁荣与安全紧密联系在一起。作为最重要的战略储备之一，石油和战争的关系密不可分。历史上牵涉到石油的战争更是举不胜举，特别是世界上石油最丰富的地区——中东，近几十年来战火不断。

石油的战略价值在战争中得到了充分的体现，石油是战争机器运转的重要动力，有了石油，飞机实现全球机动，远洋舰只保持充足的动力，石油提炼的燃料把航天器送上太空，使在外层空间作战成为可能。石油使战争发展成陆、海、空和外层空间同时进行的立体战争。近年来，随着科学技术的突飞猛进，石油的使用大大拓展了战场的攻击和防御纵深。地球上的各个角落都有可能遭到战略袭击，战略防御也将发展成为全国乃至全球防御。第二次世界大战初期，德国就依靠自己的摩托化、机械化能力，编成突击集团，对波兰等国发动"闪电战"。从近几次的战争可以看出，美国战机通过空中加油的方式，奔袭万里之外的战场，然后又不间断地返回美国本土。比较而言，电力、煤炭都不可能做到这一点。电力必须依赖线缆才能实现传输，依照目前的技术水平，仅仅依靠蓄电池很难建立长程高效的动力系统。煤炭燃烧缓慢，而且需要大规模的燃烧空间，更是难以适应战争的灵敏性、机动性。

二战以后，美苏两个超级大国为了争夺战略资源，都瞄准了石油资源异常丰富的中东地区。前苏联目的是扩大中东石油的进口，向中东产油国渗透。美国也针锋相对，扶持沙特阿拉伯等国，遏制前苏联的扩张。亚、非、拉等地区的石油争夺，成为美苏抗衡的重要内容。

1956 年爆发的第二次中东战争根源就在于石油。当时，英国等西欧国家对海湾石油严重依赖，大部分石油必须经苏伊士运河运输，而埃及总统纳赛尔却决定从英国手里收回苏伊士运河。为夺回运河，英法和以色列于当年 10 月 29 日对埃及开战，第二次中东战争爆发。阿拉伯国家给予埃及坚决支持，叙利亚、黎巴嫩和约旦切断输油管道，沙特停止向英、法供应石油。石油供应中断给英、法的经济造成致命打击。

二战后的中东很少太平过，其间爆发的战争更是和石油难分难舍。海湾地区的伊拉克、伊朗、沙特阿拉伯三雄鼎立，为了各自国家利益争夺中东地区的石油霸权。1980 年爆发的两伊战争，从起因到结束都与石油有关。1990 年 8 月，伊拉克萨达姆入侵邻国科威特，这不仅是占领一个主权国家达到其政治目的，更重要的是借助于科威特丰富的石油资源，伊拉克将成为世界第一大产油国，进而成为阿拉伯世界和波斯湾的领头。由于美国在波斯湾重要的石油利益，在 1991 年 1 月发动了代号为"沙漠风暴"的收复科威特的军事行动，并最终迫使伊拉克军队撤出科威特。美国之所以后来经济围困伊拉克近 10 年，并最终武力推翻萨达姆政权，也是为了巩固自己在中东的霸权和石油利益。美国一年进口的石油为其年总石油消耗量的 50%，其中大部分来自中东。美国一系列的外交、军事和经济政策也是因这种战略目标而制定的。伊拉克战争结束后，有关伊拉克重建问题成为各国议论的焦点，其根本也在于能源。中东特别是海湾地区集中了全球石油储量的 2/3，据统计截止 2010 年底，海湾石油探明储量达 7525 亿桶，占全球 54.4%，其中沙特占 19.1%，伊拉克占 8.3%，阿联酋占 7.1%，科威特占 7.3%，伊朗占 9.9%。全球前五个石油储量最多的国家都在中东，可谓名副其实的"世界油库"。中东也是世界重要的产油地和出口地，2010 年产量占全球的 30.3%，出口量为全球的 35.3%；目前世界其他许多产油地资源已呈现枯竭状态，而海湾石油的可采储量年限要比世界各地平均水平多 44 年。此外，中东石油的开采成本极低，一桶石油的成本仅需 1 个多美元，世界上其他地区无法比拟。

2001 年，美国本土遭到了最严重的一次恐怖袭击。2001 年 10 月，美军发动代号为"持久自由"的军事行动，对塔利班和本·拉登进行大规模军事打击，塔利班于 12 月 7 日放弃最后据点坎大哈，向阿富汗反塔联盟缴械投降。但美国的反恐怖战争还没有结束，2003 年美国发动对伊战争，从表面上其目的是推翻萨达姆政权，但实际上其战略目的却是控制伊拉克的石油资源。这些战争的起因、战争的目的及战争进程与石油有着密切的联系。

利比亚石油探明储量 2010 年底为 464 亿桶，居世界第 7 位和非洲第 1 位；天然气探明储量居世界第 21 位，并且利比亚石油具有油质好、含硫量低、开采成本低的特点。2011 年利比亚战争的主要原因还是石油，利比亚是世界上第八大石油输出国，西方各国的石油集团都在利比亚有大量的投资。为了自己的利益免受侵害，同时也为了不让在对西方政治态度上善于多变的卡扎菲继续执政，于是他们抓住了这次机会对利比亚进行打击，把卡扎菲赶下台。

4.2.3　美国在中东、中亚地区的战略目的

美国是世界第一大石油消费国和原油进口国，年进口原油近 5 亿 t，占世界原油贸易量的近 1/3，到 2010 年，美国石油进口依赖程度达到 50% 以上。美国的繁荣是建立在石油之上的繁荣，为了保持美国的超级大国地位、经济的持续繁荣，对全球石油资源的关注长期以来都是美国安全战略中的重要主题。美国在政治、外交和经济上采取多种措施，加强与主要产油国的密切联系。

美国对外关系委员会认为 21 世纪伊始，受种种因素影响，一场能源危机随时可能爆发，并且会不可避免地波及每个国家，能源的中断可能会严重影响美国和世界经济，并且会以种种显著的方式作用于美国的国家安全和对外政策。美国面临着能源供应方面的长期挑战和波动性很大的能源价格，能源政策对美国的经济和安全具有核心的重要性。为保证国内石油供应，确保美国能源方面的未来，美国政府制定新的能源战略，目标是保证石油供应安全，防止全球油气供应出现混乱和石油价格的大幅度波动。根据世界地缘政治的变化，营造有利的石油战略环境，加强国家石油战略储备，实现石油进口来源的多元化，在中东、中亚等石油生产的关键地区保持力量优势的同时，加强对美洲大陆石油资源的控制；采用先进技术，提高石油采收率，提高石油使用效率；扼制有损美国石油利益的恐怖活动，一旦威慑失败，采用军事力量决定性地战胜敌人。

美国华盛顿战略和国际问题研究中心认为，今后 20 年海湾地区仍将是全球市场的关键石油供应商，亚洲对海湾石油的依赖将会大大增加，美国的石油进口量将继续稳步增长，里海石油将对全球的供应发挥更重要的作用。由于位于中亚的里海盆地蕴藏着丰富的石油和天然气资源，1998 年时任世界最大的石油服务公司之一，美国哈里伯顿公司总裁的前美国副总统切尼曾说："我不能想像有一天会有一个地区在战略上突然变得像里海那样重要。"随着世界对石油和天然气资源需求的增长和储量的下降，里海油气的战略地位日益突出。许多美国人都认为，阿富汗战争的真正目的是为了夺取中亚地区的石油和天然气，惩罚塔利班和本·拉登会向美国提供一个将地缘政治影响扩大到南亚、中亚的难得机会。阿富汗战争为美国扩大在中亚的影响、实现油气供给的多元化目标、为美国石油公司开发里海油气资源获取更大的利益、打开中亚的石油通道、确保美国在中亚的石油利益提供了极好的机会。

为了保证中东和中亚地区的石油安全，军事上美国采取一系列措施。一是美国在中东有大量驻军，在沙特阿拉伯、阿曼等地建有军事基地，平时显示实力、实施威慑和维持战区和平。战时可立即投入作战，兵力不足，可以使用驻扎在欧洲和东亚的美军有关部队；二是早在 1999 年 10 月，美国的战区指挥系统进行调整，美国国防部把驻中亚美军的军事指挥权从太平洋战区转移到中央战区。这标志着美国战略重点的转变。过去中亚在苏联的控制之下，被美军看作是一个无关紧要的地区，属太平洋战区的边缘。但是这个从高加索一直延伸到中国西部边界的地区，现已成为一个主要的、具有战略意义的争夺战区，因为在该地区的里海下面及其周围发现了大量的石油和天然气。由于美军中央战区一直负责中东地区的军事斗争

准备和作战，中央战区的主要任务就是以军事实力保护中东和中亚地区的石油源源不断地流向美国及其盟国。

里海及其中亚地区油田是世界第三大油田，其储油量仅次于海湾和西伯利亚。里海石油可以销往欧洲的市场，还可以销往石油消费量日益增加的印度、巴基斯坦和中国市场。目前，这里的油气资源主要通过俄罗斯境内的油气管道出口到欧洲市场。为了使中亚石油出口多元化，在里海石油和天然气开发及输出通道的建设上，美国、俄罗斯等国的石油公司已经投入了数百亿美元，这些大石油公司和它们的石油盟友都在考虑如何将最近发现的这些石油和天然气运出去的问题。第一个方案是从原有的油气管道看，石油可以通过里海北面前苏联的输油管道和输气管道运出去，这项方案最受俄罗斯推崇；第二个方案是途径伊朗到海湾的南部路线，由于距离短、造价低，得到跨国石油公司的青睐，但美国国会阻止美国与伊朗进行任何贸易和投资，坚决不同意此线；第三个方案是中间路线，输油管绕开俄罗斯和伊朗领土，经阿塞拜疆和格鲁吉亚到达土耳其的杰伊汉港，这一方案得到美国和土耳其的支持，但成本高、路线长，跨国石油公司不满意。还有是向东修建油气管线，把石油天然气运到中国和日本，但这条通道距离太长且费用高，处于讨论阶段。最终建设的巴杰石油管道（简称BTC），穿过阿塞拜疆首都巴库，经格鲁吉亚首都第比利斯至土耳其南部港口杰伊汉，全长1760km，把原油从里海送至地中海。其中440km在阿塞拜疆境内，244.5km在格鲁吉亚境内，土耳其境内有1070km。该管道工程曾被喻为21世纪最重要工程之一。巴杰石油管道始建于2002年，2005年5月，巴杰管道在首站（巴库市以南40km处的萨加卡里石油泵站）进油。当时这是世界上第二长的石油管道，仅次于从俄罗斯到欧洲中部的德鲁泽哈巴管道。

如果里海的石油天然气主要通过俄罗斯运输，那就会加强俄罗斯对中亚国家政治和经济上的控制。但如果里海的油气能通过阿富汗输送到巴基斯坦和印度，那就使美国不仅可实现其能源供应多样化的目标，同时还可打入这个世界上最有利可图的市场。欧洲的石油消费增长较慢，但竞争激烈；相反，南亚的油气需求增长很快，几乎不存在竞争。将里海的油气卖给印度和巴基斯坦，石油公司所获利润远远高过卖到欧洲。早在1995年，美国加利福尼亚联合石油公司同塔利班、土库曼斯坦，为铺设由土库曼斯坦通过阿富汗进入巴基斯坦沿海的油气管道进行谈判。土库曼斯坦拥有世界丰富的天然气田，该国愿意修建这条天然气管道，因为以往只能将天然气输往俄罗斯，俄罗斯用低于输往欧洲的价格购买土库曼的天然气供自己使用，而将自己生产的天然气输往欧洲。美国加利福尼亚石油公司还遇到了阿根廷布里达斯石油公司的竞争。为了实施上述计划，从1996年开始美国与沙特合作，利用德尔塔石油公司总裁与塔利班的特殊关系向塔利班施加影响。加利福尼亚联合石油公司邀请塔利班的一个代表团到美国得克萨斯州的休斯敦和首都华盛顿讨论这项计划。

1998年美国加利福尼亚联合石油公司和有关国家公司签署了一项建造一条长1400km，当时估计耗资20亿美元的输气管道协议。这条输气管道将从土库曼斯坦到拉塔巴德的天然气田通到阿富汗边界，然后再延伸到阿富汗的赫拉特和坎大哈，并与巴基斯坦的奎达连接起来，后者与巴基斯坦南部已经建成的输气管道不远，这条输气管道设计输气量5400m³。该联营企业当时起名叫Centgas，里面包括美国加利福尼亚联合石油公司、沙特阿拉伯的德尔塔石油公司、土库曼斯坦政府、巴基斯坦新月石油公司、俄罗斯的天然气工业股份公司、日本和韩国的各一个公司。为了培训建造输气管道的阿富汗人，加利福尼亚联合石油公司与美国内布拉斯加大学签署一项数额达100万美元的培训合同。后来由于美国怀疑本·拉登策划了对美国驻非洲坦桑尼亚和肯尼亚使馆的袭击，1998年8月20日，美国用巡航导弹轰炸本·拉登在阿富汗的基地，美国与阿富汗塔利班的关系恶化，四个月后加利福尼亚联合石油公司中断它在这方面的工作。阿富汗混乱的局势影响了该计划的实施。

但是阿富汗在石油战略上的重要性并没改变。美国能源信息管理部门的报告指出，从能源角度看，阿富汗的重要性在于它的地理位置，它具有作为中亚石油输往阿拉伯海通道的潜能。这种潜能包括铺设经过阿富汗的石油和天然气输送管道的可能性。阿富汗新建立的临时政府是在美国支持下上台的，将会加强与美国的合作。战争结束后，这个计划重新提上日程，修建一条由美国石油公司控制的油气管线是可能的。美国的阿富汗战争不仅打败塔利班和本·拉登，而且控制了阿富汗，增强了美国在中亚的影响，美国也就达到了对中亚油气通道控制的战略目的。

4.3　世界主要地区的能源安全政策

4.3.1　美国

美国是世界最大的能源出产国、消费国和净出口国。其原油、天然气和煤炭储量在世界排名分别为第 11 位、第 6 位和第 1 位，其主要能源需求成品石油的消费量在过去 10 年里增长了约 18%，2011 年平均每天消耗近 1929 万桶，其中约 50% 以上依靠进口。随着全球经济的迅速扩张，世界能源需求不断增加而备用能源日益匮乏，能源安全问题也越来越受到美国政府的重视。

能源安全问题曾给美国人留下深刻的历史教训。20 世纪 70 年代，两次石油危机严重危害美国经济，让很多人至今记忆犹新。2001 年美国面临着自 20 世纪 70 年代石油禁运以来最严重的能源短缺，短缺所造成的影响已经波及全国。许多家庭能源账单上的金额比一年前高 2~3 倍，数百万美国人发现他们经常不断地遇到停电；在能源成本不断上升的压力下，有些公司必须解雇工人或削减产量。美国各地的司机要支付越来越高的汽油费。表 4 - 3 给出了 1974~2011 年国际原油价格的变化情况。

表 4 - 3　1974~2011 年国际原油现货价格变动表　　　　美元/桶

年份	迪拜原油价格*	布伦特原油价格+	尼日利亚福卡多斯原油价格	美国西德克萨斯中级原油价格‡
1974	10.41	—	—	—
1975	10.70	—	—	—
1976	11.63	12.80	12.87	12.23
1977	12.38	13.92	14.21	14.22
1978	13.03	14.02	13.65	14.55
1979	29.75	31.61	29.25	25.08
1980	35.69	36.83	36.90	37.96
1981	34.32	35.93	36.18	36.08
1982	31.80	32.97	33.29	33.65
1983	28.78	29.55	29.54	30.30

续表

年份	迪拜原油价格*	布伦特原油价格+	尼日利亚福卡多斯原油价格	美国西德克萨斯中级原油价格‡
1984	28.06	28.78	28.14	29.39
1985	27.53	27.56	27.75	27.98
1986	13.10	14.43	14.46	15.10
1987	16.95	18.44	18.39	19.18
1988	13.27	14.92	15.00	15.97
1989	15.62	18.23	18.30	19.68
1990	20.45	23.73	23.85	24.50
1991	16.63	20.00	20.11	21.54
1992	17.17	19.32	19.61	20.57
1993	14.93	16.97	17.41	18.45
1994	14.74	15.82	16.25	17.21
1995	16.10	17.02	17.26	18.42
1996	18.52	20.67	21.16	22.16
1997	18.23	19.09	19.33	20.61
1998	12.21	12.72	12.62	14.39
1999	17.25	17.97	18.00	19.31
2000	26.20	28.50	28.42	30.37
2001	22.81	24.44	24.23	25.93
2002	23.74	25.02	25.04	26.16
2003	26.78	28.83	28.66	31.07
2004	33.64	38.27	38.13	41.49
2005	49.35	54.52	55.69	56.59
2006	61.50	65.14	67.07	66.02
2007	68.19	72.39	74.48	72.20
2008	94.34	97.26	101.43	100.06
2009	61.39	61.67	63.35	61.92
2010	78.06	79.50	81.05	79.45
2011	106.18	111.26	1113.65	95.04

注：*：1974～1985 年阿拉伯轻质油价格，1986～2011 年即期迪拜原油现货价格；

　　+：1976～1983 年福蒂斯原油价格，1984～2011 年即期布伦特原油现货价格；

　　‡：1976～1983 年公布的美国西德克萨斯中级原油价格，1984～2011 年美国西德克萨斯中级原油（库欣）现货价格；

　　资料来源：《BP 世界能源统计年鉴》(2012 年 6 月)。

出于对全球石油市场和自身能源安全的担忧，布什政府 2001 年上台后，积极主张增加国内能源产量，提高节能效益和燃料热效率，采用替代能源。美国政府公布有关计划后，国会众议院也通过法案，对包括石油在内的国内能源生产提供新的减税优惠，并允许在阿拉斯加野生动物保护区进行石油勘探与生产。随后，包括美国联邦储备委员会主席格林斯潘在内的经济界人士，不断呼吁美国加强对天然气等其他能源产品的开发和利用，以避免能源结构的单一性，增强能源安全性。为此，美国正在不断探索和开发太阳能、生物能等多种能源产品。同时，美国政府还要求研究部门集中精力开发高能效的建筑、设备、运输和工业系统，并在可能的情况下用替代性、再生性燃料进行置换，以此作为能源保障战略的一个重要方面。

美国对进口能源的依赖性很大，尤其是石油。因此，美国非常重视国际能源市场的风云变化，并通过多种途径，维护国际能源市场的稳定。布什总统于 2001 年 11 月要求美国能源部在未来几年内将美国战略石油储备从 5.45 亿桶增加到 7 亿桶，这一举措将增强美国长期的能源安全。

日常生活中的节能是减少能源消费、提高能源效用的一个重要方面。美国被冠以"车轮上的国家"，汽油消耗量巨大，美国有关机构不断酝酿并推出节能新措施，如提高运动型多用途车和轻型卡车等高油耗车型的燃油标准，鼓励人们使用耗油少的车辆。另外，美国从 20 世纪 70 年代起开始实施一项旨在帮助低收入家庭降低能源消耗成本的计划，通过提供技术服务，提高低收入家庭房屋的保暖性，降低冬季取暖能耗，从而节省能源。从根本上来说，美国对能源供求的调节是依靠市场力量来实现的。供大于求的时候，能源价格下跌，反之则价格上升。例如，由于冬季为能源消费旺季，加之投机交易活动频繁，美国天然气价格就明显上涨。价格上升会对需求产生一定的抑制作用，并有效避免浪费。

2003 年夏天，包括纽约市在内的美国东北部地区发生大面积停电事故，这进一步激起美国朝野对能源安全问题的关注。这次事故不仅暴露出电力设施严重老化、电力基础设施薄弱的现实，而且说明各地电力公司在保养输电线路方面工作不力，管理有待加强。有关人士在呼吁制定相关法规，以提高电力系统安全性的同时，也再次强调应加倍关注美国的能源保障问题。

4.3.2　欧盟的可持续能源政策

欧盟委员会副主席洛约拉·德帕拉西奥 2002 年 6 月 26 日表示，欧盟各成员国的能源政策必须统一，并尽可能实现能源供应的多元化，以保障能源安全。德帕拉西奥说："欧盟 15 个成员国都面临着同样的能源挑战，也必须寻找共同的解决办法。"为降低能源风险，德帕拉西奥建议在欧盟范围内建立石油和天然气的战略储备，并努力与能源出口国建立密切关系。此外，欧盟还应采取必要措施，推动核能的发展；洁净的核能不仅能增加能源供应，而且可以确保欧洲实现在《京都议定书》中有关减少 CO_2 排放量的承诺。建议欧盟尽快制订核电站的安全标准、确定核废料的处理方法，以消除人们对核能安全的担心。欧盟各国对能源的进口依赖程度很高，其能源需求的 50% 必须依靠进口。专家估计，30 年后欧盟能源需求的 70% 必须依靠进口，而石油的进口依赖度更可能高达 90%。

欧盟正在消耗越来越多的能源，同时进口越来越多的能源产品。共同体的生产不能满足欧盟的能源需求。结果，对外部能源的依赖不断增加。

1999 年 3 月以来原油价格已增至 3 倍，由此造成的可能损害欧洲经济复苏的石油价格大幅上涨，又一次暴露出欧盟在能源供应方面的结构弱点，即欧洲对能源的日益依赖，石油作为能源价格的支配因素的作用和控制消费政策的结果令人失望。没有积极的能源政策，欧盟将不能摆脱对能源的日益依赖。

如果不采取措施，在今后 20 ~ 30 年内，欧盟能源需求的 70%，而不是目前的 50%，将由进口产品来满足。这种依赖在所有的经济部门都能得到见证。例如运输、民用部门和电力工业很大程度上依赖石油和天然气，受国际价格中的不定变化支配。欧盟的扩大将加剧这些趋势。就地理政治而言，石油进口的 45% 来自中东，天然气进口的 40% 来自俄罗斯。欧盟尚未拥有改变国际市场的全部手段。

为了居民幸福和经济正常运行，欧盟的长期能源供应安全战略必须面向确保以所有消费者（个人消费者和行业消费者）都付得起的价格，从市场上不间断地实际获得石油产品，同时要像《欧盟条约》第 2 条和第 6 条所规定的那样，重视环境问题并寻求可持续发展。供应安全并非寻求使能源自足最大化或使依赖性最小化，而是旨在减少与这种依赖性相关的风险。欧盟追求的目标还有保持各种供应来源之间（在产品种类和地理区域方面）的平衡和多样化。

1. 新的挑战

欧盟现在必须面对欧洲经济深刻转变期所特有的新挑战。

今后 10 年内，为替代现有资源和满足日益增长的能源需求而进行能源投资，欧洲经济有必要在鉴于能源系统的特性将支配今后 30 年的那些能源产品中做出选择。

欧盟实诸多能源方案虽然受世界背景制约、受其向也许是 30 个能源结构不同的成员国扩大的制约，但首先是受能源市场新的参比框架，即能源市场自由化和环境担忧制约。

今日大部分公众所共有的环境担忧，包括能源供应系统造成的损害，不论这种损害起因于事故（海上浮油、核事故、CH_4 泄漏），还是与污染物排放有关，都突出说明化石燃料的弱点和核能的难题。气候变化对于国际社会是一个长期斗争。《京都议定书》中做出的承诺仅是第一步。欧盟虽然已经实现其 2000 年目标，但像世界其他地区一样，欧盟温室气体排放量在不断增加。扭转这一趋势比 3 年前看上去要艰辛得多。大西洋两岸和亚洲恢复持续经济增长和能源消费结构的发展，尤其是电力和运输用能源消费增加（这是生活方式的结果），正在促使温室气体尤其是 CO_2 的排放量增加。这种状况阻碍了现行的环境保护政策的实施。再者，内部能源市场的建立使能源需求有了新的可能和机会。新的紧张状况正在出现，社会将不得不寻求有效的妥协以缓解这种状况。例如，电力价格的下降有悖于旨在削减日益增长的需求和与气候变化做斗争的政策，而内部市场引入的竞争正在改变不同能源供应来源（煤、核能、天然气、石油、可再生能源）的竞争状况。

成员国之间在与气候变化做斗争和完善内部能源市场两方面是相互依赖的。一个成员国做出的任何能源政策决定，都将不可避免地影响该市场在其他成员国的运作。能源政策已经具有一种新的共同体特性，而这个事实没有在新的共同体国家得到反映。在这种背景下，最好是分析一下是否值得从内部市场、协调、环境或税收以外的角度，构想一个欧洲的能源政策。

2. 可持续能源政策

欧盟通过一些共同纲领和大型框架性项目协调欧盟成员国的能源政策。欧盟在 2003 ~ 2006 年期间实施"明智用能的欧洲"（Energy Intelligent Europe，EIEurope）计划，把明智使用能源和知识经济相结合，使欧洲经济在全球更具有竞争力。欧盟成员国在节能方面的潜力仍很大，今后 20 年中节能将替代价值 6900 亿美元的化石燃料。欧盟成员国平均能耗水平今后 20 年内每年将降低 2.5%。为了达到上述目标，欧盟将在下列领域加强协调行动：在制度上加强明智用能的地位，使其成为"里斯本进程"的目标之一；在市场结构上通过修改现有欧洲统一电力市场指针，使最低要求的需求方管理成为该指针的一部分，另外要支持热电联产；在公共物品采购中要强制使用高效节能产品；在建筑节能方面要求欧盟机构应率先使用节能建筑，并建立了高效电器和办公设备的框架性指针；在交通方面要限制机动车的 CO_2 排放，对节能汽车给予税收优惠；在研究开发方面要保持预算不低于原有水平；开展教育和培训活动，对工程师和建筑师进行明智用能的培训。

欧盟能源交通总理事会负责起草欧盟的能源和交通政策，在能源政策方面总的指导方针是 2000 年 11 月出版的"欧洲能源政策绿皮书"，题目是"欧洲能源供应安全战略"。欧盟将建立统一的能源市场，从 2004 年起用户将有权选择电力和天然气供应商。欧盟委员会提出了建筑用能效率的指针、交通部门推广生物质燃料的指针和热电联产指针，可再生能源电力生产指针也在 2003 年生效。

欧盟承诺 2010 年温室气体排放量比 1990 年减少 6%。提高终端能源利用效率被作为重要措施，包括降低建筑物的能耗，对家用电器实行能效标识制度，鼓励使用节能汽车和替代燃料汽车。另外就是要扩大可再生能源在能源供应中的比例，可再生能源在一次能源中的比例要从 1996 年的 6% 提高到 2010 年的 12%。欧盟认为单靠市场不可能给节能和可再生能源提供激励作用，必须从政策上给予保障。欧盟在能源政策上的做法是由欧盟提出法规性要求，成员国把欧盟法规具体化成自己国家的法规，违规的国家要受到经济惩罚。欧盟在能源问题上的一个重要观点是把经济增长与能源增长分离，在不增加能源消耗的条件下保持经济的持续增长，也就是在不增加能源供应系统的情况下发展经济。出路就是提高能源效率和发展可再生能源。

4.3.3　日本能源安全政策

对于一次能源几乎完全依赖进口的日本，能源的采购和运输是极为重要的。日本能源供应的 80% 左右是进口的。尽管 70 年代初期以来，它对石油的依赖已大大减小，使日本对中东石油的依赖程度回到了 1973 年以前的水平。

2000 年以后日本从中东进口石油约占石油进口量的 90% 左右，这是由于近年来原油价格的急剧上涨，因此比较便宜的科威特石油的进口量每年增加 80% 以上，而马来西亚和其他东南亚国家的石油出口却在放慢以满足扩大了的国内需求。2001 年全球经济的放慢加上"9·11"恐怖袭击事件抑制了对进口液态、固态燃料的需求，使油价降到两年来最低点。经历了 20 世纪 70 年代的两次石油危机之后，日本从能源安全的角度出发，努力降低对石油的依存度。但是，现在日本对石油的需求依然占一次能源总需求量的一半以上，日本的原油几乎完全依赖进口，其中，对中东的依存度最高，同其他发达国家相比，日本的石油供应体系非常脆弱。因此，对日本来讲，实施石油储备、自主开发、同产油国合作等措施，以保证非常时期石油供应体制的完善是当务之急。

拥有石油精制能力，在非常时期不仅可以保证石油制品的供应，而且，即使在制品储备用尽的情况下，原油储备同精制能力相结合，能够随着季节等的变动而对石油制品的供应进行调整，石油精制能力在非常时期比制品储备更具弹性。所以，日本致力于提高石油的精制能力。

对中东石油的严重依赖迫使日本同亚洲其他各国展开竞争，亚洲对中东石油的依赖度平均达到60%，而我国能源进口的增长尤其明显。2010年，我国的石油进口达到每天300万桶；2015年，可能接近目前日本的每天进口450万桶的水平。预计，目前的石油出口国如马来西亚和印度尼西亚也将在10年内成为净进口国。

1. 日本的石油政策

（1）维护和推动石油、天然气的储备

石油储备是日本确保能源安全的重要支柱。日本的石油储备制度分为国家储备和民间储备两部分。其中，国家储备由石油公司独立完成，1978年开始实施，到1998年2月完成储备500亿L的目标。民间储备从1971～1974年在行政干预下实施的，1975年后开始根据《石油储备法》实施民间石油储备，具有民间储备义务的包括石油精制业、石油买卖业以及石油进口业的从业者。1981年，民间石油储备达到90d，这一储备量一直延续到1988年，从1989年开始，民间储备任务开始减轻，1993年以来，储备任务改为70d。

日本同其他国际能源组织国家相比，对石油的依存度、对中东的依存度都较高，石油供应结构比较脆弱，储备水平相对较低。因此，日本还将提高储备标准，至少使其不低于国际能源组织国家的平均水平。同样，日本的天然气储备也包括民间储备和国家储备两部分。在民间储备方面，1981年《石油储备法》修正之后，规定天然气进口业从业者，每年有50d的储备义务。国家储备任务是到2010年达到150万t，现在国家储备基地正在建设中。

（2）推动石油、天然气的自主开发

石油是生产汽油、煤油、塑料等石油制品的原料，是国民生活和产业活动不可欠缺的重要物资。但是，日本的石油几乎完全依赖进口，其中仅从中东的进口量就达到88%。因此，日本为保证石油的稳定供给而在可能的情况下积极推动自主开发就显得尤为重要。

所谓自主开发，就是日本的企业在产油国取得长期的采掘权，进行石油、天然气的探矿、开发和生产活动，风险和成本自己负担，生产出来的石油、天然气，该企业按一定比例获得。自主开发具有可以提高石油供给的稳定性，尽早把握石油、天然气供需环境的变化，加强同产油国的相互依存关系等优点。

实际上，在过去的两次石油危机时期，自主开发原油已经在保证日本的石油稳定供应方面起到了一定作用。2000年，日本的自主开发原油进口量相当于58万桶/d，占总原油进口量的13%。尽管这样，日本的自主开发比例与主要发达国家相比仍比较低。因此，随着近年来世界主要矿区（俄罗斯、中亚各国、中南美）纷纷对外开放，为日本在海外获得自主开发原油的权利提供了前所未有的机遇。

（3）加强同产油国的关系

由于亚洲各国经济的发展，今后亚洲地区对石油的需求将不断增长。近年来随着产油国重新实施资源国有化政策和对矿区的不断开放，日本为了确保能够长期稳定的获得石油供应，积极强化同产油国的关系就显得尤为重要。

强化同产油国的关系，具体做法就是，增加日本企业参与产油国、产气国的重大石油、天然气开发项目的机会。与此同时，主要产油国也在积极摆脱单纯依靠石油收入的经济结构，实现经济活动多样化。因此，日本与产油国除石油、天然气领域之外，在其他广阔领域的共同研究、开发，进行人员交流，促进直接投资等。这一做法无疑会加强同产油国的关系，保证日本拥有稳定的石油供应。

（4）推进国内石油产业结构的调整

随着竞争的激化，日本石油产业内部面临着收益恶化、生产设备过剩等问题。鉴于这种情况，为了有助于通过石油产业的合理化，来使强劲的石油产业早日形成，日本政府在预算、税制方面采取了一系列新的措施：①日本的精制设备与欧美国家相比，运转率比较低，为了通过设备废弃来促进石油产业的合理化，要在精制设备废弃方面给予经济补偿；②为了支援石油精制业的结构调整和石油联合企业的制油之间的一体化运营，要在技术开发方面给予支持；③对加油站的关闭、集约化带来加油站设备的拆除、撤去给予费用补助、利息补助，从 2000 年开始，将非中小企业的加油站列入支援对象的范围；④对加油站集约化、业务多样化借入的流通资金、设备资金实施利息优惠，特别是对中小企业在集约化、歇业过程中投入的流通资金，实行低息的优惠政策；⑤为了促进石油精制业、经销业结构调整的顺利进行和早日建立新的结构，《产业活力再生特别措施法》对税收方面做出了优惠的规定。

2. 日本的能源安全政策

（1）外交措施

20 世纪 70 年代以来，日本就十分重视它同中东国家的关系。保证稳定能源供应的需要也影响到日本对中亚新近出现的能源生产国和主要海上油轮运输通道附近的东南亚各国的政策。日本对海湾国家和伊朗的外交活动十分积极，还敦促美国对该地区比较温和的领导人采取安抚的态度。日本对巴勒斯坦民族阵线的外交支持和向巴勒斯坦独立活动提供的大量资金都可以看作是"资源外交"的一部分。在亚洲，东京正在通过亚太经合组织论坛推动能源安全方面的合作。

（2）多元化和储备

在能源多元化方面，日本已经有了巨大成绩，发电使用的石油比重从 1973 年的 73% 降到了 1996 年的 21%。发生几次核事故和激光浓缩等试验方法停止后，核能可能不再扩大。其他方案是可再生和非常规燃料。在主要工业化国家中，日本储存的能源较多。为减轻供应危机对亚洲的影响，日本还积极动员其他亚洲国家储存石油。至 2010 年，日本石油储备量约为 6 亿桶，政府和民间的储备量都在标准线之上。

（3）油田股权

获得稳定石油供应的主要方法是日本公司在政府的支持下收购石油钻探特许权，日本公司试图从开发的油田获得 30% 的原油。1993 年指标定为每天 120 万桶，但 2000 年政府放弃这一目标，因为只达到了目标的一半（即 65 万桶/d）。2000 年 2 月日本政府控制的阿拉伯石油公司丧失了沙特阿拉伯 – 科威特边境地区 Khefji 油田的钻探特许权。到 2003 年，它在科威特的油田也可能发生同样的情况。日本很难跟上这些国家新的管制制度，将不得不更多地介入产量分配、经营协议、其他联合行动和补偿贡献（包括提供本地基础设施）以加强同其他更灵活的外国公司的竞争，并且可能要放松武器供应和军事支持方面的限制。在离日本不远的地方——俄罗斯萨哈林岛北部的油气田开发也有日本政府支持的公司参加。2004 年 6 月，萨哈林 2 号油田开始出油，2006 年开始出产天然气。但是日本的参与是有限度的，在里海周围的阿塞拜疆和哈萨克斯坦地区油气田的勘探和开发以及有关管道系统合作方面，私有和政府下属的公司只持有不大的股份。迄今，东京只承诺由国有日本合作银行向黑海"蓝流"天然气管道工程提供贷款和由日本钢铁公司和住友公司提供专用高压管材的义务。为避免在领海边界和我国东海领海问题上同我国发生纠纷，日本政府已经将它的油气勘探限制在独占经济区以内。

近几年，日本在国际油气田开发方面的进展很多。2010年8月20日，日本伊藤忠商事株式会社持有阿塞拜疆共和国位于里海的 ACG 油田股权达 4.3%。2012年6月，英国石油公司以 2.8 亿美元的价格把其在北海的两个油田中的少数股权出售给日本三井公司，包括 Alba 油田的 13.3% 股权以及 Britannia 油田的 8.97% 股权。

3. 持续的竞争

今后，日本将面临进口能源的严峻竞争。这是由于我国和其他亚洲国家需求的上涨，中亚和我国油气田和管道投资的不足以及亚洲国家对中东石油依然有增无减的依赖。东京对中亚和南高加索地区采取的以资源为目标的外交援助政策并没有改变它今后会更多依赖中东石油的趋势，这主要是因为私有企业非常不愿意配合政府的工作。

在日本产业界和决策界中，认为能源安全可以用钱买到的想法依然根深蒂固。如果不扩大供应基地，为了保护现有的油气生产股权，东京将不得不对主要产油国最近放松油气勘探和开采管制带来的机遇采取更为灵活的响应。

4.4 我国的能源安全问题

4.4.1 我国的能源安全问题

能源问题一直是我国国民经济和社会发展中的热点和难点。我国政府对能源一直予以高度重视。2001年3月15日九届人大四次会议上通过的《中华人民共和国国民经济和社会发展第十个五年计划纲要》，提出了"发挥资源优势，优化能源结构，提高利用效率，加强环境保护"的能源建设方针。这也是我国政府"十五"期间推进经济和社会发展的一项基本方略。如何认识我国能源安全的基本问题，采取何种应对策略保证我国的能源安全，这是关系到能否全面贯彻"十五"计划纲要，保持国民经济健康发展的重大问题。根据我国的国情、资源状况、国际能源的供求关系及国际局势，我国的能源战略应该是：立足国内、面向国际、优化结构、节能降耗、确保安全。

能源安全的最重要标志是能源的供给能满足国民经济和社会发展需要。在过去的20多年里，我国经济年均增长 9.7%，而能源消费的增长仅为 4.6%。据估计，我国煤炭可供开采不足百年；石油仅可供开采14年；天然气可供开采不过32年（这种估计的准确性也值得商榷，因为它可能忽略了新矿藏能源的不断探明）。我国能源安全的一个制约性因素是人口众多，导致能源资源相对匮乏。我国人口占世界总人口的 20%，已探明的煤炭储量占世界储量的 11%，原油占 2.4%，天然气仅占 1.2%，人均煤炭资源为世界平均值的 42.5%，人均石油资源为世界平均值的 17.1%，人均天然电资源为世界平均值的 13.2%，人均能源资源占有量还不到世界平均水平的一半。

我国经济的发展受能源供给和需求变化的制约。但在不同时期，能源制约我国经济发展的方面是不同的。我国改革开放以来，我国能源安全形势，发生了两大转变。1980~1990年的十年间，制约我国经济发展的能源因素是：能源消费不足，除 1987~1988 年经济过热及 1989~1990 年经济调整特殊时期外，我国能源生产总量大体高于能源消费总量，出口量远远大于进口量。而每次经济下滑，都与能源消费增长不足有关，而与能源供给不足无关。可以说，这十年中我国的能源形势基本是安全的。但从1990年起，我国国内生产总值保持7%以上的增长，我国能源消费总量开始接近生产总量，能源进口量大幅上升。到1992年能源生产总量已略低于国内能源消费需求总量，2000 年能源生产与消费总量缺口迅速拉大，从 1914 万 t 标准煤扩大到 19000 万 t 标准煤；能源进口已从 1990 年的 1310 万 t 标准煤扩大到 2000 年的 14331 万 t 标准煤，出口从 5875 万 t 标准煤扩大到 9026 万 t 标准煤，进出口分别增长 992.4% 和 53.6%，同时能源平衡差额负增长持续扩大：从 1990 年的 -565 万 t 标准煤扩大到 2000 年的 -15147 万 t 标准煤。这说明，我国能源总消费已大于总供给，能源需求对外依存度(年进口量占总消费量的比例)迅速增大，我国能源安全形势已亮起红灯。

我国经济 20 年来的迅速发展是以能源的大量消耗为代价的。1980 年以来，我国的能源总消耗量每年增长约 5%，是世界平均增长率的近 3 倍。我国的能源储量与未来几十年的发展需求之间已经存在一个巨大的缺口，而且这个缺口将越来越大。有专家测算出我国国内能源的缺口量：在 21 世纪初期已超过 1 亿 t 标准煤，2030 年约为 2.5 亿 t 标准煤，到 2050 年约为 4.6 亿 t 标准煤。我国的能源缺口在逐年增大，进口依存度将逐步扩大，这也是未来我国能源安全的最主要问题。仅在石油需求上，我国今后新增的石油需求量几乎要全部依靠进口，到 2020 年前后，我国的石油进口量有可能超过 3 亿 t，一跃成为世界第一大油品进口国。

1. 煤炭

虽然我国是世界第一大煤炭生产大国，但是国家统计局数据显示，2009 年我国首次成为煤炭净进口国，当年累计进口煤炭 1.26 亿 t，同比增长 212%；2010 年煤炭进口 1.66 亿 t，同增 32%；2011 年，全年煤炭进口总量将接近 1.8 亿 t，同比增长 9% 以上。我国已是连续第三年成为煤炭净进口国。

2. 石油

1993 年开始，我国成为石油净进口国，石油进口量逐年增长。1993 ~ 1996 年我国石油净进口量由 990 万 t 增加到 1387 万 t，年均增长 12%。工业和信息化部(工信部)的统计数据显示，2011 年 1 ~ 5 月，我国原油表观消费量为 1.91 亿 t，对外依存度达 55.2%，首次超过美国，也超过去年 53% 的依存度；2011 年，我国原油进口量增加到 2.525 亿 t，包括原油、成品油、LPG 和其他产品在内的石油净进口量占国内消费量的比例估计已上升到约 59.5%；2011 年石油净进口量达到 2.716 亿 t，比 2010 增加接近 1800 万 t，增长 7.1%，中东原油的进口比例 8 年来首次超过 50%。

随着我国经济持续发展，我国对进口石油的依赖会继续增加。据有关专家估计，2020 年我国石油供需缺口要远远大于 2 亿 t(表 4 - 4)，甚至届时我国石油进口量将占石油消费总量的 70% 以上。石油供应不足是影响我国能源安全最突出的问题。

表 4 - 4　我国石油资源需求及进口预测

项目	2000 年	2010 年	2020 年
石油需求量/亿 t	2.24	3.35 ~ 3.57	4.3 ~ 4.35
净进口量/亿 t	0.696	1.55 ~ 1.87	2.40 ~ 2.95
进口依存度/%	31.0	46 ~ 52	59 ~ 62

3. 天然气

2011 年我国已成为世界第四大天然气消费国。2011 年我国天然气产量 1025.3 亿 m³，同比增长 6.9%；表观消费量达 1307.1 亿 m³，同比增长 20.5%。

2011 年，我国天然气的进口量达 313.9 亿 m³，占国内消费量的 1/4，同比增长 89%；出口量为 32.1 亿 m³，同比下降 20.9%；我国天然气的对外依存度达 21.56%，与 2010 年相比增加9.99%。表4-5为2011年全年我国天然气进出口总量。

表4-5　2011年全年我国天然气进出口量

进口量	2011年/亿 m³	2010年/亿 m³	增减/%
液化天然气(LNG)	166.12	127.24	30.6
管道天然气	140.98	—	—
天然气进口量合计	307.11	162.52	89.0
出口量	2011年/亿 m³	2010年/亿 m³	增减/%
液化天然气(LNG)	—	—	—
管道天然气	31.42	39.72	-20.9
天然气出口量合计	31.42	39.72	-20.9
天然气净进口量	275.69	122.80	124.5

资料来源：国家海关总署。

4.4.2　能源安全对策

由于我国能源自给能力无法满足国民经济和社会发展的需求，我们必须实施对外开辟海外能源渠道和对内节能并重的方针。我国要积极参与国际能源资源的开发，参加国际能源市场的竞争，在全球能源领域占领战略制高点；要积极开展"能源外交"，加强能源的国际合作，以期在日趋激烈的能源争夺战中占主动地位。随着我国经济的持续发展，我国对石油的需求会越来越大，单靠国内石油很难满足需要。因此，建立国外能源供应体系，利用国外石油资源势在必行。利用国外石油资源有两种形式：一是以贸易方式直接从国际石油市场购买原油和石油产品；二是购买国外石油资源的股权，参与国外石油资源的勘探、开发，建立海外石油生产基地，获得份额油。我国已制定"走出去"政策，鼓励本国石油公司"走出去"到海外进行勘探、开发，增加海外份额油在我国石油进口中的比例。在海外开发步骤上，先以油气开发为主，在积累经验和资金的基础上再搞风险勘探。过去我国从国外引进石油一直走海路，主要从中东、海湾地区输入。这种引进方式不利于我国能源安全，需要采取全方位、多元化的方针。也就是说，不仅走海路，而且走陆路；不仅从远处引进，而且从邻国引进；不仅从中东、海湾引进，而且从俄罗斯、中亚、里海等地引进。中东、俄罗斯与中亚、非洲和南美是我国引进海外石油的四个重点地区。在今后一个较长的时间内，中东仍将是我国石油供应最主要的地区，我国将积极发展同沙特、科威特、伊朗、伊拉克等国的石油合作。对其他地区，我国也要不失时机地做好工作，使其成为我国重要的石油供应源。

1. 加大与能源输出国的合作，扩大和稳定能源进口途径

进入21世纪，我国除继续加强与中东、非洲等产油/气地区的合作，从这些地区获取更多的石油份额，另一方面也积极拓宽能源进口途径，通过进口的多元化确保国内能源的需求。此外，加强了与中亚地区、俄罗斯以及南亚地区的能源合作。

（1）中土能源合作

土库曼斯坦地下蕴藏丰富的石油和天然气资源。石油储量120亿t；大然气储量为22万多亿 m³，占中亚地区天然气储量的56%，人均储量可与沙特阿拉伯相比，开采量年均达600~800亿 m³，约占世界总储量的1/4，居中亚国家第1位，世界第4位；石油探明储量约有11亿t，居哈萨克斯坦之后，居中亚国家第2位；除南部山区外，国内几乎全境都有油

气分布。土库曼斯坦国家天然气 2009 年生产 760 亿 m³，2010 天然气年生产能力提高到 1000 亿 m³。

2006 年 4 月，中土两国签署《中华人民共和国政府和土库曼斯坦政府关于实施中土天然气管道项目和土库曼斯坦向中国出售天然气的总协议》，这是我国最大规模的境外天然气勘探开发合作项目，中国石油天然气集团公司是获得土库曼斯坦陆地油气勘探和开采许可证的第一家外国企业。2008 年 6 月 30 日，中亚天然气管道（即土库曼斯坦－中国天然气管道）在乌兹别克斯坦南部城市布哈拉开工。中土天然气管道西起土库曼斯坦的阿姆河之滨，穿过乌兹别克斯坦和哈萨克斯坦（在前 3 国境内长度分别为 188km、530km 和 1300km），通向我国的华中、华东和华南地区（国内总长 8000km），管线总长约 1 万 km。这条天然气大动脉还将与同期建设的西气东输二线衔接。哈萨克斯坦也会借该条管道实现对华供气。中亚天然气管道 2009 年 12 月 14 日单线通气，2010 年实现双线通气。

根据 2006 年 4 月我国和土库曼斯坦签署的中土天然气合作总协议，在未来 30 年内，土库曼斯坦将通过规划实施的中亚天然气管道向我国每年出口 300 亿 m³ 天然气，超过我国 2005 年国内天然气消费量（552 亿 m³）的一半，几乎两倍于西气东输目前的年输气量；2008 年 7 月，双方签署《中土天然气购销协议和土库曼斯坦阿姆河右岸天然气产品分成合同》；土库曼斯坦副总理塔吉耶夫 2009 年 6 月宣布，中国将向土库曼斯坦提供 30 亿美元贷款，用于共同开发南约罗坦气田；2009 年 9 月，中土两国石油企业签署扩大天然气合作的有关协议，土库曼斯坦每年将向中国出售 400 亿 m³ 天然气，多于此前约定的 300 亿 m³。这意味着我国未来 30 年的天然气供应将进一步获得保障。

2011 年 11 月 24 日，土库曼斯坦天然气抵达广东省通气点火仪式在深圳、广州两地举行。土库曼斯坦天然气经过中亚－中国和西气东输二线行程 6811km 抵达广州分输站。

（2）中哈能源合作

哈萨克斯坦拥有大量油气资源，据美国能源信息署估计，哈萨克斯坦石油储量可达 130 亿 t，天然气约 6 万亿 m³。哈萨克斯坦对本国的定位是到 2015 年成为世界上第 6 大产油国。

中哈管道建设方案主要依据 1999 年两国有关方面达成的关于管道建设的经济技术基础方案制订，中哈一期管道投资 7 亿美金，全长 962.2km，输送价格约为 9.6 美元/t。2004 年 9 月 28 日动工建设，2005 年 11 月竣工，2006 年 5 月 25 日，来自哈萨克斯坦的原油开始抵达我国新疆阿拉山口计量站，中国－哈萨克斯坦石油管道开始正式对华输油，2006 年 7 月 11 日开始大规模注油。该管道最初年输油量为 1000 万 t，未来年输油量将达到 2000 万 t。中哈石油管道是我国首条陆路能源传输大动脉，中哈石油管道全线贯通，也是我国首次实现从境外陆路输入石油。

作为我国第一条陆路能源进口大动脉，将有利于促使我国石油进口渠道的多元化。中哈原油管道自 2006 年 7 月投入商业运营，2006 年输油 176 万 t；2010 年全年我国通过中哈原油管道进口原油突破 1000 万 t；2011 年，中哈原油管道进口原油 1093 万 t，同比增长 10.3%。等到中亚、中哈等油气管道完全建成后，哈萨克斯坦每年向我国出口的原油将超过 3000 万 t。为此，中国石油已经计划改扩建新疆克拉玛依和兰州炼油厂，将两地建成原油加工能力超过 3000 万 t/a 的大型炼油基地。

我国与哈萨克斯坦在天然气合作方面也有大量的合作。中哈天然气管道是中亚天然气管道的组成部分，分一期和二期两个工程项目：一期工程为中亚天然气管道过境哈萨克斯坦的管道，从乌兹别克斯坦和哈萨克斯坦边境至哈萨克斯坦－中国边境中国一侧的霍尔果斯，全长约 1300km，与我国西气东输二线相连，单线已于 2009 年 12 月竣工投产；二期工程为哈萨克斯坦境内管道，从哈萨克斯坦西部别依涅乌起至中哈天然气管道一期的齐姆肯特 4 号压气站，管道长度约 1400km；根据中国石油和哈萨克斯坦国家油气公司签署的协议，中哈天然气管道二期工程设计输气能力为每年 100 亿 m³。

中哈天然气管道二期工程于 2010 年 12 月 21 日在位于哈萨克斯坦阿克纠宾州的巴卓伊压气站举行了开工仪式。2011 年 9 月 6 日，中哈天然气管道南线项目（别伊涅乌 - 奇姆肯特段），在哈萨克斯坦共和国南哈萨克斯坦州的突厥斯坦市施工现场隆重举行第一道焊口开焊仪式，标志着工程全面进入现场建设阶段。

（3）中俄能源合作

1994 年，俄罗斯石油企业向中方提出了修建从西伯利亚到中国东北地区石油管道的建议后，不少人以为那只是一个"不切实际的幻想"。1996 年，在叶利钦连任俄总统后，两国政府签署的《中俄关于共同开展能源领域合作的协议》文件中，石油管道项目赫然在列。2001 年 9 月我国总理朱镕基访俄，一条北起俄罗斯安加尔斯克、南到我国大庆的"安大线"跨国石油管道铺设计划，已经基本确定。但俄方在筹备这条远东管线的时候，日本、韩国都想介入，出于自身利益考虑，俄方最终决定修建了一条总长约 5000 公里的东西伯利亚 - 太平洋管道，西起泰舍特，东至太平洋沿岸拉迪沃斯托克附近，通过其在日本海的港口向远东地区输送原油，管道建设分为两期。一期工程是修建泰舍特 - 腾达 - 斯科沃罗季诺之间的石油管道，原计划 2008 年底完工，实现年输油能力 3000 万 t。二期工程是修建斯科沃罗季诺 - 太平洋沿岸的科济米诺之间的管道，计划 2015 年完工。届时，管道年输油能力将增加到 8000 万 t。

2008 年，受金融危机和油价下跌困扰的俄罗斯亟须外部的资金支持。我国提出的"贷款换石油"的合作模式终于让俄罗斯下定了向我国输油的决心。中方承诺分别向俄罗斯石油公司和俄罗斯石油管道运输公司提供 150 亿和 100 亿美元的贷款，作为担保，俄方将在 20 年内向我国出口 3 亿 t 石油。2009 年 4 月 21 日，时任国务院副总理王岐山与俄罗斯副总理谢钦在北京举行第四次中俄能源谈判代表会晤，共同签署《中俄石油领域合作政府间协议》。中俄原油管道的建设和运营真正落实成为政府间协议。中途通往我国的这条支线管道成为俄罗斯远东石油管道的一期工程，中俄原油管道起自俄罗斯远东原油管道斯科沃罗季诺分输站，穿越我国边境，途经黑龙江和内蒙古，止于黑龙江大庆末站，管道全长近 1000km，设计年输油量 1500 万 t，最大年输量 3000 万 t。中俄原油管道俄罗斯境内管道长约 65.5km，穿越两国界河黑龙江的管道长 1.1km，穿越出土点至漠河首站管道长 7.4km，我国漠河至大庆末站原油管道长 925km。2011 年 1 月 1 日起，中俄原油管道顺利建成并投入运营，中俄双方将正式履行每年 1500 万 t 原油进口协议，共持续 20 年。截至 2011 年 6 月底，俄罗斯已通过中俄原油管道对我国输油 750 万 t，俄罗斯的天然气储量是世界第一位，自金融危机爆发以来，俄罗斯天然气在欧洲市场的份额一路大幅下滑，迫使俄罗斯寻找新的市场。而中、土在天然气方面的顺利合作，可能促使俄罗斯对华供气进程加快。

俄罗斯向我国输送天然气的谈判始于 2004 年，俄能源部长施马特科 2009 年 6 月 5 日在第十三届圣彼得堡经济论坛上表示，中国的能源需求巨大，并呈不断增长的势头，俄中能源领域的大规模合作势在必行，双方正在就俄对华供气线路和价格问题进行谈判。谈判于 2010 年取得了突破性的进展：确定先行建设由阿尔泰入境的西线工程，从 2015 年开始向我国输送天然气，每年达到 300 亿 m³。2011 年 10 月 11 日，中俄总理第十六次定期会晤结束后，中俄双方仍未就管道天然气贸易价格达成一致。

（4）与其他国家的能源合作

缅甸天然气储量位居世界第十，已确定的天然气储量为 2.54 万亿 m³，已确知的原油储量为 32 亿桶。缅甸年产原油 4000 多万吨、天然气 80 多亿 m³，出口天然气 50 多亿 m³。

2009 年 6 月，中国石油天然气集团与缅甸在京签署谅解备忘录，双方就修建中缅原油管道、储运设施及附属设施初步达成共识。中缅油管年设计输送能力为 2000 万 t，大约相当于每天 40 万桶。中缅天然气管道缅甸境内段长 793km，原油管道缅甸境内段长 771km，并在缅甸西海岸皎漂配套建设原油码头。两条管道均起于缅甸皎漂市，从云南瑞丽进入我国。实施中缅原油管道项目，可为我国开辟新的油品进口通道，缓解对马六甲海峡的依赖程度，降低海上进口原油的风险。

2010 年 6 月 3 日中缅石油天然气管道工程正式开建。

目前我国主要的油气进口通道如图 4 – 1 所示。这 4 条油气管道的基本情况见表 4 – 6。

表 4 – 6　四大油气管道的基本情况

管道名称	油品	全长/km	国内起点	国内终点	开工日期	竣工日期	年输送量
中哈原油管道	原油	3000	阿拉山口	精河	2004 年 9 月 28 日	2005 年 12 月 16 日（1 期）	2000 万 t
中俄石油管道	原油	999.04	漠河	大庆	境外 2009 年 4 月 27 日 境内 2009 年 5 月 18 日	2010 年 9 月 27 日	1500 万 t
中缅油气管道	原油	2402	云南瑞丽	重庆	境外 2010 年 6 月 3 日	2013 年	2200 万 t
	天然气	2520	云南瑞丽	广西贵港	境内 2010 年 9 月 10 日		120 亿 m³
中亚天然气管道	天然气	单线 1833	新疆霍尔果斯与西气东输二线对接		2008 年 6 月 30 日	2009 年 12 月 14 日	300 亿 m³

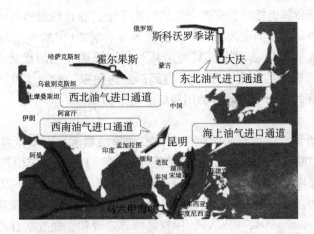

图 4 – 1　我国目前主要的油气进口通道

经过多条输气管线的合作建设，我国天然气进口形成"海陆并举，多元供气"的格局，沿海天然气进口以液化天然气（LNG）为主，广东、福建、上海等 LNG 项目先后建成投产，接收来自澳大利亚、印尼、马来西亚、卡塔尔等国的天然气。

2. 大力发展节能产品，降低能耗

种种迹象表明，当我国已成为煤炭、钢铁、铜等世界第一消费大国、继美国之后的世界第二石油和电力消费大国后，主要能源和初级产品的供求格局发生了较大变化，资源对经济发展的制约作用开始显现，且差距呈越来越大之势。

据专家分析，我国节能潜力巨大。其一，我国产品能耗高。我国主要用能产品的单位产品能耗比发达国家高 25% ~ 90%，加权平均高 40% 左右。例如，我国火电厂供电煤耗为 404g 标准煤/（kW·h），国际先进水平为 317.9g 标准煤/（kW·h），高出 27.4%；我国每吨钢可比能耗平均为 966kg 标准煤，比国际先进水平 656kg 标准煤高出 47.3%；我国每吨水泥熟料燃料消耗为 170kg 标准煤，比国际先进水平 107.5kg 标准煤高出 58.1%。我国国内企业主要耗能产品的单耗，落后的与先进的相差 1 ~ 4 倍。其二，产值能耗高。我国的产值能耗是世界上最高的国家之一：每 kg 标准煤能源产生的国内生产总值仅为 0.36 美元，而日本为 5.58 美元，法国为 3.24 美元，韩国为 1.56 美元，印度为 0.72 美元，世界平均值为 1.86 美元。经测算，通过产业结构调整、产品结构调整、降低高能耗行业的比重、增加高附加值产品的比重以及居民生活用能优质化等措施，近期国民经济产值能耗节能潜力达 3 亿 t 标准煤左右。我国"十五"期间总的节能潜力约为 4 亿 t 标准煤。

能源节约对我国实现跨世纪的经济和能源发展目标将起到举足轻重的作用。我国每万元国内生产总值能耗，由 1995 年 2.33t 标准煤降低到 2010 年的 1.25t 标准煤，预计 2030 年为 0.54t 标准煤和 2050 年为 0.25t 标准煤。由于节约使用能源可以大幅度降低能源消耗，所以大力节能、提高能源利用的经济效益，是我国解决能源安全问题的突破口。节约能源被我国专家视为在我国与煤炭、石油、天然气和电力同等重要的"第五能源"，可以大大节省能源开发的投资。在未来的中国，以煤为主的能源结构基本格局不可能从根本上改变。能源利用效率提高、能源消耗量减少的直接效果就是煤炭运输量的减少和污物排放量的降低。因此，节能是今后相当长的一段时期内我国各行各业都必须重视的工作，是我国经济持续、快速、健康发展的重要保证。

3. 加快实行能源储备制度

当前，国际能源命脉仍然掌握在西方发达国家手中，在日趋激烈的国际能源竞争中，我国长期以来处于劣势。以石油资源为例，目前世界排名前 20 位的大型石油公司垄断了全球已探明优质石油储量的 81%。发达国家利用其对石油资源控制的优势大搞战略石油储备，实际上是对世界能源资源的掠夺。以石油为例，发达国家一般有 120 ~ 160d 的战略储备。2004 年 9 月油价高涨，美国政府通过动用战略储备平抑油价。

（1）美国

1973 年巴以战争导致中东石油供应中断，石油价格猛涨，引发世界性石油危机，一度造成美国石油进口中断，给经济带来巨大损失。1974 年 11 月，在美国等西方市场经济国家的倡导下，国际能源机构（The International Energy Agency，IEA）成立，其主要职能是协调成员国的石油储备行动，以应对石油危机。1975 年，美国国会通过《能源政策和储备法》（Energy Policy and Conservation Act，EPCA），授权能源部建设和管理战略石油储备系统，并明确了战略石油储备的目标、管理和运作机制。当时 IEA 要求成员国至少要储备 60d 的原油。上世纪 80 年代第二次石油危机后，规定增加到 90d，主要包括政府储备和企业储备两种形式。目前世界上只有为数不多的国家战略石油储备达到 90d 以上。战略石油储备（Strategic Petroleum Reserve，SPR）是应对短期石油供应冲击的有效途径之一。它本身服务于国家能源安全，以保障原油的不断供给为目的，同时具有平抑国内油价异常波动的功能。

美国是目前世界上最大的石油储备国，其储量占经合组织国家中政府战略石油储备总量的 60%。其石油储备体系包括民间的商业储备和政府的战略储备两部分，政府和民间储备体系相对独立，企业储备完全市场化运作。战略石油储备完全由政府承担，并授权能源部具体负责。

美国于第一次石油危机后的 1975 年，由国会授权政府开始兴建庞大的应急石油储备体系，整个建立过程耗时近 10 年，美国石油储备比较集中，墨西哥海湾附近的路易斯安那州和得克萨斯州各有两个储备点。从 1976 年开始建设，1977 年第一批石油开始入储，到 1986 年石油的储备量达到了 5 亿桶，相当于 90d 的进口量。2011 年美国拥有 7.266 亿桶战略石油储备，包括 2.926 亿桶轻质低硫原油和 4.34 亿桶重质高硫原油，能满足 75d 的进口量，虽然商业库存不断变化，但总库存量将超过国际能源署规定的 90d 储备量。

（2）日本

石油储备是日本一项基本的国策。1974 年日本加入 IEA，建立政府石油储备，政府建立石油专门帐户，通过征收石油税筹集储备资金。1975 年日本开始实施的《石油储备法》拉开了其战略资源储备制度的序幕。日本的石油储备分 3 个层次：国家石油储备、法定企业储备和企业商业储备。根据日本石油储备法，一定规模以上的炼厂、销售商和进口商都要按规定比例承担石油储备任务，企业向市场投放储备石油时要经过通产省批准。政府为法定企业储备提供低息贷款、加速折旧等政策。法律规定以外的企业商业性储备由企业自理。

自 1978 年石油危机后日本启动国家石油储备制度以来，日本国家石油储备量已经从当年 7d 的用量迅速上升到 2008 年的 102d。如今，日本石油储备由经济产业省统一管理，以国家为主，民间为辅。根据《石油储备法》，国家、企业存储的石油必须至少分别供全国消费 90d 和 60d。截至 2009 底，日本石油储备量约为 6 亿桶，政府和民间的储备量都在标准线之上。

（3）法国

法国是最早建立企业石油储备制度的国家，以法定企业储备为主。早在 1925 年，法国的石油法就规定，在发放进口原油、石油副产品的经营许可证时，要求经营者有前 12 个月经营量的储备能力。1993 年实施的新石油法规定，每个石油经营者都要承担应急石油储备义务，并维持上一年原油和油品消费量 26% 的储量，相当于 95d 的储备量。法国的战略石油储备专业委员会（The Professional Committee of Strategic Petroleum Stocks，CPSSP）代表政府负责制定储备政策和战略储备地区分布计划，向石油公司征收建立和维护石油储备的费用等，并代理一部分企业的石油储备任务。1998 年 CPSSP 管理和支配 950 万 t 战略石油储备，占全国储备义务的 58%，但是 CPSSP 并不具体运行和管理石油储备站点，而是委托石油公司和安全储备管理有限责任公司运作管理。

（4）中国

国外的石油安全战略对我国具有重要的警示作用。目前我国在石油天然气方面探明的储量远低于美国和俄罗斯。根据国家有关部门的规划，未来 20 年我国能源消耗需求较之目前增长一倍左右，其中煤炭将会达到 26 亿 t，石油达到 3 亿 t，天然气达到 800 亿 m^3。但资源前景并不乐观，仅煤炭资源尚能满足 21 世纪的需求外。在 1996 年我国石油进口达到 2262 万 t，超过出口，从而使中国成为石油净进口国。预计在 21 世纪中期，我国的能源进口将超过能源总需求量的 50% 以上。在一个能源主要依靠进口的国家，资源的储备就更加重要。国家应有计划地将某些勘探好或开发好的油田或天然气田封存或减量开采，作为战略储备资源和储备库；还要根据国际石油价格的变化，抓住时机以低价购进更多的石油，充实我国的战略石油储备库；同时应鼓励企业实行能源商业储备。

为建立能源储备基地，首先要建立相关的法律法规。在实现技术方面，储备的选址和布局要从地理环境、接卸条件、动用效率、建设投资和运行成本等多方面考虑，还要适当分散和规模适度，遵循进出油方便、靠近输油线、炼厂和集中消费区的原则。

我国石油储备体系分为 4 级，分别是国家战略储备、地方储备、央企商业储备和中小商业储备，多级储备体系有望应对高油价时代的冲击。

我国早在 1993 年便开始讨论石油战略储备的问题，并于 2001 年正式规划国家战略储备建设，根据规划，我国将用 15 年时间，分 3 期完成石油储备基地的建设。2007 年 12 月 18 日，国家发改委宣布，中国国家石油储备中心正式成立，旨在加强我国战略石油储备建设，健全石油储备管理体系。2020 年整个项目一旦完成，我国的储备总规模将达到 100d 左右的石油净进口量，将国家石油储备能力提升到约 8500 万 t，相当于 90d 的石油净进口量，这也是 IEA 规定的战略石油储备能力的"达标线"。

第一期工程由政府投资，主要分布在浙江镇海和舟山、山东黄岛和辽宁大连等 4 处沿海地区，具备对外进口吞吐运输优势。2004 年，我国开始建设位于镇海的首个工程，四年后一期四项工程全部竣工，并于 2009 年 3 月底之前完成注油。一期工程原油储备能力为 1640 万 m^3，约合 1.02 亿桶，相当于我国 10d 原油进口量，加上国内 21d 进口量的商用石油储备能力，我国总的石油储备能力可达到 30d 原油进口量。石油储备基地一期项目主要集中于东部沿海城市，而在二期规划中，内陆地区将扮演重要角色。2010 年 9 月末，新疆独山子国家石油储备项目开工，标志着第二期石油储备基地建设全面展开，二期战略石油储备基地共有 8 个，战略库存总数为 2680 万 m^3，约合 1.68 亿桶，第二期工程完成后，届时国家战略储备总库容将比一期增加 163%，共计 2.71 亿桶，其中大多数工程将在未来两年上线。我国石油战略储备基地三期也正在选址。

为充分利用社会资源、增加石油储备库容，2010 年 8 月，国家石油储备中心举行利用社会库容存储国储油的资格招标，6 家中标企业的总库容能力为 150 万 m^3，相当于大连国家石油储备基地总库容的一半。据统计，我国民营石油企业 2.3 亿 t 的总储油量中，能够得到充分利用的库存容量仅为几十万吨，不到总量的 1%，剩余的库存容量都被闲置，而且每年的维护、管理需要高昂的费用。招投标方式有望形成双赢的局面，既能增强国家石油储备能力，又能拓宽民营油企的发展空间。

经过多年的建设，2011 年"两会"期间，国家物资储备局局长王庆云表示，我国石油战略储备量大抵可用 1 个月。

4. 把能源结构调整的重点放在洁净技术和替代能源的开发上

在我国能源的品种构成中，优质能源比例很低。目前，煤炭消费量已经占我国一次能源消费总量的 70% 以上，近乎为世界同类平均值 3 倍。煤炭是一种不洁净的燃料，它每产生一单位能量所释放出的 CO_2 比石油多 29%，比天然气多 80%。如果大量使用将会给环境造成严重后果，甚至还会引发与周边国家外交关系的紧张。我国的煤炭资源又存在着固有的质地差、运输距离长、污染严重、热量不足等问题，更在我国能源消费的不利结构方面雪上加霜。很难想象一个依靠以煤为主要能源的大国其经济发展不受到严重制约，也很难想象劣质能源可以支撑一个国家的工业化，并从工业化走向现代化。虽然据估计到 21 世纪中期我国煤炭占一次能源供应量的比重可能降至 50% 以下，但煤炭仍将在我国的能源结构中扮演最主要的角色。由于煤炭消费量的 80% 是原煤直接燃烧，由此造成的环境污染问题非常严重，已经影响到了国民经济的可持续发展。除一些城市烟尘污染外，我国酸雨现象也频频发生，每年由于酸雨和 SO_2 污染造成的经济损失已达到当年国民生产总值的 2% 以上。能源生产和利用对环境的损害，是我国环境问题的核心，受到国际社会的高度关注。此外，我国由于广大农村商品能源短缺，薪柴消耗超过合理采伐量，造成大面积森林植被破坏，水土流失加剧，大量秸秆不能还田，导致土壤有机质含量减少、肥力下降。

改善以燃煤为主的能源消费结构，是我国发展经济和保护环境的迫切要求。但是，我国以煤为主的能源消费结构是由能源资源条件决定的。在我国的能源资源中，煤炭占绝对的优势，达到常规能源资源总量的 85%，长期以来我国形成的能源生产格局就是以煤炭为主，未来煤炭工业仍将在整个能源过程中发挥不可替代的作用。因此，我们应当着重在煤炭生产、加工和利用上做文章，其重点是提高原煤的入洗比例，减少原煤直接燃烧的数量，增加煤炭用于发电、制气等二次能源生产的数量，加快洁净煤技术的研究开发和应用。但是，我国能源技术比国际先进水平大约落后 15～20 年，还不能适应增加能源供给、优化能源结构、提高能源效率的要求。这是制约我国能源安全的重要的技术因素。这一问题的解决，归根到底还要依靠技术进步来完成。在同国外的能源合作中，我们应该把能源技术作为优先发展目标。此外，要加强新的清洁能源的开发，替代煤炭的过多使用。寻找和开发利用清洁高效可再生能源，走能源与环境和经济发展良性循环的路子，是解决未来世界能源问题，为自己和子孙后代创造一个能源丰富、环境优美的地球家园的主要出路。

第 5 章 能源与环境

5.1 环境概述

5.1.1 环境与环境污染的定义

环境是一个应用广泛的名词，其含义和内容极其丰富，随着各种具体状况的差异而不同。

哲学上的定义：所谓环境是指相对于某一中心事物而言，作为某一中心事物的对立面而存在。即围绕一个中心事物的周围的一切。

环境科学中的定义：环境是人类赖以生存和发展的基础，以人类为中心并围绕着人的客观物质世界；包括其他生物和非生命物质，构成人类的生存环境。环境既是人类生存发展的基础，也是人类开发利用的对象。

法律上的定义：《中华人民共和国环境保护法》指出："本法所称环境，是指影响人类生存和发展的各种天然的和经过人工改造的自然因素的总体，包括大气、水、海洋、土地、矿藏、森林、草原、野生生物、自然遗迹、人文遗迹、自然保护区、风景名胜区、城市和乡村等。"这是一种把环境中应当保护的要素或对象界定为环境的一种工作定义，其目的是从实际工作的需要出发，对环境的法律适用对象或适用范围做出规定，以保证法律的准确实施。

环境对人类生产、生活的排泄物具有的容纳和清除能力，这是环境的自净能力。当人类对环境的影响超过一定程度时，即人类向环境索取资源的速度超过了资源再生的速度，或者向环境排放的废弃物的数量超过了环境的自净能力时，就会出现环境问题。

环境污染是由于人类的生产、生活活动产生的有害物质进入环境，引起环境质量下降，危害人类健康，影响正常生存发展的现象。环境保护指采取行政、法律、经济、科学技术等多方面措施，在合理开发利用自然资源的同时，防治环境污染和破坏，以求保持生态平衡，保护人类健康，促进经济和环境协调发展。

5.1.2 环境的分类

环境可分为社会环境和自然环境：

1. 社会环境

社会环境是由政治、经济、文化等要素组成的，在自然环境的基础上，人类通过长期有意识的社会劳动，加工和改造了自然物质，创造了物质生产体系。社会环境一方面是人类精神文明和物质文明发展的标志，另一方面又随着人类文明的演进而不断地得以丰富和发展，因此社会环境也称为文化–社会环境。一定的社会有一定的经济基础和相应的政治、文化等上层建筑，形成多种多样的社会环境，共同构成一个内容丰富多彩的社会圈。

2. 自然环境

自然环境是指环绕人群空间可以直接、间接影响人类生活、生产的一切自然形成的物质、能量的总体。构成环境的种类很多，主要有空气、水、土壤、动植物、岩石、矿物、太阳辐射等，这些都是人类赖以生存和发展的基础，是各种自然因素的总和。

人类居住的地球，自内而外呈圈层构造，与我们关系最密切的是地表的几个圈，包括岩石圈、水圈、气圈 3 个基本圈。在这 3 个圈的相互作用、相互制约、相互渗透、相互转化的交错部分，又产生土壤圈和生物圈，共同组成了人类的自然环境，为人类的生存和发展创造了条件。

人类的生存环境主要是自然环境中的生物圈这一层，它位于岩石圈表层，上至大气圈下部对流层顶，下至深达 11km 的海洋。它相对庞大的地球而言，仅仅是靠近地壳表面薄薄的一层。目前，环境科学研究的人类环境主要是指自然环境中的生物圈这一层，在地理上也称为自然综合体或地球表层系统。随着人类的发展，人类活动的空间已远远超过了这个范围，向下达到了地壳深处，向上已进入了宇宙，但核心部分依然是生物圈。因为只有这一层才同时存在着人类正常生活所必需的空气、淡水、食物等基本物质条件，是人类正常生活的家园。

通常我们在讨论环境问题的时候更加侧重于自然环境。

5.1.3　环境问题

对于环境问题，20 世纪 90 年代以前，人们只局限在对环境污染或公害的认识上，因此把环境污染等同于环境问题，而地震、水、旱、风灾等则认为全属于自然灾害。随着人们对自然的认识越来越深入，发现许多自然灾害是由于人类盲目发展农业、砍伐林木、破坏植被以及严重的工业污染所造成的。因此，环境问题就其范围大小而论，可从广义和狭义两个方面理解。广义上理解，就是由自然力或人力引起生态平衡破坏，最后直接或间接影响人类生存和发展的一切客观存在的问题，都是环境问题。狭义的理解则是由于人类的生产和生活活动，使自然生态系统失去平衡，反过来影响人类生存和发展的一切问题。概括地讲，所谓环境问题，指的就是全球环境或区域环境中出现的不利于人类生存和发展的各种现象。

1. 环境问题的分类

环境问题可分为两类：一类是原生环境问题；另一类是次生环境问题。

（1）原生环境问题

由自然力引起的称为原生环境问题，又称第一环境问题，主要是指地震、洪涝、干旱、滑坡等自然灾害发生时所造成的环境问题。人们原来认为，原生环境问题主要是自然力所引起的，没有人为因素或人为因素很少。但是，由于人类对自然环境的干扰过大、过强，以致往往出现人为因素和自然因素相互交叉、相互影响，加重了原生环境问题的后果，而且原生环境问题往往超越了国界，成为全球性的大问题。

（2）次生环境问题

次生环境问题也称第二环境问题，是指由于人为因素所造成的环境问题。次生环境问题又可分为环境污染和生态环境破坏。环境污染是指由于人类的生产和生活活动，使得环境的化学组成或物理状态发生变化，引起环境质量恶化，扰乱和破坏了生态系统和人们正常的生产和生活条件。具体说来，环境污染是指有害的物质，主要是工业"三废"（废水、废气、废渣）对大气、水体、土壤和生物的污染，包括大气污染、水体污染、土壤污染、生物污染等由物质引起的污染和噪声污染、热污染、放射性污染及电磁辐射污染等由物理性因素引起的污染。

生态环境破坏是由于人类活动直接作用于自然界引起的，如乱砍滥伐引起的森林植被的破坏；过度放牧引起的草原退化；大面积开垦草原引起的沙漠化；滥采滥捕使珍稀物种灭绝，危及地球物种多样化的特点；植被破坏引起的水土流失等。

2. 环境问题的发展

人类活动造成的环境问题由来已久。人类是环境的产物，又是环境的改造者。人类在同自然界的斗争中，运用自己的知识，通过劳动，不断地改造自然，创造新的生存条件。但是，由于缺少科学知识，在很长一段时期内只知道向自然索取，根本不知道应该合理地开发利用自然资源，更不知道如何保护环境。加之不断的战争和自然灾害，以致许多农业比较发达的地区都受到不同程度的破坏。如古代地中海沿岸、中东和非洲北部以及印度北部等，原来都是富饶的地方，由于掠夺式地开垦土地，致使植被破坏、水土流失，结果变为不毛之地。我国的黄河流域是中华民族古代文明的发源地。那时，这个地区森林茂密，土地肥沃。西汉末年和东汉时期经过大规模的开垦，促进了当时农业的发展。可是，由于长期滥伐森林，水源得不到涵养，水土流失严重，造成沟壑纵横、水旱灾害频繁、土地日益贫瘠，引起自然环境的严重衰退，生活环境也遭受破坏。所有这些都是由于对自然资源不合理地开发利用而造成的，这些历史教训是值得我们永远记住的。

根据人类社会的发展，环境问题的发展可以分为以下几个阶段：

（1）原始捕猎阶段

古代的人类依靠捕猎维持生活，由于没有好的工具和武器，生产力水平较低，人口密度也非常小，对环境的影响比较小，所造成的环境问题相对较少。

（2）农牧业阶段

随着农牧业的出现，人类对环境的影响和破坏加大。如早期的农业生产中，砍伐了森林，开垦了草原，造成了地区性的环境破坏。农业发展出现了城市，农业阶段的城市，常是政治、商品交换和手工业的中心。城市里人口密集，物流量大，废弃物量亦大，出现了废水、废气和废渣造成的环境污染问题。不过当时的城镇规模和手工业作坊的规模较小，环境污染问题还不很突出，因此未能引起人们的注意。

（3）工业革命阶段

环境污染作为一个问题逐步引起人们的注意是从 18～19 世纪的产业革命开始的。煤的使用、蒸汽机的发明，带来了大机器生产，生产力大为提高，同时也使各种污染物大量增加。一些工业发达城市和工矿区、工矿企业大量排放的各种废弃物污染环境。这段时间主要的污染物是燃煤产物粉尘和 SO_2，如 1873 年、1880 年、1882 年、1891 年、1892 年英国伦敦都曾发生可怕的有毒烟雾事件。

（4）工业发展阶段

第二次世界大战以后，世界社会生产力飞速发展。工业的动力使用和产品种类、产品数量急剧增大；农业开垦的强度和农药使用的数量也迅速扩大，致使许多国家普遍发生了现代工业、农业发展带来的范围更大、情况更加严重的环境污染问题和生态破坏问题，威胁着人类的生存和持续发展。

（5）现代工业阶段

1972 年 6 月 5 日至 16 日在瑞典的斯德哥尔摩召开了联合国人类环境会议，开始了人类的环境保护事业。随着科学技术的发展和对环境保护投入的增加，一些国家的环境污染得到了控制。但是各国的环境保护工作开展得并不平衡，尤其是一些发展中国家的人口过多，造成的环境问题仍然十分严重。

5.1.4　当前面临的环境问题

1. 人口剧增

人口数量的增减和人类的生产活动是造成自然生态环境恶化和资源短缺的基本因素。公元元年，世界人口约 3 亿，直到 18 世纪中叶世界人口才增至 8 亿，这期间人口翻番用了 1500 年。自 1750 年起，世界人口增长加快。到 1900 年世界人口达 17 亿，人口翻番仅仅用了 150 年；到 1950 年，世界人口增至 25 亿；1950～1987 年短短 37 年，人口翻番达到 50 亿；2011 年底世界人口已增加到 70 亿。据预测，到 2050 年世界人口将达到 94 亿，2200 将达到 110 亿。若世界人口按目前每年 1.17% 的增长率继续下去，地球除南极洲以外的陆地面积，到 2667 年将挤满了人；假使南极洲也必须安排人的话，它也只能为 7 年内增长的人口勉强给个站脚的地方。世界人口的爆炸式增长是导致粮食短缺、资源过度消耗和环境恶化的基本原因，也是人类面临的各种困境的主要诱发因素。无法控制的人口增长，正在使自然界出现难以改变的倒退。人口问题已经成为当今世界未来学家高度重视、首先研究和亟待解决的制约社会可持续发展的重大课题。

2. 粮食短缺

人口的急剧增长使食物的供应量严重不足。地球能够向人类提供的食物是有限的，地球表面陆地面积只有一半适于农耕和放牧。而随着经济的发展，大量可耕地被用于修建公路、居民点等，加上风蚀、河床改道和水土流失等人为和自然因素，耕地面积大幅度减少，质量不断降低；而由于受人力、水源和肥源及其他自然条件的限制，可以扩大的耕地面积不多。另外，由于旱、涝、飓风、蝗虫等自然灾害和人为因素，世界粮食形势十分严峻。近几年，从全球看，粮食增产速度较快，但世界上挨饿的人比历史上任何时候都多，而且人数还在增加，患营养不良者达 5 亿人之多，每年仍有约 1350 万 5 岁以下儿童死于营养不良。随着人口的继续无限制增长，不要说维持社会的持续发展，食物的匮乏甚至将危及人类的生存。

3. 资源危机

随着现代科学技术和工业的发展，包括能源在内的各种矿产资源的采掘和消耗日趋增多，其中化石燃料的生产一直保持指数增长的速度。包括化石燃料在内的各种矿产资源是非再生资源，其储量是有限的。加上资源的地理分布极不均匀，资源消耗量极不平衡。少数发达国家依仗其军事和经济优势，肆意掠夺和浪费资源，从而使业已存在的人类生产、生活对资源需求的无限增长的趋势同资源不能满足这种需求的矛盾日渐突出。世界性的资源危机，尤其是能源危机，已成为严重制约人类社会可持续发展的一大难题。

4. 淡水资源面临枯竭

据统计，地球上水的总量为 14.5 亿 km^3，而其中绝大部分分布于海洋和两极冰川以及地壳孔隙中，真正可供人类利用的淡水，只占地球总水量的 1%。然而就是这仅有的部分，近年来由于人类的掠夺性开采和大面积污染，使满足人类生产和生活所必需的淡水资源数量减少，水质恶化，"水荒"此起彼伏。曾被认为是无穷无尽的天授之物的水资源，已经成为制约人类社会可持续发展和威胁人类生存的难题之一。

5. 生态破坏

人口剧增和工业的发展，驱使人们对土地、矿产、森林、水资源和能源等自然资源进行无节制的掠夺性开采，超出了自然生态系统固有的自我调节能力，使全球性的生态平衡遭到

严重的破坏。例如，盲目开垦草原和过度放牧，导致了土地的沙漠化，现在全世界有 35%
的陆地面积沙漠化，2/3 的国家面临沙漠化威胁，而且沙漠化土壤正以每年 5～7 万平方公
里的速度在扩展；森林植被大面积地被破坏，据估算，全球上原有森林面积 76 亿公顷，由
于乱砍滥伐，毁林开荒，目前仅剩 37 亿公顷，而且每年还以 1800 万公顷的速度在消失。森
林覆盖率已由原来的 66% 降至目前的 22% 左右；同时，由于森林被破坏和滥捕滥杀，生物
物种也随之大量消失。估计到 2050 年，将会有 25% 的物种陷入绝境，6 万种植物濒临灭绝，
物种灭绝总数将达 66～186 万种之多。地球生态环境的急剧恶化，将严重影响到人类的生存
和可持续发展。

6. 环境污染

科学技术的发展带动了工业、农业的深刻革命，同时也造成了严重的环境污染。燃料和
动力的大量消耗，化肥、农药的无节制使用，以及城市人口和工业基地的加速集中，向周围
环境排放出越来越多的废物和有毒害的物质，破坏生态平衡，严重污染大气、水体和土壤。
水体污染和土壤污染不仅会造成有毒有害物质的扩散，危害人体健康，还会导致"水荒"和
土质败坏等灾害发生。

5.1.5 环境污染八大公害和十大事件

20 世纪的 30～60 年代，震惊世界的环境污染事件频繁发生，使众多人群非正常死亡、
残废、患病的公害事件不断出现，其中最严重的有 8 起污染事件，人们称之为"八大公害"。

1. 比利时马斯河谷烟雾事件

比利时马斯河谷工业区处于狭窄盆地中，两侧山高约 90m，许多重型工厂分布在河谷
上，包括炼焦、炼钢、电力、玻璃、炼锌、硫酸、化肥等工厂，还有石灰窑炉，因为地形的
关系，工厂排出的有害气体不能及时地散发出去，而在近地层长期积累下来。

1930 年 12 月 1～5 日发生气温逆转，外排的工业有害废气（主要是 SO_2，浓度高达 25～
100mg/m³）和粉尘对人体健康造成了综合影响，其中毒症状为咳嗽、流泪、恶心、呕吐，一
周内有几千人发病，63 人相继死亡，市民中心脏病、肺病患者的死亡率增高，家畜死亡率
也大大增高。这次事件主要是由于几种有害气体和煤烟粉尘污染的综合作用所致。

2. 美国洛杉矶烟雾事件

洛杉矶临海依山，处于 50km 长的盆地中。1943 年 5～10 月，美国洛杉矶市出现了一种
奇特的淡蓝色烟雾，造成大多数居民患眼睛红肿、喉炎、呼吸道疾患恶化等疾病，65 岁以
上的老人死亡 400 多人。

经过反复的调查研究，直到 1958 年才发现，这一事件是由于洛杉矶市拥有的 250 万辆
汽车排气污染造成的。这些汽车每天消耗约 1600t 汽油，由于汽车汽化率低，向大气排放超
过 1000t HC 和 400t NO_x，这些气体受阳光作用，酿成了危害人类的光化学烟雾事件。

3. 美国多诺拉事件

美国宾夕法尼亚州多诺拉镇处于河谷地区，10 月最后一个星期大部地区受反气旋和逆
温控制。1948 年 10 月 26～30 日，该地区持续有雾，当时大气中 SO_2 浓度超过标准数倍，
并发现有尘粒，SO_2 以及其他氧化物与大气烟尘共同作用，大气污染物在近地层积累，生成
硫酸烟雾，使大气严重污染。受事件影响，4 天内共有 5911 人发病，占全镇总人口的 43%，
有 17 人死亡，症状是眼痛、肢体酸乏、呕吐、腹泻。

4. 英国伦敦烟雾事件

英国伦敦市素有"雾都"之称。1952 年 12 月 5～8 日，伦敦市上空烟雾弥漫，煤烟粉尘

积蓄不散，造成了震惊一时的烟雾事件。首先是牛对这种烟尘有所反应，与此同时，几乎市民感到胸口窒闷，并有咳嗽、喉病、呕吐等症状，当天死亡率出现上升，12 月 5～8 日的 4 天里，伦敦市死亡人数达到 4000 人，甚至在毒雾事件之后的两个月内，还陆续有 8000 人病死。

随后的气象和环境分析发现，12 月 5 日清晨，在伦敦上空南英格兰一带有一大型移动性高压脊，使伦敦地区完全处于死风状态，再加上近地气温发生反常变化，近地空气在低气压影响下形成冷气层，来自西北的高压流在它的上面形成逆温层，使地面冷空气层不能逸散。由于伦敦居民当时都用烟煤取暖，烟煤中不仅硫含量高，而且一吨家庭用煤排放的飘尘要比工业用煤高 3～4 倍。在当时的气象条件下，导致伦敦上空烟尘蓄积，经久不散，大气中 SO_2 达 $3.8mg/m^3$，是平时 6 倍；烟尘最高浓度达 $4.5mg/m^3$，是平时 10 倍，粉尘中含有 Fe_2O_3，促使空气中 SO_2 氧化成 SO_3，遇大雾中的水滴变成 H_2SO_4，硫酸液沫或附着在烟尘上或凝聚在雾点上进入呼吸系统，使人发病或加速慢性病患者的死亡。

5. 日本水俣病事件

日本一家生产氮肥的工厂从 1908 年起在日本九州熊本县水俣市建厂，该厂生产流程中产生的甲基汞化合物则直接排入水俣湾。1953～1968 年，地处水俣湾和新县阿贺野川下游的居民食用了海湾中含汞污水污染的鱼虾、贝类及其他水生动物，造成近万人中枢神经疾患，其中汞中毒者有 283 人，其中 66 人死亡，因医生无法确诊而称之为"水俣病"。

6. 日本四日市哮喘病事件

20 世纪五六十年代日本东部沿海四日市设立了多家石油化工厂，这些工厂排出的含 SO_2、金属粉尘的废气，重金属微粒与 SO_2 形成硫酸烟雾，使许多居民患上哮喘等呼吸系统疾病。

1961 年，四日市哮喘病大发作；1964 年连续 3d 浓雾不散，严重的哮喘病患者开始死亡；1967 年，一些哮喘病患者不堪忍受痛苦而自杀；到 1970 年，四日哮喘病患者达到 500 多人，其中有 10 多人死亡，实际患者超过 2000 人；1972 年全市共确认哮喘病患者达 817 人。

后来，由于日本各大城市普遍烧用高硫重油，致使四日市哮喘病蔓延全国。如千叶、川崎、横滨、名古屋、水岛、岩国、大分等几十个城市都有哮喘病在蔓延。据日本环境厅统计，到 1972 年为止，日本全国患四日市哮喘病的患者多达 6376 人。

7. 日本爱知县米糠油事件

1968 年 3 月，日本北九洲市、爱知县一带生产米糠油时所用的脱臭热载体多氯联苯，由于生产管理不善，混入米糠油中，致使 1400 多人食用后中毒，患病者超过 1400 人。4 个月后，患病者超过 5000 人，其中 16 人死亡，实际受害者约 13000 人。与此同时，用生产米糠油的副产品黑油做家禽饲料，又使数十万只鸡死亡。

8. 日本富山痛痛病事件

20 世纪 50 年代日本三井金属矿业公司在富山平原的神通川上游开设炼锌厂，该厂排入神通川的废水中含有金属镉，这种含镉的水又被用来灌溉农田，使稻米含镉。1955 年到 1968 年，生活在该地区的人们，因食用含镉的大米和饮用含镉的水而中毒，全身疼痛，引起"痛痛病"。据统计，在 1963～1968 年 5 月，共有确诊患者 258 人，死亡人数达 128 人。

1972～1992 年间，世界范围内的重大污染事件屡屡发生，其中著名的有 10 起，称之为"十大事件"。

1. 北美死湖事件

美国东北部和加拿大东南部是西半球工业最发达的地区，每年向大气中排放二氧化硫2500多万t。其中约有380万t由美国飘到加拿大，100多万t由加拿大飘到美国。20世纪70年代开始，这些地区出现了大面积酸雨区。美国受酸雨影响的水域达3.6万km²，23个州的17059个湖泊有9400个酸化变质。最强的酸性雨降在弗吉尼亚洲，酸度pH值1.4。纽约州阿迪龙达克山区，1930年只有4%的湖无鱼，1975年近50%的湖泊无鱼，其中200个是死湖，听不见蛙声，死一般寂静。加拿大受酸雨影响的水域5.2万km²，5000多个湖泊明显酸化。多伦多1979年平均降水酸度pH值3.5，比番茄汁还要酸，安大略省萨德伯里周围1500多个湖泊池塘漂浮死鱼，湖滨树木枯萎。

2. 卡迪兹号油轮事件

1978年3月16日，美国22万t的超级油轮"亚莫克·卡迪兹号"，满载伊朗原油向荷兰鹿特丹驶去，航行至法国布列塔尼海岸触礁沉没，漏出原油22.4万t，污染了350km长的海岸带。仅牡蛎就死掉9000多t，海鸟死亡2万多t。海事本身损失1亿多美元，污染的损失及治理费用却达5亿多美元，而给被污染区域的海洋生态环境造成的损失更是难以估量。

3. 墨西哥湾井喷事件

1979年6月3日，墨西哥石油公司在墨西哥湾南坎佩切湾尤卡坦半岛附近海域的伊斯托克1号平台钻机打入水下3625m深的海底油层时，突然发生严重井喷，平台陷入熊熊火海之中，原油以每天4080t的流量向海面喷射。后来在伊斯托克井800m以外海域抢打两眼引油副井，分别于9月中、10月初钻成，减轻了主井压力，喷势才稍减。直到1980年3月24日井喷才完全停止，历时296d，其流失原油45.36万t，这次井喷造成10mm厚的原油顺潮北流，涌向墨西哥和美国海岸。黑油带长480km、宽40km，覆盖1.9万km²的海面，使这一带的海洋环境受到严重污染。

4. 库巴唐"死亡谷"事件

巴西圣保罗以南60公里的库巴唐市，20世纪80年代以"死亡之谷"知名于世。该市位于山谷之中，60年代引进炼油、石化、炼铁等外资企业300多家，人口剧增至15万，成为圣保罗的工业卫星城。企业主只顾赚钱，随意排放废气废水，谷地浓烟弥漫、臭水横流，有20%的人得了呼吸道过敏症，医院挤满了接受吸氧治疗的儿童和老人，使2万多贫民窟居民严重受害。1984年2月25日，一条输油管破裂，10万加仑油熊熊燃烧，烧死百余人、烧伤400多人；1985年1月26日，一家化肥厂泄漏50t氨气，30人中毒、8000人撤离。市郊60km²森林陆续枯死，山岭光秃，遇雨便滑坡，大片贫民窟被摧毁。

5. 西德森林枯死病事件

原西德共有森林740万公顷，到1983年为止有34%染上枯死病，每年枯死的蓄积量占同年森林生长量的21%多，先后有80多万公顷森林被毁。这种枯死病来自酸雨之害。在巴伐利亚国家公园，由于酸雨的影响，几乎每棵树都得了病，景色全非。黑森州海拔500m以上的枞树相继枯死，全州57%的松树病入膏肓。巴登－符腾堡州的"黑森林"，是因枞、松绿得发黑而得名，是欧洲著名的度假圣地，也有一半树染上枯死病，树叶黄褐脱落，其中46万亩完全死亡。汉堡也有3/4的树木面临死亡。当时鲁尔工业区的森林里，到处可见秃树、死鸟、死蜂，该区儿童每年有数万人感染特殊的喉炎症。

6. 印度博帕尔公害事件

1984年12月3日凌晨，震惊世界的印度博帕尔公害事件发生。午夜，座落在博帕尔市郊的"联合碳化杀虫剂厂"一座存贮45t异氰酸甲酯贮槽的保安阀出现毒气泄漏事故。1h后有毒烟雾袭向这个城市,形成了一个方圆25英里的毒雾笼罩区。首先是近邻的两个小镇上,有数百人在睡梦中死亡。随后,火车站里的一些乞丐死亡。毒雾扩散时,居民们有的以为是"瘟疫降临",有的以为是"原子弹爆炸",有的以为是"地震发生",有的以为是"世界末日的来临"。1周后,有2500人死于这场污染事故,另有1000多人危在旦夕,3000多人病入膏肓。在这一污染事故中,有15万人因受污染危害而进入医院就诊,事故发生4天后,受害的病人还以每分钟一人的速度增加。这次事故还使20多万人双目失明。博帕尔的这次公害事件是有史以来最严重的因事故性污染而造成的惨案。

7. 切尔诺贝利核漏事件

1986年4月27日早晨,前苏联乌克兰切尔诺贝利核电站一组反应堆突然发生核漏事故,引起一系列严重后果。带有放射性物质的云团随风飘到丹麦、挪威、瑞典和芬兰等国,瑞典东部沿海地区的辐射剂量超过正常情况时的100倍。核事故使乌克兰地区10%的小麦受到影响,此外由于水源污染,使前苏联和欧洲国家的畜牧业大受其害。当时预测,这场核灾难,还可能导致日后10年中10万居民患肺癌和骨癌而死亡。

8. 莱茵河污染事件

1986年11月1日深夜,瑞士巴富尔市桑多斯化学公司仓库起火,装有1250t剧毒农药的钢罐爆炸,硫、磷、汞等毒物随着百余吨灭火剂进入下水道,排入莱茵河。警报传向下游瑞士、德国、法国、荷兰四国835km沿岸城市。剧毒物质构成70公里长的微红色飘带,以4km/h速度向下游流去,流经地区鱼类死亡,沿河自来水厂全部关闭,改用汽车向居民送水,接近海口的荷兰,全国与莱茵河相通的河闸全部关闭。翌日,化工厂有毒物质继续流入莱茵河,后来用塑料塞堵下水道。8天后,塞子在水的压力下脱落,几十吨含有汞的物质流入莱茵河,造成又一次污染。11月21日,德国巴登市的苯胺和苏打化学公司冷却系统故障,又使2t农药流入莱茵河,使河水含毒量超标准200倍。这次污染使莱茵河的生态受到了严重破坏。

9. 雅典"紧急状态事件"

1989年11月2日上午9时,希腊首都雅典市中心大气质量监测站显示,空气中SO_2浓度318mg/m³,超过国家标准(200mg/m³)59%,发出了红色危险讯号。11时浓度升至604mg/m³,超过500mg/m³紧急危险线。中央政府当即宣布雅典进入"紧急状态",禁止所有私人汽车在市中心行驶,限制出租汽车和摩托车行驶,并令熄灭所有燃料锅炉,主要工厂削减燃料消耗量50%,学校一律停课。中午,CO_2度增至631mg/m³,超过历史最高记录,CO浓度也突破危险线。许多市民出现头疼、乏力、呕吐、呼吸困难等中毒症状。

10. 海湾战争油污染事件

据估计,1990年8月2日~1991年2月28日海湾战争期间,先后泄入海湾的石油达150万t。1991年多国部队对伊拉克空袭后,科威特油田到处起火。1月22日科威特南部的瓦夫腊油田被炸,浓烟蔽日,原油顺海岸流入波斯湾。随后,伊拉克占领的科威特米纳艾哈麦迪开闸放油入海。科南部的输油管也到处破裂,原油滔滔入海。1月25日,科接近沙特的海面上形成长16km,宽3km的油带,每天以24km的速度向南扩展,部分油膜起火燃烧黑烟遮没阳光,伊朗南部降"黏糊糊的黑雨"。至2月2日,油膜展宽16km、长90km,逼近巴林,危及沙特。迫使两国架设浮栏,保护海水淡化厂水源。这次海湾战争酿成的油污染事件,在短时间内就使数万只海鸟丧命,并毁灭了波斯湾一带大部分海洋生物。

5.2 能源导致的主要环境问题

5.2.1 能源利用是引起环境变化的重要原因

人类活动造成的环境问题，最早可追溯到远古时期。那时，由于用火不慎，大片草地、森林发生火灾，生物资源遭到破坏，他们不得不迁往他地以谋生存。随着社会分工和商品交换的发展，城市成为手工业和商业的中心。城市里人口密集，各种手工业作坊与居民住房混在一起。排出的废水、废气、废渣，以及城镇居民排放的生活垃圾，造成了环境污染。13世纪英国爱德华一世时期，曾经有对排放煤炭的"有害的气味"提出抗议的记载。近代，在一些工业发达的城市，工矿企业排出的废弃物污染环境，使污染事件不断发生。如19世纪中后期，英国伦敦多次发生可怕的有毒烟雾，日本足尾铜矿区排出的废水毁坏了大片农田的事件等。第二次世界大战以后，许多工业发达国家普遍发生现代工业发展带来的范围更大、情况更加严重的环境污染问题，威胁着人类的生存，环境问题已发展成为全球性的问题。

煤、石油、天然气是所有能源中最重要的能源，也是全球经济发展的基础能源。自18世纪英国工业革命开始以来，人们千百年来的自然生活方式大大地改变了。随着现代科学进步和工业化进程的急速发展，人们对于自己所处的环境－大自然的改造能力愈来愈强。人类对能源的需求量也发生了明显变革，基础能源的使用量和需求量开始大幅增加。表5-1的数据给出一座1000MW的发电厂在使用不同燃料时的污染物的排放量。燃烧煤炭时，颗粒物质的排放量最大，分别是燃油和燃气的6.15倍和9.76倍。

表5-1 1000MW发电厂使用不同燃料时的污染物排放量[①]

污染物	年排放量/10^6 kg		
	煤气[②]	油[③]	煤炭[④]
颗粒物物质	0.46	0.73	4.49
硫氧化物	0.012	52.66	39.00
氮氧化物	12.08	21.70	20.88
一氧化碳	忽略不计	0.008	0.21
碳氢化合物	忽略不计	0.67	0.52

注：①National Academy of Engineering, 1972;
②每年煤气消耗量假定为1.9×10^9 m³;
③每年耗油量设为1.57×10^6 t, 含S量为1.6%, 灰分为0.05%;
④每年燃煤量设为2.3×10^6 t, 煤中含S 3.5%, 其中的15%留在灰分中; 煤中含灰分9%, 飞灰效率97.50%。

任何一种能源的开发的利用都会对环境造成一定影响。例如水能的开发和利用可能会造成地面沉降、地震、生态系统变化；地热能的开发利用能导致地下水污染和地面下沉。在诸多能源中，不可再生能源对环境的影响是最为严重的。大量使用化石燃料，对环境造成严重危害，表5-2给出全球生态环境恶化的一些具体表现。

表 5 – 2　全球生态环境恶化的具体表现

项目	恶化表现	项目	恶化表现
土地沙漠化	10 公顷/min	CO_2 排放	1500 万 t/d
森林消失	21 公顷/min	垃圾生产	2700 万 t/d
草地减少	25 公顷/min	由于环境污染造成的死亡人数	10 万人/d
耕地减少	40 公顷/min	各种废水或污水排放速度	60000 亿 t/a
物种灭绝	2 种/h	各种自然灾害造成的损失	1200 亿美元/a
土壤流失	300 万 t/h		

5.2.2　酸雨污染

大气中的 S 和 N 的氧化物有自然和人为两个来源。例如：SO_2 的自然来源包括微生物活动和火山活动，含盐的海水飞沫也增加大气中的硫。自然排放大约占大气中全部 SO_2 的一半，但由于自然循环过程，自然排放的硫基本上是平衡的。环境中硫氧化物的人为来源主要是煤炭、石油等矿物燃料的燃烧、金属冶炼、化工生产、水泥生产、木材造纸以及其他含硫原料的工业生产。其中，煤炭与石油的燃烧过程排出的 SO_2 数量最大，约占人为排放量的 90%。近年来各国虽然采取了种种减少 SO_2 排放量的措施，使燃烧单位质量的矿物燃料排出的 SO_2 量有所减少，但随着工业的发展与人口的增加，矿物燃料的总消费量在不断增长，世界的 SO_2 人为排放量仍在继续增加。

燃煤时排放的 SO_2 是由煤炭的含硫组分在燃烧时被氧化而成。煤炭中的硫分以硫铁矿、有机硫和硫酸盐三种形式存在。硫铁矿所含硫分一般占煤炭总硫量的 50% ~70%。煤炭含硫量一般随地区与煤的品种而异，例如，我国的高硫煤的含硫量可达 10%，而低硫煤的含硫量则只有 0.3%。全世界煤炭含硫量一般为 1% ~3%，我国煤炭平均含硫量为 1.72%。

煤炭的可燃性硫分在燃烧时大部分被氧化成 SO_2，在过量空气条件下，约有 5% 的 SO_2 转化为 SO_3，它们大都随烟气排入大气中，只有少部分可燃硫与灰渣中的碱土金属氧化物反应，形成硫酸盐而留在灰渣中，一般可燃性硫分的 80% 都会转换成 SO_x 随烟气排出。

原油中除含有上百种烃类组分外，还含有一定的硫分，含硫量随产地而异，南美、中东地区的石油含硫量较高，通常都在 1% ~3%。例如科威特原油含硫量平均为 2.55%，而美国的 40% 原油含硫量都低于 0.25%，只有 20% 的原油含硫量超过 1%。石油中的有机成分在蒸馏过程中都进入高沸物中，因此，柴油含硫量比汽油及煤油高，而重油的含硫量又高于柴油。所以，重油含硫量比原油更高，例如科威特原油含硫为 2.55%，但经炼制剩下的重油含硫量却高达 3.7%。重油通常都做燃料，燃烧时其所含硫分即以 SO_2 形式排入大气中。

人为排放出来的 NO_x 大部分是大气中 N_2 在高温下燃烧时产生的。矿物燃料中含氮物质，如石油中的吡啶(C_5H_5N)和煤炭中的环状含氮物，在燃烧时也会生成 NO_x。一般在 900℃ 燃烧时，燃料中的含氮物与空气中的 N_2 会与 O_2 反应生成 NO_x，燃烧温度达到 1300℃ 时 NO_x 的发生尤为迅速。燃料中的含氮量愈高或燃烧时的过量空气愈多，在高温下燃烧时生成的 NO_x 量也愈多，燃烧中产生的 NO_x 中 90% 是 NO，NO 在空气中停留一段时间后逐渐氧化成 NO_2。此外，在硝酸、氮肥、硝化有机物、苯胺染料与合成纤维的生产过程中也会生

产 NO_x。

火电厂是 NO_x 的主要固定排放源，而汽车是 NO_x 的主要流动排放源。在所有工业国家中，交通车辆在燃烧石油制品时排出的 NO_x 占总 NO_x 排放量的比例都较大。这些污染物在大气中不会分解消失，而是通过大气传输，在一定条件下形成酸雨，酸雨主要分布在污染源集中的城市地区。酸雨问题首先出现在欧洲和北美洲，现在已出现在亚太的部分地区和拉丁美洲的部分地区。欧洲和北美已采取了防止酸雨跨界污染的国际行动，在东亚地区，酸雨的跨界污染已成为一个敏感的外交问题。

酸雨通常指 pH 值低于 5.6 的降水，但现在泛指酸性物质以湿沉降或干沉降的形式从大气转移到地面上。湿沉降是指酸性物质以雨、雪形式降落地面，干沉降是指酸性颗粒物以重力沉降、微粒碰撞和气体吸附等形式由大气转移到地面。酸雨形成的机制相当复杂，是一种复杂的大气化学和大气物理过程。酸雨中绝大部分是硫酸和硝酸，主要来源于排放的 SO_2 和 NO_x。就某一地区而言，酸雨发生并产生危害有两个条件：①发生区域有高度的经济活动水平，广泛使用矿物燃料，向大气排放大量 SO_x 和 NO_x 等酸性污染物，并在局部地区扩散，随气流向更远距离传输；②发生区域的土壤、森林和水生生态系统缺少中和酸性污染物的物质或对酸性污染物的影响比较敏感。如酸性土壤地区和针叶林就对酸雨污染比较敏感，易于受到损害。

20 世纪 60~70 年代以来，随着世界经济的发展和矿物燃料消耗量的逐步增加，矿物燃料燃烧中排放的 SO_2、NO_x 等大气污染物总量也不断增加，酸雨分布有扩大的趋势。欧洲和北美洲东部是世界上最早发生酸雨的地区，但亚洲和拉丁美洲有后来居上的趋势。酸雨污染可以发生在其排放地 500~2000km 的范围内，酸雨的长距离传输会造成典型的越境污染问题。

欧洲是世界上一大酸雨区，主要的排放源来自西北欧和中欧的一些国家，这些国家排出的 SO_2 有相当一部分传输到了其他国家，北欧国家降落的酸性沉降物一半来自欧洲大陆和英国。受影响重的地区是工业化和人口密集的地区，即从波兰和捷克经比利时、荷兰、卢森堡 3 国到英国和北欧这一大片地区，其酸性沉降负荷高于欧洲极限负荷值的 60%，其中中欧部分地区超过生态系统的极限承载水平。

美国和加拿大东部也是一大酸雨区。美国是世界上能源消费量最多的国家，消费了全世界近 1/4 的能源，美国每年燃烧矿物燃料排出的 SO_2 和 NO_x 也居各国首位。从美国中西部和加拿大中部工业心脏地带污染源排放的污染物定期落在美国东北部和加拿大东南部的农村及开发相对较少或较为原始的地区，其中加拿大有一半的酸雨来自美国。

亚洲是 SO_2 排放量增长较快的地区，并主要集中在东亚，其中我国南方是酸雨最严重的地区，成为世界上又一大酸雨区。

酸雨的危害主要表现在以下几个方面：

（1）对人体健康的直接危害

硫酸雾和硫酸盐雾的毒性比 SO_2 大得多，可侵入肺的深部组织，引起肺水肿等疾病而使人致死。如 1952 年 12 月 5~18 日世界公害史上著名的"伦敦烟雾事件"。

（2）使水体酸化

酸雨使河流、湖泊的水体酸化，抑制水生生物的生长和繁殖，杀死水中的浮游生物，减少鱼类食物来源，使水生生态系统紊乱，严重影响水生动植物的生长。如挪威和瑞典南部五分之一的湖没有鱼，加拿大有 1.4 万个湖成为死湖。

此外，酸化的水中 Al、Cu、Zn、Cd 等金属含量比中性地下水高很多倍。

（3）破坏土壤、植被、森林

酸雨降落在地面以后首先污染土壤，使土壤 pH 值下降变成强酸土。强酸土会抑制硝化细菌和固氮菌的活动，使有机物分解变慢，营养物质循环降低，土壤肥力降低，有毒物质更毒害作物根系，杀死根毛，导致发育不良或死亡，生态系统生物产量明显下降。1982 年我国重庆郊区有几万亩水稻、豆类植物受酸雨危害，产量损失在 6.5% 以上。森林中的植物生长期长，酸雨对植物作用时间也较长，加之土壤不加管理，在酸雨长期影响下，土壤 pH 值就降低。因此酸雨对森林生态系统的影响要比农田生态系统大得多，而且一旦酸化就需很长的时间、甚至几十年才能恢复。酸雨还通过对植物表面（茎、叶）的淋洗直接伤害或通过间接危害，使森林衰亡，并诱使病虫害爆发，造成森林大片死亡。德国巴登符腾堡有 6.4 万公顷森林因酸雨而死亡；巴西利亚有 5.4 万公顷森林危在旦夕，1985 年我国重庆南山风景区马尾松死亡面积达 800 公顷，被视为世界上大气污染对森林造成毁灭性灾害的典型。

（4）腐蚀金属、油漆、皮革、纺织品及建筑材料等

酸雨会造成油漆涂料变色、金属制品生锈、纸张变脆、衣服褪色、塑料制品老化等，因而对电线、铁轨、桥梁、建筑、名胜古迹等人文景观均会造成严重损害。世界上许多以大理石和石灰石为材料的古建筑和石雕艺术品遭酸雨腐蚀而严重损坏，如乐山大佛、加拿大的议会大厦、雅典的巴特农神庙、印度的泰姬陵、法国的埃菲尔铁塔、埃及的金字塔及狮身人面像等。

5.2.3　荒漠化加剧

1992 年联合国环境与发展大会对荒漠化的定义是：荒漠化是由于气候变化和人类不合理的经济活动等因素使干旱、半干旱和具有干旱灾害的半湿润地区的土地发生退化。土地开垦成农田以后，生态环境就发生了根本的变化，稀疏的作物遮挡不住暴雨对土壤颗粒的冲击；缺少植被而裸露的地表凭日晒风吹，不断地损失掉它的水分和肥沃的表层细土；单调的作物又吸收走了土壤中的某些无机和有机肥料，并随收获被带出土壤生态系统以外，年复一年，不断减少着土壤的肥力，导致土壤品质恶化，于是水土流失便加速进行。

土地荒漠化是全球性的环境灾害，已影响到世界六大洲的 100 多个国家和地区，全球约有 1/6 的人口生活在这些地区。目前，全球荒漠化的面积已经达 3600 万 km^2，占整个地球陆地面积的 1/4，全世界受荒漠化影响的国家有 100 多个，约 9 亿人受到荒漠化的摧残影响和威胁。全世界每年因荒漠化而遭受的损失达 420 亿美元。

我国是世界上沙漠面积较大、分布较广、荒漠化危害严重的国家之一。沙漠、戈壁及沙化土地总面积为 168.9 万 km^2，占国土面积的 17.6%。除西北、华北和东北的 12 块沙漠和沙地外，在豫东、豫北平原，在唐山、北京周围，北回归线一带还分布着大片的风沙化的土地。近 20 年来，沙化土地平均每年以 $2460km^2$ 的速度在扩展，每年因荒漠化危害造成的损失高达 540 亿元，因风蚀形成的荒漠化土地面积已超出全国耕地的总和。由于水土流失，每年流失土壤达 50 多亿 t，使土地资源、遭受严重破坏，直接受荒漠化危害影响的人口约 5000 多万人。西北、华北北部、东北西部地区每年约有 2 亿亩农田遭受风沙灾害，粮食产量低而不稳定；有 15 亿亩草场由于荒漠化造成严重退化；有数以千计的水利工程设施因受风沙侵袭排灌效能减弱。

荒漠化的发生、发展和社会经济有着密切的关系。人类不合理的经济活动不仅是荒漠化

的主要原因，反过来人类又是它的直接受害者。

森林的过度砍伐，也是荒漠化形成的重要原因。黄河中游的黄土高原，本是茂密的森林，人类的开发活动，使大面积的森林遭受破坏。缺乏森林保护的土地阻挡不住西伯利亚气候系统的侵蚀，形成了干旱、荒凉的黄土高坡，面临荒漠化的严重威胁。

森林对维系地球生态平衡、净化空气、涵养水源、保持水土、防风固沙、调节气候、吸尘灭菌、美化环境、消除噪声起着重要的不可替代的作用。现今，地球上仅存大约28亿公顷森林和12亿公顷稀疏林，占地球陆地面积的1/5；森林破坏的速度为每年1130万公顷。到20世纪末，地球上的森林面积将减少到占地球陆地表面积的1/6。

森林锐减的事实足以让当代人清醒，人类原以为用自己的双手开发资源，建设美好家园，而往往是破坏自己的生存环境，断送后代人的幸福。实际上，这种后果已日益严重起来。复杂的生态结构受到破坏，导致自然生态进一步恶化。使气候发生变化，使地表截蓄径流能力减弱，加剧风沙、洪水、冰雹、干旱等自然灾害。森林面积缩小使生活在其中的野生动物失去了适宜的生活环境，使2.5万种物种面临灭绝的威胁。森林破坏造成环境质量的恶化。

我国历史上曾是个森林资源丰富的国家，但经过历代的砍伐破坏已成为一个典型的少林国家，森林覆盖率和人均占有量居世界后列。2008年结束的第七次全国森林资源清查结果显示，我国森林资源保护和发展依然面临着以下突出问题：

（1）森林资源总量不足。我国森林覆盖率只有全球平均水平的2/3，排在世界第139位。人均森林面积0.145公顷，不足世界人均占有量的1/4；人均森林蓄积10.151 m^3，只有世界人均占有量的1/7。全国乔木林生态功能指数0.54，生态功能好的仅占11.31%，生态脆弱状况没有根本扭转。生态问题依然是制约我国可持续发展最突出的问题之一，生态产品依然是当今社会最短缺的产品之一，生态差距依然是我国与发达国家之间最主要的差距之一。

（2）森林资源质量不高。乔木林每公顷蓄积量85.88m^3，只有世界平均水平的78%，平均胸径仅13.3cm，人工乔木林每公顷蓄积量仅49.01 m^3，龄组结构不尽合理，中幼龄林比例依然较大。森林可采资源少，木材供需矛盾加剧。

（3）林地保护管理压力增加。林地转为非林地的面积虽比第六次清查有所减少，依然有831.73万公顷，其中有林地转为非林地面积377.00万公顷，征占用林地有所增加，局部地区乱垦滥占林地问题严重。

（4）营造林难度越来越大。我国现有宜林地质量好的仅占13%，质量差的占52%；全国宜林地60%分布在内蒙古和西北地区。今后全国森林覆盖率每提高1%，需要付出更大的代价；

森林锐减主要原因包括：①人口的压力，2011年10月底年世界人口已达70亿，其中75%以上集中在不发达的第三世界国家。他们的主要问题仍然是粮食和能源。为了有吃、有穿、有住、有柴烧，不得不向森林索取，毁林开荒，伐木为薪，致使大片的森林以惊人的速度消失；②滥伐树木，人类开始大规模地利用热带木材是最近20～30年的事。发达国家近20年来热带木材进口量增加了16倍，占世界木材、纸浆供给量的10%。发达国家为保护自己国内的木材资源转向发展中国家索取。欧洲国家从非洲，美国从中南美洲，日本从东南亚进口木材；③毁林烧柴，人类燃薪煮食取暖所使用的能量超过由水电站或核电站所产生的能量，根据联合国环境规划署的统计，为了煮食和取暖，人们每年要砍伐烧毁的林区达2.2万km^2，木柴中大部分能量被浪费掉。另外，火灾频繁、病虫危害也是森林锐减的一个原因。

　　经过进十几年的发展，我国森林面积和覆盖率都有所增加。据 2012 年国家统计结果，我国森林面积由 1992 年的 1.34 亿公顷增加到 2012 年的 1.95 亿公顷，净增近 6200 万公顷；森林覆盖率由 1992 年的 13.92% 增加到 20.36%，净增 6.44 个百分点；人工林保存面积 6168 万公顷，继续保持世界首位。同时，国际重要湿地数量达 41 处，约 50% 的自然湿地得到有效保护。预计到"十二五"末，我国林地保有量将增加到 3.09 亿公顷，森林面积将达到 2.07 亿公顷，森林植被总碳储量达到 84 亿 t。到 2020 年，森林面积比 2005 年增加 4000 万公顷，森林蓄积量比 2005 年增加 13 亿 m^3；全国 53 万 km^2 可治理沙化土地的一半以上得到治理；新增自然保护区面积 1700 万公顷。

5.2.4　生物多样性减少

　　由于工业化和城市化的发展，能源的大量利用占用大面积土地，破坏大量天然植被，造成土壤、水和空气污染，危害了森林，特别是对相对封闭的水生生态系统带来毁灭性影响；另外由于全球变暖，导致气候形态在比较短的时间内发生较大变化，使自然生态系统无法适应，可能改变生物群落的边界。

　　人类的生存离不开其他生物。地球上多种多样的植物、动物和微生物为人类提供不可缺少的食物、纤维、木材、药物和工业原料。它们与其物理环境之间相互作用所形成的生态系统，调节着地球上的能量流动，保证了物质循环，从而影响着大气构成，决定着土壤性质，控制着水文状况，构成了人类生存和发展所依赖的生命支持系统。物种的灭绝和遗传多样性的丧失，将使生物多样性不断减少，逐渐瓦解人类生存的基础。

　　生物多样性是一个地区内基因、物种和生态系统多样性的总和，分成相应的 3 个层次，即基因、物种和生态系统。基因或遗传多样性是指种内基因的变化，包括同种的显著不同的种群（如水稻的不同品种）和同一种群内的遗传变异。物种多样性是指一个地区内物种的变化。生态系统多样性是指群落和生态系统的变化。目前国际上讨论最多的是物种的多样性。科学家估计地球上大约有 1400 万种物种，其中有 170 万种经过科学描述。对研究较多的生物类群来说，从极地到赤道，物种的丰富程度呈增加趋势。其中热带雨林几乎包含了世界一半以上的物种。

　　从当前来看，人类从野生的和驯化的生物物种中得到了几乎全部食物、许多药物和工业原料与产品。就食物而言，据统计，地球上大约有 7~8 万种植物可以食用，其中可供大规模栽培的约 150 多种，迄今被人类广泛利用的只有 20 多种，却已占世界粮食总产量的 90%。驯化的动植物物种基本上构成了世界农业生产的基础。野生物种方面，主要以野生物种为基础的渔业，每年向全世界提供数亿吨食物。就药物而言，近代化学制药业产生前，差不多所有的药品都来自动植物，今天直接以生物为原料的药物仍保持着重要的地位。在发展中国家，以动植物为主的传统医药仍是 80% 人口（超过 30 亿人）维持基本健康的基础。至于现代药品，在美国，所有处方中 1/4 的药品含有取自植物的有效成分，超过 3000 种抗生素都源于微生物；所有 20 种最畅销药品中都含有从植物、微生物和动物中提取的化合物。就工业生产而言，纤维、木材、橡胶、造纸原料、天然淀粉、油脂等来自生物的产品仍是重要的工业原料。生物资源同样构成娱乐和旅游业的重要支柱。

　　在单个作物和牲畜种内发现的遗传多样性，同样具有重大的价值。在作物和牲畜与其害虫和疾病之间持续进行的斗争中，遗传多样性提供了维持物种活力的基础。目前，生物育种学家们已经培育出了许多优良的品种，但还需要不断在野生物种中寻找基因，用于改良和培育新的品种，提高和恢复它们的活力。杂交育种者和农场主同样依靠作物和牲畜的多样性，以增加产量和适应不断变化的环境。从 1930 ~ 1980 年，美国差不多一半的农业收入归功于植物杂交育种。遗传工程学将进一步增加遗传多样性，创造提高农业生产力的机会。

据专家估计，从恐龙灭绝以来，当前地球上生物多样性损失的速度比历史上任何时候都快，鸟类和哺乳动物现在的灭绝速度或许是它们在未受干扰的自然界中的 100 ~ 1000 倍。在 1600 ~ 1950 年间，已知的鸟类和哺乳动物的灭绝速度增加了 4 倍。自 1600 年以来，大约有 113 种鸟类和 83 种哺乳动物已经消失。在 1850 ~ 1950 年间，鸟类和哺乳动物的灭绝速度平均每年一种。20 世纪 90 年代初，联合国环境规划署首次评估生物多样性的一个结论是：在可以预见的未来，5% ~ 20% 的动植物种群可能受到灭绝的威胁。国际上其他一些研究也表明，如果目前的灭绝趋势继续下去，在下一个 25 年间，地球上每 10 年大约有 5% ~ 10% 的物种将要消失。

从生态系统类型来看，最大规模的物种灭绝发生在热带森林，其中包括许多人们尚未调查和命名的物种。热带森林占地球物种的 50% 以上。据科学家估计，按照每年砍伐 1700 万公顷的速度，在今后 30 年内，物种极其丰富的热带森林可能要毁在当代人手里，大约 5% ~ 10% 的热带森林物种可能面临灭绝。另外，世界范围内，同马来西亚面积差不多的温带雨林也消失了。整个北温带和北方地区，森林覆盖率并没有很大变化，但许多物种丰富的原始森林被次生林和人工林代替，许多物种濒临灭绝。总体来看，大陆上 66% 的陆生脊椎动物已成为濒危种和渐危种。海洋和淡水生态系统中的生物多样性也在不断丧失和严重退化，其中受到最严重冲击的是处于相对封闭环境中的淡水生态系统。同样，历史上受到灭绝威胁最大的是另一些处于封闭环境岛屿上的物种，岛屿上大约有 7400 种的鸟类和哺乳动物灭绝了。目前岛屿上的物种依然处于高度濒危状态。在未来的几十年中，物种灭绝情况大多数将发生在岛屿和热带森林系统。

5.2.5　温室效应和全球气候变化

全球的地面平均温度约为 15℃。如果没有大气，地球获得的太阳热量和地球向宇宙空间放出的热量相等，地球的地面平均温度应为 −18℃。这 33℃ 的温差就是因为地球有大气，造成温室效应所导致。宇宙中任何物体都辐射电磁波，物体温度越高，辐射的波长越短。太阳表面温度约 6000K，它发射的电磁波长很短，称为太阳短波辐射。地面在接受太阳短波辐射而增温的同时，也时时刻刻向外辐射电磁波而冷却。地球发射的电磁波称为地面长波辐射。短波辐射和长波辐射在经过地球大气时的遭遇是不同的：大气对太阳短波辐射几乎是透明的，却强烈吸收地面长波辐射。大气在吸收地面长波辐射的同时，它自己也向外辐射波长更长的长波辐射（因为大气的温度比地面更低），其中向下到达地面的部分称为逆辐射。地面接受逆辐射后就会升温，大气对地面起到了保温作用，这就是温室效应原理。

地球大气中起温室作用的气体主要有 CO_2、CH_4、O_3、N_2O、氟利昂以及水汽等。正常大气中 CO_2 浓度按体积计算大约是 280mg/L，许多常规能源在使用（燃烧）过程中的主要生成物是 CO_2。随着基础能源的广泛利用产生大量 CO_2，而生态循环中用以化解 CO_2 的绿色植物链远远不能满足能源消耗所带来 CO_2 的要求，CO_2 在大气中含量不断增加，1980 年 CO_2 含量达到 340mg/L。世界气象组织发言人马克·奥利韦说 2005 年地球大气中 CO_2 含量达到 379mg/L。

由于大气的运动是全球性的，大气没有国界，因而大气污染所造成的危害都是共同的。厚厚的大气圈保护和调节着地球的"体温"，使地球上大部分地区很少出现太热或太冷的气温。一般情况下，大气中进入一些有害物质，由于风吹、雨淋等作用，大气仍能保持清洁，这是大气的自净作用。但当进入大气的有害物质在数量上超过大气的自净能力时，就会形成大气污染。在大气人为污染源中，温室效应是全球性因空气污染而形成的环境问题。

由于温室效应，20 世纪 80 年代全球出现了空前的高温。1982 年冬，美国纽约创百年记录，出现 22℃的日最高气温；希腊雅典于 1987 年夏天持续出现 46℃高温天气；1988 年初夏，芬兰北极城罗瓦涅气温达 35.2℃，成为欧洲当时最热的城市；我国已经连续 20 年出现暖冬。预计在 21 世纪 30 年代全球气温平均升高 1.5~3℃，到 21 世纪末全球平均气温将增高 2~5℃，增幅是近一万年从未有过的。不仅如此，"温室效应"被用到大气气候的变化上来，并预言它能引起全球气候即将越来越暖，只是近 20 年的事。温室效应破坏地球热交换的平衡，使得地球的平均温度上升幅度增加。据美国气象学会公报发表资料，有人做过估算，到 2050 年，大气中的 CO_2 将增加 1 倍，引起的温室效应能使地球上的平均温度增加 6℃左右，使海面上升 20~140cm。

另外，全球变暖会影响整个水循环过程，使蒸发加大，可能改变区域降水量和降水分布格局，增加降水极端异常事件的发生，导致洪涝、干旱灾害的频次和强度增加，使地表径流发生变化。预测到 2050 年，高纬和东南亚地区径流将增加，中亚、地中海地区、南非、澳大利亚呈减少的趋势。对我国而言，七大流域天然年径流量整体呈减少趋势；长江及其以南地区年径流量变幅较少；淮河及其以北地区变幅较大，以辽河流域增幅最大，黄河上游次之，松花江最小。全球变暖使我国各流域年平均蒸发增大，其中黄河及内陆河地区的蒸发量将可能增大 15%左右。

尽管由气候变化引起的缺水量小于人口增长及经济发展引起的缺水量，但在干旱年份气候变化引起的缺水量将大大加剧我国华北、西北等地区的缺水形势，并对这些地区的社会经济发展产生严重影响，全球变暖对农业灌溉用水的影响远远大于对工业用水和生活用水的影响。预计 2010~2030 年西部地区缺水量约为 200 亿 m^3。

全球变暖可能增强全球水文循环，使平均降水量增加，蒸发量也会增大，这可能意味着未来旱涝等灾害的出现频率会增加。由于蒸发量加大，河水流量趋于减少，可能会加重河流原有的污染程度，特别是在枯水季节。河水温度的上升也会促进河流里污染物沉积、废弃物分解，进而使水质下降。对年平均流量明显增加的河流，水质可能会有所好转。

许多通过昆虫、食物和水传播的传染病，如疟疾等对气候变化非常敏感。全球变暖后，疟疾和登革热的传播范围将增加。气候变化可通过各种渠道对人体产生直接影响，使人的精神、免疫力和疾病抵抗力受到影响。

气温变化与死亡率有密切关系，在美国、德国，当有热浪袭击时总体死亡率上升。全球变暖可使高温热浪增加，全球变暖对人类健康造成的不利影响在贫穷地区更严重。

温室效应带来的气候变化可能带来许多不利影响，如：大部分热带、亚热带区和多数中纬度地区普遍存在作物减产的可能；对许多缺水地区的居民来说，水的有效利用降低，特别是亚热带区；受到传染性疾病影响的人口数量增加，热死亡人数也将增加；大暴雨事件和海平面升高引起的洪涝，将危及许多低洼和沿海居住区；由于夏季高温而导致用于降温的能源消耗增加。

5.2.6 核废料问题

核能作为一种新型、高效的能源已开始受到人们的关注。但由于核能本身的原因，在生产过程中会产生具有放射性的核废料。这些核废料会严重影响人的身体健康和污染环境。

根据国际原子能机构的数据，一个标准核电站每年要产生约 200m³ 低水平放射性废物和约 70m³ 中水平放射性废物，另外还产生 10m³ 的放射性很强的废燃料（称作"乏燃料"），这种"乏燃料"的放射性极强，但含有 97% 的铀和钚，如果采用称作"后处理"的技术从"乏燃料"中提取铀和钚，提取过程中产生的高放射性废液经玻璃固化后可降至 2.5m³。

放射性废物的优化管理和安全处置，是保证核能可持续发展的关键因素之一，也是保护人类赖以生存环境的大问题。按废物处置要求，放射性废物可分为：放射性水平极低的免管废物；适于近地表处置（地下 5~10m）的短寿命中低水平放射性废物；必须进行地质处置（地下 500~1000m）的长寿命中低水平放射性废物和高水平放射性废物。

根据 IAEA 统计数据，全世界各地的中低放废物近地表处置场有 72 个正在运行，其中美国 8 个、俄罗斯 14 个、乌克兰 5 个、印度 6 个、瑞典 5 个、捷克 3 个、南非 2 个、英国 2 个、法国 1 个、德国 1 个、日本 1 个。在各国建造的中低放废物近地表处置场中，早期多采用简单埋藏方式，现在多数采用工程屏障，以确保废物处置的安全性。例如，位于大亚湾核电站附近的我国华南处置场，就采用工程屏障，处置场由多个混凝土处置单元组成，处置单元装满废物包装后，用水泥砂浆充填空隙，再用钢筋混凝土封填。所有处置单元封盖后，上面再覆盖厚度为 5m 的多层防水材料。处置单元底部设置排水管网，以排除处置场运行期间处置单元内积水，并在处置场关闭后，实施对处置场完整性的监督。

5.3 各种能源的开发利用对环境的影响

5.3.1 化石燃料

由于化石燃料是目前世界一次能源的主要部分，其开采、燃烧、耗用等方面的数量都很大，从而对环境的影响也令人关注。

就以燃煤而论，开采时要挖出相当多的废碎石和矸石，我国约占采煤量的 10%，已占地 1300km²。矸石中的硫化物缓慢氧化发热，如散热不良或未隔绝空气就会自然，目前有 9% 的矸石堆正在自燃，释出 CO_2、SO_2 及其他有害物质。为防止矿井中"瓦斯"积累爆炸，需要排风排出大量 CH_4。近代已有先从煤层中抽出 CH_4 加以利用的技术，我国的利用率约 7%，现在每吨煤排瓦斯 4m³（总量占天然气产量的 1/3）。开采多需要抽水，每吨煤约 1.5t 水。矿井水多受到矸石煤及其中杂质的污染，挖出的煤与石也能污染地面水。以上除 CH_4 排放与自燃外，其他采掘业也有类似问题，但为产生同等的能量铀的采掘量就小得多，不过其尾矿释放气需作专门处理。

煤矿可能伴生 S、As、Cr、Cd、Pb、Hg、P、F、Cl、Se、Be、Mn、Ni 及 Ra、U、Th 等元素与苯并芘之类的有机物，燃烧中进入气灰或渣中，有的部分分解。排气中主要是 CO_2，也有 CO、NO_x，（炉温愈高，NO_x 愈多）燃料中的 S 大部分化作 SO_2。每吨煤约产生 13kg 的烟尘，氧也随气体排出，有些场合如炼焦还会排出苯并芘。由于燃烧去除了碳，灰渣中杂质的浓度将增高很多倍，经过煅烧与粉碎，有害物质可能变为更容易进入水或空气的形态。如果任意堆放或弃入水体，也增加环境的负担，导致火电站释出的放射性物质都比核电站还多。

采油，尤其是注水采油，也会影响地面升降。所注水可能在地下受到污染，有时甚至有少量放射性物质聚集在采油管道的某些部位。采炼中为了安全，"放天灯"烧掉废气，有的还有浓烟，有一定环境影响。储运中的燃爆与泄漏可引起严重环境污染，几次海上漏油事故不仅污染海滩还危及海洋生物。油罐车损坏，油流入下水道引起多处火警的事也发生过。燃烧中产生 CO_2 比煤略少，产生 NO_x 与煤相似；SO_2 为主要排放物，特别是高硫油。2010 年 4 月 20 日发生墨西哥湾钻井平台"深水地平线"爆炸并引发原油泄漏事件，共计 490 万桶石油漏入墨西哥湾，超过 1 万 km^2 的水域受到污染，该原油泄漏事件已成为美国历史上最严重的环境灾难，BP 公司为此专门设立 200 亿美元赔偿基金来支付与墨西哥湾原油泄露事件相关的索赔请求，截至 2011 年 8 月，BP 已向大约 20.44 万名索赔人支付超过 50 亿美元的赔偿金。2011 年中海油蓬莱 19 - 3 油田溢油事故发生后，溢油污染面积主要集中在蓬莱 19 - 3 油田周边海域和西北部海域，造成周边 3400 km^2 海域由第一类水质下降为第三、四类水质，劣四类海水海域面积累计约 870 km^2；蓬莱 19 - 3 油田附近海域海水石油类平均浓度超过历史背景值 40.5 倍，最高浓度是历史背景值的 86.4 倍；溢油点附近海洋沉积物样品有油污附着，个别站点石油类含量是历史背景值的 37.6 倍。渤海湾漏油事件给当地渔业造成巨大损失。

车用汽油是按照其辛烷值的高低以标号来区分的，辛烷值是表示汽油抗爆性的指标，它是汽油重要的质量指标之一。在内燃机中，压缩汽油空气混合气阶段，如果气体提前燃爆，就将妨碍飞轮旋转，引起震爆。压缩比高的发动机具有很好的经济性，它的效率高、耗油量低，所以现代汽车的发动机压缩比一般都设计较高。但是，压缩比高的发动机产生爆震的倾向也较大，这就要求使用抗爆性好，即高辛烷值的汽油。提高汽油辛烷值的方法主要有两种：一种方法是在汽油中加入抗爆剂；另一种方法是采用含有高辛烷值烃类成分的汽油炼制工艺。在众多种类的抗爆剂中，人们发现四乙基铅的抗爆效果特别显著，少量的四乙基铅就能大大提高汽油的辛烷值，因此，从 1921 年起，四乙基铅作为汽油抗爆剂被广泛使用。四乙基铅是一种带水果香味、有剧毒的油状液体，它能通过呼吸道、食道以及无伤口的皮肤进入人体，并且很难排泄出来。当人体内的铅累积到一定量时，便会使人中毒，轻度中毒会有头晕、头疼、没有食欲、疲倦、乏力、失眠和血压下降等症状；重度中毒是会发生腹部痛和神经系统错乱，甚至死亡。因此，含铅汽油对环境及人类造成的危害是很大的。由于现代社会汽车的拥有量在不断增加，为了保护环境、控制污染，许多国家都严格禁止使用含铅汽油，并制定了日趋严格的汽车废气排放控制标准和环境保护法规。汽车排气除前述燃气产物外还有铅污染。现代炼油技术已能产出足够的无铅汽油。根据《国务院办公厅关于限期停止生产销售使用车用含铅汽油的通知》(国办发[1998]129 号)要求，自 2000 年 1 月 1 日起，全国所有汽油生产企业一律停止生产车用含铅汽油，改为生产标号为 90# 及以上的无铅汽油。自 2000 年 7 月 1 日起，全国所有汽车一律停止使用含铅汽油，改用无铅汽油，实现了汽油的无铅化。

天然气除燃烧产物外，还有使用与传输中 CH_4 的损失与泄漏，其中还有一些 Rn 进入室内。

5.3.2　水力发电

水库建造的过程与建成之后，对环境的影响主要包括以下几个方面：

1. 自然方面

建设巨大的水库可能引起地表的活动，甚至有可能诱发地震。此外，还会引起流域水文上的改变，如下游水位降低或来自上游的泥沙减少等。水库建成后，由于蒸发量大，气候凉爽且较稳定，降雨量减少。

2. 生物方面

对陆生动物而言，水库建成后，可能会造成大量的野生动植物被淹没死亡，甚至全部灭绝。对水生动物而言，由于上游生态环境的改变，会使鱼类受到影响，导致灭绝或种群数量减少。同时，由于上游水域面积的扩大，使某些生物(如钉螺)的栖息地点增加，为一些地区性疾病(如血吸虫病)的蔓延创造了条件。

3. 物理化学性质方面

流入和流出水库的水在颜色和气味等物理化学性质方面发生改变，而且水库中各层水的密度、温度、甚至溶解氧等有所不同。深层水的水温低，而且沉积库底的有机物不能充分氧化而处于厌氧分解，水体的 CO_2 含量明显增加。

4. 社会经济方面

修建水库可以防洪、发电，也可以改善水的供应和管理，增加农田灌溉，但同时亦有不利之处，如受淹地区城市搬迁、农村移民安置会对社会结构、地区经济发展等产生影响。如果整体、全局计划不周，社会生产和人民生活安排不当，还会引起一系列的社会问题。另外，自然景观和文物古迹的淹没与破坏，更是文化和经济上的一大损失。应当事先制定保护规划和落实保护措施。

5.3.3 新能源与可再生能源

生物质燃料原属再生能源，金属元素很少，但在较差的炉灶中燃烧，易生成 CO、烟及有机化合物。如果烟囱排烟能力差或处于严寒地带室内换气不良，室内有害物质可达很高浓度，发展中国家农舍中有害物质浓度远高于世界卫生组织规定，而发达国家居室中浓度就低得多。使用沼气不仅方便，而且可制造农家肥，比较有利。

太阳热水器、太阳灶等低级利用作为节约生活燃料的辅助手段，是很有效的。集热热机发电主要技术成熟，除需排出余热与占地面积较大外，未见重要环境问题。太阳能电池制造中会有一些有害物质，使用时似无特殊困难，在人造地球卫星上业已成功使用。在地面上主要是造价与寿命的问题和面储能设备配套的问题。

帆船早已利用风力。在风能条件好的地区风力提水，也是节省燃料的补充能源。风力发电也很有前途，联入供电网或配以储能装置可降低风力不稳的影响。此类设备应有小风能发电、大风吹不坏的自控能力。

地热利用中，温泉水中会溶有岩石中的有害物质，特别是高温温泉流出后，随温度与成分的变化，可能集聚在水流或系统的某些部位。氡是其中一项，有的温泉浴室出现氡浓度偏高。地热发电目前效率不高，而且特殊地点才适用，它也会带出地下有害物质，如采用循环注水可缓减此弊端。

5.3.4 电力

各种能源中电力是控制方便易于传输的。用燃料或核能经热机发电，热效率是有限的，总有相当于发电量的一倍到两倍多的热能就地耗散，这些热量可用冷却塔传给水体。冬季可利用余热,夏季就会成为热污染。水体的温升应严格限制以防发生有害生态影响。输电效率高,但也要防止使人受到过强的电磁场,电晕放电产生离子也会有不良效应。配送电用的电力电容器含多氯联苯,包裹蒸汽管道用的石棉,退役不用时如不妥善处置也会造成严重污染。

5.4 我国能源环境问题

我国能源与环境发展的总体格局是:能源工业的发展以煤炭为基础,以电力为中心,大力发展水电,积极开发石油、天然气,核电,因地制宜开发新能源和可再生能源,依靠科学进步,提高能源效率,合理利用能源资源,对传统煤炭的开采利用向环境无害化方向转变,开发洁净煤技术以减少环境污染。

我国终端能源消费结构中,电力占终端能源的比重明显偏低,2009 年一次能源转换成电能的比重只有 22.6%,预计 2015 年,比重将达到 25%。从能源结构上可以看出,我国能源环境问题与世界主要国家的主要问题有一定差别。其根本在于使用石油导致的污染与使用煤炭导致的污染的主要差别。我国能源利用所导致的主要环境问题是:煤炭开采运输污染,燃煤造成的城市大气污染和农村过度消耗生物质能引起的生态破坏,还有日益严重的车辆尾气的污染等。

2011 年全国环境状况公报数据显示,2011 年全国 COD 排放总量为 2499.9 万 t,比上年下降 2.04%;$NH_3 - N$ 排放总量为 260.4 万 t,比上年下降 1.52%;SO_2 排放总量为 2217.9 万 t,比上年下降 2.21%;NO_x 排放总量为 2404.3 万 t,比上年上升 5.73%。其中,农业源 COD 排放量为 1185.6 万 t,比上年下降 1.52%;$NH_3 - N$ 排放量为 82.6 万 t,比上年下降 0.41%。

5.4.1 以煤炭为主的能源结构及其影响

我国能源工业发展较快,是世界第二大能源生产大国。我国是世界上以煤炭为主的少数国家之一,2010 年煤炭在我国一次能源的消费构成中占 70.45%。环境污染伴随着在煤炭的开采、加工和使用的整个过程。

煤炭开采中环境的影响包括开采对土地的损害、对村庄的损害和对水资源的影响。平均每开采 1 万 t 煤炭塌陷农田 0.2 公顷,平均每年塌陷 2 万公顷。我国约人均(直接间接)年耗煤 1t,所以五口之家所需煤如采自平原就每年塌陷 $1m^2$。至今在产煤区土建施工时还会遇到不知何朝代挖开的小坑道,需要填埋补救。

燃料燃烧导致温室气体排放的增加,空气污染。燃料(煤、石油、天然气等)的燃烧过程是向大气输送污染物的重要发生源。煤是主要的工业和民用燃料,燃烧时除产生大量尘埃外,在燃烧过程中还会形成 CO、CO_2、SO_x、NO_x、HC 等有害物质。其中一部分属于不完全燃烧产物如 CO、碳粒等;另一部分则属于完全燃烧产物如 CO_2、SO_2 等。由燃烧排放到大气的污染物数量是相当可观的。根据历年资料估算,燃烧过程产生的大气污染物约占大气污染物总量的 70%,其中燃煤排放量则占整个燃烧排放量的 96%,燃煤排放的 SO_2 占人为源的 70%,NO_2 和 CO_2 约占 50%,粉尘占人为源排放总量的 40% 左右。

我国是世界上污染物排放量大的国家之一,全国 2000~2009 年废气排放情况见表5-3。

我国大气环境质量的突出问题是以粉尘和 SO_2 为代表的煤烟型污染,其规律是北方重于南方,产煤区重于非产煤区,冬重于夏。从全国 50 多个城市内大气监测分析,我国大气中颗粒物污染具有普遍性,且污染较重。颗粒物全年日平均浓度北方城市为 0.93mg/m³,多数超过国家三级标准(0.50mg/m³);南方城市 0.41mg/m³,一般接近或超过二级标准(0.30mg/m³)。与国外相比,污染水平超过数倍,这种情况与我国能源结构有直接关系。我国在今后相当长时间内的能源结构仍以煤为主,大气颗粒物不仅本身携带多种无机和有机污染物会产生严重污染,而且它还是引起多种大气二次污染现象(如酸雨)的重要媒介。

表 5-3 2000~2009 年废气排放情况

年份	工业废气排放总量/亿 m³	SO₂ 排放总量/万 t	SO₂ 排放量/万 t		烟尘排放总量/万 t	烟尘排放量/万 t		工业粉尘排放量/万 t
			工业	生活		工业	生活	
2000	138145	1995.1	1612.5	382.6	1165.4	953.3	212.1	1092.0
2001	160863	1947.2	1566.0	381.2	1069.9	852.1	217.9	990.6
2002	175257	1926.6	1562.0	364.6	1012.7	804.2	208.5	941.0
2003	198906	2158.5	1791.6	366.9	1048.5	846.1	202.5	1021.3
2004	237696	2254.9	1891.4	363.5	1095.0	886.9	208.5	904.8
2005	268988	2549.4	2168.4	381.0	1182.5	948.9	233.6	911.2
2006	330990	2588.6	2234.8	354.0	1088.8	864.5	224.3	808.4
2007	388169	2468.1	2140.0	328.1	986.6	771.1	215.5	698.7
2008	403866	2321.2	1991.4	329.9	901.6	670.7	230.9	584.9
2009	436064	2214.4	1865.9	348.5	847.7	604.4	243.3	523.6

数据来源:国家统计局。

"十一五"时期,全国单位国内生产总值能耗降低 19.1%,SO₂、COD 总量分别下降 14.29% 和 12.45%,基本实现了《"十一五"规划纲要》确定的约束性目标,扭转了"十五"后期单位国内生产总值能耗和主要污染物排放总量大幅上升的趋势,为保持经济平稳较快发展提供了有力支撑,为应对全球气候变化作出了重要贡献,也为实现"十二五"节能减排目标奠定了坚实基础。《"十二五"节能减排综合性工作方案》提出,2015 年,全国 COD 和 SO₂ 排放总量分别控制在 2347.6 万 t、2086.4 万 t,比 2010 年的 2551.7 万 t、2267.8 万 t 分别下降 8%;全国 NH₃-N 和 NOₓ 排放总量分别控制在 238.0 万 t、2046.2 万 t,比 2010 年的 264.4 万 t、2273.6 万 t 分别下降 10%。

5.4.2 生物质能的利用与生态的破坏

生物质能是我国广大农村能源的主要来源,以薪柴为主,秸秆等农作物为辅。我国生物质能资源主要包括薪柴、秸秆、畜类和垃圾。

(1)薪柴通常指薪炭林产出的薪柴和用材林的树根、枝丫及木材工业的下脚料,由于我国一些地区农民燃料短缺,专门用作燃料的薪炭林太少,所以常用材林充抵生活燃料,这就属于"过耗",近年过耗现象已趋减少。农业部规划设计研究院调查显示,广大农村地区,至今仍有 60% 的居民、4 亿多人的炊事和采暖依靠薪柴和秸秆等传统生物质能,2009 年消耗生物质能约 1.8 亿 t 标准煤,其中薪柴占 65% 居世界首位,比无电人口超过 4 亿的印度还多 20%。

(2)我国每年秸秆有 6 亿 t 实物量,用于燃料的占 25%~30%,折 0.75 亿 t 标准煤。近年由于农村居民收入增加,改用优质燃料(液化气、电炊、沼气、型煤)的家庭达 6000 多万户,各地均出现收获后在田边地头放火烧秸秆的现象,造成资源浪费、环境污染、妨碍正常交通等严重问题。

(3)牲畜粪便除青藏一带牧民用其直接燃烧(炊事、取暖)外,更多的是将这种生物质资源制作有机肥料，或经厌氧醇取得沼气(能源)后再做有机肥料。现在我国每年饲养牛约 1.1 亿头，生猪 6.9 亿头，可收集利用的畜粪约为 8.2~8.4 亿 t，折 7000 多万 t 标准煤。但这是理论数字，实际可得到的能源量不会这么理想。

(4)将垃圾视为生物质能源，是因为我国的生活垃圾约有 1/3 是有机物(厨房剩余物、纸品、草木纤维等)，无机物(炉灰、塑料、玻璃、金属等)将随着我国城市化率、煤气供应率和集中供暖率的上升而减少，城市垃圾的有机质比重将迅速上升。2010 年城市垃圾人均年产量达到 440kg，我国城市生活垃圾量达到了 3.52 亿 t，居世界第一，且每年以 8%~10% 的速度增长。现在我国每年作为燃料消耗的生物质资源约 2 亿 t 标准煤。

在许多生物质资源和水资源极度匮乏地区，农牧民的生活燃料一天也不可缺少，因此出现这样的过程：树砍光了割草当柴烧，草割光了挖树根、草根，寻找一切可燃物做饭。对农牧民来说这已是一种困窘和无奈；对国家来说，广大沙漠边缘地区、荒漠化地带，植被就这样被"连根拔掉"了。内蒙古西部的阿拉善旗，其面积比浙江省还大，近 10 年来由于弱水河断流，加之人为过度使用草场，致使域内著名的居延湖干涸，草原变为荒漠，风吹沙扬，已成为近邻城市沙尘暴的源头。

我国许多主要林区，森林面积大幅度减少，全国森林采伐量和消耗量远远超过林木生长量。若按目前的消耗水平，绝大多数国营森林工业企业将面临无成熟林可采的局面。森林赤字是最典型的生态赤字，当代人已经过早过多地消耗了后代人应享用的森林资源。近十多年来，我国森林覆盖率虽然逐年增加，但同期有林地单位面积蓄积量却在下降；生态功能较好的近熟林、成熟林、过熟林不足 3000km^2。我国 90% 的草地存在不同程度的退化，沙化土地发展年速度由 20 世纪 80 年代中期的 2100km^2 发展至 90 年代末的 3436km^2，水土流失面积大。

5.4.3　能源与资源利用低导致的环境问题

我国能源从开采、加工与转换、储运以及终端利用的能源系统总效率很低，不到 10%，只有欧洲地区的一半。我国能源强度远高于世界平均水平，2005、2006、2007 年全国单位 GDP 能耗分别为 1.226t 标准煤/万元、1.204t 标准煤/万元，1.160t 标准煤/万元，虽然这 3 年全国单位 GDP 能耗呈明显下降趋势，但比发达国家高 4~6 倍，高于俄罗斯和印度，仅略低于南非。表 5-4 给出了世界主要国家单位 GDP 能耗。

表 5-4　世界主要国家 2000~2008 年单位 GDP 能耗比较　　　　油当量/亿美元

国家	2000 年	2001 年	2002 年	2003 年	2004 年	2005 年	2006 年	2007 年	2008 年
美国	2.35	2.22	2.18	2.09	2.00	1.88	1.76	1.71	1.62
日本	1.10	1.25	1.30	1.20	1.13	1.15	1.18	1.17	1.03
英国	1.55	1.57	1.40	1.23	1.05	1.01	0.94	0.78	0.80
德国	1.73	1.77	1.63	1.36	1.20	1.16	1.13	0.94	0.85
法国	1.91	1.92	1.75	1.44	1.27	1.22	1.15	0.99	0.90
意大利	1.59	1.57	1.43	1.19	1.06	1.04	0.98	0.85	0.77
加拿大	4.15	4.15	4.10	3.59	3.16	2.85	2.52	2.30	2.36
澳大利亚	2.66	2.86	2.66	2.07	1.76	1.60	1.61	1.34	1.17
俄罗斯	24.07	20.25	18.39	14.83	10.94	8.41	6.86	5.29	4.26
中国	8.11	7.60	7.28	7.46	7.38	7.04	6.42	5.67	4.63
印度	6.29	6.13	6.11	5.19	4.99	4.48	4.19	3.60	3.56
巴西	3.04	3.53	3.96	3.63	3.13	2.43	1.87	1.64	1.41
南非	8.12	9.00	9.96	7.00	5.68	4.95	4.82	4.58	4.78

数据来源：http://stats.unctad.org/、世界银行、《BP 世界能源统计年鉴》(2009)。

虽然 2010 年全国 6000kW 及以上火电机组平均供电煤耗下降到 333g 标准煤/kW·h，低于发达国家供电煤耗平均为 335g 标准煤/kW·h，但是绝大部分中小煤电厂的能耗仍很高。

我国经济增长是在大量消耗资源的基础上的，而国内的能源资源情况让我们在面对惊人的消费增长速度时捉襟见肘。例如，1983 年我国成品钢材消耗量仅为 3000 多万 t，2011 年达到大约 6.05 亿 t，增长 20 倍，接近美国、日本和欧盟钢铁消耗量的 2 倍，约占世界总消费量 13.59 亿 t 的 44.52%；2009 年，我国水泥总消费为 16.3 亿 t，2010 年突破 20 亿 t，约占世界水泥总消费的 40%；电力消费已经超过日本，居世界第二位，仅低于美国。未来一个时期，我国的产业结构仍然处于重化工主导的阶段，高能耗、高污染产业仍然具有高需求。

我国仍然处于粗放型增长阶段，能源利用率很低。例如，以单位 GDP 产出能耗表征的能源利用效率，我国与发达国家差距非常之大，明显低于世界平均水平。据统计，我国的综合能源效率为 33.4%，比国际先进水平低 10%；单位产值能耗是世界平均水平的两倍多，比美国、欧盟、日本、印度分别高 2.5 倍、4.9 倍、8.7 倍和 43%；我国 8 个行业（石化、电力、钢铁、有色、建材、化工、轻工、纺织）主要产品单位能耗平均比国际先进水平高40%；燃煤工业锅炉平均运行效率比国际先进水平低 15% ~20%；机动车每 100km 油耗比欧洲高 25%，比日本高 20%。我国的耗能设备能源利用效率比发达国家普遍低 30 ~40%。每 1000 美元 GDP 排放的 SO_2 量，美国为 2.3kg，日本为 0.3kg，而我国高达 18.5kg。按汇率法和不变价美元计算，2008 年我国每亿美元 CO_2 排放量是 26.5 万 t，是世界平均水平的 3.4 倍，日本的 9.9 倍，美国的 4.8 倍。《节能减排"十二五"规划》，要求到 2015 年单位国内生产总值能耗比 2010 年下降 16%。

从资源再生化角度看，我国资源重复利用率远低于发达国家。例如，尽管我国人均水资源拥有量仅为世界平均水平的 1/4，但水资源循环利用率比发达国家低 50% 以上。资源再生利用率也普遍较低。我国即将进入汽车社会，大量废旧轮胎形成环境污染会不断上升。而我国的废旧轮胎再生利用率仅有 10% 左右，远低于发达国家。

第6章 节能减排管理与指标体系

6.1 节能减排的法规与措施

6.1.1 节能减排法规

我国节能降耗活动与改革开放同步，有组织地开展节能减排工作开始于20世纪70年代末80年代初。30年来，我国的经济、社会、环境发生了巨大的变化，与此同时根据国情制定了一系列促进节能减排的法律和政策措施，并及时学习国外的先进经验，积极与国外合作，提高节能减排的效率。1979年，国务院转发《关于提高我国能源利用效率的几个问题的通知》，对我国的能源利用效率提出具体的规定。1980~1982年间，国务院发布压缩烧油、节电、节油、节煤5个"节能指令"。1986年，国务院发布《节约能源管理暂行条例》，对我国开展节能工作有着巨大的推动作用。目前，我国有关能源的法规《煤炭法》、《电力法》、《节约能源法》、《可再生能源法》等先后发布和实施。

1997年11月1日，第八届全国人大常委会第28次会议通过《中华人民共和国节约能源法》（以下简称《节约能源法》），1998年1月1日起正式施行，首次将节能赋予法律地位。《节约能源法》共六章五十条，内容涉及节能管理、能源的合理使用、促进节能技术进步、法律责任等。该法明确了我国发展节能事业的方针和重要原则，确立合理用能评价、节能产品标志、节能标准与能耗限额、淘汰落后高耗能产品、重点用能单位管理、节能监督和检查等一系列法律制度。

《节约能源法》明确规定"能源节约与能源开发并举，把能源节约放在首位"的方针，确定节约能源的基本原则、制度和行为规范，包括配套的法规和相应的规章、标准共同构成全社会节能促进机制。《节约能源法》确立以下几个主要的制度：①规定各级政府及有关部门在节能中应尽的义务；②规定重点用能单位合理用能的权利与义务；③规定生产用能产品的单位和个人，在用能产品质量管理和推广先进用能产品方面的权利与义务；④建立了几项推进节能的重要制度，如禁止建设严重浪费能源的工程项目制度、限期淘汰能耗过高的产品与设备，节能产品认证制度和重点用能单位管理等制度。

《节约能源法》明确指出，国家鼓励开发、利用新能源和再生能源，并支持节能科学技术的研究和推广。国家大力发展下列通用节能技术：①推广热电联产、集中供热，提高热电机组的利用率，发展热能梯级利用技术；②逐步实现电动机、风机、泵类设备和系统的经济运行，发展电动机调速节电和电力电子节电技术，开发、生产、推广质优价廉的节能器材，提高电能利用效率；③发展和推广适合国内煤炭品种的流化床燃烧、无烟燃烧和气化、液化等洁净煤技术，提高煤炭的利用效率；④发展和推广其他在节能工作中证明技术成熟、效益显著的通用节能技术。

近年来，我国能源消费增长很快，能耗高、利用率低的问题依然严重，节能工作面临的形势十分严峻。《节约能源法》于2008年4月1日修订实施，增加到7章87节，内容更加全面，可操作性更强，明确规定：节约资源是我国的基本国策；国家实施节约与开发并举、把节约放在首位的能源发展战略；国家实行节能目标责任制和节能考核评价制度，将节能目标完成情况作为对地方政府及其负责人考核评价的内容；设定 19 项违反《节约能源法》行为的法律责任，加大对各种违法行为进行处罚。

在新的《节约能源法》实施前后，全国人大常委会还推出《可再生能源法》、《循环经济促进法》等，国务院出台《民用建筑节能条例》、《公共机构节能条例》等行政法规及《关于加强节能工作的决定》、《节能减排综合性方案》等规范性文件。

6.1.2　环境法规

我国环境立法同样得到了充分的重视，1978 年全国第五届人大一次会议通过的《宪法》就明确规定"国家保护环境和自然资源，防治污染和其他公害"，这是我国环境保护走向法制化的开始。1979 年我国颁布试行《环境保护法（试行）》，这是建国以后第一部综合性的环境保护法，该法的颁布标志着我国环境保护开始走规范化。此后又先后颁布《水法》、《水污染防治法》、《大气污染防治法》、《海洋环境保护法》等。1989 年 12 月 26 日，在总结实施经验与教训的基础上，我国颁布并实施《环境保护法》，意味着我国环境法律体系的构建，此后我国又先后制定《环境噪声污染防治法》、《固体废物污染环境防治法》等。环境立法是速度最快的部门法，自 1997 年以来，我国先后制定《环境影响评价法》、《清洁生产促进法》、《防沙治沙法》、《可再生能源法》、《节约能源法》、《城乡规划法》、《水污染防治法》、《循环经济促进法》，颁布《国务院关于加快发展循环经济的若干意见》、《国务院办公厅关于开展资源节约活动的通知》、《国务院关于落实科学发展观加强环境保护的决定》、《节能减排综合性工作方案》和《中国应对气候变化国家方案》等政策性文件。

6.1.3　节能应遵循的原则

我国的节能减排的战略思想为：以邓小平理论和"三个代表"重要思想为指导，全面贯彻科学发展观，落实节约资源和保护环境的基本国策，加快资源节约型和环境友好型社会建设。树立节约优先的观念、坚持以提高能源利用效率为核心，以转变经济增长方式、调整经济结构、加快技术进步为根本，综合运用经济、法律和必要的行政手段，强化全社会节能减排意识，建立严格的管理制度，实行有效的激励政策，扎实做好节能降耗和污染减排工作，确保实现节能减排指标、以尽可能少的能源消耗和污染物排放支持经济社会持续健康发展。节能已是我国的一项国策，节能应遵循如下原则：

（1）坚持把节能作为转变经济增长方式的重要内容

我国能源消耗高、浪费大的根本原因在于粗放型的经济增长方式。要大幅度提高能源利用效率，必须从根本上改变单纯依靠外延发展、忽视挖潜改造的粗放型发展模式，走科技含量高、经济效益好、资源消耗低、环境污染少、人力资源优势得到充分发挥的新型工业化道路，努力实现经济持续发展、社会全面进步、资源永续利用、环境不断改善和生态良性循环的协调统一。

（2）坚持节能与结构调整、技术进步和加强管理相结合

节能是一项综合性很强的工作，其效果受经济结构、技术进步和管理水平等因素的影响。通过调整行业结构和产业结构节能约占工业部门节能潜力的 70% ~80%，依靠技术进步降低单位产品能耗实现节能的 20% ~30%。因此必须坚持产业结构、产品结构和能源消

费结构调整，淘汰落后技术和设备，加快发展以服务业为主的第三产业和以信息技术为主的高新技术产业，用高新技术和先进适用技术改造传统产业，促进产业结构优化和升级，提高产业的整体技术装备水平。开发和推广应用先进高效的能源节约和替代技术、综合利用技术及新能源和可再生能源利用技术。加强管理，减少损失和浪费，提高能源利用效率。

（3）坚持政府宏观调控与发挥市场机制相结合

以市场为导向，以企业为主体，通过深化改革，创新机制，充分发挥市场配置资源的基础性作用。但节能减排具有公共事务性质，市场机制的作用有限，政府起到主导作用效果明显。政府通过制定和实施法律、法规，加强政策导向和信息引导，营造有利于节能的体制环境、政策环境和市场环境，建立符合市场经济体制要求的企业自觉节能的机制，推动全社会节能。

（4）坚持依法管理与政策激励相结合

节能减排工程项目是高度分散的二次投资，对生产者来说，由于大多企业的能源费用占生产成本的比重不大，企业生产引起的环境污染成本一般没有足额内部消纳。对消费者来说，由于能源价格低，能源效率的高低往往不是选购用能设备的决定因素。因此政府的激励政策对节能减排十分必要，必须坚持监督与政策激励相结合。新增项目要严格市场准入，加强执法监督检查，辅以政策支持，从源头控制高耗能企业、高耗能建筑和低效设备（产品）的发展。现有项目要深入挖潜，在严格执法的前提下，通过政策激励和信息引导，加快能源使用的结构调整和技术进步。

（5）坚持突出重点、分类指导、全面推进

能耗构成部门是反映国民经济发达水平的指标之一，发达国家能耗构成大致分为工业、交通业和建筑业各占1/3。我国第二产业比重较高，是耗能大户，所以我国的节能监管策略应坚持突出重点、分类指导。如对年耗能万吨标准煤以上的重点用能单位要严格依法管理，明确目标措施，公布能耗状况，强化监督检查；对中小企业在严格依法管理的同时，要注重政策引导和提供服务。交通节能的重点是对新增机动车，要建立和实施机动车燃油经济性标准及配套政策和制度。建筑节能的重点是严格执行节能设计标准，加强政策导向。商用和民用节能的重点是提高用能设备的能效标准，严格市场准入，运用市场机制，引导和鼓励用户和消费者购买节能型产品。

（6）坚持全社会共同参与

节能涉及各行各业、千家万户，需要全社会共同努力，积极参与。企业和消费者是节能的主体，要改变不合理的生产方式和消费方式，依法履行节能责任；政府通过制定法规、政策和标准，引导、规范用能行为，为企业和消费者提供服务并带头节能；中介机构要发挥政府和企业、企业和企业之间的桥梁和纽带作用。

6.1.4　节能的措施

节能降耗是我国全社会面临的一项重要任务。主要节能领域为工业、建筑、交通。要在石油化工、化工、建材、电力等重点行业重点领域寻求突破，采取更有效的措施。其中包括在这些行业严格执行节能降耗和污染减排目标责任制，健全评价考核机制；深入开展千家企业节能行动，全面实施低效燃煤工业锅炉改造、区域热电联产、余热余压利用、节约和替代石油等重点节能工程；把能耗作为项目审批、核准和开工建设的强制性门槛；中央财政设立节能专项资金，支持高效节能产品推广、重大节能项目建设和重大节能技术示范；全面推行清洁生产，对严重超标排放企业实施强制性审核，限期完成改造；继续做好"三河三湖"、渤海、三峡库区、南水北调东线、松花江等重点流域和区域综合防治，依法取缔水源保护区内直接排污口等。

我国的人均能耗还远远比不上日本、美国等发达国家，不过，我国的能源消费主要集中在沿海或者较发达的地区，因此人均 GDP 能耗才是真正值得比较的数据。日本、德国、美国这样的发达国家能耗都不高，这不仅得益于这些国家能源的高效利用，也由于这些国家第三产业发展迅猛。我国人均 GDP 能耗过高一部分原因在于人民币长期在全球范围内被严重低估，使得我们生产的商品价值过低。另外，我国一直头戴"世界工厂"的桂冠，近 10 多年来我国确实依靠国外投资拉动了经济增长，但同时也造成了大量的能源消耗。目前我国正急需结构性调整，因为我国第三产业所占比重较小，而发达国家的第三产业在国民生产总值中所占的比重一般都在 2/3 以上，这是发达国家单位产出能耗较小的一个主要原因。现在，我国的工业占整个能源需求的 70%、6 大高耗能产业占整个工业能源需求的 70%，所以 6 大高耗能产业就占到整个能源消耗的将近 50%。因此，节能增效已经刻不容缓。

根据我国节能的中长期专项规划，对节能工作应采取以下保障措施。

（1）坚持和实施节能优先的方针

节约能源既是我国缓解资源约束的现实选择，也是减少污染物排放的重要举措。节能对缓解能源约束、保障国家能源安全、提高经济增长质量和效益、保护环境有着重要意义，把节能作为能源发展战略和实施可持续发展战略的重要组成部分。要坚持节能优先，就是要坚持能源开发与节能并举、节约优先的原则，通过转变经济发展方式、调整产业结构、完善节能法规与标准，不断提高能源效率。

节能优先要体现在制定和实施发展战略、发展规划、产业政策、投资管理，以及财政、税收、金融和价格等政策中。编制专项规划时，要把节能作为重要内容加以体现，各地区都要结合本地区实际来制定节能中长期规划；建设项目的项目建议书、可行性研究报告应强化节能的论证和评估；要在推进结构调整和技术进步中体现节能优先；要在国家财政、税收、金融和价格政策中支持节能。

（2）制定和实施统一、协调、促进节能的能源和环境政策

为确保经济增长、能源安全和可持续发展，促进能源高效利用，需要建立基于我国资源特点、统筹规划、协调一致的能源和环境政策。

①煤炭应主要用于发电。煤炭在大型燃煤发电机组上使用，同时配套安装烟气脱硫装置等。一方面能够大幅度提高煤炭利用效率，减少煤炭消耗；另一方面集中解决 SO_2 排放等污染问题，做到高效、清洁利用煤炭。应减少我国煤炭直接用燃烧的比例，终端用户更多地使用优质电能，鼓励用户和消费者合理用电，提高洁净能源电力终端能源消费的比例。

②石油应主要用于交通运输、化工原料和现阶段无法替代的用油领域。对目前燃料用油领域要区别不同情况，因地制宜，鼓励用洁净煤、天然气和石油焦来替代燃油。进一步规划交通运输发展模式，制定符合我国国情的交通运输发展整体规划。对交通问题突出的特大城市要大量发展城市轨道交通建设，大力发展城市公共交通系统，提高公共交通效率，抑制私人机动交通工具对城市交通资源的过度使用，提倡低碳出行。

③加强城市大气污染治理，减少烟尘与粉尘的排放量，做到达标排放和污染物总量控制，城市燃料结构要从实际出发，对中、小型燃煤锅炉，在有天然气资源的地区应鼓励使用天然气进行替代；在无天然气或天然气资源不足的地区，应鼓励优先使用优质能源，并采用

先进的节能环保型锅炉，减少燃煤污染。

（3）制定和实施促进结构调整的产业政策

目前我国经济已进入重化工业阶段，能源消费将处于一个强劲上升的时期。2010年前，我国第二产业在全国GDP中所占比重将依然高于第三产业，我国经济增长仍将依靠资源消耗型产业拉动。2015年后，第三产业才可能略高于第二产业，但第二产业的比重也仍将保持在45%以上，第二产业所占比重过高将导致能源消费居高难下。

加快调整产业结构、产品结构和能源消费结构是建立节能型工业、节能型社会的重要途径。研究制定促进服务业发展的政策和措施，发挥服务业引导资金的作用，从体制、政策、机制、投入等方面采取有力措施，加快发展低能耗、高附加值的第三产业，重点发展低密集型服务业和现代服务业，扭转服务业发展长期滞后局面，提高第三产业在国民经济中的比重。

通过建立和完善限制高耗能、高污染项目建设立项、产品出口政策，清理和纠正我国目前高耗能、高污染行业优惠政策等，抬高节能环保市场准入标准，严格控制高耗能、高污染行业增长过快。通过建立和完善法律法规和实施必要的行政手段，加快淘汰落后生产力，特别要加大淘汰电力、钢铁、建材、电解铝等行业落后产能的力度。再次是采取政策措施，促进服务业和高技术产业的发展速度，鼓励发展低能耗、低污染的先进生产能力。最后是大力发展可再生能源，积极推进能源结构的调整升级。

在2009年国家发改委能源研究所举办的"重点用能企业最佳节能实践国际研讨会"上，国家发改委能源研究所能源效率中心指出，技术节能只能完成节能目标的30%左右，而结构节能更具节能潜力。仅仅有技术节能远远不够，调整产业结构，调整终端需求，可能是更重要的方案。

（4）制定和实施强化节能的激励政策

随着我国经济体制逐步向市场化体制转变，节能减排政策也逐渐由初期的以行政性政策为主向以行政性与市场化相结合、强制性政策与鼓励性措施同时实施的模式转变，节能减排政策逐步与国际上先进的理念接轨。政府节能减排工作的重点应该向国际接轨，适应市场经济体制的要求，建立和健全节能减排法律、法规体系；同时引导节能减排机制面向新的市场机制转变，促进节能减排市场机制的良性发展，使市场机制逐步发挥对我国节能减排的主导作用。另外深化能源价格改革，逐步理顺不同能源品种的价格，形成有利于节能、提高能源使用效率的价格激励机制。对国家淘汰和限制类项目及高耗能企业按国家产业政策实行差别电价，抑制高耗能行业的盲目发展，引导用户合理用电，节约用电。

我国目前在税收政策上，节能政策与资源可持续利用以及环境保护政策混在一起，也没有采用投资抵免、加速折旧、延期纳税等其他手段。这种政策的不足在于鼓励节能的针对性不强。从长远看，对消耗不可再生能源的产品，要设立一些新的税种，如环境污染税、碳税、能源消耗税等，对耗能大户由目前的实行单一的行政处罚手段变为实行经济（税收）调控与行政处罚相结合的组合政策措施。财政部已出台《可再生能源发展专项资金管理暂行办法》。根据该《办法》，可再生能源发展专项资金将以无偿资助和贷款贴息两种方式，重点扶持发展生物乙醇燃料、生物柴油等石油替代产品。

（5）加大依法实施节能管理的力度

进入21世纪以来，我国的资源紧缺与环境污染问题进一步恶化，节能减排政策也随之进行了一系列的修正和变革。国家"十一五"、"十二五"规划正式在行政规划层面提出节能减排的具体目标。2007年出台《节能减排综合性工作方案》明确指出节能减排工作的重要性和紧迫性，提出要狠抓节能减排责任落实和执法监管，发挥政府的主导作用的同时，强化企业主体责任，形成以政府为主导、企业为主体、全社会共同推进的节能减排工作格局。

同时加强节能减排工作的组织领导，在国务院成立节能减排工作领导小组，统一部署节能减排工作，协调解决重大问题。2007年修订《节约能源法》，新进一步明确节能执法主体，强化节能法律责任，在法律调整范围和可操作性上有较大变化，进一步规范工业领域的节能管理规定，并针对现阶段节能工作的薄弱环节，对建筑、交通运输和公共机构等领域新增有关节能管理规定。加快建立和完善以《节约能源法》为核心，配套法规、标准相协调的节能法律法规体系，依法强化监督管理：①研究完善节约能源的相关法律。②制定和实施强制性、超前性能效标准。③建立和完善节能监督机制。组织对产品能效标准、建筑节能设计标准、行业设计规范执行情况的监督检查。充分发挥建设、工商、质检等部门及各地节能监测（监察）机构的作用，从各环节加大监督执法力度。④制定与降低能耗指标相对应的干部考核制度。目前，虽然有的地方也制定一些考核办法，但执行不力，监督不力，从而流于形式。应该形成严惩污染行为的刚性机制，加强节能降耗的法律约束。

（6）加快节能技术开发、示范和推广

组织对共性、关键和前沿节能技术的科研开发，实施重大节能示范工程，促进节能技术产业化。建立以企业为主体的节能技术创新体系，加快科技成果的转化。引进国外先进的节能技术，并消化吸收。组织先进、成熟的节能新技术、新工艺、新设备和新材料的推广应用，同时组织开展原材料、水等载能体的节约和替代技术的开发和推广应用。重点推广列入《节能设备（产品）目录》的终端用能设备（产品）。国家制订节能技术开发、示范和推广计划，明确阶段目标、重点支持政策，分步组织实施。国家修订颁布的《中国节能技术政策大纲》，引导企业有重点地开发和应用先进的节能技术，引导企业和金融机构的投资方向。建立节能共性技术和通用设备科研基地（平台）。鼓励依托科研单位和企业、个人，开发先进节能技术和高效节能设备。引入竞争机制，实行市场化运作，国家将对高投入、高风险的项目给予经费支持。地方各级人民政府要采取积极措施，加大资金投入，加强节能技术开发、示范、推广、应用。

目前，国际上强制性能效标准主要针对终端用能产品，如美国强制性的能效标准、标识和自愿性标识是由不同部门组织实施；日本实施"领先产品"能效基准制度；澳大利亚实施最低能效标准。能效标识不仅为消费者提供绿色产品的选择平台，而且客观上拉动生产者的技术升级和产品更新。2004年8月13日，国家发改委和国家质量监督检验检疫总局共同发布《能源效率标识管理办法》，规定"中国能效标识"标注的内容包括生产者名称、产品规格型号、能源效率等级、能源消耗指标等基本内容。按照产品耗能程度的高低，标识分为5个等级，低于5级的产品不允许上市销售。

国家发改委、联合国开发计划署共同推进名为"中国终端能效项目"，众多工业、商用和民用机电设备要重新进行节能认证，其能效标准和标识也将更新或重新开发，钢铁、水泥、化工等重点耗能行业中的部分企业将因此签订"节能自愿"协议。该项目是为促进我国能耗产业和生产制造企业进一步增强节能意识而做出的重大举措，将提高能耗设备使用率，推动我国节能法规体系的建立。

（7）推广以市场机制为基础的节能新机制

①建立节能信息发布制度，利用现代信息传播技术，及时发布国内外各类能耗信息、先

进的节能新技术、新工艺、新设备及先进的管理经验，引导企业挖潜改造，提高能效。②推行综合资源规划和电力需求侧管理，将节约量作为资源纳入总体规划，引导资源合理配置。采取有效措施，提高终端用电效率，优化用电方式和节约电力。③大力推动节能产品认证和能效标志管理制度的实施，运用市场机制，引导用户和消费者购买节能型产品。④推行合同能源管理，克服节能新技术推广的市场障碍，促进节能产业化，为企业实施节能改造提供诊断、设计、融资、改造、运行、管理一条龙服务。⑤建立节能投资担保机制，促进节能技术服务体系的发展。⑥推行节能自愿协议，即耗能用户或行业协会与政府签订节能协议。

(8)加强重点用能单位节能管理

落实《重点用能单位节能管理办法》和《节约用电管理办法》，加强对重点用能单位的节能管理和监督。组织对重点用能单位能源利用状况的监督检查和主要耗能设备、工艺系统的检测，定期公布重点用能单位名单、重点用能单位能源利用状况及与国内外同类企业先进水平的比较情况，做好对重点用能单位节能管理人员的培训。重点用能单位应设立能源管理岗位，聘用符合条件的能源管理人员，加强对本单位能源利用状况的监督检查，建立节能工作责任制，健全能源计量管理、能源统计和能源利用状况分析制度，促进企业节能、降耗。

(9)强化节能宣传、教育和培训

广泛、深入、持久地开展节能宣传，不断提高全民资源忧患意识和节约意识。将节能纳入中小学教育、高等教育、职业教育和技术培训体系。新闻出版、广播影视、文化等部门和有关社会团体，要充分发挥各自优势，搞好节能宣传，形成强大的宣传声势，曝光严重浪费资源、污染环境的用户和现象，宣传节能的典型。各级政府有关部门和企业，要组织开展经常性的节能宣传、技术和典型交流，组织节能管理和技术人员的培训。在每年夏季用电高峰，组织开展全国节能宣传周活动，通过形式多样的宣传教育活动，动员社会各界广泛参与，使节能成为全体公民的自觉行动。

(10)加强组织领导，推动规划实施

节能是一项系统工程，需要有关部门的协调配合、共同推动。各地区、有关部门及企事业单位要加强对节能工作的领导，明确专门的机构、人员和经费，制订规划，组织实施。行业协会要积极发挥桥梁纽带作用，加强行业节能自律。

各类企业单位是最重要的节能主体，应该充分认识到节能减排是法律赋予的应尽义务，要积极改变不合理的生产方式和消费方式，切实履行节能减排的法律责任。政府是节能减排的主要推动者，不仅要向社会报告年度能耗状况，同时向公众监督。主要措施有：采用更高能效的建筑物标准体系；新建和改造建筑物、办公设备、电器设备执行最低能耗标准；使用太阳能和可再生能源技术；交通工具执行新的燃料效率指标；开展生态办公室计划；采购节能产品。另外要加强节能信息传播和加强咨询服务单位建设。

6.2 节能减排指标体系及其评价

科学监测、客观评价节能减排工作及其成效，对于推进节能减排活动具有重要作用。本节在对节能减排指标及指标体系功能、作用、原则等进行理论研究的基础上，介绍节能减排评价指标体系，构建节能减排评价模型。

6.2.1 节能减排指标

所谓指标，是对事物某些特征的概括与界定，这些特征是可以测量并能反映事物的内在性质和发展规律，反映总体现象的特定概念和具体数值，衡量和检测社会发展、评估社会进步和揭示社会问题的重要量化手段。根据指标名称界定的范围收集有关数据并运用选定的方法进行计算取得的数值称为指标值。通过利用比原始数据更为综合的指标值来描述事物相互关联的有关方面，有助于将信息转化为更易于理解的形式，可以更突出地显示与某个重要目标或动机相联系的事物发展情况。节能减排指标是可以表征或衡量一个国家、一个地区、一个城市或一个单位在能源节约和污染减排等方面的状况，是一种可以指示现状、确认挑战、分析原因、评估发展、监督实施和评价结果的有效工具。

根据指标值的特征，可将指标分为定性指标和定量指标。定性指标是用定性的语言作为指标描述值，定量指标是用数据作为指标值。为客观评价绩效，节能减排指标一般应以定量指标为主。

6.2.2 节能减排指标体系

"体系"的一般含义是一个由某种有规则的相互作用或相互依赖的关系统一起来的事物的总体或集合。因此，指标体系是指根据不同研究目的和研究对象特征，把客观上存在联系的、说明某种现象性质的若干个指标，科学地加以分类和组合形成的系统。

对于节能减排指标体系的界定，目前还没有一个公认、统一的概念。普遍认同节能减排指标体系的核心内容包括两个方面：一是衡量能源资源节约绩效的指标；二是衡量环境污染减排绩效的指标。

全球报告倡议组织（Global Reporting Initiative，GRI）在《可持续发展报告指南》（第三版）提出5类主要环境绩效指标：①原料指标，指企业生产所消耗的原材料，含原材料消耗总量、耗用的再生原材料比例；②能源指标，含直接能源消耗、间接能源消耗、能源节约成果、能源节约举措、间接能源节省量；③水指标，含用水总量、耗水量对水资源的影响，循环再利用水的百分比及总量；④生物多样性影响指标，包括在保护区和景区建筑物的数量规模；⑤污染排放指标，含温室气体排放量、CO_2、NO_x、SO_x等有害气体的排放量，以及废水排放量与废物排放量等。

一般从投入产出两个方面提出节能减排指标体系。投入指标包括：单位生产总值能耗、单位生产总值电耗、单位工业增加值废气排放量、单位工业增加值固体废物排放量、单位工业增加值废水排放未达标量、人均生活垃圾未进行无害化处理量等。产出指标包括：人均生产总值、预期寿命等。综合国内外相关研究成果，节能减排指标体系是以循环经济和可持续发展为理论基础，以能源节约和污染物减排为主要内容，由一系列相互联系、相互作用的指标组成的，能够监测节能减排工作进展并反映其绩效的指标群。构建节能减排指标体系的目的在于客观反映不同地区、不同单位的节能减排状况，正确评价不同管理层次的节能减排绩效，推进资源节约型和环境友好型社会的建设进程。

6.2.3 节能减排指标体系功能

任何科学的指标体系都必须具备3个条件：一是能够描述和表征出某一时刻事物发展的各个方面现状；二是能够描述和反映某一时刻事物发展的各个方面变化趋势；三是能够描述和表征事物发展的各个方面协调程度。节能减排指标体系也不例外，其应具备的功能包括：

①描述功能。即通过指标体系，能较全面地反映和系统地表述一个地区当前的能源资源利用、能源资源节约、环境污染及环境治理等基本状况；

②解释功能。即通过指标体系，能分析出节能减排内在规律和因果关系的逻辑线索，以正确引导人们的实践行为；

③评价功能。即根据指标体系，能对节能减排实际状况、实施的政策措施作出客观评价；

④监测功能。即通过指标体系，能有效监督和科学测量节能减排战略实施过程中出现的问题以及问题的严重程度，为政府管理部门分析和解决问题提供数据资料；

⑤预测功能。即通过指标体系，能科学预测节能减排发展的基本趋势，为政府管理部门制定政策和管理措施提供服务。

6.2.4　节能减排指标体系的构建原则

建立评价指标体系的工作并非易事，要求指标设置的数量要适度，要在系统分析的基础上，做到科学合理、符合系统实际情况，并为管理人员和各级领导所接受。实践中，设计节能减排指标体系必须遵循以下 5 项原则：

(1)科学性原则

科学性原则是最重要的指标取舍性原则。主要体现在理论和实践相结合，以及所采用的科学方法等方面。节能减排指标体系是为节能减排战略实施和战略控制服务的，对促进可持续发展和实现环境友好意义重大。因此，在设计指标体系时，首先要坚持以科学理论为指导，在对系统充分认识、充分研究的基础上，使建立的指标体系基本概念清晰、逻辑结构严谨、合理，能够较客观和真实地反映节能减排状况，度量节能减排水平。其次指标体系是理论与实践相结合的产物，无论采用什么样的定性、定量方法，还是建立什么样的模型，都必须紧紧抓住节能减排中最重要、最本质和最有代表性的内容，进行客观的抽象描述。对客观实际抽象描述得越清楚、越简练、越符合实际，科学性就越强。

(2)系统优化原则

首先，要以较少的指标数量和简要的层次结构全面反映评价对象的内容，既避免指标体系过于繁杂，又避免单因素选择。在测度节能减排综合状况上，选取的指标并非越多越好。其次，要统筹兼顾指标之间的相互关系。在节能减排指标体系中，有些指标之间有横向联系，反映不同侧面的相互制约关系，有些指标之间有纵向联系，反映不同层次之间的包含关系。因此设计指标体系时，应考虑这些指标的内在联系，统筹兼顾上述各种关系，实现指标体系的整体功能最优，能够客观全面地评价系统的输出结果。最后，采用系统分析方法。即根据层次高低和作用大小细分指标，由总指标分解成分指标，再由分指标分解成子指标，并组成树状结构，使指标体系的各个要素及其结构都能满足系统性要求，科学全面地反映节能减排的主要内涵。

(3)通用可比原则

该原则要求指标体系要具有纵向、横向比较的通用性和可比性。所谓纵向比较是指同一地区或城市不同时期节能减排绩效的比较。保证纵向比较的通用可比性，条件是指标体系中各指标、各参数的内涵和外延应保持稳定，用以计算各指标相对值的各个参照值(标准值)不变。所谓横向比较是指不同地区或城市之间同一时期节能减排绩效的比较。保证横向比较的通用可比性，关键是要找出共同点，按共同点设计指标体系。

(4)实用性原则

实用性指可行性和可操作性。指标体系的实用性是应用于社会实践的基本条件。其具体要求包括：

①指标要简化，方法要简便。即指标体系不可太烦琐，在基本保证评价结果客观性和准确性的前提下，指标体系应尽可能简化，减少或删除一些影响甚微的指标，做到指标繁简适中，方法简便易行。

②数据的可获得性强。有相互关联的两层含义：一层含义是节能减排指标体系和评价标准必须尽可能采用相对成熟和公认的指标；另一层含义是指标的数据必须易于搜集和计算，即评价指标所需的数据信息来源渠道可靠，易于采集。不论是定性指标还是定量指标，其信息一定是容易获取的，否则，评价工作将难以进行或代价太大。

③整体操作要规范。各评价指标及其相应的计算方法、数据都要尽可能标准化、规范化，以保证不同时空、不同人员条件下对同一对象的评价结果基本一致。

（5）目标导向原则

绩效考评是管理工作中控制环节的重要工作内容。节能减排评价的目的不是单纯评出谁是第一、谁是第二。名次固然重要，但更重要的是如何通过评价引导和鼓励被评价对象向正确的方向或目标努力。所以，应采用"黑箱"的方法，通过评价实际成果对被评价对象的行为加以控制，引导其向目标靠近。此外，节能减排工作会随着社会、经济的发展不断变化，因此指标的选择还要充分考虑这种动态变化特点，能够描述与度量事物未来的发展趋势。

6.3 节能减排指标设计

6.3.1 衡量节能减排成效的尺度

衡量节能减排成效的尺度相当宽泛，有宏观尺度、中观尺度和微观尺度之分。地域边界小至村落，大至民族、国家甚至世界。表6-1综合了不同尺度下衡量节能减排成效的基本观点。从表中可见，在不同尺度上的地域边界有着不同的特征和发展侧重点。较小尺度的微观层面研究具有较好的可操作性，而较大尺度的宏观层面研究则更具战略指导意义。

表6-1 衡量节能减排成效的尺度

衡量尺度	经济学观点	生态学观点	社会学观点	高科技观点	综合观点
宏观尺度（国家）	资源开发利用，产业的合理布局，经济效益的最优组合与可持续发展	完整的生态系统、自然群落和人工建成区之间的物质循环与能量流动和永续利用	人口增长与社会发展适应，社会阶层的平等	开发洁净能源，形成对环境干扰小的产业	人与自然的和谐共生，地区之间的均衡发展，代际公平
中观尺度（地区）	挖掘地区资源潜质，选择适宜产业	生态系统较完整，生态系统各环节之间的相互配合，减小对环境的影响	人口充分就业，保障社会福利	综合处理工业废物、生活垃圾、节能设计和环保材料运用	将自然引入建成区，预留未来发展空间，均衡不同群体利益
微观尺度（个人）	经济实体正常运营，开发就业潜力	减少外界的能量与物质依赖，降低有害物质的产出	企业人文关怀、建立归属感	建筑生态设计和绿色材料，散点减排	保持企业活力，构筑亲近自然的空间，提高员工素质

6.3.2　节能减排指标体系设计

遵循上述设计原则，根据节能减排指标体系内涵及其构建目的，设计了如表 6-2 所示的节能减排评价指标体系。

表 6-2　节能减排评价指标体系

一级指标	二级指标	三级指标	四级指标	单位	备注
节能减排评价指标体系	能源节约	能耗	单位 GDP 能耗(X_1)	t 标准煤/万元	能耗为报告期实际能耗
			单位 GDP 电耗(X_2)	(kW·h)/万元	
			单位工业增加值能耗(X_3)	t 标准煤/万元	
		能耗降低率	单位 GDP 能耗降低率(X_4)	%	能耗降低率为基准年以来的累积降低率，其数值为"+"表示降低，"-"表示提高
			单位 GDP 电耗降低率(X_5)	%	
			单位工业增加值能耗降低率(X_6)	%	
		水耗	单位 GDP 用水量(X_7)	t/万元	万元 GDP 取水量为报告期总用水量与地区生产总值之比
			单位工业增加值用水量(X_8)	t/万元	
			工业用水重复利用率(X_9)	%	
		水耗降低率	单位 GDP 用水量降低率(X_{10})	%	水耗降低率为基准年以来的累积降低率，其数值为"+"表示降低，"-"表示提高
			单位工业增加值用水量降低率(X_{11})	%	
			工业用水重复率利用率提高率(X_{12})	%	
	污染物排放	主要污染物排放	SO_2 排放量(X_{13})	t	主要污染物排放量为报告期的实际排放量，主要污染物排放量降低率为基准年以来的累积降低率，其数值为"+"表示降低，"-"表示提高
			COD 排放量(X_{14})	t	
			单位 GDP SO_2 排放量(X_{15})	t/万元	
			单位 GDP COD 排放量(X_{16})	t/万元	
			SO_2 排放量降低率(X_{17})	%	
			COD 排放量降低率(X_{18})	%	
		三废处理与污染物治理	工业废水排放达标率(X_{19})	%	各指标均为报告期的实际值
			工业 SO_2 去除率(X_{20})	%	
			工业烟尘去除率(X_{21})	%	
			工业固体废物综合利用率(X_{22})	%	
			生活污水集中处理率(X_{23})	%	
			生活垃圾无害化处理率(X_{24})	%	
			污染物治理投资占 GDP 比重(X_{25})	%	
	经济发展	经济规模	人均 GDP 增加(X_{26})	万元/人	报告期人均地区生产总值
		发展速度	GDP 增长率(X_{27})	%	报告期 GDP 比上年的增长百分比
		经济素质	资金利税率(X_{28})	%	资金利税率为报告期利税总额与资产平均余额之比值；人均地方财政收入为报告期地方财政收入总额与总人口之比
			人均地方财政收入(X_{29})	万元/人	
		经济结构	第三产业增加值占 GDP 比重(X_{30})	%	报告期第三产业增加值占地区生产总值的比重
		运行效率	百元固定资产实现产值(X_{31})	元/百元	报告期生产总值与固定资产原值之比

注：年综合耗能 1 万 t 标准煤以上的单位为重点用能单位，它是节能减排的重要监测对象，但由于各地产业结构不同，重点用能单位的耗能量可比性差，故这里没有将重点用能单位的节能量和节能率列入评价指标体系，但具体评价时可作为辅助指标参考。

6.4 节能减排指标的含义与作用

表 6-2 列示的节能减排评价指标体系是一个比较全面反映节能减排指标变量系统，其由 4 个评价层次、三个评价子系统、31 个变量因素所构成。为避免发生理解上的歧义，进一步保证指标数值计算口径的一致，需要对三个评价子系统下 31 个变量因素的概念和作用进行简要说明。

6.4.1 能源节约子系统

节约能源、提高能源利用率是节能减排两大主要内容之一。能源节约子系统主要考察能源和水资源利用效率及其提高程度。

（1）单位能耗利用指标

能源利用效率是节能减排评价中最重要的指标之一，其包括单位地区生产总值能耗、单位地区生产总值电耗、单位工业增加值能耗 3 个变量因素。①单位地区生产总值能耗，简称单位 GDP 能耗，指报告期地区能源消费总量与 GDP 之比。其中，能源消费总量是指用于生产、生活的煤炭、电力、石油、天然气等能源的消耗（包括生产取暖、降温用能）。各种能源均按照国家统计局规定的折合系数折成吨标准煤计算。②单位地区生产总值电耗，简称单位 GDP 电耗，指报告期地区全社会用电量与地区 GDP 之比，其中，全社会用电量指在社会生产、生活等各个领域耗用的电力数量。③单位工业增加值能耗，指报告期地区工业能源消费量与工业增加值之比值，其中，工业能源消费量指在工业生产（包括生产取暖、降温用能）中耗用的煤炭、电力、石油、天然气等能源数量。各种能源均按照国家统计局规定的折合系数折成吨标准煤计算。

单位 GDP 能耗、单位 GDP 电耗和单位工业增加值能耗 3 个指标变量。前两个指标变量分别从全社会角度反映评价对象综合能源和电力的利用效率，后一个指标变量主要考察工业领域综合能源利用效率。它们都是衡量地区能源消耗水平的主要指标，直接体现地区的能源利用水平和市场竞争能力。这 3 个指标均为逆指标，其值越小，说明能源利用效率越高。

（2）单位能耗降低率指标

由于产业结构调整和采取的节能减排措施产生的效果相对滞后，同一地区同时期的能耗降低率可能不相同，所以单位能耗降低率以基准年为标准，计算累计率。具体包括单位地区生产总值能耗降低率、单位地区生产总值电耗降低率、单位地区生产增加值能耗降低率。

（3）水资源利用指标

水资源利用水平间接反映了能源消耗，我国水资源十分短缺，全国 2/3 以上城市用水困难，因此将水资源利用指标列入能源节约子系统，具体包括：单位 GDP 用水量、单位工业增加值用水量和工业用水重复利用率 3 个变量因素。①单位地区生产总值用水量。简称单位 GDP 用水量，指报告期总用水量与地区生产总值之比。该指标综合反映一个地区的用水效率；②单位工业增加值用水量。指报告期工业企业用水总量与工业增加值之比。该指标用于衡量工业用水的利用效率。当数据来源受限时，单位工业增加值用水量指标可用规模以上工业的相应数据替代；③工业用水重复利用率。指报告期工业企业重复利用的水量占总用水量的比重。该指标用于考察工业节水情况。当数据来源受限时，工业用水量重复利用率指标可用规模以上工业的相应数据替代。

（4）水资源耗用降低率指标

水资源耗用降低率用单位 GDP 用水量降低率、单位工业增加值用水量降低率和工业用水重复利用率提高率 3 个指标反映。均以基准年为基准年计算累计降低率。

（5）数据质量及可获得性评价

能源节约子系统包括能源利用和水利用两个方面 6 个指标。关于能源利用，我国自 2006 年已经建成单位 GDP 能耗公报制度，国家统计局、国家发展和改革委员会、国家能源办公室每年 7 月份公布上年度各省、市、区能耗情况。经审核后，各省、市、区也公布下属各地区的能耗情况。此外，《中国统计年鉴》、《中国能源统计年鉴》、各省市区统计年鉴中也有相应的统计数据。所以，其数据来源可靠，质量高，可获得性强。关于水资源利用，《中国城市统计年鉴》中有专门的"生产用水"和"生活用水"统计数据，故水资源利用的 6 个变量因素数据质量较高，可获得性强。

6.4.2　污染减排子系统

环境友好、社会和谐是区域可持续发展的基础。污染减排是节能减排评价的重要内容之一。污染减排评价子系统包括主要污染物排放，三废处理与污染治理两个指标模块。

（1）主要污染物排放指标

主要污染物排放是节能减排的核心指标模块，包括 6 个具体指标如下：

①SO_2 排放量，指报告年份二氧化硫排放总量。该指标以国家环保部及地方环保部门公布的数据为准。

②COD 排放量，指报告年份化学需氧量排放总量。该指标以国家环保部及地方环保部门公布的数据为准。

③单位 GDP 的 SO_2 放量，指 SO_2 与地区生产总值之比。

④单位 GDP 的 COD 化学需氧量排放量，指 COD 排放总量与地区生产总值之比。

⑤SO_2 排放量降低率，指以基准年计算的累计 SO_2 排放量降低率。

⑥COD 排放量降低率，指以基准年计算的累计 COD 排放量降低率。

（2）三废处理与污染治理指标

主要考察工业废水排放达标率、工业 SO_2 去除率、工业烟尘去除率、工业固体废物综合利用率、生活垃圾无害化处理率、生活污水集中处理率、污染治理投资额占 GDP 比重 7 个指标。以上 7 个指标变量的计量单位均为百分数，它们分别反映地区工业"三废"处理状况和环境污染治理的投入力度，是反映大气环境质量、减少污染物排放和环境友好状况的基本变量。

（3）数据质量及可获得性评价

关于主要污染物排放，国家环保部每年均公告各地区二氧化硫和化学需氧量的排放数量，地方环保部门也公布其下属各地市主要污染物排放状况，数据来源可靠，质量好。关于三废处理与污染治理，工业废水、废气、废渣及生活垃圾的排放量、处理量等指标，在《中国统计年鉴》、《中国城市统计年鉴》中均可直接查到或间接计算得到相应指标值，其数据来源可靠，质量较高，可获得性也比较强。

6.4.3　经济发展子系统

经济发展在一个国家或地区诸多发展中最具决定意义。节能减排与经济发展并不对立，促进国家或地区经济社会能够保持可持续的健康发展，是节能减排的目标指向。这是在节能减排评价指标体系中设置经济发展子系统的基本观点。经济发展子系统主要考察地区经济发展中的经济规模、发展速度、经济素质、经济结构和经济运行效率等。

（1）经济规模——人均地区生产总值

人均地区生产总值是年度地区生产总值与平均人口的比值，反映的是一个地区人均拥有的经济产出值，是经济发展水平的基本指标。用于衡量一个地区每个居民的经济贡献或创造的价值。在宏观经济指标中，GDP 是最受关注的指标，被认为是衡量国民经济发展情况最重要的指标。人均 GDP 既有经济总量的含义，也有按照人口平均的含义，比 GDP 更能反映经济的规模与密度。按照国际惯例，一个地区的人均 GDP 是用该地区的总值除以常住人口。其中，GDP 是以万元为单位，并调整为不变价格；常住人口包括在该地区居住一年以上的外来人口，同时包括城市人口和农村人口。

（2）经济发展速度——地区生产总值增加率

地区生产总值增加率是构成 GDP 的各增长率的合成，反映一个地区经济产出量的增长水平，也是反映地区经济发展水平的基本指标。经济增长是促进地区社会发展的重要基础。地区生产总值增加率可说明经济发展的总动向，反映经济增长的速度。

（3）经济素质

①资金利税率。是指利税总额占资金总额的比例，反映地区资金使用效率。②人均地方财政收入。指地方财政收入与总人口的比值，反映地区财政支持节约型社会的能力。其中地方财政收入包括各项税收、专项收入、其他收入及国有企业计划亏损补贴。

地区规模以上企业的流动资金余额、固定资产余额、实现利润和上缴的税收、财政收入等数据，在地方统计年鉴和《中国城市统计年鉴》上均可查询到相应数据。所以，经济素质两个变量因素的数据质量及其可获得性均较好。

（4）经济结构——第三产业增加值占 GDP 的比重

指第三产业增加值与 GDP 总值之比值。它是衡量产业结构高级化程度的指标，用于反映地区产业结构的质量。

第三产业是指除农业、工业、建筑业以外的所有产业。具体又分为两大部门：一是流通部门，包括交通运输、仓储及邮电通信业，批发和零售贸易业、餐饮业；二是服务部门，包括金融、保险业，房地产业，社会服务业，卫生、体育和社会福利业，教育、文化艺术及广播电影电视业，科学研究和综合技术服务业，国家机关、政党机关和社会团体及其他行业。第三产业在推动经济发展的同时，对环境的压力小，有利于地区的可持续发展。从社会经济发展的一般规律看，第三产业增加值占 GDP 的比重随着经济的发展将越来越高，这就是产业结构的高级化过程。从总体上来看，第三产业主要是低能耗、低污染的产业，对环境的污染小，也是环境友好型产业。该指标越高，表明城市的可持续发展能力越强。但该指标的增长受到国家经济发展水平、第二产业发展水平等的制约。

（5）经济运行效率——百元固定资产实现产值

百元固定资产实现产值是指报告期每百元固定资产实现的工业产值，它等于报告期的工业总产值除以同期的固定资产原值。其中，固定资产原值是指企业在建造、购置、安装、改建、扩建、技术改造某项固定资产时所支出的全部货币总额。工业总产值是以货币表现的工业企业在报告期内生产的工业产品数量。百元固定资产实现产值反映了工业企业固定资产投入与产出之间的比例关系，用于反映地区资源利用效率的高低，是衡量工业企业经济效益的指标。

（6）数据质量及可获得性评价

经济发展子系统考察的是地区经济发展中的经济规模、经济发展速度。经济素质、经济结构和经济运行效率等指标，都是国家和地方经济统计和经济核算的重要内容。在每年的主要统计年鉴中都可查到相应的统计数据，其数据来源可靠、数据质量和数据可获得性都很好。

6.5 节能减排绩效的综合评价

6.5.1 多指标综合评价方法分类

从节能减排评价指标体系的结构框架容易看到，节能减排绩效评价是一个多指标、多层次的系统评价问题。对这类多指标、多层次的评价问题，通常采用综合评价方法。

评价是指根据确定的目的来测定对象系统的属性，并将这种属性变为客观定量的计算值或者主观效用的行为。综合评价则指对以多属性体系结构描述的对象系统做出全局性或整体性的评价，即采用一定方法，根据所给的条件给每个评价对象赋予一个评价值（或称评价指数），再据此择优或排序。

构成综合评价的基本要素有：评价对象、评价的指标体系、评价专家（群体）及其偏好结构、评价模型等。概括起来，多指标综合评价主要涉及3类方法，即常规数学方法、模糊数学方法、多元统计分析方法。这3类方法在具体应用中，其处理程序又各不相同，从而形成了各种具体方法，如图6-1所示。

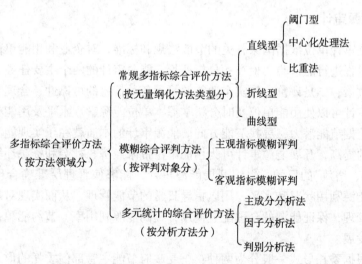

图6-1 多指标综合评价基本方法分类

6.5.2 多指标综合评价方法步骤

多指标综合评价方法是把描述评价事物的多个不同方面且量纲不同的统计方法，转化成无量纲的相对评价值并综合这些评价值以得出对该事物一个整体评价方法，具体步骤如下：

（1）明确对象系统。根据实际问题的特点，分析、提炼、确定目标，建立概念模型。对象系统的特点直接决定着评价的方法。

（2）建立评价指标。复杂对象系统的指标体系通常具有层次结构。建立科学合理的多指标、多层次结构的指标体系，是进行评价的基础，也是难点。

（3）指标同趋势化。不同的指标对目标所起的作用趋势不同，即有些是正作用，有些是负作用，为此可以采用一定方法将负指标进行转化。

（4）指标无量纲化。不同的量纲值无法进行比较，为消除原始量纲的影响，需将不同性质、不同量纲的指标实际转化为可能综合的相对数。无量纲化的方法有直线型、折线型和曲线型3大类，多采用直线型。

（5）确定每个指标的权重。在一个评价指标体系中，不同评价指标的相对重要性一般是不同的，因此需要给定权重。给定权重的方法主要有两大类：一是主观法，如层次分析、德尔菲法，此类方法受人为影响较人，多根据专家的经验进行选取；二是客观法，即根据各指标间的相关关系或各指标值的变化程度来确定权重，避免人为的偏差，多采用主成分分析法、因子分析法等。

（6）确定综合评价值。通过对指标的综合，将各个指标对事物的不同方面的单项评价值进行综合，得到一个整体性的综合评价值。

（7）评价。根据评价对象和评价目的的不同，综合评价一般依据综合评价值的大小解决3类问题：对各个被评价对象进行分类；对被评价指标对象进行比较、排序；对某一事物作出整体评价。

6.6 节能减排管理

6.6.1 能源审计

能源审计是审计单位依据国家有关的节能法规和标准，对企业和用能单位能源利用的物理过程和财务过程进行的检验、检查和分析评价。能源审计的两个主要任务：一是监督贯彻执行能源方针政策；二是评价、核实企业能源管理各种信息的可靠性、合理性和合法性。

开展能源审计可以使用能单位及时分析掌握本单位能源管理水平及用能状况，排查问题和薄弱环节，挖掘节能潜力，寻找节能方向。能源审计的本质就在于实现能源消耗的降低和能源使用效率的提高，开展能源审计可为用能单位带来经济、社会和资源环境效益，从而实现"节能、降耗、增效"的目的。组织开展能源审计，能够使管理层准确合理地分析评价用能单位本身的能源利用状况和水平，用以指导日常的节能管理，从而实现对用能单位能源消耗情况的监督管理，保证能源的合理配置使用，提高能源利用率，节约能源，保护环境，促进经济可持续发展。

能源审计根据委托形式一般分为两种：①受政府节能主管部门委托的形式。省政府或地方政府节能主管部门根据本地区能源消费的状况，结合年度节能工作计划，负责编制本省（市）、自治区或地方的能源审计年度计划，下达给有关用能单位并委托有资质的能源审计监测部门实施。②受用能单位委托的形式。在用能单位领导部门认识能源审计的重要意义和作用或在政府主管部门要求开展能源审计的基础上，能源审计部门与用能单位签订能源审计协议（合同），确定工作目标和内容，约定时间开展能源审计工作。或者是用能单位根据自身生产管理和市场营销的需要，主动邀请能源审计监测部门对其进行能源审计。

能源审计一般按以下程序进行：

①节能主管部门根据节能工作要求编制年度能源审计计划，同时通知能源审计单位和被审计用能单位；

②能源审计单位根据节能主管部门的计划，做出能源审计的具体工作方案，确定能源审计的目标和具体内容，报节能主管部门批准后通知被审计单位；

③被审计单位应当按能源审计单位要求如实提供有关资料，积极配合能源审计单位，做好能源审计工作；

④能源审计单位应在能源审计工作完成后，15日之内向节能主管部门及被审计单位提出能源审计报告；

⑤节能主管部门审核通过后，被审计单位应当按能源审计报告建议实施；节能主管部门审核不通过，应当在3个月内进行修改补充，并重新提交能源审计报告；

⑥被审计单位应在审计完成后，按季度将整改情况反馈给节能主管部门和能源审计单位。能源审计单位应对被审计单位定期回访，监督整改，并将整改进度和效果反馈给节能主管部门。

6.6.2 节能评估

节能评估是实现项目从源头控制能耗增长、增强用能合理性的重要手段。依据国家和地方相关节能强制性标准、规范及能源发展政策在固定资产投资项目审批、核准阶段进行用能科学性、合理性分析与评估，提出节能降耗措施，出具审查意见，可以直接从源头上避免用能不合理项目的开工建设，为项目决策提供科学依据。

根据《节约能源法》规定：国家实行固定资产投资项目节能评估和审查制度。不符合强制性节能标准的项目，依法负责项目审批或核准的机关不得批准或者核准建设；建设单位不得开工建设；已经建成的不得投入生产、使用。节能评估方法主要有政策导向判断法、标准规范对照法、专家经验判断法、产品单耗对比法、单位面积指标法、能量平衡分析法、坚持节能评估和审查的前置性。

节能评估报告是指在项目节能评估的基础上，由有资质单位出具的节能评估报告书或节能评估报告表。固定资产投资项目节能评估报告应包括下列内容：评估依据；项目概况；能源供应情况评估，包括项目所在地能源、资源条件以及项目对所在地能源消费的影响评估；项目建设方案节能评估，包括项目选址、总平面布置、生产工艺、用能工艺和用能设备等方面的节能评估；项目能源消耗和能效水平评估，包括能源消费量、能源消费结构、能源利用效率等方面的分析评估；节能措施评估，包括技术措施和管理措施评估；存在问题及建议与结论。

6.6.3 合同能源管理

合同能源管理(Energy Management Contracting，EMC)，是20世纪70年代始于西方发达国家的一种基于市场运作的节能新机制。基于这种机制运作、以赢利为直接目的的专业化"节能服务公司"的发展亦十分迅速，尤其是在美国、加拿大和欧洲，已发展成为一种新兴的节能产业。客户见到节能效益后，EMC公司才与客户一起共同分享节能成果，取得双赢的效果。

合同能源管理是以减少的能源费用来支付节能项目成本的一种市场化运作的节能机制。合同能源管理不是推销产品或技术，而是推销一种减少能源成本的财务管理方法。EMC公司的经营机制是一种节能投资服务管理。节能服务公司与用户签订能源管理合同、约定节能目标，为用户提供节能诊断、融资、改造等服务，并以节能效益分享方式回收投资和获得合理利润，可以显著降低用能单位节能改造的资金和技术风险，充分调动用能单位节能改造的积极性，是行之有效的节能措施。

合同能源管理机制的实质是：一种以减少的能源费用来支付节能项目全部成本的节能投资方式。这种节能投资方式允许用户使用未来的节能收益为用能单位和能耗设备升级，以及降低目前的运行成本。节能服务合同在实施节能项目的企业（用户）与专门的盈利性能源管理公司之间签订，有助于推动节能项目的开展。合同能源管理的类型主要有如下几种：

（1）节能效益分享型

节能改造工程前期投入由节能公司支付，客户无需投入资金。项目完成后，客户在一定的合同期内，按比例与公司分享由项目产生的节能效益。具体节能项目的投资额不同节能效益分配比例和节能项目实施合同年度将有所有不同。

（2）节能效益支付型

客户委托公司进行节能改造，先期支付一定比例的工程投资，项目完成后，经过双方验收达到合同规定的节能量，客户支付余额或用节能效益支付。

（3）节能量保证型

节能改造工程的全部投入由公司先期提供，客户无需投入资金，项目完成后，经过双方验收达到合同规定的节能量，客户支付节能改造工程费用。

（4）运行服务型

客户无需投入资金，项目完成后，在一定的合同期内，EMC负责项目的运行和管理，客户支付一定的运行服务费用。合同期结束，项目移交给客户。

合同能源管理的实施流程如下：

（1）能源审计

针对用户的具体情况，对各种耗能设备和环节进行能耗评价，测定企业当前能耗水平，由专业人员对用户的能源状况进行审计，对所提出的节能改造的措施进行评估，并将结果与客户进行沟通。

（2）节能改造方案设计

在能源审计的基础上，向用户提供节能改造方案的设计，这种方案不同于单个设备的置换、节能产品和技术的推销，包括项目实施方案和改造后节能效益的分析及预测，使用户充分了解节能改造的效果。

（3）能源管理合同的谈判与签署

在能源审计和改造方案设计的基础上，EMC与客户进行节能服务合同的谈判。

（4）项目投资

合同签定后，进入了节能改造项目的实际实施阶段，根据内容进行合理投资。

（5）施工、设备采购、安装及调试

根据合同，用户要为EMC的施工提供必要的便利条件。既有设计、施工、安装调试等软服务，同时也为用户提供节能设备及系统等实物。

（6）人员培训、设备运行、保养及维护

在完成设备安装和调试后即进入试运行阶段。EMC负责培训用户的相关人员，以确保能够正确操作及保养、维护改造中所提供的先进的节能设备和系统。

（7）节能及效益监测、保证

改造工程完工后，EMC 与用户共同按照能源管理合同中规定的方式对节能量及节能效益进行实际监测，确认在合同中由 EMC 提供项目的节能水平。

（8）节能效益分享

由于对项目的投入（包括能源审计、设计、原材料和设备的采购、土建、设备的安装与调试、培训和系统维护运行等）根据合同进行，用户将节能效益中应由 EMC 分享的部分逐季或逐年向 EMC 支付项目费用。在根据合同所规定的费用全部支付完毕以后，EMC 把项目交给用户。

6.6.4　能源需求侧管理

能源需求侧管理（Demand Side Management，DSM）是国际上广泛采用的一种先进管理技术。DSM 是指电力（煤气、热力、水等）公司（供电方）采用行政、经济、技术措施，鼓励用户（需求方）采用各种有效的节能技术，改变电力、电量需求方式，在保持能源服务水平的情况下，共同降低（电）能源消费和用电负荷，实现减少电力建设投资和一次能源对大气环境的污染，从而取得明显的经济效益、环境效益、社会综合效益。

最常见的为电力需求侧管理，是指电力用户通过提高终端用电效率和优化用电方式，在完成同样用电功能的同时减少电量消耗和电力需求，达到节约能源和保护环境的目的，实现低成本电力服务所进行的用电管理活动。

在具体实施过程中需进行综合资源规划，具体为需求方提高用电效率而减少的电量消耗和改变用电方式而降低的电力需求视为一种资源，同时参与电力规划，对供电方案和节电方案进行技术和经济筛选，经过优化组合形成社会、电力公司、电力用户等各方受益，成本最低，又能满足同样能源服务的一种新型资源规划方法。

6.6.5　节能产品认证

节能产品认证制度是提高能源利用效率，规范用能产品市场，减少资源消耗，保护环境的最有效的途径。节能产品认证以其投入少、见效快、对消费者影响大等优点，已在世界范围内普及。目前世界上已有欧盟各国、美国、加拿大、澳大利亚、巴西、日本、韩国、菲律宾、泰国等 37 个国家和地区实施了节能产品认证制度，广泛应用于家用电冰箱、房间空气调节器、洗衣机等家用电器和计算机、传真机等办公设备，以及集中空调、锅炉、电动机等商业和工业设备。目前，我国节能认证已扩展到节水、环保等产品的认证工作。

依据《节约能源法》，原国家经济贸易委员会（现国家发展和改革委员会）1998 年 10 月会同原国家质量技术监督局（现国家质量监督检验检疫总局）在我国正式建立了节能产品认证制度，颁布了《中国节能产品认证管理办法》和节能产品认证标志，正式启动了我国节能产品认证工作，并采用了自愿认证原则。2003 年 8 月 20 日国务院常务会议上通过《中华人民共和国认证认可条例》，对认证工作的范围、能力、资质、条件等方面进行了详细的规范。从 1999 年 4 月开始第一个产品家用电冰箱的节能认证发展至今，认证已涉及家用电器、照明电器、办公设备、机电产品、电力设备等领域 24 大类。200 余家企业 1500 多种产品获得节能产品认证证书。节能产品认证有着如下的作用：

（1）推广节能认证标识主要是鼓励消费者购买高能效产品，并间接地引导制造商生产和销售高能效的产品，拉动市场向高能效产品转移。2004 年 4 月 1 日《国务院办公厅关于开展资源节约活动通知》的颁发，为推动和全面开展资源节约工作指明了方向。该通知明确提出扩大节能、节水工作的认证范围、建立强制性能效标识制度、把好市场准入这样的具体措施，以促进和推动我国的节能、节水工作。

（2）节能产品认证主要是针对能效水平排在市场前10%～20%的用能产品，节能标识要求明确，为购买者提供最直接的信息，鼓励其购买高效产品，从而对高效的节能产品市场起到拉动的作用。节能标识由于第三方介入的特点，对能效认证的结果起到有力的保障作用。目前，我国正在积极开展政府机构节能工作，并且正在制定将我国节能认证产品标志纳入政府节能采购目录的具体方案。同时，节能认证标志和认证结果国际协调互认已成为国际发展趋势。统一的能效认证体系能够实现国家、地区间协调互认的可能性，并促进高效产品的国际间贸易。

（3）节能产品认证制度是市场经济条件下政府节能管理的重要措施；是发挥市场机制作用、促进企业节能技术进步、不断促进产品能效水平提高的有效途径；是规范节能产品市场、创造公平的市场环境的有效手段；是提高我国节能产品市场竞争力、积极应对绿色贸易壁垒的客观要求。做好节能产品认证工作，对提高耗能设备能源利用效率有十分重要的意义。

6.6.6 能源效率标识

能源效率标识是附在产品或产品最小包装上的一种信息标签，用于表示用能产品的能源效率等级等性能指标，为用户和消费者的购买决策提供必要的信息，以引导用户和消费者选择高效节能产品。为加强节能管理，推动节能技术进步，提高能源效率，加强能源效率标识管理是十分重要的。能源效率标识的名称为"综合型中国能效标识"（China Energy Label，CEL），具有专有和专用的性质，包括以下基本内容：生产者名称或者简称、产品规格型号、能源效率等级、能源的消耗量、执行的能源效率国家标准编号和其他相关内容。

国家对节能潜力大、使用面广的用能产品实行统一能源效率标识制度。国家制定并公布《实行能源效率标识的产品目录》，确定统一适用的产品能效标准、实施规则、能源效率标识样式和规格。列入《目录》产品的生产者或进口商应当在使用能源效率标识后，向国家质量监督检验检疫总局、国家发展和改革委员会授权的机构备案能源效率标识及相关信息。

国家发改委、国家质检总局和国家认证认可监督管理委员会负责能源效率标识制度的建立并组织实施。地方各级人民政府节能管理部门、地方质量技术监督部门和各级出入境检验检疫机构，在各自的职责范围内对所辖区域内能源效率标识的使用实施监督检查。

▶ 6.7　企业节能规划指南

6.7.1 概念介绍

节能是旨在降低单位产值能耗的努力，为此要在能源系统的所有环节，从资源的开采、加工、转换、输送、分配，到终端利用，采取一切合理的措施来消除能源的浪费，充分发挥在自然规律所决定的限度内存在的潜力。

企业规划是确定企业宗旨、目标以及实现企业目标的方法、步骤的一项重要经营活动。企业节能规划目的是使节能工作能够深入持久地稳步前进。必须符合国家产业政策，符合企业的实际情况，充分分析和评价现有的管理和技术实力，分步骤分阶段地进行，达到期望的目标。目标要明确，既要有长期目标，也要有分阶段的短期目标，措施有力，并有年度实施计划。

6.7.2　企业编制节能规划的意义

企业节能管理的目的是合理利用能源，以最小能源消耗，获得最大的经济效益和社会效益。企业的节能管理既是企业管理的重要组成部分，又是国家和地方节能管理系统的终端部分。节能规划的本质在于综合分析。节能规划涉及工艺结构即产品结构及产量、工艺装备水平；能源结构即燃料间相互替代、燃料使用效率等；经济约束即内部价格的合理性、成本最小化等；环保约束即控制排放量；政府政策即立项、贷款、税收等优惠政策。

6.7.3　编制步骤

制定节能规划分为 3 个阶段：第一阶段是确定目标，即企业在未来的发展过程中，要应对各种变化所要达到的目标；第二阶段是要制定规划，通过对系统分析，找出节能潜力，有针对性地采取管理、技术措施达到目标；第三阶段对节能规划进行评估，如果与目标相距较大，还需要多个迭代的过程，并需要考虑如何修正。

6.7.4　规划内容及编制方法

总则，包括编制依据、企业概况、企业发展规划描述、并确定规划的基准年度。企业概况主要包括企业所属行业，业务经营范围，主要产品产量，产品品种质量及销售情况，在国内（省内）同行业的地位，主要经济指标和主要能耗指标如销售收入、利润、综合能耗、能源利用的特点等。

提出规划目标，包括规划指导思想、基本原则和规划目标。目标包括总体目标及分系统分年度目标，要求分系统目标必须与总体目标相吻合。规划目标是制定节能规划的核心，制定规划的目的就是通过分析现状，找出企业存在的问题和节能潜力，制定有效的措施，完成规划的目标。

目标的提出有多种途径，大致分为两类：一类是国家或省级政府提出的强制要求如国家产业政策提出的明确要求、国家标准规定的具体指标和行业准入条件规定的指标等；另一类是企业从自身出发提出的意愿如企业领导对部门提出的要求、企业发展规划要求达到的目标和企业承担社会责任提升形象要求等。在制定规划的过程中上述目标列为初步目标，具体的目标需通过进行现状分析、提出措施、评估，经过几个迭代过程的优化才能确定。

现状及分析，主要是利用各种分析方法，找出企业在节能方面存在的问题和实现目标的难度，这部分是节能规划的重点。通过分析，能够掌握本企业的基本情况，确定目标的合理性。

（1）分析内容

企业的技术装备情况，如生产工艺和设备的实际状况和水平；节能管理机构、管理制度、规定是否健全；能源计量配备情况；企业节能统计情况，包括本企业统计口径、能耗指标实际完成情况、同行业国内外水平、实物消耗分析；企业的物料平衡和能源平衡。

（2）分析方法

①节能潜力分析。节能潜力与能源效率相对应，世界能源委员会把能源效率定义为：减少提供同等能源服务的能源投入。从物理学观点看，能源效率是指在利用能源资源的各项活

动中，所得到的、起作用的能源量与实际消耗的能源量之比。从消费观点看，能源效率是指为终端用户提供的能源服务与所消耗的能源量之比。与目标能源效率之间的差距即为节能潜力。节能潜力分为理论潜力和视在潜力，理论潜力是指理论上可以回收和重复利用的能量，视在潜力是指在当前的技术条件下能够实现的回收利用的能量，随技术进步的发展视在潜力动态变化。

②全能耗节能。企业在生产过程中，除了直接消耗燃料、动力和载能工质外，还要消耗各种原材物料、各种设备和各种建筑等。原材物料、设备和建筑都是消耗了大量能源生产出来的，所以使用是间接消耗能源。一个企业的全部能源消耗，既包括燃料、动力、载能工质等直接能源的消耗，也包括间接能源的消耗，所以分析企业和产品的能源利用情况，应以全能耗为基础。

③SWOT分析。即优势-劣势-机会 威胁分析，其核心思想是通讨对企业外部环境与内部条件的分析，明确企业在节能方面可利用的机会和可能面临的风险，并将这些机会和风险与企业的优势和劣势结合起来，形成企业的节能措施。内部优势及劣势（Strengths & Weaknesses）指相对于同类型企业做得好或不好的企业本身可控的因素，如企业整体管理、营销、财务/会计、生产/运作、技术研究开发、对新技术的认知程度、计算机信息系统等。外部机会与威胁（Opportunities & Threats）指企业可控制范围之外的因素，如经济、社会发展、文化、环境、政治、人口、政府政策导向、技术发展趋势等因素。

SWOT分析有4种不同类型的组合：优势-机会（SO）组合、劣势-机会（WO）组合、优势-威胁（ST）组合和劣势-威胁（WT）组合。优势-机会（SO）组合是一种发展企业内部优势与利用外部机会的措施。当企业具有特定方面的优势，而外部环境又为发挥这种优势提供有利机会时，可以采取该措施。弱点-机会（WO）战略是利用外部机会来弥补内部弱点，使企业改变劣势而获取优势的措施。存在外部机会，但由于企业存在一些内部弱点而妨碍其利用机会，可采取措施先克服这些弱点。优势-威胁（ST）战略是指企业利用自身优势，回避或减轻外部威胁所造成的影响。弱势-威胁（WT）措施是一种旨在减少内部弱点，回避外部环境威胁的防御性技术。

制定措施，提高能源利用效率，降低能耗。节能的途径是多方面的，虽然每个行业的工艺装备和生产流程不同，提高能源利用的途径基本相似：①加强节能管理，建立健全管理体系，实施严格的考核，加强监督检查，加强宣传和培训，不断提高管理素质，提高操作水平，完善信息系统，提高自动控制水平等；②优化工艺结构和产品结构，提高技术装备水平，通过设备大型化、自动化提高能源利用效率；③采用节能新技术，通过节能技术进步不断降低能源消耗。

节能技术途径要遵循热力学第二定律，热力学第二定律揭示了能量传递的基本规律，指出了节能技术进步的有效途径，在制定节能技术进步措施时，必须遵循以下原则：①从源头控制，尽量减少能源使用量，只要有燃烧就有热量的损失，源头控制比回收利用效率高；②热量利用与温度有直接关系，根据卡诺定律，温度越高热效率也越高，能量的回收比例易于提高，同等工艺条件应注意温度的选择；③功是最有价值的能量，能量可以完全转化为功，回收功比回收热更具有意义；④冷量与热量一样有价值，产生冷量需要大量的功，温度越低其价值越高；⑤尽量避免不可逆过程，采用逐级利用的方法回收能量，如把物流和能流结合起来，回收的能量预热物料，产生的蒸汽用作过程动力等；⑥能量分级使用，用低位能量产生低位热，将高位能量用于产生功或高位热，充分利用其成分能够创造更高的价值；⑦生产过程中产生的废品同样消耗了能量，提高质量减少废品，也是节约了能源；⑧工艺过程产生的废气、废水、废渣经过了高温过程，消耗了大量能源，本身就有一定的附加值，应努力挖掘。

　　对提出的管理措施、技术措施进行经济、技术评估，尽量量化节能量，核算对目标的影响，评估各项措施的效果是否可支持目标实现。根据企业的资金、生产规划安排节能规划各项措施的实施时间，基本原则是，优先实施投资少、回收期短、技术成熟、效果显著的项目，优先实施系统优化的项目，优先实施政府强制要求的项目，投资大、回收期长、技术成熟的项目和技术风险大的项目适时实施。

第7章 国内外节能减排的现状与趋势

▶ 7.1 世界各地区

节能减排是指降低能源消耗和减少污染物排放，前者是能源资源问题，后者是环境保护问题，因此是能源资源利用和环境保护紧密相连的重要概念。2007 年 10 月颁布的《节约能源法》对节能的定义是：节能是指加强用能管理，采取技术上可行、经济上合理以及环境和社会可以承受的措施，从能源生产到消费的各个环节，降低消耗、减少损失和污染物排放、制止浪费，有效、合理地利用能源。这一定义与世界能源委员会在 1979 年提出的"节能"定义基本相同。节能并不是简单的减少能源消耗，而是在整个能源系统的各个环节，从能源的采集开始，经过加工、运输、销售等过程，最后到能源的使用，都要采取有效的措施避免浪费，做到能源利用的最大化。减排就是减少各种环境有害物的排放，减少环境污染，在发展经济的同时不对环境造成不可逆转的损害，确保经济、社会增长的可持续发展。

市场经济国家的节能活动最早是从 1973 年中东战争引起的石油危机开始的，石油危机导致全球性油价上涨和经济衰退，促使美国、日本和欧盟等主要的石油进口国开始认真考虑能源安全问题和重视提高能源效率。20 世纪 80 年代，环境污染尤其是温室气体的过度排放引起了人们的高度重视，发达国家的能源节约观念也从保障能源安全问题而进行节约和缩减消费，转变为提高能源效益、减少污染、改善生活质量和改进公共关系为目标。近 20 年来，随着可持续发展理念的传播，全球的环境意识普遍增强，世界上多数国家都已经把环境保护作为能源战略的重要目标，节能减排已经成为全球经济与社会发展的趋势。发达国家多运用法律、行政、经济等手段，充分调动政府、企业和社会的积极性，全面推动节能减排工作。

《京都议定书》是 1997 年在日本京都召开的联合国气候变化框架公约参加国三方会议通过的国际性公约，为各国 CO_2 排放量规定了标准，即在 2008~2012 年间，全球主要工业国家工业 CO_2 排放量比 1990 年排放量平均降低 5.2%；并于 1998 年 3 月 16 日~1999 年 3 月 15 日间开放签字，共有 84 国签署，条约于 2005 年 2 月 16 日开始强制生效，到 2009 年 2 月一共有 183 个国家通过了该条约(超过全球排放量的 61%)，美国没有签署该条约。

《京都议定书》向世界主要发达国家规定了具有法律约束力的温室气体减排要求：即全球 39 个主要工业国及地区必须于 2012 年以前，以 1990 年排放量为基础消减 5.2%的温室气体排放，其中欧盟削减 8%、美国削减 7%、日本削减 6%，同时对未达到减排要求的缔约国采取相应惩罚措施，如果在 2012 年前某缔约国没有达到减排要求，其减排任务将增加 30%。为了促使有减排要求的缔约国实现其减排目标，《京都议定书》还规定了 3 个减排市场机制：一是排放交易机制(Emission Trading，ET)；二是联合实施机制(Joint Implementation，JI)；三是清洁发展机制(Clean Development Mechanism，CDM)。《京都议定书》遵循的原则是"共同承担责任，但是有区别的责任"，即发达国家率先承担减排的义务，而经济水平较低的发展中国家暂时不需承担减排义务。《京都议定书》的签订对全球的政治、经济、科技、社会的发展带来了深远的影响。

2007 年 6 月 7~8 日召开的八国(加拿大、法国、德国、意大利、日本、俄罗斯、英国和美国)集团(Group of Eight，G8)峰会通过一项计划，呼吁"实质性减排"温室气体，即把劝说国际社会同意"在 2050 年前削减一半温室气体排放量"作为 G8 的共同目标。一直以来，美国和一些发展中大国对欧盟提出的"减排 50%"目标并不认同。会议期间美国总统布什表示，美国愿同其他国家共同努力寻求制订一项温室气体减排的国际框架协议，填补 2012 年有关温室气体减排的《京都议定书》第一承诺期到期后的空白。

2007 年 12 月，在印度尼西亚巴厘岛举行的联合国气候变化大会通过了"巴厘路线图"，为应对气候变化谈判的关键议题确立了明确议程。按照要求，一方面，签署《京都议定书》的发达国家要履行《京都议定书》的规定，承诺 2012 年以后的大幅度量化减排指标；另一方面，发展中国家和未签署《京都议定书》的发达国家要在《联合国气候变化框架公约》(United Nations Framework Convention on Climate Change，UNFCC)下采取进一步应对气候变化的措施，这就是所谓"双轨"谈判。2008 年，落实"巴厘路线图"的谈判全面展开，分别在曼谷、波恩、阿克拉和波兹南共举行了 4 轮会议。在议定书下，各方主要讨论了发达国家的实现减排目标的手段和方法，尚未涉及发达国家的减排指标问题；在公约下，各方围绕减缓、适应、资金和技术 4 大问题展开一般性讨论，尚未涉及发达国家减排义务可比性等问题。2008 年底在波兹南结束的公约第 14 次缔约方会议标志着"巴厘路线图"谈判进程时间过半，会议通过了 2009 年工作计划，从形式上实现了向全面谈判模式的转段。

2009 年 12 月，哥本哈根世界气候大会在丹麦首都哥本哈根召开，192 个国家的环境部长和其他官员们商讨《京都议定书》一期承诺到期后的后续方案，就未来应对气候变化的全球行动签署新的协议。19 日，联合国气候变化大会分别以《联合国气候变化框架公约》及《京都议定书》缔约方大会决定的形式发表了不具法律约束力的《哥本哈根协议》。《哥本哈根协议》决定延续"巴厘路线图"的谈判进程，授权《联合国气候变化框架公约》及《京都议定书》两个工作组继续进行谈判，并在 2010 年底完成工作。

2010 年墨西哥坎昆气候大会在未来国际气候制度构建方面，提出设立每年进行全球气候变化问题公投，倡议设立国际气候法庭，监督 UNFCC 的执行情况。主要议题包括 4 个方面的内容：①《哥本哈根协议》法律化，哥本哈根大会后，联合国成立《气候变化框架公约》和《京都议定书》工作组，182 个国家开始实质性协商；②各国减排目标的确立，从《京都议定书》到期以后，2012 后减排目标的确立并不明晰；③发达国家转让新技术问题，西方发达国家在风能、太阳能等绿色能源投入大量资金，且卓有成效。但从知识产权的保护及国家经济利益等方面来说，真正满足发展中国家的需求还很遥远；④如何保障发达国家的资金援助及时到位。从目前欧盟的立场与表态来看，资金援助机制的建立应该还是有希望的。

2011 年南非德班气候大会一是落实 2010 年墨西哥《坎昆协议》的成果，启动"绿色气候基金"，加强应对气候变化的国际合作；二是关于续签《京都议定书》第二承诺期的谈判，这是各国要面对的复杂的政治任务。欧盟、美国、"伞形集团"、"基础四国"、"77 国集团"、小海岛国家以及最贫穷国家等虽然从不同的立场出发阐述了各自观点，经过 3 次预备会议后，各方在《京都议定书》第二承诺期等关键性问题上分歧依然严重，尤其是日本、加拿大、俄罗斯表示不准备续签《京都议定书》第二承诺期和美国的低减排目标。

2012 年在卡塔尔多哈召开气候大会，大会取得的最大成果是就 2013 年起执行《京都议定书》第二承诺期以 8 年期限达成了一致；在发展中国家持续呼吁和敦促之下，一些发达国家除了有条件地接受《议定书》第二承诺期，也承诺向"绿色气候基金"注资，德国、英国、瑞典、丹麦等6个欧洲国家已经为此编列预算。本次大会也留下不少遗憾：①在减排问题上，尽管第二承诺期定为8年，降低了对发达国家减排力度的要求，但日本、加拿大、新西兰等发达国家仍未接受第二承诺期，大会也没有就发达国家减排指标做出具体规定，使全球平均气温上升不超过2℃的目标难以实现。②在资金问题上，发达国家从整体上看还远没有兑现承诺，"绿色气候基金"目前仍是空壳，目前发达国家承诺的资金总量仅为数十亿美元，至2020年能否达到每年1000亿美元的目标还是悬疑。③在第一、第二承诺期的衔接上，一些发达国家坚持将第一承诺期剩余的减排额度"结转"到第二承诺期，相当于再次降低第二承诺期的减排目标，而大多数国家反对，这个问题只能暂时搁置，这为以后的谈判增加了悬念。因此，本届会议所达成的共识是与会各方共同妥协的产物，最终形成的结果"各方都不满意而各方都能接受"。

世界主要国家CO_2排放量如表7—1所示，在国际社会广泛关注气候变化问题背景下，中美两国作为世界上最大的温室气体排放国自然成为各方关注的焦点。奥巴马总统在上台后高度关注推动气候变化议程，在2009年5月讲话中尖锐地指出，在应对全球气候变暖和温室气体减排上，中美两国负有主要责任，因为中美两国CO_2排放量占全球的45%，中国占24%，美国占21%。美国参议院现在还没有表决相关法案，就是看中国在这个问题上的态度。在温室气体减排问题上，中美两国矛盾十分尖锐，美方坚持盯住中国，并且漫天要价，回避历史责任，分化发展中国家立场，要求中国承担更多责任。

表7-1　主要国家CO_2排放量　　　　　　　　　　　　　t/人

国家	1997年	1998年	1999年	2000年	2001年	2002年	2003年	2004年	2005年	2006年	2007年	2008年
澳大利亚	17.3	17.8	18.1	18.2	18.3	18.3	18.7	18.8	18.7	18.7	18.9	19
比利时	12	12.6	12.1	12.1	12.1	12	12.3	12.2	11.9	11.4	10.8	11.1
加拿大	17.2	17.3	17.7	18.2	17.9	17.9	18.4	18.1	17.6	17.1	18	17.2
芬兰	12.1	11.5	11.4	11	12	12.4	13.8	13	10.7	12.9	12.5	11
法国	6.9	7.2	7	6.9	7	6.8	6.9	6.9	6.9	6.7	6.5	6.4
德国	11.3	11.2	10.8	10.9	11.1	10.9	10.9	10.7	10.5	10.6	10.3	10.3
意大利	7.8	8	8.1	8.1	8.2	8.2	8.4	8.4	8.4	8.2	8.1	7.9
日本	9.9	9.5	9.8	9.6	9.6	10	10.1	10	9.9	9.9	9.9	9.5
挪威	9.3	9.3	9.4	9.3	9.5	9.4	9.5	9.5	9.5	9.6	9.6	9.3
俄罗斯	9.8	9.7	10	10	10.2	10.3	10.5	10.6	10.7	11.1	11.1	11.4
英国	9.5	9.5	9.3	9.4	9.5	9.2	9.4	9.3	9.3	9.2	9	8.8
美国	20.5	20.3	20.4	20.7	20.2	20.1	20.1	20.2	20.1	19.7	19.8	19

数据来源：联合国千年发展目标官方网站

节能减排已成为发达国家政府为保障本国能源安全、降低环境污染、减少温室气体排放、确保社会、经济可持续发展的重要措施。各国纷纷采取各种方式在政府部门职能、法律、法规、财政、教育、宣传等方面对节能减排的引导和约束逐渐加强。

国外关于节能减排工作的开展主要是受20世纪70年代石油危机引起的恐慌的影响。对可能因能源供应问题而带来经济衰退的担忧使发达国家政府开始认真审视本国的能源政策，出台各种措施提高能源利用效率，保障能源安全。随着经济发展带来的环境问题日益严重，减少环境污染物的排放也逐渐提上各国政府工作议程。从各发达国家节能减排政策体系来看，由于政治体系、经济发展模式以及历史文化等方面的差异，形成了各自的节能减排政策体系，主要从政府部门职能法律法规、能效标准、能效标识、税收政策、财政政策、低息贷款等方面着手加强对本国节能减排工作的开展。从现阶段的情况看国际节能减排呈现出 4 大发展趋势：

（1）节能减排已经成为各国政府保障能源安全的重要措施。1999 年以来的石油涨价对世界经济产生的负面影响，给各个对石油进口依赖度高的国家敲响了警钟。如何保障本国的能源安全，特别是石油安全问题被提到重要日程，节能减排也成为其重要的政策工具。

（2）节能减排已成为发达国家解决气候变化、减少温室气体排放的主要途径。1997 年京都会议以后，不少发达国家围绕减排目标和要求，积极调整能源政策，在机构设置中加强节能减排功能，修订政策和法规，强化了节能减排的治理力度。

（3）节能降耗、提高能效已成为高能耗企业提高国际竞争力的重要手段。发达国家十分重视以节能降耗为主的技术开发和技术改造，并给予财政支持，目的是鼓励企业在激烈的市场竞争中通过节能降耗，降低生产成本，提高在国际市场上的竞争力。

（4）节能减排带动世界经济新的发展模式，由此产生的绿色经济、低碳经济已成为世界经济新的增长点。

7.1.1　北美

（1）美国

美国在经济、科研、法律法规体系建设方面有着独一无二的领先优势，同时，美国也是世界上最大的能源消耗及污染排放国家。经过多年的发展，美国的节能减排相关政策法规对社会生活、经济生产中造成的能源消耗与污染排放进行了严格的限制，任何违反节能减排政策法规的企业或个人都将面临巨大的社会压力与法律的惩罚。

美国节能公共预算是通过各类节能计划或节能项目实施的。能效和可再生能源局（Energy Efficiency and Renewable Energy，EERE）支持的 9 个优先领域分别是：减少甚至最终结束对进口石油的依赖；减少能源价格的不利影响；增加可再生能源的开发和保证程度；增加发电、输电和用电的保证程度和效率、增加建筑物和设备的能效；提高效率，降低工业能耗强度；创建国内新的生态工业；政府垂范；改变 EERE 的行为方式。为此美国政府用于新能源与能效的投资预算逐年增加。

美国的节能减排政策法规，一方面以立法的形式对各类工商业生产制订最低能效标准，以强制性法律、法规的形式颁布实施，另一方面，通过财政补贴的方式鼓励企业生产、民众使用高能效的产品。在机构设置方面，美国推动节能减排工作的主要机构由美国能源部（Department of Energy，DOE）、环保署（Environmental Protection Agency，EPA）、联邦能源管理机构（Federal Energy Regulatory Commission，FERC）等政府机构及美国能源效率经济委员会（American Council for an Energy – Efficient Economy，ACEEE）、国家自然资源保护委员会（The Natural Resources Defense Council，NRDC）等非政府部门构成。在节能减排相关政策法规的出台方面，美国相继颁布多条法律，包括《能源政策和节约法案》（1975 年）、《资源节约与恢复法》（1976 年）、《国家节能政策法》（1978 年）、《启动车辆信息与成本节约法》

(1982年)、《国家家用电器节能法案》(1987年)、《联邦能源管理改进法》(1988年)、《国家能源政策法》(1992年)，这都是美国能源供应和使用的综合性法律文本。1998年颁布《国家能源综合战略》，2005年出台旨在减少对国外能源依赖、解决国内能源价格高涨的新能源法案——《国家能源政策法案-005》。在过去十年中，美国共出台13项总统行政令和2份总统备忘录。

在颁布一系列法律法规的同时，美国还推出自愿性的节能标准与标识，如能源指南标识项目，它为用户提供相关产品能耗性能、费用以及该产品的能耗性能在同类产品中的所处水平，还有由DOE与EPA联合推动的能源之星项目，通过能源之星标识来向用户表明该产品的能耗性能指标获得了美国能源部与环保署的认可，同时用户购买部分获得能源之星标识的产品将可以获得节能公益基金给予的资金返还。在财政激励措施方面，对具有节能减排功能的产品给予部分税收的减免。1993年4月，总统签署总统令规定所有联邦机构的政府采购必须是"能源之星"标识的产品。1999年6月，又规定各机构必须采购有"能源之星"标识的用能产品，如果同类产品中没有，必须按照联邦能源管理计划中能源效率在同类产品中领先25%范围内的产品。以上规定使"能源之星"标识大获成功，也使之成为许多国家节能的标准。

据美国德州科技大学、相关科学家联盟和斯坦福大学2007年10月初发布的报告认为，美国为顺应世界避免人类活动而引起的气候变化，美国到2050年必须减少排放至少80%。美国至少有140多个城市将执行《京都议定书》目标，到2012年将比1990年至少减少排放5%。加州到2010年将减少温室气体排放11%、到2020年将减少排放25%。加州也通过法案，要求到2016年汽车减少温室气体排放30%。美国纽约制定可持续发展目标，包括到2030年减少碳排放30%。

欧盟碳交易系统的核心是以市场手段控制温室气体排放，因而备受人们青睐，人们对它所能发挥的作用寄予厚望。因此即便是在控制温室气体方面不甚积极的美国，也有一些走在环保前列的州，如加利福尼亚州，已积极引入和采纳了碳交易系统。

美国洛杉矶制定绿色行动计划以应对全球变暖。该计划将使洛杉矶到2030年温室气体排放比1990年减少35%。2030年实现减排35%，超越了《京都议定书》设定的目标，这是美国所有大城市减排的最大目标。该计划将使该市到2020年使可再生能源利用量提高到35%。

美国推行削减汽车碳排放法案。美国缅因州和加利福尼亚州于2007年3月底颁布削减汽车碳排放法案，要求汽车碳排放到2016年比2002年水平减少30%，并要求增加使用低碳燃料。该法案要求在2015年汽车燃料供应中增加生物柴油、E-85（由纤维素乙醇生产）、氢气和电能的用量比例。到2030年，要求减少汽车温室气体排放22%，即减少CO_2排放6.62亿t，美国石油消费减至360万桶/d。加州和一些东北地区的州已立案减少汽车碳排放。加州立法要求该州燃料生产商到2020年减少CO_2和其他温室气体排放的10%。

2010年，美国的CO_2排放量将达到55.3亿t，比2009年增加1.5%；而发电厂用煤量增加及运输业对石油需求的上升导致美国2011年的CO_2排放量继续上升1.7%。经济形势的逐步改善使美国2010年、2011年的电力需求分别上2.2%和2.5%。目前，美国的电力供应约有一半为燃煤发电。

美国于2007年8月下旬宣布启动美洲西部气候行动计划，包括华盛顿州、俄勒冈州、加利福尼亚州、亚历桑那州、新墨西哥州和犹他州，以及加拿大不列颠哥伦比亚省和马尼托巴省在内，目标是到 2020 年温室气体排放将比 2005 年减少 15%。美洲西部气候行动计划鼓励美国各州、加拿大各省和墨西哥各州参与。每一个参与地区都要制定温室气体减排目标，以确保 2020 年目标的实现。

美国为减缓气候变暖，正在通过各种努力，以减少 CO_2 排放。如 22 个州和哥伦比亚特区制定了可再生能源发电标准，这些地区占美国电力 40%；13 个州制定了应对全球变暖的减缓行动目标；28 个州启动了地区气候变化和替代能源行动计划；10 家最大的电力公司中的 5 家支持 CO_2 交易法；沃尔玛、GE 和 Google 等大型公司纷纷支持设定 CO_2 排放限值。

（2）加拿大

加拿大制定应对气候变化的新计划，目标是 2020 年排放比 2006 年减少 20%，即减少 1.5 亿 t。主要的工业部门温室气体排放规定，预计到 2020 年比 2006 年减少排放 6000 万 t。通过提高燃料利用效率和提高能效措施，到 2020 年排放可以比 2006 年减少 4000 万 t，而能源和运输部门到 2020 年排放可望比 2006 年减少 1000 万 t。

加拿大安大略省多伦多市于 2007 年 3 月底宣布减排目标：2020 年温室气体排放减少 30%。多伦多市的减排计划目标中，到 2012 年多伦多城市地区的温室气体排放减少 6%（与 1990 年水平相比）；到 2012 年减排 30%；到 2050 年减排 80%。这一目标可与欧盟的减排目标相比。另外，多伦多市将使因烟尘引起的污染物到 2012 年比 2004 年减少 20%。

一些国家的减排目标也与化石燃料的增产相悖，如加拿大阿尔伯达省的经济增长因油砂工业而推动。该省表示，尽管作出新的努力，加拿大因油砂生产 10 年内预计温室气体排放将增加 30%。阿尔伯达省的排放已比《京都议定书》要求高出 40%，该省的减排法规于 2007 年 7 月执行，但到 2020 年排放仍可能高出《京都议定书》要求的 64%。

7.1.2　欧洲

为了实现《京都议定书》提出的节能减排计划，将节能减排落到实处，发达国家特别是欧盟提出的节能减目标越来越具体，越来越定量化。2002 年 4 月提出了"欧洲聪明能源"计划，主张在需求方面加强节能对策，在供给方面重视可再生能源开发利用，要求各成员国每年将能源使用效率提高 1%，到 2010 年可再生能源的比例从 6% 提高到 12%。

2007 年 2 月欧盟推出"能源新政"提出强制性目标，即到 2020 年使用可再生能源占总能源消费总量的 20%；在提高能效方面，到 2020 年使初级能源的消费量比目前节约 20%。欧盟同时呼吁，节能减排需要全世界的共同努力，在《京都议定书》失效的 2012 年，若其他发达国家同意到 2020 年将温室气体排放量减少到比 1990 年的水平低 30%，欧盟也会相应提高减排目标。

欧盟成员实行固定价格法和固定产量法，对于促进可再生能源发展作用较大。固定价格法是指可再生能源发电的上网电价（远高于化石能源发电的价格）由国家统一制定，而发电量的多少由市场决定，采用固定价格法的国家主要有法国、丹麦、西班牙等。固定产量法是指国家规定发电商或经营电网的配电商必须保证一定比例的电力来源于可再生能源发电，而其价格由市场决定，采用固定产量的国家有意大利、瑞典、英国等。固定产量法可促使可再生能源发电企业努力降低成本，推动可再生能源发电的"可交易绿色证书"出现。

欧盟成员国依靠政策引导开发一系列节能减排技术，如改造工业制造高能耗设备，采用供热、供气和发电项目结合的方式，提高了热量回收效率。另外，大力发展余热回收，通过成员国企业联合的方式将余热收集，直接供制造业或城市耗能设备。

欧盟在 1992 年颁布了欧盟统一能效标识法规(92/75/EEC 能源效率标识导则),要求生产企业在其产品上标出产品能源效率等级、年耗能量等信息,使用户和消费者能够对不同品牌产品的能耗高低进行对比。目前,欧盟已对家用电冰箱、洗衣机、照明器具、空调器等产品实行了强制性的能将标识制度,不但节约了能源,而且降低了 CO_2 的排放。

2004 ~ 2005 年间,西班牙温室气体排放增加 3.6%(1540 万 t CO_2 当量)。由化石燃料热电站排放增加 17%,但水力发电使排放减少 33%。在此期间,欧盟 15 国排放增加的有:奥地利、希腊、爱尔兰、意大利和葡萄牙。

根据《京都议定书》,欧盟 27 国排放比 1990 年水平要低 8%,欧盟 15 国目标是排放比 1990 年水平低 8%。作为执行《京都议定书》的一个步骤,欧盟 27 个成员国已制定减排目标,到 2020 年减少欧盟温室气体排放 20%。欧盟委员会于 2007 年 11 月 27 日宣布,欧盟 15 个老成员国正朝着《京都议定书》规定的温室气体减排 8% 的目标稳步前进,并有望到 2012 年在 1990 年基础上减排 11.4%。如果欧盟继续执行现行政策,并严格实施排放交易机制以及植树造林等计划,欧盟 15 国 2008 ~ 2012 年达排放目标,排放将比 1990 年水平降低 8%。

欧盟排放交易机制自 2005 年 1 月 1 日启动并分两期实施。第一阶段为 2005 ~ 2007 年,第二阶段为 2008 ~ 2012 年。到第二阶段,即 2008 ~ 2012 年,碳交易系统将进一步充分发挥其应有的作用。根据 2008 ~ 2012 年下一阶段欧盟排放交易计划,欧盟要求波兰和捷克确定 CO_2 排放限值。波兰 CO_2 排放减少 26.7%,至 2.085 亿 t;捷克 CO_2 排放减少 14.8%,至 8680 万 t。同时要求奥地利 CO_2 排放减少 6.4%,至 3070 万 t。要求法国和西班牙分别达到 1.328 亿 t 和 1.523 亿 t。欧盟计划将自 2013 年起使排放交易计划扩大到包括其他气体,如煤层甲烷和合成氨工厂的氧化氮排放。

(1)德国

在欧洲国家中,德国是节能减排政策法规构建最为健全的国家之一。为了使经济、社会发展保持高速、可持续地发展,德国政府非常重视节能减排工作,设立了比《京都议定书》及欧盟要求指标更高的节能减排目标:到 2020 年能源利用率在 2006 年的基础上提高 20%,CO_2 的排放量降低 30%,可再生能源占全部能源使用的比例占 25%。

为了达到这个目标,德国政府采取一系列有效的措施和方式,从节能减排服务体系、相关法律法规制定、相关技术革新、教育宣讲等方面进行了卓有成效的建设。在管理体系上,德国的节能减排工作的主管机构主要有德国能源事务公司、联邦经济与技术部、联邦环境、自然保护和核安全部,各部门各司其事、相互协作,构建成德国完善的政府节能减排监管体系。在法规制度建设方面,德国早在 1976 年首次颁布《建筑物节能法》,1991 年颁布《可再生能源发电向电网供电法》,2000 年颁布的《可再生能源优先法》被视为当时最进步的可再生能源立法,并在 2004 年对生物质能、沼气、地热等新能源的支付条件进行修改,提出 2020 年可再生能源发电量占总发电量的 20%。2002 年颁布《节约能源法案》,规定了新建筑的能耗标准。在税收制度方面,1999 年颁布《引入生态税改革法》,通过对石油、天然气和电加征生态税,以税收手段来调节能源价格,促进节能减排。在节能设备能效标识方面,德国遵循欧盟委员会于 1992 年颁布的欧盟统一能效标识法规,对冰箱、洗衣机、空调等实施强制性的能效标识。在节能自愿协议方面,德国工业贸易协会提出《德国工业气候保护宣言》,这是工业界在环境气候保护上自行做出的承诺,并非政府的约束性措施,但如果没有达到自愿协议中预定的目标,政府就会制定法规进行制约或增加税收。

（2）法国

法国的节能减排管理机构是于 1992 年成立的"法国环境与能源控制署"（French Environment and Energy Control Department，FEED），该机构负责管理法国的节能及污染控制工作。在节能减排法规建设方面，法国于 1996 年颁布《空气和能源合理利用法》，在 2006 年把《环境法》纳入本国宪法，在法律和政治上对节能减排赋予了重要意义。同时，在政府财政补贴、生态税收、贷款政策等方面鼓励企业开展节能减排工作。从 2008 年起实施的生态税收政策，在工业领域对企业在节能设备、节能技术方面的投入进行税收减免；在交通领域对低排放的汽车给予一次性奖励；在建筑领域对高于国家建筑节能标准的建筑免征地皮税；为鼓励中小型企业开展节能减排，法国政府与银行合作设立中小企业节能贷款专项基金，为中小企业在节能减排方面的贷款提供担保。法国政府利用政策增加企业及个人用能成本、奖励节能型的生产和消费行为，以奖罚并举的措施实现其节能减排的目的。法国在节能减排中最具特色的举措是大力发展核电项目，现阶段法国电力供应 85% 以上来自核电，是世界上核能利用最高的国家。

核电作为新兴能源，由于其科技含量及投资成本均高于常规的火电能源，导致其入网成本较火电处于劣势。为鼓励核电项目的发展，法国政府采取了政府定价、税收优惠、倾斜贷款等措施，通过多年的政策激励使法国核电得到极大的发展，为法国节能减排工作作出重大贡献。

（3）英国

英国也是节能减排工作开展较早的国家之一，早在 1977 年即颁布了旨在应对能源危机、保障能源供给的《长期节能规划》。经过 30 多年来的发展，英国政府的相关政策逐渐从应对能源危机转为着眼于减少污染、保护环境。2003 年发表《我们能源的未来——创造低碳经济》能源政策白皮书，率先提出要发展低碳经济，创造低排放经济，实现经济、能源与环境的可持续性发展。英国政府节能减排的主要举措之一是推行碳税。在发达国家中，英国首先提出到 2050 年 CO_2 排放量削减 60%，同时将低碳经济作为英国经济的主要发展方向。

为了达到这个目标，英国政府以碳税为主要调控手段，针对电力、天然气、煤炭等能源使用，根据相关能源的供应量征收，并根据通货膨胀率逐年调整。此举大幅增加了企业使用能源的成本，迫使企业积极开展节能工作。同时，征收碳税带来可观的财政收入，英国政府又把这部分收入用于补偿节能减排工作，例如：企业可以通过与政府签订节能目标及 CO_2 减排目标，如果企业达到相应目标将获得政府的税收减免。同时，英国政府推行《能源效率标准》和《建筑物监管条例》以提高建筑物的能源使用效率；采取的财政政策还包括直接的财政补贴，如针对企业节能减排技术研发的国家援助及针对个人建筑节能改造或采购节能设备，包括太阳能热水器发放的居民节能补贴等，此外还设立节能基金，针对节能设备投资和研发项目予以贷款利息补贴。税收优惠也是英国政府促进节能减排的主要措施，企业只要自愿与政府签订自愿气候变化协议并达到协议所规定的节能减排目标即可获得 80% 的碳税减免优惠，此举有效地刺激了企业自觉参与节能减排的积极性。

英国在碳减排计划方面，到 2020 年将减排 2300～3300 万 t，将加快投资新的低碳能源。英国工业联合会于 2007 年 11 月公布一个支持政府解决气候变化问题的报告。该报告的发布证明，英国工业界达成共识：气候变化将严重影响企业的国际竞争力，CO_2 排放问题涉及企业根本利益，并对企业未来的发展产生根本影响。如果不立即采取行动降低 CO_2 排放，全球气候变暖的趋势将无法得到有效遏制，并将在今后付出更为沉重经济代价。英国 18 家企业已就气候问题达成一致，而且还制定了详细的"路线图"，对未来的深刻变化产生巨大的催化作用。到 2050 年，英国将在可以控制的成本下，实现其减少 60% 排放的政策目标。为了实现上述进程，英国工业联合会呼吁：①到 2030 年英国应新建 12 座新的核电站和 3000 座风力发电厂；②电器的能源效率至少要提高 30%，新型汽车排放量至少要减少 40%；③为了刺激企业和消费者提高能源效率，短期内有必要将欧洲碳交易系统的碳价提高 3 倍；④利用税收杠杆来鼓励投资绿色环保产品，同时奖励企业减少 CO_2 排放的有效措施；⑤利用法律手段来加强对汽车排放的管理、提高交通效率及建设节能型住宅。到 2030 年，60% 的 CO_2 减排量要来自家庭、企业和交通部门提高能源效率的努力，电力及供暖系统则要承担余下 40% 的 CO_2 减排目标。消费者不仅具有选择环境友好的产品和服务的权力，同时作为公民，还有敦促政府采取决定性行动的权力。

（4）挪威

挪威 2007 年 3 月提出，将于 2050 年成为实现"零排放"的第一个国家，并于 2020 年减少温室气体排放 30%。在短期内，挪威提出到 2012 年使排放比《京都议定书》的要求减少 10% 以上。挪威是第三大石油和天然气出口国，化石燃料是全球变暖的主要原因之一，挪威已使其需求的几乎全部电力成为来自水能的"清洁能源"。

（5）丹麦

丹麦统计局 2007 年 12 月初公布的数据显示，丹麦人均温室气体排放量超过其他欧盟国家，并有可能是世界上最多的。据丹麦《政治报》报道，按照以往不把海运业和航空业包括在内所获得的测算数据，丹麦人均温室气体排放量在世界上居第 24 位。将海运业以及航空业计算在内后，丹麦人均温室气体排放量大幅增加。丹麦人口不多，却是世界海运大国之一，现有商船总吨位名列世界第 16 位。

（6）荷兰

欧盟第二阶段排放交易计划批准芬兰 2008～2012 年计划减排 5.2% 的 CO_2，芬兰将使排放减少到 3760 万 t/a。按照欧盟排放交易计划第二阶段实施细则，欧盟指令塞浦路斯 CO_2 排放配额中减少 23%，即 160 万 t/a。欧盟许可的塞浦路斯 2008～2012 年排放配额为 548 万 t/a。

据德国银行发布的碳交易市场报告，按照欧盟排放交易计划，2013～2020 年第二和第三阶段之间配额外的 CO_2 交易价，为 35 欧元/t。据估计，欧盟到 2020 年将减少排放 20%。欧盟也要求到 2020 年改进能效 20%，到 2020 年一次能源消费中使用可再生能源达 20%，并鼓励到 2020 年建设 12 座碳捕集和贮存发电厂。

欧盟要求到 2050 年温室气体排放减少 50%，到 2020 年所需能量的 1/5 来自于可再生能源如风能和太阳能。欧洲正在推进新的"工业革命"，更多地使用可再生能源。欧盟 27 国已同意到 2020 年使用绿色能源占总能源需求量的 20%。每一个成员国都制定了各自的目标。2002～2006 年间欧洲设置的风力发电能力已占所有新增发电能力的 1/3。风力发电已占其电力的 3% 以上，到 2020 年，风力发电可以达到 581 亿 kW。如果欧洲达到新的目标，到 2020 年底欧洲电力的 1/3 以上将来自可再生能源。德国风能协会称，这一变化将不亚于第二次工业革命的开始，德国和西班牙继续占风能投资的大部分份额。2006 年，这两个国家占欧盟风力发电市场的 50%。丹麦也是欧洲风力发电的先驱，风力发电已占其发电能力至少 20%。欧洲风能委员会称，风力发电可占欧盟所需求的 20% 绿色能源中的 16%。

据欧盟分析，因可再生能源与化石燃料相比仍然成本较高，2010 年不能达到总能源需求量 10% 的比例。但如果国家发展战略到位，风能可占欧盟电力的 12%。现在，德国电力的 57% 来自风能，11.7% 来自可再生能源。德国计划到 2020 年设置新的风电场能力 10000MW，并更换老的风力发电机组增加 15000MW。除了德国、西班牙和丹麦以外，葡萄牙、意大利也在积极行动。

欧盟委员会于 2008 年 1 月 23 日公布有关能源和应对气候变化的一揽子方案，旨在落实欧盟领导人 2007 年 3 月通过的一项能源战略计划，以加强欧盟在能源领域的安全和竞争力。方案提出 5 个立法建议，包括扩大和加强欧盟排放交易机制，以及为每个成员国制定排放交易机制未涉及领域温室气体排放最高上限的措施。这两项措施可以使欧盟从现在到 2020 年将温室气体排放量 CO_2 在 1990 年的基础上至少减少 20%。一揽子方案还包括在每一个成员国能源消耗总量范围内，为各国制定从现在到 2020 年可再生能源利用方面应实现的目标。这些目标的实现可以使欧盟到 2020 年将可再生清洁能源占总能源消耗的比例提高到 20%。欧盟委员会还建议制定相应法律法规，以确保安全和环保地实施 CO_2 的收集和储存，这样可以大幅度减少发电厂和工业部门的 CO_2 排放量。

欧盟委员会提出应对全球气候变化的温室气体减排目标方案也包括推进使用生物燃料措施。所提出的措施包括对欧盟的化工业、化肥业和制铝工业的要求，要求到 2020 年与 1990 年水平相比，减少 CO_2 和其他温室气体排放 10%。发电和钢铁生产是欧盟减排目标方案受影响最大的工业部门。按照新发布的排放交易方案，发电和钢铁生产将到 2020 年要比 1990 年基准减少排放 21%。排放交易方案也包括除了 CO_2 外更多的温室气体，涉及所有主要的工业排放户。据欧盟估算，到 2020 年 CO_2 排放信用交易额将达到 500 亿欧元/年营业收入。提出的生物燃料措施，欧盟旨在使从富能作物制取的生物燃料代替运输燃料消费的 10%。

7.1.3　亚太地区

日本是一个资源非常匮乏但能源需求非常大的国家。能源的外部依赖度高，能源的进口量与总能源需求量的比例高达 80% 以上。目前，日本是全球第四大的能源消费国，也是全球第二大的能源进口国。世界石油危机导致的石油价格上涨，对依赖大量能源进口来维持的日本经济造成了巨大影响，使日本开始认识到节能的重要性。经过一系列的努力，日本的节能产业得到显著的发展，成为现阶段单位 GDP 一次能源消耗量全球最低的国家。

在机构的设置上，日本建立了非常完善及高效的节能管理机构，1966 年就成立了能源经济研究所，第一次世界石油危机后成立了日本节能中心，1980 年成立新能源和产业技术综合开发机构。为了对节能工作进行更为有效的管理，日本建立了以首相为首的节能领导小组，负责全国节能战略的确立；由经济产业省资源能源厅作为全国节能工作的统一管理部门，协调日本节能中心、新能源和产业技术综合开发机构等专业机构进行具体的节能工作组织和研发。在节能法律法规建设方面，为应对世界石油危机的影响，日本于 1979 年颁布《节约能源法》，1991 年颁布《再生资源利用促进法》，随后相继出台《环境基本法》、《容器包装回收再利用法》、《环境影响评价法》、《家电回收再利用法》、《循环型社会形成推进基本法》、《建筑材料回收再利用法》和《汽车回收再利用法》等一系列的节能相关法律法规。1993 年颁布《合理用能及再生资源利用法》，1998 年颁布《2010 年能源供应和需求的长期展望》，2003 年颁布《促进新能源特别措施法》，2006 年颁布《新国家能源战略报告》。

为推动《节约能源法》及其他法律、法规的实施，日本政府制定诸多有效的节能管理制度：

（1）分类制定工厂管理制度，以能源消耗量的不同将用能工厂划分不同类别，分别确定其在节能方面的责任和义务以达到有针对性的管理；

（2）节能报告制度，该制度规定用能工厂必须定期向政府报告上一年度的节能工作实施情况，包括分类能源使用量、用能设备状况、标准遵守情况、能源利用效率、CO_2 排放量等 5 个方面的内容；

（3）能源管理师制度，由国家统一认定能源管理人员的从业资格，以专业化队伍来加强企业的节能管理；

（4）领跑者制度，即节能标准更新制度，领跑者制度将节能的指导性标准根据最先进的水平即领跑者来制定，5 年后这个指导性指标就转换为强制性标准，达不到这个标准的产品禁止在市场上销售，而新的领跑者标准又同时出台，以此来不断推进节能水平的提升；

（5）实施"领先产品"能效基准制度，对汽车、电器等产品制定不低于市场上最佳产品水平的能效标准，以利于消费者对产品的能效进行比较购买；

（6）为了鼓励企业引进节能设备、改进节能技术，日本政府对相关设备引进和技术开发实施了财政补贴制度，并在信贷政策方面予以倾斜支持。如经济产业省每年将大量财政拨款用于补贴家庭和楼宇的能源管理系统和高效热水器等，同时定期发布节能产品目录，开展节能产品和技术评优活动，对使用列入节能产品目录的节能设施实施特别折旧和税收减免政策，减免的税收约占设备购置成本的 7%。

还有，对企业应用节能设备，包括安装、改造和更新节能设备或节能技术开发项目的贷款，可以获得政府补贴的特别利率，该利率可以较市场利率低 20%～30%。

由中国、美国、日本、印度、韩国和澳大利亚 6 国参与的"亚太清洁发展和气候合作体"于 2006 年 7 月启动，并于 2006 年底制定首批行动计划。与《京都议定书》不同，该组织并没有设定减少温室气体排放量标准，而是强调通过技术合作来限制和减少排放量。

日本是世界第三大汽油消费国，也是《京都议定书》要求减排的最大污染国之一。日本在 2008～2012 年间使温室气体排放比 1990 年削减 6%，包括到 2010～2011 年消费 50 万 m^3/a 生物燃料的目标。日本正在研究石油工业推行绿色汽车燃料以实现减排的《京都议定书》目标，一方面大量进口乙醇汽油；其次，位于大阪的项目也将开发使用从生物质原料生产纤维素乙醇。

实施零碳排不仅将成为一个时尚的名词，即使在一些富油生产国也在付诸实践。拥有人口 5 万的富油海湾酋长国阿布扎比将建设世界上第一个零碳排的城市。在 Masdar 市，将大面积使用包括太阳能在内的可再生能源。但是，与大多数石油生产国一样，阿联酋也走向能源多样化，以减轻其传统经济对石油的依赖。零碳排城市是阿布扎比政府 2006 年启动的计划之一。阿布扎比 Masdar 市已启动未来零碳排城市建设计划实施内容包括：可持续发展的运输；废物管理；节水和减排废水；绿色建筑和绿色建筑工业材料；循环回收利用；生物多样性；可再生能源利用。该市将从可持续发展的技术，如光伏电池以及通过集成规划与设计途径的集聚式太阳能发电，达到效益最大化。

7.2　中国

7.2.1　节能减排形势

进入 21 世纪以来，我国的资源环境问题越来越严重。从资源利用的角度上来看，我国单位 GDP 能源消耗逐年上升，SO_2、化学需氧量 COD 的排放都呈现持续上升趋势。节能减排是紧密相关的两个方面，开展节能减排活动，必须探索节能减排的途径与方法。对于我国来说，节能除了能够有效提高能源利用效率外、减少能耗以外，节能还是最大的减排。因为我国 75% 的 SO_2 排放量、75% 的 CO_2 排放量、85% 的 NO_2 排放量、60% 的 NO 排放量和70% 的悬浮颗粒物（Suspended Particulates Matter，SPM）都来自于以燃煤为主的能源消耗。

我国节能减排在经济增长、应对气候变化等方面具有的重要的战略地位，具体内容如下：

（1）节能减排是转变经济增长方式的主攻方向

节能减排是科学发展的具体体现，是转变经济增长方式的核心要求，我国一直努力实现从粗放型经济增长方式向集约型经济增长方式转变，节约资源首先要节约能源，保护环境首先要减少主要污染物的排放。

（2）节能减排是经济社会可持续发展的客观要求

节能减排是实现可持续发展、人与自然和谐相处的关键。对资源与环境的过度开发已经制约着我国经济社会的可持续发展。我国正处于工业化、城市化和消费结构升级加快的历史阶段，资源消耗量大，但人均拥有的自然资源量偏低。另外我国的环境污染问题已经到非常严重的程度，要保持经济社会的可持续发展，迫切要求节能减排。

（3）节能减排是应对气候变化的重要举措

我国既是遭气候变化不利影响较为严重的国家之一，也是能源生产和资源消费大国，污染物排放量占据世界前列，SO_2 与 CO_2 的排放量均是全球第一位，对全球大气污染有重要的影响。在环境问题已经成为世界格局、国家发展和安全的重要因素的情况下，国际压力较大。

《国民经济和社会发展第十一个五年规划纲要》中提到我国现阶段"经济社会发展与资源环境的矛盾日益突出"，并提出了"十一五"期间单位国内生产总值能耗降低 20% 左右，主要污染物排放总量减少 10% 的约束性指标。在 2007 年出台《节能减排综合性工作方案》，明确提出把节能减排作为调整经济结构、转变增长方式的突破口和重要抓手，作为宏观调控的重要目标，动员全社会的力量确保实现节能减排的约束性指标。节约能源是我国的基本国策，做好节能降耗工作，事关经济社会发展全局，事关科学发展观贯彻落实，责任重大，任务艰巨。

国务院 2007 年 6 月初发布《关于印发节能减排综合性工作方案的通知》指出，要充分认识节能减排工作的重要性和紧迫性；控制增量，调整和优化结构；加大投入，全面实施重点工程。《方案》强调要深化循环经济试点，实施水资源节约利用，推进资源综合利用，全面推进清洁生产。要依靠科技，加快技术开发和推广。《方案》还对节能减排的责任落实和执法监管、建立节能减排领导协调机制等作出了规定。

"十一五"时期，各地区、各部门认真落实党中央、国务院的决策部署，把节能放在更加突出的位置，采取一系列强有力政策措施，取得了显著成效，全国单位国内生产总值能耗降低 19.1%，完成了《"十一五"规划纲要》确定的约束性目标。我国以能源消费年均 6.6% 的增速支持了国民经济年均 11.2% 的增速，能源消费弹性系数由"十五"时期的 1.04 下降到0.59，扭转了我国工业化、城镇化加快发展阶段能源消耗强度大幅上升的势头，为保持经济平稳较快发展提供了有力支撑，为应对全球气候变化做出了重要贡献。除对新疆另行考核外，全国其他地区均完成了"十一五"国家下达的节能目标任务。

《国民经济和社会发展第十二个五年规划纲要》中提到"建设资源节约型、环境友好型社会"，面对日趋强化的资源环境约束，必须增强危机意识，树立绿色、低碳发展理念，以节能减排为重点，健全激励与约束机制，加快构建资源节约、环境友好的生产方式和消费模式，增强可持续发展能力，提高生态文明水平，提出了以下措施：

（1）积极应对全球气候变化

坚持减缓和适应气候变化并重，充分发挥技术进步的作用，完善体制机制和政策体系，提高应对气候变化能力。

①控制温室气体排放：综合运用调整产业结构和能源结构、节约能源和提高能效、增加森林碳汇等多种手段，大幅度降低能源消耗强度和 CO_2 排放强度，有效控制温室气体排放。合理控制能源消费总量，严格用能管理，加快制定能源发展规划，明确总量控制目标和分解落实机制。推进植树造林，新增森林面积 $1250km^2$。加快低碳技术研发应用，控制工业、建筑、交通和农业等领域温室气体排放。探索建立低碳产品标准、标识和认证制度，建立完善温室气体排放统计核算制度，逐步建立碳排放交易市场，推进低碳试点示范。

②增强适应气候变化能力：制定国家适应气候变化总体战略，加强气候变化科学研究、观测和影响评估。在生产力布局、基础设施、重大项目规划设计和建设中，充分考虑气候变化因素。加强适应气候变化特别是应对极端气候事件能力建设，加快适应技术研发推广，提高农业、林业、水资源等重点领域和沿海、生态脆弱地区适应气候变化水平。加强对极端天气和气候事件的监测、预警和预防，提高防御和减轻自然灾害的能力。

③广泛开展国际合作：坚持共同但有区别的责任原则，积极参与国际谈判，推动建立公平合理的应对气候变化国际制度。加强气候变化领域国际交流和战略政策对话，在科学研究、技术研发和能力建设等方面开展务实合作，推动建立资金、技术转让国际合作平台和管理制度。为发展中国家应对气候变化提供支持和帮助。

（2）加强资源节约和管理

落实节约优先战略，全面实行资源利用总量控制、供需双向调节、差别化管理，大幅度提高能源资源利用效率，提升各类资源保障程度。

①大力推进节能降耗：抑制高耗能产业过快增长，突出抓好工业、建筑、交通、公共机构等领域节能，加强重点用能单位节能管理。强化节能目标责任考核，健全奖惩制度。完善节能法规和标准，制订完善并严格执行主要耗能产品能耗限额和产品能效标准，加强固定资产投资项目节能评估和审查。健全节能市场化机制，加快推行合同能源管理和电力需求侧管理，完善能效标识、节能产品认证和节能产品政府强制采购制度。推广先进节能技术和产品，加强节能能力建设，开展万家企业节能低碳行动，深入推进节能减排全民行动。重点节能工程如表7-2所示。

②加强水资源节约：实行最严格的水资源管理制度，加强用水总量控制与定额管理，严格水资源保护，加快制定江河流域水量分配方案，加强水权制度建设，建设节水型社会。强化水资源有偿使用，严格水资源费的征收、使用和管理。推进农业节水增效，推广普及管道输水、膜下滴灌等高效节水灌溉技术，新增5000万亩高效节水灌溉面积，支持旱作农业示范基地建设。在保障灌溉面积、灌溉保证率和农民利益的前提下，建立健全工农业用水水权转换机制。加强城市节约用水，提高工业用水效率，促进重点用水行业节水技术改造和居民生活节水。加强水量水质监测能力建设。实施地下水监测工程，严格控制地下水开采。大力推进再生水、矿井水、海水淡化和苦咸水利用。

表 7-2　"十二五"规划纲要中的节能重点工程

序号	名称	具体内容
1	节能改造工程	继续实施热电联产、电机系统节能、能量系统优化、余热余压利用、锅炉(窑炉)改造、节约和替代石油、建筑节能、交通节能、绿色照明等节能改造项目。
2	节能产品惠民工程	加大对高效节能家电、汽车、电机、照明产品等的补贴推广力度，扩大实施范围。
3	节能技术产业化示范工程	支持余热余压利用、高效电机产品等重大、关键节能技术与产品示范项目，推动重大节能技术产品规模化生产和应用。
4	合同能源管理推广工程	推动节能服务公司采用合同能源管理方式为用能单位实施节能改造，扶持壮大节能服务产业。

③节约集约利用土地：坚持最严格的耕地保护制度，划定永久基本农田，建立保护补偿机制，从严控制各类建设占用耕地，落实耕地占补平衡，实行先补后占，确保耕地保有量不减少。实行最严格的节约用地制度，从严控制建设用地总规模。按照节约集约和总量控制的原则，合理确定新增建设用地规模、结构、时序。提高土地保有成本，盘活存量建设用地，加大闲置土地清理处置力度，鼓励深度开发利用地上地下空间。强化土地利用总体规划和年度计划管控，严格用途管制，健全节约土地标准，加强用地节地责任和考核。单位国内生产总值建设用地下降 30%。

④加强矿产资源勘查、保护和合理开发：实施地质找矿战略工程，加大勘查力度，实现地质找矿重大突破，形成一批重要矿产资源的战略接续区。建立重要矿产资源储备体系。加强重要优势矿产保护和开采管理，完善矿产资源有偿使用制度，严格执行矿产资源规划分区管理制度，促进矿业权合理设置和勘查开发布局优化。实行矿山最低开采规模标准，推进规模化开采。发展绿色矿业，强化矿产资源节约与综合利用，提高矿产资源开采回采率、选矿回收率和综合利用率。推进矿山地质环境恢复治理和矿区土地复垦，完善矿山环境恢复治理保证金制度。加强矿产资源和地质环境保护执法监察，坚决制止乱挖滥采。

(3)加大环境保护力度

以解决饮用水不安全和空气、土壤污染等损害群众健康的突出环境问题为重点，加强综合治理，明显改善环境质量。环境治理重点工程如表 7-3 所示。

表 7-3　"十二五"规划纲要中的环境治理重点工程

序号	名称	具体内容
1	城镇生活污水、垃圾处理设施建设工程	加快建设城镇生活污水、污泥、垃圾处理处置设施，同步建设和合理配套污水收集管网、垃圾收运设施。
2	重点流域水环境整治工程	加强"三河三湖"、松花江、三峡库区及上游、丹江口库区及上游、黄河中上游等重点流域综合治理，加大长江中下游、珠江流域和生态脆弱的高原湖泊水污染防治力度，推进渤海等重点海域综合治理。
3	脱硫脱硝工程	新建燃煤机组配套建设脱硫、脱硝装置，新建水泥生产经安装效率不低于 60% 的脱硝装置，钢铁烧结机和石化行业安装脱硫装置。
4	重点金属污染防治工程	加强重点区域、重点行业和重点企业重金属污染防治，重点企业基本实现稳定达标排，湘江等流域、区域重金属污染治理取得明显成效。

① 强化污染物减排和治理：实施主要污染物排放总量控制。实行严格的饮用水水源地保护制度，提高集中式饮用水水源地水质达标率。加强造纸、印染、化工、制革、规模化畜禽养殖等行业污染治理，继续推进重点流域和区域水污染防治，加强重点湖库及河流环境保护和生态治理，加大重点跨界河流环境管理和污染防治力度，加强地下水污染防治。推进火电、钢铁、有色、化工、建材等行业 SO_2 和 NO_x 治理，强化脱硫脱硝设施稳定运行，加大机动车尾气治理力度。深化颗粒物污染防治。加强恶臭污染物治理。建立健全区域大气污染联防联控机制，控制区域复合型大气污染。地级以上城市空气质量达到二级标准以上的比例达到80%。有效控制城市噪声污染。提高城镇生活污水和垃圾处理能力，城市污水处理率和生活垃圾无害化处理率分别达到85%和80%。

② 防范环境风险：加强重金属污染综合治理，以湘江流域为重点，开展重金属污染治理与修复试点示范。加大持久性有机物、危险废物、危险化学品污染防治力度，开展受污染场地、土壤、水体等污染治理与修复试点示范。强化核与辐射监管能力，确保核与辐射安全。推进历史遗留重大环境隐患治理。加强对重大环境风险源的动态监测与风险预警及控制，提高环境与健康风险评估能力。

③ 加强环境监管：健全环境保护法律法规和标准体系，完善环境保护科技和经济政策，加强环境监测、预警和应急能力建设。加大环境执法力度，实行严格的环保准入，依法开展环境影响评价，强化产业转移承接的环境监管。严格落实环境保护目标责任制，强化总量控制指标考核，健全重大环境事件和污染事故责任追究制度，建立环保社会监督机制。

7.2.2 节能减排的目的

实行节能减排，意味着经济社会发展将面临双重的驱动力：一是要继续保持国民经济持续健康发展；二是要促进经济增长方式的转变，减轻能源消费增长带来的资源和环境压力，实现经济社会的可持续发展。制定节能减排战略目标对于我国经济与社会发展具有重要的意义。

(1)推动经济从数量扩张向质量提高转变

长期以来，由于历史原因形成的经济落后，赶超世界强国一直被确认为我国崛起的发展战略。这种强国发展意识曾被简单地理解和执行为要高增长速度和追求 GDP 总量的快速上升。因此，就出现了以简单扩大再生产为特征的粗放型增长模式。为了快速增长，不惜消耗资源，不惜破坏环境。结果是我国保持了改革开放 30 年来的经济高速增长，创造了世界经济发展史上罕见的奇迹，但距可持续发展、建设和谐社会的目标仍相差甚远。节能减排目标的提出，使得我国在"控制人口、节约资源和环境保护"三项基本国策方面均有了明确的量化指标，从而使可持续发展能力不断提高，使今后几十年经济又快又好地发展有了强大的保障。

(2)解决能源安全和环境友好问题

能源供需不平衡是我国经济社会发展进程中面临的长期矛盾，这个矛盾伴随着经济全球化，已经逐步发展成为关系到国家能源安全的大问题。我国是具有 13 亿人口的大国，能源需求主要靠自己来解决，特别要靠大力节能。因此，提出了"十一五"、"十二五"实现单位 GDP 能耗降低与主要污染物排放减少的目标，并将节能减排目标继续作为 2020 年、2030 年乃至更长远的经济社会发展约束性指标，是解决能源供需长期矛盾、保障能源安全、实现环境友好的具体措施和重要途径。

(3)应对环境和气候变化挑战

温室气体的大量排放是全球气候变暖的重要原因之一。气候变暖又反过来成为全球经济发展的实际制约因素。近几年来，我国能源消费总量基本与经济的快速增长呈同步增长态势。作为一个负责任的国家，我国提出了明确的节能减排目标，是应对全球气候变化、减缓温室气体排放速度，实现可持续发展的郑重承诺。世界上至今没有任何一个国家在其工业化过程中，提出如此明确和难度巨大的约束性指标。它不但表明我国政府大幅度降低 CO_2 等温室气体排放的决心，而且是对控制和缓解全球气候变化的实质性贡献。

对于节能减排，最重要调整能源结构，尽可能少用化石燃料，多生产和利用可再生能源；二是提高能源效率，无论是生产能源还是生活能源；三是积极调整经济结构，努力提高低能耗的高新技术产业和第三产业的比重。

国内节能减排政策主要体现在价格策略、能源贷款、税收政策、政府基金等方面。政府在节能减排政策上，应积极探索适应市场经济的节能减排管理新机制，健全法律法规体系和管理机构，带动经济生产向良好的方向发展。20 世纪 90 年代中后期以来，随着我国经济体制逐步向市场化转变，政府节能减排工作的重点在于适应市场经济体制的要求，建立和健全节能减排法律、法规体系；同时引导节能减排机制面向新的市场机制转变，促进节能减排市场机制的良性发展，使市场机制逐步发挥对我国节能减排的主导作用。随着《节约能源法》、《节能减排综合性工作方案》、《中央企业节能减排监督管理暂行办法》等法律法规的颁布，以及"十一五"、"十二五"规划纲要提出明确的节能减排约束性指标，我国的节能减排工作越来越得到政府的重视，相关政策法规逐步与国际接轨，形成了以法律法规为导向、以经济手段为重点，兼顾政府行政指标及国民观念引导的一系列措施。在政策的演变上呈现出从指令性指标向指导性指标转变、将强制性政策和自愿性政策相结合的特点。

7.2.3　我国的能源消费情况

"六五"期间(1981～1985 年)，国民经济属恢复性增长，尽管平均增长速度大于 10%，但能源消费平均仅增长 3% 左右，能源消费弹性系数仅为同期全球 40%。"七五"期间(1986～1990 年)，尽管国民经济增长减慢，但能源消费平均年增长 5.5%，能源消费弹性系数已超过全球平均水平。

自 2002 年起，我国经济进入重化工业加速时期，钢铁、水泥等高耗能行业迅速膨胀。我国低能耗的服务业占 GDP 比重从 2003 年的 41.7% 下滑到 2006 年的 39.5%，而工业比重相应上升，特别是高耗能产业迅速膨胀，是我国能耗强度不断上升的根本原因。2006 年，我国轻、重工业增速差距由上半年的 1.8% 扩大到 4.1%，此种趋势加剧了结构不合理的矛盾，加大了节能减排的难度。

在世界环境杂志 2007 年 3 月 28 日举办的节能减排论坛上，联合国开发计划署认为，中国能源问题面临着能耗增长快和节能效率低两大挑战，如表 7-4 所示。在 20 世纪的最后 20 年，我国节能减排成绩显著，能源增长率只是占 GDP 增长的一半，1980～2000 年，我国 GDP 平均增长大概 9.7%，能源年均增长只有 4.6%。而从 2001 年开始的 5 年里，我国的能源增长突然大幅加速，平均达到了 12%，高于 GDP 增长。关于节能的挑战，主要问题就是节能投资总体的趋势下降，尤其是在 1981～2003 年间。目前我国单位产品的能耗比发达国家要高出 2～3 倍。一些主要工业设备在节能方面和国外先进水平的差距大约在 15%～20%，我国的单位 GDP 能耗如果是 1，世界平均水平则是 29%，日本是 10%。在终端耗能比例上，工业大概占到 70%，尤其是建筑耗能最近几年也在增加，最新发布的资料则显示我国建筑能耗要占到总的终端能耗 27% 左右，交通能耗一直在增加。

表7-4 我国能源消费总量及构成

年份	能源消费总量 (10^4 t 标准煤)	占能源消费总量的比重/%				年份	能源消费总量 (10^4 t 标准煤)	占能源消费总量的比重/%			
		煤炭	石油	天然气	水电、核电、风电			煤炭	石油	天然气	水电、核电、风电
1985	76682	75.8	17.1	2.2	4.9	2000	145531	69.2	22.2	2.2	6.4
1990	98703	76.2	16.6	2.1	5.1	2001	150406	68.3	21.8	2.4	7.5
1991	103783	76.1	17.1	2.0	4.8	2002	159431	68.0	22.3	2.4	7.3
1992	109170	75.7	17.5	1.9	4.9	2003	183792	69.8	21.2	2.5	6.5
1993	115993	74.7	18.2	1.9	5.2	2004	213456	69.5	21.3	2.5	6.7
1994	122737	75.0	17.4	1.9	5.7	2005	235997	70.8	19.8	2.6	6.8
1995	131176	74.6	17.5	1.8	6.1	2006	258676	71.1	19.3	2.9	6.7
1996	135192	73.5	18.7	1.8	6.0	2007	280508	71.1	18.8	3.3	6.8
1997	135909	71.4	20.4	1.8	6.4	2008	291448	70.3	18.3	3.7	7.7
1998	136184	70.9	20.8	1.8	6.5	2009	306647	70.4	17.9	3.9	7.8
1999	140569	70.6	21.5	2.0	5.9	2010	324939	68.0	19.0	4.4	8.6

数据来源:《中国统计年鉴》(2011)。

　　我国能源浪费严重,近年来全国每年浪费能源近4亿t标准煤,2006年我国能源消费总量已经达到24.6亿t标准煤。2000年我国能源消费量为14亿t标准煤,到2005年达到22.33亿t标准煤,能源消费年增长速度在10%左右,5年间的能源消费增量超过之前20年的总和。能源需求高度增长、能耗居高不下是我国目前所处的重工业发展阶段无法避免的。但我国能源低效利用的现象普遍存在。从技术角度分析,我国每年的技术节能潜力为5.5亿t标准煤,技术上可行、经济上合理的节能潜力为4亿t标准煤。

　　能源消费弹性系数反映能源消费增长速度与国民经济增长速度之间比例关系的指标,等于能源消费量年平均增长速度与国民经济年平均增长速度之比。进入20世纪90年代,能源消费增长平均速度仅为国民经济增长的一半,说明能源消费还是比较合理,十年平均一次能源消费弹性系数略低于全球的水平,能源消费弹性系数见表7-5。分析可见,我国一次能源消费增长过快,增长速度超过国民经济显然极不合理。尽管同期全球能源消费弹性系数也接近于1,但是我国能源消费中煤的比例超过73%,巨大的能源消费伴随着大量的环境污染。如不节制消费能源,我国能源对外依存度会愈来愈高,能源安全的风险也直越来越大。

表7-5 能源消费弹性系数

年份	能源消费比上年增长/%	电力消费比上年增长/%	国内生产总值比上年增长/%	能源消费弹性系数	电力消费弹性系数
2001	3.3	9.3	8.3	0.40	1.12
2002	6.0	11.8	9.1	0.66	1.30
2003	15.3	15.6	10.0	1.53	1.56
2004	16.1	15.4	10.1	1.60	1.52
2005	10.6	13.5	11.3	0.93	1.19
2006	9.6	14.6	12.7	0.76	1.15
2007	8.4	14.4	14.2	0.59	1.01
2008	3.9	5.6	9.6	0.41	0.58
2009	5.2	7.2	9.1	0.57	0.79
2010	6.0	13.2	10.4	0.58	1.27

数据来源:《中国统计年鉴》(2011)

2007 年发布的《中国的能源状况与政策》白皮书，评价了我国能源发展现状、能源发展战略和目标、全面推进能源节约、提高能源供给能力、促进能源产业与环境协调发展、深化能源体制改革，以及加强能源领域的国际合作等政策措施。白皮书还指出我国将采取推进结构调整、加强工业节能等五项措施，全面推进能源节约。这五项措施是：①推进结构调整。我国坚持把转变发展方式、调整产业结构和工业内部结构作为能源节约的战略重点，努力形成"低投入、低消耗、低排放、高效率"的经济发展方式。②加强工业节能。我国坚持走科技含量高、经济效益好、资源消耗低、环境污染少、人力资源得到充分发挥的新型工业化道路，加快发展高技术产业，运用高新技术和先进适用技术改造传统产业，提升工业整体水平。③实施节能工程。我国正在实施节约替代石油、热电联产、余热利用、建筑节能等十大重点节能工程，支持节能重点及示范项目建设，鼓励高效节能产品的推广应用。④加强管理节能。我国政府建立政府强制采购节能产品制度，研究制定鼓励节能的财税政策，深化能源价格改革，实施固定资产投资项目节能评估和审核制度，建立企业节能新机制，建立健全节能法律法规，加强节能管理队伍建设，加大执法监督检查力度。⑤倡导社会节能。我国采取多种形式大力宣传节约能源的重要意义，不断增强全民资源忧患意识和节约意识。

2009 年是 20 世纪以来我国经济发展最为困难的一年。面对国际金融危机的深刻影响，能源行业认真贯彻落实党中央、国务院扩大内需的一揽子计划和政策，危中寻机，积极应对，抓住全球能源需求放缓的有利时机，加大结构调整力度，加快推进发展方式转变，努力提升行业整体素质，同时紧紧把握国际能源资源价格下跌的难得机遇，加强能源国际互利合作，有力支撑了国民经济的平稳较快发展。

《2010 中国能源发展报告》指出，到 2008 年年底，我国水电装机达到 1.75 亿 kW，居世界第一，我国风电装机总量达 1215.3 万 kW，居世界第五。但我国的新能源产业仍存在技术和市场瓶颈，面临缺乏人才以及成本高的困境。我国政府新能源发展目标规划明晰，重点发展水能、风能、生物质能和太阳能，未来发 10 年新能源发展将迈上新台阶。规划实现 2020 年风电总体规模有 1 亿 kW，水电装机容量达到 3 亿 kW，太阳能发电 180 万 kW，生物质发电装机 3000 万 kW。发展新能源有助于解决能源不足的问题，有利于培育新的经济增长点，推动区域经济发展，有利于缓解环境保护的压力。新能源发展情况及预测见图 7-1。

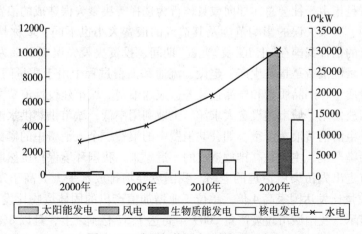

图 7-1　我国新能源发展情况及预测

我国可再生能源已步入快速发展期，2011 年我国可再生能源消费量总计为 0.45 亿 t 油当量（不包括传统方式利用的生物质能），约占一次能源消费总量的 2%。按《可再生能源中长期发展规划》，到 2020 年我国可再生能源将占到能源总消费量的 15%。未来 30～50 年，随着能源需求的增加，可再生能源在我国能源消费中的比重将持续扩大。按照规划，全国可再生能源的开发利用量将逐渐提高，这将显著减少煤炭消耗，并弥补天然气和石油资源的不足。今后，将不再增加以粮食为原料的燃料乙醇生产能力，积极发展非粮生物液体燃料，到 2020 年形成年替代 1000 万 t 成品油的能力。目前，我国可再生能源消费量占能源消费总量的比重为 8%。《规划》明确：到 2010 年，可再生能源的比重将达到 10%，2020 年达到 15%。今后一个时期，我国可再生能源发展的重点是水能、生物质能、风能和太阳能。生物液体燃料是重要的石油替代产品，主要包括燃料乙醇和生物柴油。从 2007 年 9 月开始，国家电力管理委员会要求电力公司必须按照《可再生能源法》优先购买"绿色"电力。这些可再生电力包括从水力能、风能、生物质能、太阳能发电、潮汐发电和地热能产生的能量。目前可再生能源仍仅占国内电力供应的很小一部分，主要由于生产成本高。

中国科学院提出了未来 30～50 年我国能源科技发展的战略规划。这一路线图包括近期（至 2020 年）重点发展节能和清洁能源技术，提高能源效率，力争突破新一代零排放、多联产整体煤气化联合循环、增压流化床联合循环技术等，解决 CO_2 捕捉、储存与利用的关键技术并进行技术示范，推进煤炭高效液化技术、煤基醇醚和烯烃代油技术进入工程示范和大规模应用阶段，积极发展安全清洁核能技术和非水能的可再生能源技术。中期（2030 年前后）重点推动可再生能源向主力能源发展。突破太阳能高效转化技术及太阳能电热集成应用系统，突破光合作用机理并筛选或创造高效光生物质转换物种，实现农业废弃物、纤维素、半纤维素高效物化/生化转化技术的工业示范和规模产业化，突破智能能源网络和发展氢能体系。远期（2050 年前后）建成中国可持续能源体系，总量上基本满足我国经济社会发展的能源需求，结构上对化石能源的依赖度降低到 60% 以下，可再生能源成为主导能源之一。

7.2.4 我国的减排情况

由于历史文化和体制机制等原因，我国在生产建设和生活消费领域内存在着各种各样的浪费问题，归纳为决策性浪费、质量性浪费、城市建设性浪费和生活消费浪费，这 4 个方面为我国比较特殊的现象，如果不能很好解决的话，不能从根本上解决我国的节能减排的问题。决策性浪费是指由于社会总体导向或具体行为选择等决策失误造成的浪费，决策的层次不同、对象不同、决策失误的影响范围及其造成的浪费大小也不同，堪称是我国最大的浪费。据世界银行的估计我国在"七五"及"九五"期间，投资决策失误率 30% 左右，造成巨大的经济损失。质量性浪费是指在生产、建设、流通和消费过程中由于质量问题造成的浪费，主要有工程建设质量、产品质量和产品包装等造成的浪费。城市建设性浪费主要有城市规划的浪费：土地粗放使用、城市建设贪大求洋、土地利用率低；城市供热供水浪费和城市马路维修建设浪费。生活消费浪费严重，如公共消费中的浪费、个人消费中的攀比浪费等。

我国环境污染严重，主要是高排放造成的。近年来，我国环境保护虽然取得了一定的进步，但仍然没有走出先污染后治理的老路。我国废弃物排放水平大大高于发达国家，单位 GDP 的废水排放量比发达国家高 4 倍，单位工业增加值产出的固体废物比发达国家高 10 倍多。统计资料显示，我国城市垃圾产量 2009 年高达 1.57 亿 t 以上，且以 8% 左右的速度增长，在全国有 2/3 的城市被垃圾围城困扰。农业生产中农药、化肥使用和畜禽养殖等造成的污染日益严重，能源消耗及其对环境的破坏更是惊人，污染物的排放已经超过环境容量 62%，2009 年，我国的工业 SO_2 和工业烟尘分别已经达到 1694.06 万 t 和 544.62 万 t，分别比 2008 年下降 14.93% 和 18.79%。COD 排放量为 1277.5 万 t(各地区 COD 排放量见表 7 – 6),比 2008 年下降 3.27%,但是仍居世界前列。如表 7 – 7 所示我国各地区工业废气排放量大,对环境造成了严重的污染,大量的污染物排放导致 70% 水域受到严重污染,40% 的水域无法使用。

表 7 – 6　2009 年我国各地区化学需氧量排放量　　　　　　　　　　　　　　10⁴t

地　区	2001 年	2002 年	2003 年	2004 年	2005 年	2006 年	2007 年	2008 年	2009 年	2010 年
全　国	**1404.8**	**1366.9**	**1332.9**	**1339.2**	**1414.2**	**1428.2**	**1381.8**	**1320.7**	**1277.5**	**1238.1**
北　京	17.0	15.2	13.4	13.0	11.6	11.0	10.6	10.1	9.9	9.2
天　津	10.6	10.3	13.0	13.7	14.6	14.3	13.7	13.3	13.3	13.2
河　北	65.2	64.0	63.6	65.8	66.1	68.8	66.7	60.5	57.0	54.6
山　西	31.2	31.0	35.8	38.0	38.7	38.7	37.4	35.9	34.4	33.3
内蒙古	28.1	23.8	27.4	27.5	29.7	29.8	28.8	28.0	27.9	27.5
辽　宁	67.7	59.3	54.6	50.0	64.4	64.1	62.8	58.4	56.3	54.2
吉　林	41.1	35.7	37.2	36.6	40.7	41.7	40.0	37.4	36.1	35.2
黑龙江	52.7	51.4	51.0	50.5	50.4	49.8	48.8	47.6	46.2	44.4
上　海	30.5	33.0	33.8	29.4	30.4	30.2	29.4	26.7	24.3	22.0
江　苏	83.1	78.4	76.7	85.4	96.6	93.0	89.1	85.1	82.2	78.8
浙　江	58.0	57.8	56.2	55.7	59.5	59.3	56.4	53.9	51.4	48.7
安　徽	41.7	41.1	41.2	42.7	44.4	45.6	45.1	43.3	42.4	41.1
福　建	31.4	28.2	35.1	35.9	39.4	39.5	38.3	37.8	37.6	37.3
江　西	41.5	39.1	42.2	45.4	45.7	47.4	46.9	44.5	43.5	43.1
山　东	92.2	86.0	83.0	77.9	77.0	75.8	72.0	67.9	64.7	62.1
河　南	76.0	74.3	70.7	69.6	72.1	72.1	69.4	65.1	62.6	62.0
湖　北	66.8	66.3	63.4	61.4	61.6	62.6	60.1	58.6	57.6	57.2
湖　南	71.0	74.1	81.4	85.0	89.5	92.3	90.4	88.5	84.8	79.8
广　东	110.5	95.2	98.2	92.7	105.8	104.9	101.7	96.4	91.1	85.8
广　西	82.7	84.6	92.7	99.4	107.0	111.9	106.3	101.3	97.6	93.7
海　南	7.0	6.6	6.8	9.3	9.5	9.9	10.1	10.1	10.0	9.2
重　庆	25.4	25.0	26.1	27.0	26.9	26.4	25.1	24.2	24.0	23.5
四　川	99.2	93.6	93.6	88.2	78.3	80.6	77.1	74.9	74.8	74.1
贵　州	20.7	20.5	22.0	22.3	22.6	22.9	22.7	22.2	21.6	20.8
云　南	30.8	30.1	28.5	29.0	28.5	29.4	29.0	28.1	27.3	26.8
西　藏	1.1	0.8	0.8	1.4	1.4	1.5	1.5	1.5	1.5	2.9
陕　西	33.4	32.3	32.1	33.8	35.0	35.5	34.5	33.2	31.8	30.8
甘　肃	12.1	13.0	15.8	15.8	18.2	17.8	17.4	17.1	16.8	16.8
青　海	3.3	3.3	3.2	3.9	7.2	7.5	7.6	7.5	7.6	8.3
宁　夏	18.7	11.1	10.2	6.6	14.3	14.0	13.7	13.2	12.5	12.2
新　疆	20.1	20.5	22.9	26.2	27.1	28.8	29.0	28.7	28.7	29.6

表 7-7　2010 年主要城市工业废气排放及处理情况　　　　　　　　10^4 t

地　区	工业 SO_2 排放量	生活 SO_2 排放量	工业 SO_2 去除量	工业烟尘 排放量	生活烟尘 排放量	工业烟尘 去除量	工业粉尘 排放量	工业粉尘 去除量
全　国	1864.4	320.7	3304.0	603.2	225.9	38941.4	448.7	9501.7
北　京	5.7	5.8	13.0	2.1	2.7	190.8	1.7	78.1
天　津	21.8	1.8	37.4	5.4	1.1	484.5	0.8	54.8
河　北	99.4	24.0	170.6	32.3	17.7	2806.7	32.1	526.7
山　西	114.7	10.2	194.6	43.2	18.9	2581.7	36.5	302.2
内蒙古	119.3	20.1	160.3	47.6	17.1	2645.7	16.0	259.7
辽　宁	85.9	16.3	129.5	39.8	23.5	2220.3	16.7	562.2
吉　林	30.1	5.6	20.3	21.0	9.1	968.0	5.3	436.0
黑龙江	41.7	7.3	11.0	29.7	12.5	1306.2	5.7	108.6
上　海	22.1	13.7	35.0	4.2	6.0	472.3	1.0	138.2
江　苏	100.2	4.8	215.8	29.9	3.6	2345.9	15.1	344.5
浙　江	65.4	2.4	129.7	16.5	0.9	1246.6	13.9	813.1
安　徽	48.4	4.8	161.3	20.7	4.8	1716.5	26.4	356.8
福　建	39.1	1.8	40.5	10.0	3.9	740.8	14.0	570.5
江　西	47.1	8.6	162.8	13.9	2.4	834.9	22.4	463.9
山　东	138.3	15.5	315.2	29.1	10.0	3596.0	18.9	767.2
河　南	116.3	17.6	143.3	47.4	7.3	2810.7	22.7	540.6
湖　北	51.6	11.7	109.1	14.5	4.8	1069.6	14.6	476.1
湖　南	62.7	17.4	100.2	23.5	7.7	786.8	39.4	373.2
广　东	98.9	6.1	145.0	25.3	5.8	1499.3	10.4	476.0
广　西	84.8	5.6	98.4	25.0	1.1	526.8	31.8	335.7
海　南	2.8	0.1	8.8	0.7	0.2	78.2	0.7	4.7
重　庆	57.3	14.7	96.2	10.2	10.6	377.3	8.4	95.4
四　川	93.8	19.3	86.2	26.0	8.2	1275.7	14.1	318.8
贵　州	63.8	51.1	215.9	11.3	13.9	1325.2	8.6	163.2
云　南	44.0	6.1	148.3	8.9	4.9	1088.2	9.2	211.0
西　藏	0.1	0.3		0.1	0.2	0.1		
陕　西	70.7	7.2	107.6	11.5	4.8	836.5	18.5	284.1
甘　肃	45.2	9.9	173.5	9.8	6.5	355.6	9.3	142.5
青　海	13.3	1.0	2.8	5.2	2.5	117.6	9.8	82.3
宁　夏	28.0	3.0	53.0	13.6	3.6	2221.5	6.1	126.3
新　疆	51.8	7.0	17.9	24.8	9.6	415.2	18.5	89.3

　　高资本投入、高资源消耗、高排放的结果必然导致低效率的能源产出。我国第二产业劳动生产率很低，大约是美国的 1/30，日本的 1/18，法国的 1/16，德国的 1/12，韩国的 1/7。资源产出率也很低，每吨标准煤的产出效率仅相当于美国的 28.6%，欧盟为 16.8% 和日本为 10.3%。自 1983 以来能源加工转换效率逐年提高，2010 年总效率达到 72.01%，但是发

电及电站供热的效率仍然较低仅为 41.73%，如表 7 - 8 所示。

表 7 - 8　能源加工转换效率　　　　　　　　　%

年　份	总效率	发电及电站供热	炼　焦	炼　油	年　份	总效率	发电及电站供热	炼　焦	炼　油
1984	69.16	36.95	90.08	99.17	1997	69.76	35.89	94.01	97.37
1985	68.29	36.85	90.79	99.10	1998	69.28	37.09	94.97	96.41
1986	68.32	36.69	90.63	99.04	1999	69.25	37.04	96.13	97.51
1987	67.48	36.75	90.46	98.81	2000	69.04	37.36	96.21	97.32
1988	66.54	36.34	90.77	98.76	2001	69.34	37.63	96.48	97.92
1989	66.51	36.74	90.30	98.57	2002	69.04	38.73	96.63	96.71
1990	66.48	37.34	91.28	90.19	2003	69.40	38.83	96.13	96.80
1991	65.90	37.60	89.90	98.10	2004	70.91	39.46	97.55	96.43
1992	66.00	37.80	92.70	96.80	2005	71.55	39.87	97.57	96.86
1993	67.32	39.90	98.05	98.49	2006	71.24	39.87	97.77	96.86
1994	65.20	39.35	89.62	97.48	2007	70.77	40.24	97.56	97.17
1995	71.05	37.31	91.99	97.67	2008	71.55	41.04	97.75	97.17
1996	70.19	36.63	94.07	97.46	2009	72.01	41.73	97.38	96.63

7.3　"十二五"节能减排目标

7.3.1　"十一五"期间的减排情况

"十一五"时期，国家把能源消耗强度降低和主要污染物排放总量减少确定为国民经济和社会发展的约束性指标，把节能减排作为调整经济结构、加快转变经济发展方式的重要抓手和突破口。各地区、各部门认真贯彻落实党中央、国务院的决策部署，采取有效措施，切实加大工作力度，基本实现了《"十一五"纲要》确定的节能减排约，但仍存在以下几个问题：

（1）一些地方对节能减排的紧迫性和艰巨性认识不足，片面追求经济增长，对调结构、转方式重视不够，不能正确处理经济发展与节能减排的关系，节能减排工作还存在思想认识不深入、政策措施不落实、监督检查不力、激励约束不强等问题。

（2）产业结构调整进展缓慢。"十一五"期间，第三产业增加值占国内生产总值的比重低于预期目标，重工业占工业总产值比重由 68.1% 上升到 70.9%，高耗能、高排放产业增长过快，结构节能目标没有实现。

（3）能源利用效率总体偏低。我国国内生产总值约占世界的 8.6%，但能源消耗占世界的 19.3%，单位国内生产总值能耗仍是世界平均水平的 2 倍以上。2010 年全国钢铁、建材、化工等行业单位产品能耗比国际先进水平高出 10% ~ 20%。

（4）政策机制不完善。有利于节能减排的价格、财税、金融等经济政策还不完善，基于市场的激励和约束机制不健全，创新驱动不足，企业缺乏节能减排内生动力。

（5）基础工作薄弱。节能减排标准不完善，能源消费和污染物排放计量、统计体系建设滞后，监测、监察能力亟待加强，节能减排管理能力还不能适应工作需要。

"十二五"时期如未能采取更加有效的应对措施，我国面临的资源环境约束将日益强化。从国内看，随着工业化、城镇化进程加快和消费结构升级，我国能源需求呈刚性增长，受国内资源保障能力和环境容量制约，我国经济社会发展面临的资源环境瓶颈约束更加突出，节能减排工作难度不断加大。从国际看，围绕能源安全和气候变化的博弈更加激烈。一方面，贸易保护主义抬头，部分发达国家凭借技术优势开征碳税并计划实施碳关税，绿色贸易壁垒日益突出；另一方面，全球范围内绿色经济、低碳技术正在兴起，不少发达国家大幅增加投入，支持节能环保、新能源和低碳技术等领域创新发展，抢占未来发展制高点的竞争日趋激烈。

虽然我国节能减排面临巨大挑战，但也面临难得的历史机遇。科学发展观深入人心，全民节能环保意识不断提高，各方面对节能减排的重视程度明显增强，产业结构调整力度不断加大，科技创新能力不断提升，节能减排激励约束机制不断完善，这些都为"十二五"推进节能减排创造了有利条件。要充分认识节能减排的极端重要性和紧迫性，增强忧患意识和危机意识，抓住机遇，大力推进节能减排，促进经济社会发展与资源环境相协调，切实增强可持续发展能力。

7.3.2 "十二五"节能减排规划

1. 指导思想

以邓小平理论和"三个代表"重要思想为指导，深入贯彻落实科学发展观，坚持大幅降低能源消耗强度、显著减少主要污染物排放总量、合理控制能源消费总量相结合，形成加快转变经济发展方式的倒逼机制；坚持强化责任、健全法制、完善政策、加强监管相结合，建立健全有效的激励和约束机制；坚持优化产业结构、推动技术进步、强化工程措施、加强管理引导相结合，大幅度提高能源利用效率，显著减少污染物排放；加快构建政府为主导、企业为主体、市场有效驱动、全社会共同参与的推进节能减排工作格局，确保实现"十二五"节能减排约束性目标，加快建设资源节约型、环境友好型社会。

2. 基本原则

（1）强化约束，推动转型。通过逐级分解目标任务，加强评价考核，强化节能减排目标的约束性作用，加快转变经济发展方式，调整优化产业结构，增强可持续发展能力。

（2）控制增量，优化存量。进一步完善和落实相关产业政策，提高产业准入门槛，严格能评、环评审查，抑制高耗能、高排放行业过快增长，合理控制能源消费总量和污染物排放增量。加快淘汰落后产能，实施节能减排重点工程，改造提升传统产业。

（3）完善机制，创新驱动。健全节能环保法律、法规和标准，完善有利于节能减排的价格、财税、金融等经济政策，充分发挥市场配置资源的基础性作用，形成有效的激励和约束机制，增强用能、排污单位和公民自觉节能减排的内在动力。加快节能减排技术创新、管理创新和制度创新，建立长效机制，实现节能减排效益最大化。

（4）分类指导，突出重点。根据各地区、各有关行业特点，实施有针对性的政策措施。突出抓好工业、建筑、交通、公共机构等重点领域和重点用能单位节能，大幅提高能源利用效率。加强环境基础设施建设，推动重点行业、重点流域、农业源和机动车污染防治，有效减少主要污染物排放总量。

3. 总体目标

到 2015 年，全国万元国内生产总值能耗下降到 0.869t 标准煤（按 2005 年价格计算），比 2010 年的 1.034 t 标准煤下降 16%（比 2005 年 1.276 t 标准煤下降 32%）。"十二五"期间，实现节约能源 6.7 亿 t 标准煤。

2015 年，全国 COD 和 SO_2 排放总量分别控制在 2347.6 万 t、2086.4 万 t，比 2010 年的 2551.7 万 t、2267.8 万 t 各减少 8%，分别新增削减能力 601 万 t、654 万 t；全国 NH_3-N 和 NO_x 排放总量分别控制在 238 万 t、2046.2 万 t，比 2010 年的 264.4 万 t、2273.6 万 t 各减少 10%，分别新增削减能力 69 万 t、794 万 t。

4. 具体目标

到 2015 年，单位工业增加值（规模以上）能耗比 2010 年下降 21% 左右，建筑、交通运输、公共机构等重点领域能耗增幅得到有效控制，主要产品（工作量）单位能耗指标达到先进节能标准的比例大幅提高，部分行业和大中型企业节能指标达到世界先进水平（表 7-9）。风机、水泵、空压机、变压器等新增主要耗能设备能效指标达到国内或国际先进水平，空调、电冰箱、洗衣机等国产家用电器和一些类型的电动机能效指标达到国际领先水平。工业重点行业、农业主要污染物排放总量大幅降低（表 7-10）。

表 7-9 "十二五"时期主要节能指标

指 标	单 位	2010 年	2015 年	变化幅度/变化率
工业				
单位工业增加值（规模以上）能耗	%			［-21 左右］
火电供电煤耗	g 标准煤/(kW·h)	333	325	-8
火电厂厂用电率	%	6.33	6.2	-0.13
电网综合线损率	%	6.53	6.3	-0.23
吨钢综合能耗	g 标准煤	605	580	-25
铝锭综合交流电耗	(kW·h)/t	14013	13300	-713
铜冶炼综合能耗	kg 标准煤/t	350	300	-50
原油加工综合能耗	kg 标准煤/t	99	86	-13
乙烯综合能耗	kg 标准煤/t	886	857	-29
合成氨综合能耗	kg 标准煤/t	1402	1350	-52
烧碱（离子膜）综合能耗	kg 标准煤/t	351	330	-21
水泥熟料综合能耗	kg 标准煤/t	115	112	-3
平板玻璃综合能耗	kg 标准煤/重量箱	17	15	-2
纸及纸板综合能耗	kg 标准煤/t	680	530	-150
纸浆综合能耗	kg 标准煤/t	450	370	-80
日用陶瓷综合能耗	kg 标准煤/t	1190	1110	-80
建筑				
北方采暖地区既有居住建筑改造面积	亿 m^3	1.8	5.8	4
城镇新建绿色建筑标准执行率	%	1	15	14
交通运输				
铁路单位运输工作量综合能耗	吨标准煤/10^2t 换算吨公里	5.01	4.76	［5%］
营运车辆单位运输周转量能耗	kg 标准煤/10^2t 公里	7.9	7.5	［5%］
营运船舶单位运输周转量能耗	kg 标准煤/10^3t 公里	6.99	6.29	［10%］
民航业单位运输周转量能耗	kg 标准煤/t 公里	0.450	0.428	［5%］

续表

指　标	单　位	2010 年	2015 年	变化幅度/变化率
公共机构				
公共机构单位建筑面积能耗	kg 标准煤/m²	23.9	21	[-12%]
公共机构人均能耗	kg 标准煤/人	447.4	380	[15%]
终端用能设备能效				
燃煤工业锅炉（运行）	%	65	70 ~ 75	5 ~ 10
三相异步电动机（设计）	%	90	9294	2 ~ 4
容积式空气压缩机输入比功率	千瓦/（m³/min）	10.7	8.5 ~ 9.3	-1.4 ~ -2.2
电力变压器损耗	kW	空载：43 负载：170	空载：30 ~ 33 负载：151 ~ 153	-10 ~ -13 -17 ~ -19
汽车（乘用车）平均油耗	L/百公里	8	6.9	-1.1
房间空调器（能效比）	—	3.3	3.5 ~ 4.5	0.2 ~ 1.2
电冰箱（能效指数）	%	49	40 ~ 46	-3 ~ -9
家用燃气热水器（热效率）	%	87 ~ 90	93 ~ 97	3 ~ 10

注：[ ]内为变化率

表 7-10　"十二五"时期主要减排能指标

指　标	单　位	2010 年	2015 年	变化幅度/变化率
工业				
工业化学 COD 排放量	10⁴t	355	319	[-10%]
工业 SO₂ 排放量	10⁴t	2073	1866	[-10%]
工业 NH₃ - N 排放量	10⁴t	28.5	24.2	[-15%]
工业 NOₓ 排放量	10⁴t	1637	1391	[-15%]
火电行业 SO₂ 排放量	10⁴t	956	800	[-16%]
火电行业 NOₓ 排放量	10⁴t	1055	750	[-29%]
钢铁行业 SO₂ 排放量	10⁴t	248	180	[-27%]
钢铁行业 NOₓ 排放量	10⁴t	170	150	[-12%]
造纸行业 SO₂ 排放量	10⁴t	72	64.8	[-10%]
造纸行业 NOₓ 排放量	10⁴t	2.14	1.93	[-10%]
纺织印染行业 COD 排放量	10⁴t	29.9	26.9	[-10%]
纺织印染行业 NH₃ - N 排放量	10⁴t	1.99	1.75	[-12%]
农业				
农业 COD 排放量	10⁴t	1204	1108	[-8%]
农业 NH₃ - N 排放量	10⁴t	82.9	74.6	[-10%]
城市				
城市污水处理率	%	77	85	8

注：[ ]内为变化率。

第8章 清洁发展机制

清洁发展机制 CDM 主要内容是指发达国家通过提供资金和技术的方式，与发展中国家开展合作，通过相关项目的操作从而实现"经核证的温室气体减排量(Certified Emission Reductions，CER)"，由发达国家缔约方用于完成其在《京都议定书》下的承诺。国际上关于CDM 的一般性规则在 2002 年底才确定。作为监督 CDM 项目实施的主要机构，执行理事会进行了这方面的大量工作，对其规则不断进行修改和完善。

CDM 的基本内涵在于：帮助发展中国家实现可持续发展、帮助发达国家实现其在议定书第 3 条下的减排承诺。因此，CDM 被普遍认为是一种双赢机制；理论上看，发展中国家通过这种项目级的合作，可以获得更好的技术、获得实现减排所需的资金甚至更多的投资，从而促进经济和社会发展、环境保护、实现可持续发展的目标；发达国家通过这种合作；将以远低于其国内所需的成本实现在议定书下的减排承诺，节约大量的资金，并且可以通过这种方式将技术、产品甚至观念输入发展中国家。

8.1 清洁发展机制(CDM)的概述

1997 年 12 月，160 个国家在日本京都签署通过《(联合国气候变化框架公约)京都议定书》，规定了 39 个工业发达国家实施温室气体的减排目标；同时，为了帮助这些国家有效地实现其减排承诺，《京都议定书》同时提出 3 个基于市场的弹性机制，其中与发展中国家关系密切的是 CDM。此外，《京都议定书》的重要内容还有：在第一承诺期期间(即 2012 年前)，发展中国家不承担减排义务。

8.1.1 《京都议定书》的目标

1997 年 12 月 1~11 日京都会议在日本京都举行，会议最终制定《(联合国气候变化框架公约)京都议定书》，为《联合国气候框架公约》附件一所列缔约方(主要是发达国家)规定了有法律约束力的量化减排指标，同时并没有为发展中国家规定减排或限排义务。2001 年 12 月，《马拉喀什协定》通过了明确各国政府执行《京都议定书》的指南和全面的可操作规则。2005 年 2 月 16 日，《京都议定书》经历无数次跌宕之后，尤其是在美国政府宣布退出的阴影中，由俄罗斯的加入而正式生效。

《京都议定书》的目标是 2008~2012 年把温室气体的减排量在 1990 年的基础上降低 5.2%，按照各个国家工业化进程的差异，根据共同但有区别的责任原则，把缔约国分为 38 个工业发达国家和 103 个发展中国家，发达国家在 2012 年之前要率先承担减排责任，完成具体的减排定额，欧盟必须完成 8% 的减排指标，美国完成 7%，日本、加拿大完成 6%，如果完成不了这个指标将受到严厉的经济处罚，也有损于该国在国际社会的形象。

气候变化是由人为排放温室气体而产生的，那么解决气候变化问题的根本措施就是减少温室气体的人为排放。《京都议定书》的规定只针对如下 6 种温室气体：①CO_2，全球变暖潜值为 1；②CH_4，全球变暖潜值为 21；③N_2O，全球变暖潜值为 310；④HFCS，全球变暖潜

值为 140～11700；⑤全氟化合物 PFCS，全球变暖潜值为 7000～9200；⑥SF$_6$，全球变暖潜值为 23900。

《京都议定书》第 6 条、第 12 条和第 17 条分别确定了联合履行、清洁发展机制和国际排放权交易 3 种机制以帮助发达国家实现减排目标，同时也可以帮助发展中国家（东道主）在国际销售碳排权交易中获得资金和技术，有助于自己的可持续发展。由于发达国家国内普遍使用较为先进的技术和设备，通过进一步更新技术设备、提高能源效率来实施温室气体减排会产生很高的成本，这使得他们不得不把目光转向《京都议定书》确定的基于项目的 CDM。具体来说，CDM 是发达国家缔约方为实现其部分温室气体减排义务与发展中国家缔约方进行项目合作的机制，其目的是协助发展中国家缔约方实现可持续发展和促进《公约》最终目标的实现，并协助发达国家缔约方实现其量化限制和减少温室气体排放的承诺。CDM 的核心是通过发达国家与发展中国家进行项目级的合作，实现温室气体减排量的转让与获得。

3 种机制的核心在于，发达国家可以通过这 3 种机制在本国以外的地区取得减排的抵消额（即"境外减排"），从而以较低的成本实现减排目标。从经济学原理看，其源于在全球范围内寻求最低的减排成本和路径。提出这一观点的经济学思想是：在世界任何一个地方产生的温室气体减排对大气产生的后果都是一样的，而在世界上不同的国家，即使采取同样的行动，由于国家之间发展水平的不同、劳动力成本的差异等，其所需的减排成本会有较大的差异。这种客观存在于不同国家之间的减排成本差异成为一种推动力量，推动了高减排成本的国家强烈要求允许其到具有低减排成本的国家实施减排行动以获得低成本的减排效益。经过谈判，在《公约》第四条第 2 款 a 段，允许发达国家 JI 政策和措施，以实现其义务和公约的目标。这是第一次正式采用"联合履行"温室气体减排义务的法律条款，也可以认为是议定书三机制发展的最初思想。JI 是指发达国家之间通过项目级的合作，其所实现的减排单位（Emission Reduction Unit，ERU），可以转让给另一发达国家缔约方，但是同时必须在转让方的"分配数量"（Assigned amount unit，AAU）配额上扣减相应的额度。

CDM 的内容是指发达国家通过提供资金和技术的方式，与发展中国家开展项目级的合作，在发展中国家进行既符合可持续发展政策要求、又产生温室气体减排效果的项目投资，由此换取投资项目所产生的部分或全部减排额度，作为其履行减排义务的组成部分，这个额度在 CDM 中被定义为"核证减排量 CER"。IET 是指一个发达国家，将其超额完成减排义务的指标，以贸易的方式转让给另外一个未能完成减排义务的发达国家，并同时从转让方的允许排放限额中扣减相应的转让额度。CDM 机制见图 8 - 1。

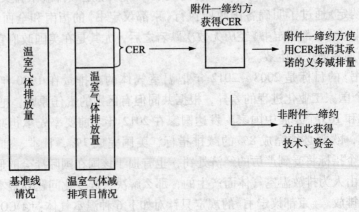

图 8 - 1　CDM 机制简图

《京都议定书》中对此做了专门规定：CDM 的目的是协助未列入附件一的缔约方实现可持续发展和有益于《公约》的最终目标，并协助附件一所列缔约方实现遵守第 3 条规定的其量化的限制和减少排放的承诺。

8.1.2　全球气候变暖与清洁发展机制的产生背景

全球气候变化一直是国际可持续发展领域的一个焦点问题，也是全球实现可持续发展目标的主要障碍之一。近 20 多年来，气候变化问题被列为全球十大环境问题之首，并日益成为国际社会的一个热门话题。1988 年 11 月，为了给各国决策者提供权威性的气候变化科学信息，联合国环境规划署(The United Nations Environment Programme，UNEP)和世界气象组织(World Meteorological Organization，WMO)成立了政府间气候变化专门委员会(Intergovernmental Panel on Climate Change，IPCC)。IPCC 聚集了数百位变暖研究领域的世界一流专家，评价人类对气候变化科学认识的最新进展，评价人类对气候变化潜在的环境和社会经济影响，并提出切合实际的政策建议。

20 世纪 70 ～ 80 年代，国际社会意识到气候变化问题的严重性和紧迫性，要求对气候变化进行研究并制定相应政策的呼声愈来愈高。联合国第 45 届大会于 1990 年 12 月 21 日通过了第 45/212 号决议，决定设立气候变化框架公约政府间谈判委员会。该委员会于 1991 年 2 月至 1992 年 5 月间举行了 6 次会议，经过艰难的谈判，于 1992 年 5 月 9 日在纽约通过《联合国气候变化框架公约》，并在 1992 年里约环境发展大会期间与会各国签署，1994 年 3 月 21 日生效。截至 2001 年 12 月，共有 186 个国家以及欧盟各国成为《公约》缔约方。1992 年 6 月 11 日，国务院总理李鹏在里约热内卢代表我国政府签署了《公约》，成为最早的 10 个缔约国之一。

由于全球气候变暖与人类活动密切相关，《公约》对人类的经济活动以及行为方式会产生积极的影响。自工业革命以来，人类过度使用煤炭、石油和天然气等化石燃料，这些燃料排放出大量的温室气体是导致全球变暖的主要原因，而同时大面积的森林砍伐和草原破坏进一步加剧了全球气候变暖的进程。因此，气候变化问题不仅是气候和全球环境领域的重要问题，更是一个涉及人类生产、消费、生活方式以及生存空间等社会和经济发展的各个领域的重大问题。

《公约》确立发达国家与发展中国家在控制温室气体排放方面共同但有区别的责任原则和公平原则，规定了发达国家应采取政策与措施率先减排，而发展中国家没有减排或限排义务。《公约》确定的最终目标是把大气中的温室气体浓度稳定在一个安全水平，尽管 UNFCC 没有对这个安全值予以量化，但必须在某个时限内及时实现，为此所有的国家面对气候变化，都有义务采取应对措施，提交执行 UNFCC 的国家行动报告。

全球气候变暖已成为当今世界所面临的最具挑战性的全球环境问题之一，CDM 正是在这种背景下产生。CDM 是《京都议定书》规定的发达国家履行减排义务的灵活机制之一，根据"共同但有区别的责任"原则，已完成工业革命的发达国家应对全球变暖承担更多的历史责任，因此，《京都议定书》只给工业化国家制定了减排任务，而没有对发展中国家提出这个要求。温室气体具有全球性，即世界任何一个角落排放或减排同样 CO_2 当量的温室气体具有同样的全球环境效果。发达国家减排 1t CO_2 温室气体的成本在 100 美元以上，而在发展中国家只需要 10 美元左右。因了 CDM 主要内容是指发达国家通过提供资金和技术的方式，与发展中国家开展项目级的合作，在发展中国家进行既符合可持续发展政策要求、又产生温室气体减排效果的项目投资，由此获取投资项目所产生的部分和全部减排额度，作为其履行减排义务的组成部分，这个额度在清洁发展机制中被定义为"经核实的减排额度"。通俗地说就是发达国家用钱来买发展中国家的减排量。一方面，对发达国家而言，给予其一些履约的灵活性，使其得以较低成本履行义务；另一方面，对发展中国家而言，协助发达国家能够利用减排成本低的优势从发达国家获得资金和技术，促进其可持续发展；对世界而言，可以使全球在实现共同减排目标的前提下，减少总的减排成本。因此，CDM 是一种双赢的机制。CDM 项目主要涉及 5 个领域，分别是化工废气减排、煤层气回收利用、节能与提高能效、可再生能源、造林与再造林。例如：提高能源效率的技术，包括提高供能效率方面的技术和用能效率方面的技术；新能源和可再生能源技术；温室气体回收利用技术，如煤矿 CH_4、垃圾填埋沼气回收技术；废弃能源回收技术；等等。

在化工业，目前国内开展的 CDM 项目大多集中在 HFC - 23 减排上。HFC - 23 是制冷剂 HFC - 22(传统氟利昂的替代物)在生产过程中不可避免的副产品，安全无毒，但其温室效应潜能值是 CO_2 的 11700 倍。通过高温焚烧，可以将 HFC - 23 分解为 CO_2、HF 和 HCl，从而大大降低温室气体的排放，有助于缓减全球变暖状况。

在煤炭开采业，CDM 项目主要用于 CH_4 回收后发电供热。CH_4 多见于煤层当中，由于该气体在矿井中具有爆炸的危险，一直以来被煤炭开采企业通风直接排放到大气中，导致温室气体排放。回收 CH_4 并将之转化为电能，可以在获得发电收益的同时，大大减少温室气体排放量。

在钢铁、水泥、铝、电力制造业，CDM 项目主要通过提高能源效率和更换燃料来减少温室气体的排放。比如，高炉节能技术改造、高效低损耗电力输配系统改造和升级、高耗能工业设备和工艺流程节能改造、推广天然气燃料车、北方城市推广天然气或地热集中供热等。另外，还包括水泥厂减排 CO_2 及余热发电工艺、钢铁厂转炉煤气回收等。

在新能源和可再生能源产业，CDM 项目主要集中在小型水电、风电、太阳能发电和生物质能发电等领域。这些项目产生的电能可以替代煤炭电站产生的电能，从而减少 CO_2 的排放。

在林业，CDM 项目主要通过植树造林和再造林形成的森林直接吸收 CO_2，这一项目也称"碳汇"项目。

世界上开展 CDM 项目较多的国家有中国、印度、巴西，并且我国是世界上公认的可以提供大量 CDM 项目的国家。总之，在全球气候变暖背景下产生的 CDM，为我们带来了一种全新的引进国外资金和技术的方式，使发展中国家在减少温室气体排放、控制全球气候变暖的基础上，实现本国的可持续发展，也给国内企业提供了一个巨大的市场和商机。

8.2 CDM 项目的开发和实施简介

8.2.1 CDM 项目流程

根据《马拉喀什协定》，清洁发展机制项目从开始准备到实施，最终产生减排量，需要经过以下主要阶段：

1. 项目识别

清洁发展机制项目的概念设计阶段——附件一缔约方的私人或公共实体与非附件一缔约

方的相关实体就 CDM 项目的技术选择、规模、资金安排、交易成本、减排量等进行磋商，达成一致意见。在识别潜在的 CDM 项目时，需要考虑一些关键的因素，包括项目的额外性、开发模式、交易风险等。

2. 项目设计

确定了一要开发的潜在 CDM 项目之后，项目开发者需要根据清洁发展机制执行理事会（Executive Board，EB）的要求格式和内容完成项目设计文件（Projiect Design Document form，PDD）。由于项目设计阶段需要处理一些比较复杂的方法学问题，项目开发者可以聘请咨询公司/专家帮助其完成项目设计文件。

3. 参与国的批准

一个清洁发展机制项目进行注册，必须由参加项目的每个缔约方的国家清洁发展机制主管机构出具该缔约方自愿参加该项目的书面证明，包括东道国的指定国家清洁发展机制主管机构对该项目可以帮助该国实现可持续发展的确认。

4. 项目审定

相关的技术准备工作完成之后，项目参与者选择合适的独立经营实体（DOE），签约并委托其进行 CDM 项目的审定工作，基于项目开发者提交的项目设计文件，DOE 对 CDM 项目活动进行审查和评价。在评论期结束之后，经营实体将根据各种信息完成一个对该项目的审定报告，确认该项目是否被认可。同时将结果告知项目参与方，如果不认可该项目，还应该给出原因。

5. 项目注册

如果 DOE 经过审定，认为该 CDM 项目符合清洁发展机制项目的核实要求，它会以核实报告的形式向清洁发展机制执行理事会提出项目注册申请，同时将该核实报告公诸于众。如果执行理事会的审查通过，该项目可以进行注册，同时意味着项目可以产生减排量。

6. 项目实施、监测和报告

注册之后，清洁发展机制项目就进入具体实施阶段。项目开发者根据经过注册的项目设计文件中的监测计划，对项目的实施活动进行监测，并向负责核查和核证项目减排量的签约经营实体报告监测结果。

7. 项目减排量的核查和核证

所谓核查是指与项目开发者签约的经营实体对注册的 CDM 项目在一定阶段的减排量进行周期性的独立评估和事后决定。所谓核证是指该指定经营实体以书面的形式保证某一个 CDM 项目的活动实现了经核实的减排量。

根据核查的监测数据，经过注册的计算程序和方法，经营实体可以计算出清洁发展机制项目的减排量，并向执行理事会提交核证报告。

8. CERs 的签发

CERs 是指核准的温室气体减排量。指定经营实体提交给执行理事会的核证报告实际上就是一个申请，请求签发与核查的减排量相等的 CERs。

就东道国政府权力而言，任何 CDM 项目都需要得到东道国政府的批准。在我国，根据《清洁发展机制项目运行管理暂行办法》，国家发展和改革委员会为我国的 CDM 国家主管机构（Designated National Agency，DNA），代表我国政府向 CDM 项目出具官方批准文件。具体的申请与批准程序如下。

CDM 项目发起人（申请者）直接或通过相关机构向国家发展和改革委员会提交 CDM 项目

申请，同时提交 CDM 项目设计文件等相关支持文件。

国家发展和改革委员会对提交的项目进行初审。CDM 项目审核理事会对申请的项目进行审核，并且告知国家发展和改革委员会合格的 CDM 项目。

国家发展和改革委员会会同科技部和外交部共同批准项目，并且由国家发展和改革委员会出具正式的批准文件，并将结果告知项目发起人。

项目发起人和一个指定的经营实体签订合同，请其对项目进行核实。项目发起人收到执行理事会的注册通知时，应及时到国家发展和改革委员会备案。

其中 CDM 项目申报审批流程见图 8-2。

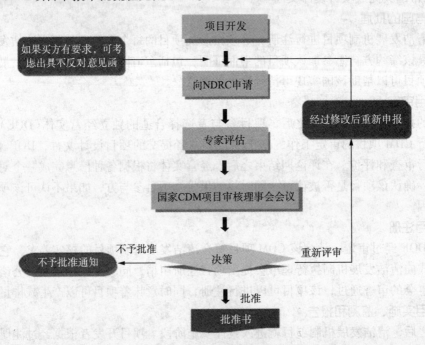

图 8-2　CDM 项目申报审批流程

8.2.2　CDM 项目的融资方式

从国际环境来看，一方面，由于美国退出《京都议定书》，使国际温室气体减排市场需求人为减少，有关研究分析认为可能形成供大于求的市场；另一方面，未来进一步的温室气体减排压力将使许多发达国家的实体积极参与到 CDM 项目中来，尽管近期市场前景模糊，但在未来极有可能形成高增长、高收益的市场。基于我国的实际情况，目前可能的 CDM 项目将主要集中在能源项目和节能项目上。作为一种新兴的项目融资机制，在目前经验空白的情况下，如何利用 CDM 进行项目融资是一个值得讨论的问题。

1. 远期购买方式

附件一国家实体在项目建设初期一次性购买项目预期产生的全部 CER 并支付所有费用，项目投产以后，附件一国家实体拥有全部 CER 的产权。这种融资方式使项目业主的风险降到最低，对 CER 投资方附件一国家实体来说风险最高，但所有可能的风险收益归附件一国家实体。在目前碳市场低迷、风险较大的情况下，要找到愿意冒高风险的附件一国家实体比较困难；而且，此种投资方式投资方开出的 CER 价格很低，业主所得的收益很小。目前存在一些国外能源环境投资企业认为 CER 的需求量将在议定书批准后及承诺期内大大增加，从而导致 CER 价格大幅度上扬,所以愿意通过对 CER 进行风险投资使企业在将来获得丰厚的回报。但整体上,从降低风险的角度出发,附件一国家实体更热衷于采用 CER 购买协议或合同。

2. CER 购买协议或合同

这种方式类似于电力购买协议,附件一国家实体首先和项目业主签订 CER 购买协议或合同,在产生 CER 后付款购买。项目业主在签订协议或合同后,可以以该协议或合同为抵押向国内外银行申请软贷款弥补资金的不足;也可在资本市场上以 CER 预期收入为保证,通过在资本市场发行债券来募集资金,后者类似于 ABS(Asset Backed Securitization)融资模式。ABS 融资模式具有以下优点:

(1)通过信用担保和信用增级计划,使项目能进入国际高等级证券投资市场,而且交易环节少,融资成本低;

(2)由于债券在证券市场上公开发行,变现能力强,可吸引个人投资者。即一方面可分散项目的投资风险,另一方面有利于短期资金向长期资金转换。

一般在 CER 购买协议中会对购买数量加以现定,也会规定价格的上下限。这种融资方式使附件一国家实体的风险降到最低,但享受不到风险收益。采用购买协议方式的 CER 价格也将高于远期购买方式,但项目业主承担所有项目风险,所以一般只有在收益很不确定的情况下,项目业主才愿意接受规定的价格。由于业主支付给银行的软贷款利息属于税前支付,采用购买协议或合同的方式,可使业主享受到一定程度的免税。

3. 订金 - CER 购买协议

订金 - CER 购买协议是上述两种方式的结合。附件一国家实体预先支付部分项目建设资金,同时签订 CER 购买协议或合同,这种方式体现了风险共担、收益共享的原则。附件一国家实体虽然承担了部分风险,但可拥有部分 CER 的产权和进一步对价格进行规定的权利,保证了稳定的 CER 供应方。项目业主在项目前期获得较多的建设资金,降低了建设期债务负担,使项目有较多的启动资金,同时所产生的 CER 有了稳定的需求方。

4. 国际基金

附件一国家的大多数实体,特别是中、小实体,没有足够的资金和运作能力去寻找和投资 CDM 项目,它们更倾向于直接购买 CER 减排信用额。目前国际市场减排信用额价格波动较大,风险较高,使得这些实体倾向于向从事 CDM 项目投资的基金组织和企业投资以获得较低价格和较稳定的 CER 回报。这种倾向为专门从事投资的各种国际基金组织提供了很大的市场机会,目前国际上已经出现一些专门从事 CDM 项目投资的基金组织,如世行的原型碳汇基金(Prototype Carbon Fund, PCF)等。这些基金组织到发展中国家开发 CDM 项目以获得 CER,并将所获得的 CER 回报给投资者,目前我国内蒙古自治区辉腾锡勒风电场已被选定为 CERUPT 的业主。对附件一国家实体而言,采用基金的方式把中小实体的资金集中起来进行 CDM 项目投资大大提高了投资能力,基金组织投资方式比较规范,对风险和成本控制严格,所以交易成本也比较低。同时,基金投资具有很大的灵活性,可以集中大量的资金投入到大的 CDM 项目,可以开发多个中、小型的 CDM 项目,还可以对不同类型的 CDM 项目进行组合投资以降低项目风险和价格风险。此外,基金组织具有较强的项目谈判和组织能力,能够有效保证投资者利益。上述优点决定国际基金组织必将成为 CDM 项目融资的一个主要力量。但是,基金组织强大的项目谈判能力将使发展中国家项目业主处于很不利的地位,使后者很难通过 CER 得到丰厚的回报。

5. 期货

《马拉喀什协议》中允许实施单边 CDM 项目，即允许发展中国家单独开发 CDM 项目并向国际市场提供 CER。虽然 CDM 项目在世界各地的公平分布得到强调，但从实际情况来看许多建设能力差、政局和经济形势不稳定的国家由于投资风险高而很难得到国外 CDM 投资。这类国家通过实施单边 CDM 项目使投资者只需购买该国单边 CDM 项目所产生的 CER，避免了高风险可能带来的投资损失；虽然不能吸引更多的国外投资，单边 CDM 项目业主通过出口 CER 可获得收益，这可以增加一些发展中国家的外汇收入。单边 CDM 项目既不能得到技术转移，也无法得到国外的帮助。尽管单边 CDM 项目不需要烦琐的谈判，交易成本可能较低，但由非附件一国家独立承担项目可能会由于能力不足或政治经济原因导致所做项目无法满足相关标准，而不能被批准为 CDM 项目或产生的减排量得不到认证，如果被发现有作假行为可能给整个国家的 CDM 项目带来毁灭性的打击。目前一些较发达的发展中国家，如墨西哥等对实施单边 CDM 项目也很感兴趣，主要是希望能通过实施单边 CDM 项目获得丰厚的回报。对于单边项目来说，要规避风险保证收益可采取在期货市场上出售 CER 期货的方式。期货及期货市场作为一种有效的现代融资方式，可以降低买卖双方的风险。期货市场主要从事大宗同质商品远期交易，而 CER 满足交易量大、商品同质的要求，完全可以作为一种期货进行交易。CER 期货价格完全根据市场供需、谈判前景的变化而变化，不易受买方或卖方操纵，只要 CDM 市场够大，CER 很有可能成为期货市场的一种交易商品。不仅仅单边项目寄期望于 CER 期货市场，其他双边和多边 CDM 项目为了规避价格风险，也倾向于在期货市场上进行对冲交易。

6. 融资租赁

对于从国外租赁的大型设备，如大型机械和交通运输设备，只要具有比国内设备更高的能效就可以与 CDM 结合进来，作为小型 CDM 项目实施。目前发达国家在发电厂项目上已经采用了融资租赁方式，把 CDM 项目融资结合进融资租赁中是完全可行的，甚至可以考虑在大型 CDM 项目中采用租赁的方式进行融资。融资租赁由于设备产权在投资方手中，相对降低了投资方的投资风险，对项目业主来说可以享受资本免税的好处。

8.2.3　CDM 项目的风险问题

CDM 项目所存在的风险与一般的项目融资的风险一样，项目融资采用的风险控制方式也可为 CDM 项目所参考。如主权风险，通过政府担保、商业保险、政策性贷款或出口信贷机构等渠道予以控制或减弱；不能履约的风险（在 CDM 项目中主要是产量不足和交付不足的风险）、不可抗力风险和货币风险等国际项目开发通常具有的风险，一般是采用已经发展成熟的方法予以控制或削弱。例如，用远期交易方式来控制货币风险，以不可抗力条款来控制或分配不可抗力风险，以第二方承担的方式来控制或分配双方均不愿意承担的风险。

另外，在各个主要阶段均存在特有的风险，例如，在概念开发阶段，主要风险是方法学可能被拒绝（这涉及 CDM 开发和交易结构的选择）；在建设阶段，主要风险是建设成本过度超额，以及承包商不履约的问题；在运行阶段，主要风险发生在监测和核实过程中；在签订 CER 购买合同阶段，主要风险是 CER 价格波动。

体现 CDM 自身特色的风险则是交付风险和登记风险。与通常项目不同的是，CDM 项目的产品是 CER，一旦交付出现问题就很难得到替代品。登记风险是指整个 CDM 项目无法得到 CDM 执行理事会的登记，从而拒绝核发 CER 的风险。一般认为，登记是交易生效的先决条件，双方均不承担法律责任。但是从成本的角度而言，一旦登记失败，尽管没有法律责任问题，但 CDM 项目当事人已经付出了很高的成本。

从法律的角度，风险控制的决定因素是交易结构。CDM 的交易结构取决于 CDM 项目的性质、参与者的数量以及项目融资模式。由于多数 CDM 项目面临的困境是开发或建设 CDM 项目需要立即投入资金，但买方往往要求把价款的支付与 CER 的交付挂钩。显然，两个需要之间存在矛盾。因此，CDM 项目中总是存在融资问题，而整个项目的融资结构就是一个尤其值得重视的课题。这样，一个愿意承担风险的机构就非常必要。在这个风险承担者介入的交易结构中，它往往是作为表面上的产品买方，而实际上则是整个交易的担保人。

在这个交易、融资结构中，存在以下法律安排。①CDM 项目发起人与项目公司之间的控股关系；②贷款银行向项目公司提供贷款；③发起人对贷款提供担保；④项目公司向担保人转让 CER，这个安排也可能采取担保方式（以 CER 作为担保物）；⑤担保人偿还贷款银行提供的贷款；⑥担保人把获得的 CER 转让给真正的买方，并获得价款（相当于支付给贷款银行的款项）。

8.2.4　CDM 项目的特点

CDM 是由《京都议定书》第 12 条规定的，是指规定在附件一中有减排义务的发达国家可以通过对发展中国家的资金和技术投入，帮助发展中国家减排温室气体，而该减排量一旦经过由缔约方大会指定的专门组织认证，即可用于抵消发达国家所承诺的温室气体减排量。这种制度渊源于巴西政府提交的《关于〈联合国气候变化框架公约〉议定书的要点提案》，核心是：共同但有差别原则和污染者付费原则，并且建立"清洁发展基金"（Clean Development Foundation，CDF）。后来在议定书的谈判中，发达国家和发展中国家在 CDF 基础上予以妥协——即发达国家的减排义务可以通过帮助发展中国家减排来实现，并且该减排量可以用于交易，这就改变了 CDF 中相对死板的"污染者付费"和"单纯的限制义务"，以更加灵活的方式实现"限排温室气体"和"促进发展中国家的可持续发展"的双重目标。

1. 各方自愿参加

无论 CER 的出售方还是购买方都是自愿参加的。在现阶段 CDM 项目表现出很强的买方市场的特点。购买方一般采用招标或直接洽谈的方式进行采购，往往把价格压得很低，竞争通常是在卖方发展中国家间展开。

2. 真实、可测见、多样和长期受益

CDM 项目中，买卖双方交易的内容是 CER。而 CER 本身是个指标，看不见摸不着，其产生必须是以实体项目为依托。CER 是如果没有该项目而上常规项目多出的排放量，是虚拟项目与实体项目排放量的差值。虚拟项目按照某种假设条件和方案确定以后，其排放量在一定时期内基本上就确定了（一个计入期完成后，基准线有可能会重新核定），有可能变化的只有实体项目的排放量。就是说 CER 的变化，主要取决于实体项目的排放量的变化（即 CER 是实体项目的排放量的函数）。因此实体项目的排放量必须是真实可测量的，项目的环境额外性不应因减排量的转移而抵消。

CDM 项目并不拘泥于某一种或几种技术，技术的先进性和适用性具有同样重要的意义。技术是否先进适用，是否具有额外性，主要看基准线如何确定，所以是个相对概念。目前 CDM 项目涉及的技术类型主要有可再生能源、能源效率、甲烷气的收集与利用等。

3. CDM 应采用相对成熟的技术

采用相对成熟的技术可以保证项目能够高效稳定运行，能够保证有一定的寿命期，产生

足够量的 CER，对环境的影响有可持续性，切实有利于可持续发展。

CDM 制度有重大的积极意义。对于发达国家而言，可以降低减排成本，并且有巨大的市场利益；对于发展中国家来说，通过 CDM 可以从发达国家处获得资金和技术，以提高自己国家的环境质量和生产技术水平，改善生产技术结构，从而促进发展中国家的可持续发展等。但是，包括 CDM 在内的整个《京都议定书》是发达国家和发展中国家之间相互妥协的产物，必然有各方利益的博弈和放弃。站在发展中国家的立场，CDM 对发展中国家有以下不利方面：

（1）CDM 在规定资金、技术转让方面的不足及完善

《京都议定书》虽然没有把中国放在第一轮有减排义务的国家之中，但是从长远来看，我国的减排义务是很沉重的。据统计，我国的 CH_4 和 CO_2 排放量居世界第一，如此大的减排压力背后却是我国利用能源技术的落后。在现有的经济发展模式、技术结构和科研能力之下，要实现减排的成本更大，再加上发达国家对减排量的储存和贸易，更会加剧我国的经济损失，甚至会影响到政治、外交等多个领域。因此，如何利用现阶段无减排压力并且有巨大的 CDM 市场的大好形势，高质量地利用发达国家的资金、技术改进我国的生产技术水平和结构，减少温室气体的排放量成为我国研究的重点。

《京都议定书》中的 CDM 对发达国家向发展中国家提供技术、资金援助和转让方面的规定实质上是在《公约》基础上的倒退。《公约》在 1992 年通过时明确规定，其原则是共同但有区别原则，明确规定了附件一所列的缔约方（发达国家）应该提供新的和额外的资金技术援助，以支付发展中国家因履行义务而承担的费用。并且在第四条明确规定，发展中国家有效履行义务的程度取决于发达国家对其有关提供资金、技术转让承诺的有效履行。

因此，发达国家向发展中国家转让资金和技术应该是无偿的或者是低代价的。但是《京都议定书》改变了《公约》的立场，把资金和技术转让的低价或者无偿变为有偿的，甚至是可以带来巨额利益的，因此，这实际上是违背《公约》精神的，并且是在《公约》基础上的倒退。

（2）获取的技术层次和质量过低

在现行的 CDM 框架内，发达国家既可以通过向发展中国家投入资金，也可以通过转让技术以获得减排量。但是在实践中，发达国家多是以技术转让的方式来获取减排量的。但是发展中国家能否真正得到技术或者只是得到低级的、初步的技术，或者是技术的载体——设备，这还有很大的疑问。

当下，在发达国家有这样的理论，认为技术转让或者援助会促进发展中国家生产成本的下降，发展中国家也会随之扩大生产，从而又增加了碳的排放量。因此主张在技术转让时应该以"现有能力替代"（Replacement of Existing Capacity，REC）而非"超过现有能力"的观念为指导。在实践中，CDM 的投资者一般是大型的公司，它们运行 CDM 项目的基本方式是投资者向专门的生产企业采购减排设备，然后与东道国一起担负双方合作的 CDM 项目。那么，当 CDM 项目投资者并非技术拥有者时，发展中国家一般只能得到技术的载体，即减排设备，最多能得到设备的使用、维护等方面的技巧，而不是最重要、能带来创新的技术理论、管理经验及技巧等。因此，在引进发达国家先进技术时，应该强调对全套技术、创新技术的吸收和利用，并且倡导通过专门的规范区分技术的层次和深度，把它们与获得的排放量的大小挂钩。只有这样才能督促发达国家真正向发展中国家转移先进技术，实现"可持续发展"的目标。

（3）技术流转的问题

技术流转，是指一国在引进发达国家的技术后，能否把该技术推广到其他发展中国家。

对于广大发展中国家来说,技术流转得越快,各国的发展也越迅速,越有利于可持续发展。但是从另一方面来说,环境技术扩展得越快越广,投资方、技术方获得的利益也会相对越少。技术流转问题本质上也是发达国家与发展中国家的利益协调问题,把该利益与其他利益挂钩,形成一整套立体的利益网络,增加各方的选择,就更有利于利益的平衡,特别有利于对发展中国家利益的保护。①把对流转的限制与减排量大小结合。发达国家获取的减排量不应该只是和发展中国家降低的减排量直接对等起来,因为 CDM 不只以限排、减排为目标,也以"促进可持续发展"为目标。因此,在认证发达国家获得的减排量时,应该考虑综合因素;②把对技术流转的限制和技术本身的层次、深度、广度联系起来。技术的知识产权含量越高,对技术流转的限制也理应更严,反之,则应越松。这就需要有标准化的衡量、评估机制;③把对技术流转和对投资者、技术产权者的补偿联系起来。在现有的知识产权保护框架下,结合环境保护的全球性特征,考虑到发展中国家的特殊情况,建立合理、公平的补偿机制,在促进可持续发展的前提下,保障发达国家的利益,推动国际合作。

(4)对碳减排量的相关规定的不足及完善

CDM 项目的直接产出是 CER,是指附件一中的发达国家通过向发展中国家投入资金、技术,降低发展中国家的温室气体的排放量,该排放量经过缔约方会议所规定的机构的认证,就能够抵消这个发达国家相应的减排义务,也可以用于贸易。

(5)CER 的认证问题

《京都议定书》对 CER 认证程序和内容没有做统一规范性规定,给 CDM 带来不稳定的因素。①认证机构的组成。《京都议定书》只是规定:"……由缔约方会议规定",而缺少对此机构组成方面的规定。一个国际机构的组成应该有各国利益的代表,并且充分听取各方的意见,在此基础上才能做出公正的决定。因此,CER 认证机构应该由缔约的发达国家和发展中国家的代表组成,考虑到发达国家的优势,为保证实质上的公平,在认证机构的组成人员中应该增加发展中国家的代表;②如何认证的问题。在认证中应该考虑到以下内容:发展中国家减排温室气体的实际数量;CDM 项目的资金组成和实际利用率;CDM 项目技术的层次、深度和广度;双方约定的限制流通程度;计算的参照基准,即发展中国家原来的排放量和现在的排放量的认证,需要有专门的机构予以认证。

(6)CER 的使用方式问题

从现有的观点来看,有两种方式之争,即"只能是发达国家用于实现自身减排任务"和"可用于商业经营"。以现在形势来看,后者明显占据上风,并且已有实际操作。CER 如果可以用于商业交易,其利润是巨大的:发展中国家的减排成本是 5 ~ 15 美元/t 碳,而发达国家为 256 美元/t 碳,按照美国"西北太平洋国立研究室"的报告(1998 年 9 月),在全球 CER 自由贸易下,成本为 26 美元/吨碳,由此可见,碳排放量交易将会有巨大的市场。那么,发展中国家能否通过相互之间的投资和技术转让,或者现阶段无减排义务的发展中国家通过自己投资,发展技术,降低排放量获得 CER。《京都议定书》中只是把附件一中的发达国家作为投资主体,而没有规定发展中国家的主体地位,让发展中国家成为投资的主体,进而成为 CER 主体,有利于 CDM 项目目的的实现。

8.2.5 CDM 项目与实体项目的相互关系

CDM 项目实施过程中的一个难点在于把握 CDM 项目实施的时间与项目自身国内外申报审批程序和时间的配合。根据荷兰 CERUPT 招标项目的实践,CDM 项目招标与项目本身的申报、审批、实施过程的相协调至关重要。只有项目自身具备了一定的确定性，并具备资金和(或)技术的额外性，才能为本国政府和购买方同时接受。项目东道国关注的是资金和(或)技术的额外性，而购买方更关注项目的风险程度，是否能按时足额提供 CER，至于项目中资金和(或)技术的额外性在多大程度上体现，如何体现，是否有利于可持续发展并不是关心的重点。因此如果项目处于早期准备阶段，具有不确定性，买方会认为风险太大，在招标中胜出的可能性就比较小。而项目如果没有一定的资金和(或)技术的额外性，对可持续发展起不到积极的作用，国内审批也很难通过。另外根据 EB 的规则，只有 2000 年 1 月 1 日以后投入运行，并在立项时考虑了 CDM 的项目才可成为 CDM 项目。

8.2.6 CDM 项目应符合的条件

《京都议定书》要求 CDM 项目必须满足以下条件：(1)每一个相关缔约方必须是自愿参与项目；(2)项目必须产生实际的、可测量的和长期的温室气体减排效益；(3)项目实现的温室气体减排必须是没有该项目活动时不会发生的。

具体来说，一个合格的 CDM 项目应符合以下要求：

(1)实现温室气体的减排。根据《京都议定书》规定，CDM 项目必须至少产生规定的 6 种温室气体之一的减排效果，这应当视作实施 CDM 项目的一个最直接目的，也是一个最基本的前提。如果有些 CDM 项目具有明显的社会效益和环境效益，但是几乎没有什么温室气体的减排效果，那么也不应当视为合格的 CDM 项目。

(2)满足项目东道国可持续发展的要求。CDM 项目除了要有助于发达国家履行其温室气体减排承诺外，还特别要满足发展中国家自身的可持续发展要求，即有利于国民经济的发展、有利于环境保护和减缓温室效应、有利于当地的经济发展和减少贫困、有利于社会进步和增加就业。

(3)项目必须具备额外性：资金的额外性(克服投融资障碍等)；技术的额外性(克服技术风险等)。

(4)应有助于引进先进技术。

(5)CER 的价格要合理。

(6)项自设计文件要符合公约的规定。

(7)项目方法学，尤其是基准线的选取要选用恰当。在项目选择上，在可再生能源领域，根据 CER 的来源可以对基准线研究和核准的难易程度以及将来项目实施过程的交易成本的大小做出判断。一般来讲，可再生能源和煤层气项目比节能项目容易一些。比如并网风力发电规模大、比较集中，CER 来源单一，自身排放可忽略不记，替代的往往是构成相对简单的电网电，基准线的确定相对容易。并且现在已经有统一的方法学，使实施可再生能源并网发电 CDM 项目相对简单了许多。

根据我国政府发布的《清洁发展机制项目运行管理暂行办法》，我国对 CDM 项目的一些基本要求如下：①在我国开展 CDM 项目合作需经国务院有关部门批准；②根据缔约方大会的有关决定，CDM 项目的实施保证透明、高准备和可追究的责任；③开展 CDM 项目应符合我国的法律法规和可持续发展战略、政策以及国民经济和社会发展规划的总体要求；④实施 CDM 合作项目必须符合《公约》和《京都议定书》和有关缔约方会议的决定；⑤实施 CDM 项目不能使我国承担《公约》和《京都议定书》规定之外的任何新的义务；⑥发达国家缔约方用于 CDM 项目的资金，应额外于现有的官方发展援助资金和其在《公约》在下承担的资金义务；⑦CDM 项目活动应促进有益于环境的技术转让；⑧只有我国境内的中资、中资控股企业具有我国 CDM 项目开发者的参与资格，可以对外开展 CDM 项目；⑨实施 CDM 项目的企业必须提交 CDM 项目设计文件、企业资质状况证明文件及工程项目概况和筹资情况的相关说明。

在《清洁发展机制项目运行管理暂行办法》中，还对 CDM 项目的收益分配问题进行了规定。根据该办法，项目因转让温室气体减排量所获得的收益归我国政府和实施项目的企业所有，分配比例在暂行办法中尚未明确给出。在我国政府确定分配比例前，项目因转让温室气体减排量所获取的收益全部归该企业所有。

8.2.7　CDM 项向实施的核心环节

CDM 项目减排效益的额外性的识别是 CDM 项目实施中的一个核心环节，项目额外性的论证和评价也是项目设计中一个非常重要的部分。

额外性是指 CDM 项目活动所产生的减排量相对于基准线是额外的，即这种项目活动在没有外来的 CDM 支持下，存在诸如财务、技术、融资、风险和人才方面的竞争劣势或障碍因素，靠国内条件难以实现，因而该项目的减排量在没有 CDM 时就难以产生。反言之，如果某项目活动在没有 CDM 的情况下能够正常商业运行，那么它就成为基准线的组成部分，那么相对该基准线就无减排量可言，也无减排量的额外性可言。

为了准确识别 CDM 项目的额外性，首先需要确定一个基准线情景，也就是在没有该项目存在的时候，在项目边界范围内温室气体的人为源排放量。基准线的确定实质上是项目额外性证明的一个必要条件。而所谓的基准线，是指在没有该 CDM 项目的情况下，为了提供同样的服务，最可能建设的其他项目（即基准线项目）所带来的温室气体排放量，它应该涵盖项目边界内《京都议定书》附件一所列的所有气体、部门和源类别的排放量。确定基准线是整个 CDM 项目活动中最具有挑战性的工作之一。这就要求基准线的确定者熟悉项目影响范围内的经济活动，了解当地的经济、社会状况，因为所有这些都可能会影响到相关的项目决策。但这项工作又是非常重要的，因为只有在基准线确定以后才可以评估项目预期的温室气体减排量。

CDM 项目执行理事会举行了《马拉喀什协定》、第五次会议、第八次会议、第九次会议和第十次会议，分别就基准线的方法和方法学的制定和实施等内容展开讨论，使最终的基准线方法和方法学具有更强的可操作性。

基准线研究和核准是 CDM 项目实施的关键环节，因此基准线核准单位的选择也十分重要。由于购买方多为西方国家或国际组织，所使用的语言一般为英语或西班牙语。由于语言的障碍和气候变化及 CDM 基础知识宣传教育和专业培训方面的欠缺，国内目前能够和有资质开展基准线研究和核准的机构还没有，只有通过招标等形式，请西方国家的咨询机构提供这方面的服务。这也是亚洲国家普遍面临的问题。

8.2.8　减排量购买协议

CDM 项目的合同结构中，值得关注的是减排量购买协议（Emission Reduction Purchase Agreement，ERPA）。ERPA 是 CDM 项目中确定 CER 买卖双方权利义务的法律依据，也是整个 CDM 项目的核心内容之一。

首先，买卖的标的物是什么？是 CER 还是 VER（核实减排量，Verified Emission Reduction)，这两者的区别很大。在没有获得 CDM 执行理事会核证之前，经过第二方机构核准的仅仅是 VER，即核实减排量。其实质区别是，如果购买的是后者，那么买方一般支付更低的价格，但却承担更大的风险，因为存在 CDM 执行理事会拒绝核发 CER 的可能。另外，在交付方式上，CER 的交付必须通过国家登记处的账户，而 VER 是通过"核准报告"（Verification Report）。在交付时间上，CER 合同要求付款与 CER 的交付同时进行，而 VER 合同不存在这个问题，一旦 CER（减排量）得到中介机构的核准，即可付款。在早期的 CDM 项目中，转让的甚至可能仅仅是 ER。在后两种情况下，最终的协议中一般就要规定双方有义务在可能时会作争取 CER 的核发，那么登记风险就有买方承担。世界银行 PCF 版本中，交易表的是 CER 和 VER，而在国际排放交易协会（International Emissions Trading Association，IETA）的版本中交易标的是 VER。

其他重要事项包含：超额 CER 的购买权、温室气体排放监测、减排核实和减排证明、监管成本、产量不足、交付量不足等。

（1）超额 CER 的购买权，这是相对于"合同 CER"而言。其具体含义是：一个 CDM 项目的 CER 总量中；双方合同所约定交付的 CER 数量之外的部分。合同双方应对 CER 的分配做出规定。在很多合同中，买方单方面拥有超额 CER 的购买选择权。超额 CER 的价格、数量和交付程序需要另行约定。

（2）温室气体排放监测。多数合同会约定卖方（项目发起人）定期向买方提交减排监测报告。与此报告相关的成本一般由项目发起人承担。

（3）减排核实与减排证明。减排核实和证明有经营实体具体操作和完成。多数合同均规定聘用经营实体的费用应由项目发起人承担。另外，如果减排检测报告与减排核实报告之间的出现差异，以核实报告为主。

（4）监管成本。双方应就监管成本的分配做出安排。多数合同中，这个成本由项目发起人承担。为避免含混，在 ERPA 中应尽量详细地就"监管成本"做出定义或列举。一般而言，监管成本是指在 CER 的确认、登记、监测、核实、核证、颁发和转让等环节中发生的一切成本以及项目基准线及信用期的调整方面发生的成本。

（5）产量不足。"产量不足"是指年度 CER 的产出没有达到合同约定的年度产量，产量不足将导致卖方违约并承担相应的合同责任。但是根据合同约定，如果上年度或以前若干年度产出的 CER 有超额，而且该超额的数量可以弥补短缺年份当年的产量短缺，则该年份的产量短缺不构成产量不足。

（6）交付量不足。交付量不足是指年度交付量没有达到合同约定，交付方违约并承担违约责任。多数合同约定，如果上年度或以前若干年度交付的 CER 有超额，而且超额数量可以弥补短缺年份当年的交付量短缺，则该年份的交付量短缺不构成交付量不足。

8.3　我国实施 CDM 的意义

8.3.1　我国为什么要实施 CDM

我国政府于 2002 年 8 月正式核准了《京都议定书》，加入到 CDM 的国际减排量合作中。为了确保 CDM 从项目能够在我国实现真实的、可测量的和长期的温室气体减排效益，有效管理我国的 CDM 合作项目，促进这一事业的发展，非常必要建立一个高效和透明的政府管理机制。目前已经形成了基本的管理框架、基本规则和程序。我国于 1994 年制定和发布可持续发展战略《中国 21 世纪议程——中国 21 世纪人口、环境与发展白皮书》，并制定"中国 21 世纪议程优先项目计划"。

我国一直在认真履行 UNFCC，积极促进《京都议定书》的生效，并于 2002 年 8 月批准《京都议定书》。环境保护一直以来就是我国的基本国策，借鉴国外的经验教训，引进和吸收国外先进的技术和资金，走新型工业化道路，实现经济、社会和环境的协调和可持续发展是我国政府长期坚持的战略目标。而实施 CDM 项目，在帮助附件一缔约方以较低的成本实现其减排温室气体承诺的同时，可以通过先进和适用技术的引进促进中国实施可持续发展战略，是一种双赢的活动。

根据《京都议定书》的规定，我国作为发展中国家，在 2012 年以前不分担减排义务。因此我国可以充分利用 CDM 机遇，使其成为我国吸引技术含量高、结构更合理的外商及引进外资的新渠道。在实现我国温室气体的大幅度减排过程中，促进我国经济的可持续发展。实施 CDM 项目必须通过一系列规定的步骤论证项目的"额外性"，并相应确定项目减排基准线。这是项目设计的核心部分，需要项目业主和咨询机构通力合作，仔细研究，以确保项目的合格性及降低 CDM 项目设计和实施的风险。其所涉及的行业主要是钢铁、水泥、化工等重化工业，以及以垃圾填埋气、水电、风能、生物质发电为主的能源工业。

1. 我国经济可持续发展面临的问题

改革开放以来，我国的经济规模显著扩大，综合国力迅速增强，人民生活水平不断提高。但与此同时，我国要实现可持续发展的目标却面临日趋严峻的问题，具体表现在各地生态环境迅速恶化，行业平均单位产出耗能偏高和一些关键资源的严重紧缺等方面。虽然我国一直在试图避免走西方发达国家工业化初期走过的老路，但就目前来看我国没能完全逃脱西方国家的发展模式。现今我国还处在工业化进程之中，必须在继续发展经济的同时，下大决心把保护生态环境、提高资源利用率等一系列可持续发展举措放在重要的位置，缓解人口增长、社会生产力发展与保护生态环境之间的矛盾，探索符合我国国情的可持续发展道路。

要实现可持续发展，我国可能面临以下问题：①资金问题，开发新能源、提高原有能源利用率、工业三废处理、植树造林等都需要大笔的资金投入，再加上国内市场及国家政策法规等方方面面的原因，企业很难投入资金进行这方面项目的建设；②技术问题，目前提高能源利用率、开发新能源、工业"三废"处理等国际领先的技术都掌握在西方发达国家手中，我国欠缺这些技术，要建设这些项目就必须花高价向西方发达国家购买技术和设备。这些因素严重制约着我国可持续发展的进程。

2. CDM 及其对我国经济的影响作用

CDM 项目主要有两项产出，这两项产出对发展中国家如我国克服障碍实现可持续发展意义非凡。CER 是 CDM 项目的主要产出之一，CER 的出售直接带来可观的经济效益。这部分经济效益往往是国内企业开展此类项目不可缺少的经济收益，如果没有 CER 的收益，此类项目在资本市场上就没有竞争力，也就是说就国内某些行业目前的发展形势，单纯依靠产品的收益无法吸引企业投入资金，必须有额外的经济收益，这样这类项目在财务上、成本上与其他类似项目相比才有竞争力，才有在现阶段实现的可能。向发展中国家的技术转让是 CDM 项目理应产生的另一项产出，它是《京都议定书》中"帮助非附件一国家(发展中国家)实现可持续发展"的具体表现。所谓"技术转让"，包括资金、设备、知识等多种形式。根据《公约》，发达国家有责任帮助发展中国家减排并为之提供所需资金。技术转让正好可以解决我国在能源利用率、开发新能源和减少温室气体排放方面技术落后的问题，为可持续发展排除技术障碍。我国在积极参与 CDM 项目的运作过程中，一方面可以获取可观的经济收益，另一方面可以凭借发达国家的技术转让实现自身节能环保技术的提高，大大推进可持续发展的进程。

8.3.2　我国在 CDM 问题上的态度

据美国能源情报署预测，如果不采取措施，特别是在控制煤炭的使用方面，到 2020 年，我国由于消费煤炭而排放的 CO_2 将超过发达国家，占世界的 40.3%，在今后特别是在成为产生温室气体的第一大国时，将会面临巨大的国际压力。但是我国是温室气体减排潜力较大的发展中国家之一，开展 CDM 合作的市场前景广阔，为主要的发达国家所看好。同时如果 CDM 能够得到很好的利用，将有可能成为吸引技术含量高、结构更加合理的外商直接投资的新渠道，促进我国的可持续发展，达到"双赢"目的。我国受到自身资金、技术和建设能力的限制，无力采取有效防治措施，这些都是我国工业长期粗放型发展积累下来的弊病，但反过来看这些弊病却意味着我国将成为一个具有巨大潜力的 CDM 市场。据艾德蒙斯估计，"中国在 2010 年的世界潜在 CDM 市场中将占 75% 的份额，中国将占有未来绝大部分的 CDM 市场"。

2004 年 6 月 30 日，我国政府颁布和实施《清洁发展机制项目运行管理暂行办法》，为进一步适应我国的实际情况和当前工作需要，对该办法又进行补充和修订，并由国家发展和改革委员会、科学技术部、外交部和财政部于 2005 年 10 月 12 日以第 37 号令的形式联合发布《清洁发展机制项目运行管理办法》，并开始正式实施。该办法根据有关国际要求，规定我国 CDM 项目的若干管理机构（国家气候变化对策协调小组、国家清洁发展机制项目审核理事会、清洁发展机制国家主管机构和国家清洁发展机制项目管理机构）及其相应职能。

1. 国家气候变化对策协调小组

国家气候变化对策协调小组负责清洁发展机制重大政策的审议和协调，其主要职责如下：①审议 CDM 项目的相关国家政策、规范与标准；②批准国家 CDM 项目审核理事会成员；③审议其他需要由协调小组决定的事项。

2. 国家 CDM 项目审核理事会

项目审核理事会的主要职责如下：

（1）审核 CDM 项目，审核内容为：①企业参与 CDM 项目合作的资格；②CDM 项目设计文件；③可转让温室气体减排量的价格；④资金和技术转让条件；⑤项目的可持续发展效益；

（2）向国家气候变化对策协调小组报告 CDM 项目执行情况和实施过程中的问题及建议；

（3）提出和修订国家 CDM 项目活动的运行规则和程序的建议。

其联合组长单位为国家发展和改革委员会、科学技术部，副组长单位为外交部，成员单位为环境保护部、中国气象局、财政部和农业部。

3. 清洁发展机制国家主管机构

国家发展和改革委员会是我国的清洁发展机制国家主管机构，其主要职责如下：①受理 CDM 项目的申请；②依据项目审核理事会的审核结果，会同科学技术部和外交部批准 CDM 项目；③代表中国政府出具 CDM 项目批准文件；④对 CDM 项目实施监督管理；⑤与有关部门协商成立 CDM 项目管理机构；⑥处理其他涉外相关事务。

4. 国家 CDM 项目管理机构

该机构目前尚未成立,目前由国家气候变化对策协调小组办公室代行其职能。国内的机构安排看似复杂,但对于企业来说,所必须知道的仅是国家发展和改革委员会是国内 CDM 项目审批的窗口单位,提交申请材料和最终告知企业审批结果的均是国家发展和改革委员会。

《京都议定书》生效后,广大非附件一发展中国家都在竭力抓住 CDM 的机遇,鼓励本国企业大力开发 CDM 项目,以争取更多的资金和技术支持,实现可持续发展。在 CDM 项目开发活动中,各东道国中以印度、巴西、墨西哥和我国开发的速度较快,在 CDM 市场中占据主导地位。但我国开发 CDM 速度和印度相比发展较慢,主要是我国政府对此管制较严。我国的指定国家主管机构不仅基于可持续发展以及技术转让的标准来筛选项目,还根据项目所在领域以及是否能促进重点地区的发展而区别对待,DNA 还对 CER 成交价格进行指导,避免 CER 成交价格过低。申请 DNA 批准时,项目业主必须说明 CER 成交价格,并对价格进行监控,使其与国际市场上类似项目的普遍价格相近,对于 CER 成交价格较低的 CDM 项目则不予批准。相比而言,印度指定国家主管机构对企业获得东道国批准函的限制条件较少,没有采取调控引导 CER 价格的措施,且近期不对 CER 进行征税。

8.4　清洁发展机制(CDM)实施进展

世界上第一个以温室气体减排为目标和贸易内容的交易所在 2003 年成立于芝加哥,由于美国没有加入《京都议定书》,芝加哥碳交易所的主要客户在欧盟各国,市场较为零散。此后,欧盟、日本也相继成立了碳交易中心。碳交易的购买国集中在发达国家,亚洲和拉丁美洲有为数众多的发展中国家是减排主要的供应方,2006 年以来国际碳交易的总额达 330 亿美元,亚洲国家的交易占到 84%。目前每个碳排放信用在国际交易市场可售得 15~18 美元。

8.4.1　世界 CDM 实施进展

随着全球气候变暖趋势愈加严重,各国正试图通过各种方式达成温室气体减排,而在资本为先的美国,人们更是善于利用市场解决环境问题,变"废气"为资产——"碳排放信用"(Carbon Credit),并使之成为政策性排放交易市场里抢手的"大宗交易商品"。1997 年 12 月,《公约》通过的《京都议定书》已经包含允许对一种"怪异而又新奇"的商品进行交易的规定,这就是"碳信用"。随着美国各种减排法案的出台,碳信用额度很可能在未来几年里价格大幅走高。像大众汽车等公司很早就意识到碳信用额度的直接价值,并利用此额度来帮助消费者抵消碳排放或通过购买碳额度来进行"碳中和"(Carbon – neutrality)。类似行为已使碳抵消额度交易不断增加。2006 年,碳抵消交易额在非官方市场(主要在美国市场)增长 200%,这一市场 2007 交易量至少有 1 亿美元,而一旦美国强制减排法案正式颁行,这一市场交易量会增至 40 亿美元。

据世界银行发布的研究报告,全球碳减排交易市场价值已从 2005 年 110 亿美元上升到 2006 年 330 亿美元。按《京都议定书》减排机制,2006 年减排项目翻了一番,达 48 亿美元。总量中 CDM 占 88%。世界银行发布的研究报告表明,中国 2006 年在 CDM 项目确认的减排市场中占 61% 份额,其次是印度为 12%,巴西为 4%。在 CER 购买方面,英国 2008 年购买占需求的 50%，而 2005 年占 15%。日本购买从 2005 年市场约 45% 大幅度下降至 2006 年 7%。HFC –23 替代项目技术在 2006 年居首位，占所有 CER 的 34%，而 N_2O 减排占 13%。

据报道，2006 年全球发达国家地区自发的碳交易市场增长 200%，2007 年继续增长。2006 年全球发达国家地区碳交易市场价值 9100 万美元，由 2370 万 t CO_2 排放折算而来。加权平均价格为 4.1 美元/t。这些项目涉及地层甲烷、煤层甲烷和林业。5 年来，许多公司提供的碳排放信用已增长了 200%。这项目涉及森林封存、可再生能源和工业气体处理。一些小的项目也可产生碳减排小于 5000t 的效益。北美和欧洲市场大多由于自发的碳交易市场需求所驱动。据调查，在发达国家地区，68% 的客户在美国，3% 在加拿大，欧盟占 28%。截至 2007 年 9 月中旬，全球碳交易市场已达 375 亿美元，仅 2006 年碳交易市场价值就翻了两倍。从 2005 ~ 2007 年 9 月，政府和私人在碳减排方面的投资就分别增加了 100% 和 175%，总投资达到 120 亿美元。

据国际排放交易协会于 2007 年 12 月中旬分析，2007 年碳交易市场超过 600 亿美元。分析认为，这一市场一大部分来自欧盟排放交易活动（European Union Greenhouse Gas Emission Trading Scheme，EUETS），但发展中国家的市场翻了一倍以上。

据 2008 年 1 月的统计，2007 年世界温室气体交易市场比上年增长 80%。这一碳交易市场的增长缘于参与京都议定书的国家以及美国的一些公司减少排放的推动。2007 年世界碳交易市场已增长到 600 亿美元，而 2006 年为 330 亿美元。碳交易量已增长到 2007 年27 亿 t，比 2006 年增长 64%。美国许多州已实施地区计划，如地区温室气体应对行动计划（Regional Greenhouse Gas Initiative，RGGI）。RGGI 的作用于 2009 年见效，旨在到 2015 年保持 2002 ~ 2004 年排放水平，到 2020 年将使排放减少 10%。美国西部和中西部的一些州已启动类似的计划。美国纽约 Mercantile 交易所已建立绿色交易，这一市场将重点针对气候变化、可再生能源和其他环境挑战问题谋求解决方案。

据分析和预测，碳交易将成为世界下一轮最大的市场。2007 年世界碳交易市场约为 600 亿美元，10 年内将会增大到 1 万亿美元。人类每年产生约 380 亿 t CO_2。按照平均交易价约 3.50 美元/t，则潜在的碳交易市场约为 1330 亿美元。但是现在仅有排放的一部分被法律约束。随着越来越多国家开始对本国的排放立法，碳交易将成为热门的市场。

全球第 1 个 CDM 项目于 2004 年 11 月 18 日注册成功，第 1000 个 CDM 项目于 2008 年 4 月 14 日成功注册，第 2000 个 CDM 项目于 2010 年 1 月 6 日成功注册。从前 1000 个 CDM 项目注册花了近 3 年半的时间到后 1000 个 CDM 项目注册成功还不到 2 年的时间，可知 CDM 这个基于全球性的环境市场机制发展迅速。大量 CDM 项目的成功注册是实现温室气体减排核证的前提条件。据 CDM 执行理事会统计，已达到温室气体减排核证发放阶段的 576 个 CDM 项目所形成的核证排减量已超过 3.35 亿个。

欧洲温室气体排放贸易市场在 2005 年启动后，其交易价格曾达 30 欧元/t。据世界银行估算，2012 年前，发达国家对境外减排量需求量约 25 亿 t CO_2，其中 15 亿 t 要依靠 CDM 提供。

欧盟委员会已与欧洲经济区成员国挪威、冰岛和列支敦士登签署碳交易（温室气体排放权交易）协议。这是欧盟签署的第一个国际碳交易协议，协议将覆盖 30 个欧洲国家。按照这一机制，各成员国应制定每个交易阶段的 CO_2 排放"国家分配计划"，为有关企业提出具体的减排目标，并确定如何向企业分配排放权。

据统计，截至 2007 年 7 月 10 日，欧洲 CO_2 交易总量达到 10 亿 t。欧洲气候交易所（European Climate Exchange，ECX)是欧盟排放限额交易首要的欧洲平台，在欧盟排放贸易框架下执行。欧盟报告书表明，该交易总量由 9.889 亿 t 期货合同与 1250 万 t 方案合同组成，代表总价值 183 亿欧元。在总的期货合同中，39% 为即时期货交易，其余 61% 为实物交易；所有合同中重大的交易为 1.17 亿 t。

　　欧盟的碳排放交易计划第一阶段为 2005～2007 年，第二阶段为 2008～2012 年。第三阶段将从 2013～2020 年，欧盟目标是与 1990 年水平相比，届时温室气体排放至少要减少 20%。欧盟碳交易体系设定了电力公司、炼油厂和其他能源密集型行业的 CO_2 排放限值。欧盟已决定在航线增加碳交易系统。某些欧盟国家在碳排放交易中将包括 N_2O，将在第二阶段初期执行。欧盟推行碳排放交易体系将成为减少温室气体排放和实现《京都议定书》承诺的重要举措。欧盟 27 国的厂商必须符合 EU – ETS 规定的 CO_2 减排标准，如减排量超标，就可卖出称为"欧盟排碳配额"(EUA) 的 CO_2 排放权；反之，如果减排没达标，就必须从市场购买相应配额的排放权。

　　与欧洲相同，美国虽然尚未签字加入规范全球温室气体排放的《京都议定书》，但美国企业却早已对这个商机庞大的交易市场蠢蠢欲动。

　　EU – ETS 第三阶段，即在 2020 年前，欧盟能源和制造部门将面临更加严格的碳减排目标。欧盟首次将制铝工业和化工行业列入了碳排放贸易体系中，如此一来，欧盟超过半数的碳排放都进入了 EU – ETS 体系。欧盟希望能够使用市场手段将温室气体排放控制在地球可以承受的范围，在 2020 年前，让碳排放在 1990 年的标准上减少 20%。欧盟正在逐步尝试为碳信用积分制定更为合理的价格。2013 年起，欧盟将尝试让部分企业通过拍卖的方式购买和转让碳排放权。此次对 ETS 的调整中还牵涉到能源效率和可再生能源比例，在 2020 年，能源效率提升 20%，可再生能源在总的能源比重中占 20%。欧盟为一系列公司设立了 CO_2 排放的配额，如果该公司当年排放的 CO_2 少于配额，就可以得到积分，这些积分可以当作商品转让给另外一些超额的公司。在试行的过程中，欧盟发现各公司得到的配额相当充裕，2007 年底，那些累积了碳积分的公司发现并不能从碳交易中获得多少好处。

　　加拿大政府部门发布的一份报告指出，如果该国想要在本世纪中期做到大量削减的排放量就必须征收碳税来解决温室气体的排放问题。加拿大圆桌会议在针对环境与经济问题，及全球气候变暖的问题时指出，加拿大必须从现在起就开始采取行动，否则在将来就要面临更高成本的支出，用于解决由于大量排放所带来的一系列后患问题。2006 年在加拿大环境部长的要求下，相关集团开始探索如何能使加拿大的废气排放量到 2020 年可以下降 20%，并在目前的水平上到 2050 年可以下降到 70%。对于这个问题主要的建议就是，尽快要为碳排放量建立一个经济领域的"价格信号"。政府应为参与碳排放领域的(各项污染物排放总量的)交易公司确立一个上限，然后重污染物的排放公司可以向污染小的公司购买信用值；这样可以做到惩罚重度的排污者也奖励努力落实减排的公司。但是碳税的提出，无疑将会将增加消费者支付家用取暖燃料或汽车燃料的价格。该提案的提出同样也给加拿大蓬勃发展的石油和天然气工业带来了沉重的负担，这几乎要求他们要多付出将近一半的相关费用。但这也许可以用来弥补资助开发更清洁能源技术所需要的费用。

　　日本是世界上第 5 大温室气体排放国，日本于 2008 年 2 月中旬与俄罗斯签署温室气体排放交易协议，根据这项协议，日本将从俄罗斯购买排放额度，这是推进《京都议定书》实现目标的又一重要步骤。日本是世界上能效最高的国家之一，这一协议将有助于减少俄罗斯的排放。日本承诺到 2008～2012 年与 1990 年水平相比，减少排放 6%。如果一些附加措施，如与工业部门签订的自愿减排额外合同兑现，则日本就可达到这一目标。美国、日本、印度和俄罗斯的温室气体排放均高于日本，但这5个排放国中，仅有日本感受到要遵循《京都议定书》的更大压力。

在有关排放交易方面，已有150家公司成为芝加哥气候交易所（Chicago Climate Exchange，CCX）的成员，其中包括拜耳公司、陶氏化学公司、杜邦公司、康宁公司、废物管理公司、IBM公司、电力钢铁公司和美国电力公司等，CCX的成员都承诺温室气体排放首先要比基准线（1998～2001年的平均排放量）减少4%，并承诺到2010年温室气体排放比基准线减少6%。据世界银行测算，全球CO_2交易的需求量在2006～2010年间为每年7～13亿t，年交易额将高达140～650亿美元。欧洲于2005年1月起推行排放交易计划，以力促减少温室气体排放，CO_2排放交易价格已提高到29欧元（35美元）/t CO_2。日本也在推行相似的CO_2排放交易体系。

日本将通过"碳排放信用"交易以推动亚洲发展中国家的抑制排放项目，在应对全球变暖方面作出努力。日本环境部2007年8月初表示，将通过"碳排放信用"投资取得350万t排放信用。日本环境部为这项投资在5个国家计划的8个项目中选择了6个项目。包括贸易和电力公用公司在内的一些日本公司已投资了多个CDM项目，包括在印度尼西亚通过加工椰子壳生产燃料、在印度从植物油开发柴油替代品、在泰国从木薯工厂排出物收集CH_4气体、在越南循环利用垃圾。日本环境部计划从2008年4月起的财年内在CDM项目中投资15亿日元（1270万美元）。日本2006年3月起的财年排放增加了6%。按照《京都议定书》，日本将从2005年13.60亿t温室气体排放量自2008年起的5年内使每年的温室气体排放减少至11.80亿t。

日本同意购买我国温室气体排放配额，作为满足实现其《京都议定书》目标的一种努力。日本计划利用CDM，资助一些项目使发展中国家减少温室气体排放。日本于2008年初宣布，已同意在我国实施6个项目，包括在甘肃省的1个项目采用集中供热设施替代现有的一些小型锅炉。据日本政府估计，6个项目可使日本在今后5年内获取排放交易配额总计达1000～1500万t。按照《京都议定书》的承诺，日本在2008～2012年间的温室气体排放将要求比1990年水平平均减少6%，即减少约7600万t。

罗地亚公司已实施其在韩国蔚山生产装置的温室气体减排项目，该装置生产尼龙中间体己二酸。生产过程每副产1t NO_x相当于310t CO_2使全球变暖的潜能。罗地亚公司在韩国获得的CER，连同该公司在巴西Paulina己二酸装置相似的减排项目，将使该公司在这些国家至2007年初每年可获得1100～1300t CER。购买者将是一些不能进行减排的公司。

CER交易市场现仅仅是开始，罗地亚公司在CER交易中卖价为11.80～23.60美元/t，按照这一价格，罗地亚的CER价值1.5～3.0亿美元/a。

另外，英力士子公司英力士Fluor公司同意通过排放交易出售100万tCER给Natsour标准煤欧洲公司。英力士公司从韩国Foosung集团的氟化学品子公司蔚山化学公司生产制冷剂HFC－22产生的副产物氢氟烃－23（HFC－23）的减排中取得CER交易权。英力士作为项目参与者，也可从相类似的印度古吉拉特氟化学品生产项目中获取CER。英力士Flour公司将支持韩国蔚山化学公司采用新技术，以减少全球变暖气体HFC－23的排放。

联合国开发计划署于2007年6月宣布启动"千年发展目标碳机制"，该机制旨在帮助发展中国家更好地利用国际排放权交易市场来拓展融资渠道，以促进可持续发展和实现千年发展目标。联合国开发计划署还宣布与欧洲金融和保险业巨头富通集团建立合作伙伴关系，由该公司负责为"千年发展目标碳机制"提供相关的金融服务。根据协议，联合国开发计划署将帮助发展中国家筹划开发旨在减少温室气体排放的项目，富通集团将购买并销售这些项目所带来的减排额度，所得收入将用于为发展中国家提供资金、帮助他们实现可持续发展。《京都议定书》生效之后，温室气体减排额成为一种新的商品在国际资本市场流通。根据《京都议定书》的"清洁发展机制"，具有减排义务的发达国家可向没有减排义务的发展中国家提供资金和技术，以支持具有减少温室气体排放效应的项目，并购买因此产生的减排额度。"清洁发展机制"目前在发展迅速的国际排放权交易市场中处于核心地位，但也有迹象显示，这一机制的发展速度比预期要慢，给发展中国家的可持续发展带来的好处没有预期的那么多。因此，联合国开发计划署认为有必要启动新的机制，补充和拓展"清洁发展机制的范围和作用。该机构称，"千年发展目标碳机制"，将在《京都议定书》"清洁发展机制"和"共同执行机制"的框架下开展运作，充分利用联合国开发计划署的专业知识和覆盖全球的网络，让更多的发展中国家通过国际排放权交易市场进行融资。

《京都议定书》的目标是全球 2012 年减少 50 亿 t 的排放。联合国官员认为，其中至少有一半必须依赖以 CDM 为主的碳市交易实现。世界银行研究表明，中国将可以提供世界 CDM 所需项目的一半以上。按现行价格和《京都协议书》的目标，市场规模约在 150～250 亿美元之间，其中大约有 30～50 亿美元 CDM 交易来自于我国。预测全球碳交易市场 2020 年将达到 3.5 万亿美元，将超过石油市场，成为世界第一大市场。

《联合国气候变化框架公约》秘书处 2012 年 9 月宣布，根据《京都议定书》确立的清洁发展机制所发出的"核证减排量"将达 10 亿个，这是全球在减少温室气体排放上的一个重要里程碑。《联合国气候变化框架公约》执行秘书菲格雷斯表示，"核证减排量"突破 10 亿的里程碑是清洁发展机制正在发展壮大的最好证明。第 10 亿个核证减排量将发给印度的一家工厂，该工厂由使用煤炭和燃油转为使用当地收集的生物质燃料，每年减少近 18000t CO_2 气体的排放，相当于 3100 辆轿车每年 CO_2 气体排放量的总和。清洁发展机制在 75 个发展中国家里拥有超过 4500 个注册项目。它已经被证明是一个强有力的机制，为减排项目提供资金，为可持续发展做出贡献。

8.4.2 我国 CDM 实施进展

我国政府于 2002 年核准了《京都议定书》，成为 CDM 项目开发活动的东道国之一，并于 2004 年 6 月颁布施行《清洁发展机制项目运行管理暂行办法》，积极指导国内企业对 CDM 项目的开发。亚洲开发银行将通过支持我国建立清洁发展基金，开发我国数十亿美元的 CDM 收入，我国也可以通过企业环境友好型技术改善生态环境。据预计，我国每年将提供近 1.5～2.25 亿 t 的 CO_2 核定减排额度，这意味着每年可能带来高达 22.5 亿美元的收入。

碳排放交易相当一部分是境外买家，但交易的信息透明程度不够，国内企业处于弱势地位。公开交易有望改变过去国内碳排放交易价格只相当于国际平均价格一半的状况，截至 2008 年初，国际市场上碳排放交易价格一般在每吨 17 欧元左右，而国内的交易价格在 8～10 欧元。因此，联合国开发计划署和国家发改委、科技部合作，全国第一家碳排放交易中心——北京环境交易所于 2008 年 8 月 5 号落户北京，将会使我国成为全球数十亿美元"碳排放信用"交易的一个重要中心。在此之前，碳交易所集中在发达国家，北京碳交易所是发展中国家的第一个。

2012 年 1 月，国家发改委宣布在北京、天津、上海、重庆、广东、湖北、深圳 7 省市率先开展碳排放权交易试点，为今后"在全国建立统一的碳排放交易市场"进行探索；试点省市需自行设计试点方案，确定试点范围，并在2012年年底之前形成方案，希望在2015年将碳交易扩大到全国范围。我国首例碳排放权配额交易于2012年9月在广州碳排放交易所完成，广州碳排放交易所与广东塔牌集团、阳春海螺水泥、华润水泥（罗定）、中材亨达水泥（罗定）等企业签署了碳排放权配额认购确认书，这4家企业为扩大产能项目合计认购了130万t CO$_2$排放权配额，这是我国基于碳排放总量控制下的一级市场首例配额交易。2013年碳交易的正式启动，将有助于使节能减排环保行业实现从政府移交到市场，最终促进节能减排工作开展。

为进一步推进清洁发展机制项目在我国的有序开展，促进清洁发展机制市场的健康发展，我国对2005年10月12日施行的《清洁发展机制项目运行管理办法》进行修订，新的管理办法于2011年8月3日期开始实施。

我国CDM项目自2005年6月26日我国首个CDM项目——内蒙古辉腾锡勒风电场项目在CDM执行理事会注册成功，经历短期的经验积累后迅速进入快速发展阶段，至2009年1月26日，我国CDM项目注册数首次超过印度，实现注册项目数、注册项目预期年减排量以及签发的核证减排量全面超过印度，跃居全球首位，而后一直稳居全球第一，并且领先优势逐步扩大。《中国低碳经济年度发展报告》（2011）数据显示，截至2011年4月1日，联合国清洁发展机制执行理事会成功注册的CDM项目为2947个，中国共1296个，占43.98%，而且签发的核证减排量中中国的占比达到55.28%，两项数据反映我国目前已经成为卖方市场的主导。我国在联合国注册的CDM项目中，新能源和可再生能源项目占到79.85%。一方面，这类项目的开发方法简单，项目审批率高；另一方面，我国正大力发展新能源和可再生能源，所以项目数量增长迅速。但报告同时表示，表面上看我国主导了CDM的供应方，但CDM市场的隐患也已经浮现出来，在我国的实体经济企业为碳市场创造了众多减排额的同时，我国还处在碳交易产业链的最底端。

8.4.3 国内CDM项目

我国官方批准CDM项目以可再生能源类项目居多，包括小水电、风电和生物质能利用CDM项目，占批准总数的70.50%，这些都是CDM规定的优先开发领域，符合CDM的规定。

截止到我国2012年9月，我国各省市签发CDM项目数如表8-1所示，所涉及的行业分布和各行业估计年减排量如表8-2所示。

表8-1 2012年9月前我国签发CDM项目数按省区市分布表

省区市	项目数	省区市	项目数	省区市	项目数	省区市	项目数
云南	111	内蒙古	104	四川	68	甘肃	61
湖南	46	河北	39	辽宁	35	山东	34
广东	33	贵州	31	江苏	30	湖北	30
福建	30	吉林	26	山西	24	浙江	22
新疆	21	河南	21	广西	21	安徽	18
江西	18	重庆	17	宁夏	16	黑龙江	15
陕西	14	青海	10	海南	9	北京	7
上海	3	天津	1	西藏	0	合计	915

表 8-2　2012 年 9 月前我国签发 CDM 项目数按减排类型及估计年减排量表

减排类型	项目数	估计年减排量/t CO₂e	年减排量占总减排量的百分比/%
节能和提高能效	76	21755404	8.38
甲烷回收利用	45	21121444	8.13
垃圾焚烧发电	3	958226	0.37
新能源和可再生能源	739	105988407.3	40.81
N_2O 分解消除	18	23302732	8.97
造林和再造林	0	0	0.00
燃料替代	18	18157236	6.99
HFC - 23 分解	11	66798446	25.72
其他	5	1650770	0.64
合计	915	259732665.3	100.00

　　我国目前 CDM 项目开发领域集中在可再生能源发电类、煤层气收集、垃圾填埋气收集和废气废热利用等领域正向良性发展。目前 HFC - 23 和 N_2O 分解项目 CER 所占比重还较大，但我国政府对此类项目所征收的税收也很高，税率分别达 65% 和 30%，使 CDM 项目资金又用于社会可持续发展。政府还应加强能源类项目的开发引导，提高 CDM 项目开发者的积极性，抓住时机使 CDM 项目最大限度地服务于我国社会经济的可持续发展。

1. 小水电、风电项目

　　辉腾锡勒风电场是我国的第一个 CDM 项目，项目投资者是荷兰政府 CDM 信用额购买计划。该项目位于内蒙古辉腾锡勒，于 2003 年正式投产。项目总风电容量为 3.45 万 kW，年平均 CO_2 减排量计为 6 万 t，减排量计入期为 10 年，总减排量信用额为 60 万 t。按照合同，投资方将购买该项目产生的全部 60 万 t CO_2 排量，并拥有多余减排量的优先购买权。减排量的支付价格定为 5.4 欧元/t CO_2，按总减排量 60 万 t 计算，该项目实施单位在 10 年内从荷兰政府获得 324 万欧元(折合人民币 3110 万元)的资金补偿，即 1 万 kW 风电装机容量每年可额外获得约 90 万元人民币的补偿。如计入上网售电等其他收入来源，其收益相当可观。目前，在 CDM 的推动下，辉腾锡勒地区已成为内蒙古自治区内装机容量最大的风电场。

　　向阳风电有限公司 CDM 项目位于吉林省洮南市装机容量为 400.5MW，预计年上网电量 8.612 亿度，年减排 88.5335 万 t CO_2，公司可每年获得 7000 万元的碳减排量收益，对提高企业赢利能力、促进可持续发展具有重要意义。该项目于 2010 年 9 月 29 日在联合国清洁发展机制执行理事会成功注册。

　　内蒙古赤峰一棵松风电 CDM 项目的国外合作方为野村国际有限公司，于 2011 年 7 月在联合国 CDM 执行理事会注册成功。风电场规划区域位于内蒙古赤峰市克什克腾旗南部赛罕坝一带，项目共安装单机容量 850kW 的风电机组 58 台，总装机容量为 49.3MW。项目投产后预计每年可产生 116390t CO_2 减排量，预计每年可为业主单位大唐(赤峰)新能源有限公司带来近 1000 万元的碳减排收益。

　　我国第二个 CDM 项目是甘肃张掖市小孤山水电站项目，项目投资者是世界银行旗下的原型碳基金。小孤山水电站总水电容量为 9.8 万 kW，年平均 CO_2 减排量为 37 万 t，减排量计入期为 10 年，故该项目的总减排量为 370 万 t。项目于 2005 年初投产。该项目 CO_2 减排量的价格约 4 美元/t CO_2。按总额 370 万 t 计算，在 2006～2015 年的 10 年内，该项目将获得 1480 万美元的资金补偿。即 1 万 kW 水电装机容量每年可额外获得 121.57 万元人民币的补偿，相当于每年 10% 的售电收入。

由中国水利电力物资公司 CDM 办公室开发的浙江国华余姚天然发电项目成功获得联合国 CDM 执行理事会对 CERs 的签发，该项目是我国第一个获得注册的天然气发电类 CDM 项目，此次签发的减排量为 11.5 万 t。余姚天然发电项目于 2007 年 12 月在联合国 CDM 理事会获得注册，2009 年 8 月开展了现场核证工作，同年 12 月中旬向联合国提交签发申请，2010 年 3 月顺利获得签发。

2012 年 9 月 17 日，国电潍坊滨海风电场一期（48MW）工程在联合国 CDM 执行理事会注册成功，这是国内首个单机容量为 3MW 的并网风力发电场成功注册 CDM 项目。2011 年 11 月，该公司与芬兰碳资产公司签订清洁发展机制减排量购买协议。此次注册成功后，双方将进入实质性交易阶段，在今后 7 年内，潍坊公司每年可实现碳减排交易收入约 300 万元人民币。

2. 水泥钢铁企业项目

水泥是国民经济基础原材料之一，经多年发展，我国水泥工业发展取得了很大成绩，产量已多年位居世界第一（约占世界水泥总产量 50%），但我国水泥工业结构性矛盾仍十分突出，资源和能源消耗高，环境污染比较严重。水泥工业是最主要高能耗部门之一，其能源消耗约占全国能源消耗总量 7% 左右；水泥工业也是最主要温室气体排放部门之一，其温室气体排放约占全国温室气体排放总量 14% 左右。与电力、钢铁等其他部门相比，水泥工业 CO_2 排放主要来源于工艺过程中矿石原料分解和能源消耗两个方面，不仅排放燃料燃烧产生的 CO_2，还排放原料中石灰石的主要成分碳酸钙分解产生的 CO_2，以及原料中碳酸镁分解产生的 CO_2，据统计分析，每生产 1t 水泥，其生产工艺和能源消耗分别排放 CO_2 约 0.356t 和 0.3t。根据 2009 年统计，我国水泥产量为 16.3 亿 t，水泥工业总产值占 GDP 的 1.53%；则与水泥产量相对应的生产工艺和能源消耗分别排放 CO_2 约 5.803 亿 t 和 4.89 亿 t，水泥工业 CO_2 排放量占全国总排放量的 13.13%。因此水泥行业不仅面临结构性矛盾调整，也面临温室气体减排的巨大压力和挑战。我国水泥行业未来必须通过技术革新和技术进步应对行业温室气体减排，在通过 CDM 实现温室气体减排同时，更应注重 CDM 渠道带来的技术转让和转移，使我国水泥行业及时用上减少温室气体排放先进技术，从而提高水泥行业应对温室气体减排的能力。因此受到 IPCC 的特别关注，水泥工业也因此成为我国开发 CDM 项目的主要工业部门。

河南（同力水泥集团）和瑞典（碳资产管理有限公司）于 2007 年 6 月初签订 CDM 项目减排额购买协议。此举标志着河南省水泥行业首个 CDM 项目进入实施日程。瑞典碳资产管理有限公司之所以选择河南同力水泥集团进行合作，是因为河南同力水泥集团有许多优势：该集团近年来先后投建 6 条水泥干法生产线，产能达 1000 多万 t，成为河南省水泥行业的龙头企业。2007 年 4 月 27 日，该集团所属新乡平原同力、洛阳黄河同力、驻马店豫龙同力、鹤壁豫鹤同力等企业的余热发电 CDM 项目，通过了国家清洁发展机制审核理事会的评审。瑞典碳资产管理有限公司看好河南同力水泥集团的低温余热发电清洁发展项目，投资购买其碳减排额。该项目的签约不仅可以帮助企业加快实施新型干法水泥生产线的低温余热发电项目，而且还能达到综合利用、节能降耗的目的，值得其他企业仿效。

山东寿光新龙电化集团与国家环保总局对外合作中心于 2007 年 10 月中旬签订 CDM 项目，利用干法乙炔电石渣生产水泥。2006 年，该集团和北京瑞思达化工设备公司联合开发出干法制乙炔新技术，填补了国内空白，节能、节水效果显著，有效地解决了湿法乙炔生产过程中所产生的电石渣污染问题。为了对废渣进行综合利用，新龙电化配套 16 万 t/aPVC 装置，新上了 60 万 t/a 水泥项目。干法乙炔产生的电石渣生产水泥无需干燥，直接进混料仓，简化了水泥生产工艺。与湿法工艺相比，年产 10 万 t 聚氯乙烯装置可节约成本 810 万元，同时还具有连续加料、无乙炔排出等优点。中国氯碱协会专家介绍，消耗 1t 电石渣理论上减排 0.56t CO_2，新龙电化干法乙炔电石渣生产水泥项目可相应减排 13.44 万 t CO_2。

2007 年 10 月中旬，邯钢钢铁集团废气回收联合循环发电 CDM 项目在联合国正式注册成功。这是河北省钢铁企业首家、全国冶金行业第二家在联合国成功注册的 CDM 项目。邯钢和瑞典碳资产管理有限公司签署 CDM 减排量购买协议到 2012 年，邯钢通过向该公司出售 CO_2 减排指标，5 年可获约 2 亿元人民币的纯收益。总投资 9.2 亿元的邯钢废气回收联合循环发电项目，即燃气 – 蒸汽联合循环发电项目，是邯钢发展循环经济的重大节能减排项目。项目于 2006 年底建成投产，年发电 6.77 亿 kW·h，可满足邯钢年 36% 的用电量。6.77 亿 kW·h 的年发电量，如果换用一个火力发电厂去生产，大约需消耗 25 万 t 标煤的能源，同时还将产生 66 万 t 的 CO_2 排放量。因此，邯钢这一项目不仅每年回收了 210 亿 m^3 的高炉富余煤气，还间接减排了大量 CO_2。

2007 年 10 月初，国际环保能源投资企业瑞典碳资产管理公司与神木县九江商贸有限责任公司签署 CDM 合作项目协议该项目总投资 1.3 亿元，采用世界前沿的减排技术，每年可使企业减排约 22 万 t 当量的温室气体，可实现减排收入约 220 万美元。项目建成后，年深加工原煤 130 万 t、生产型焦 96 万 t、焦油 9.43 万 t，年减排标准约 22 万 t。按照通用价格 10 美元/t 的标准计算，可以得到 220 万美元。神木县九江商贸有限责任公司签约的 CDM 项目减排，虽然属于中小型项目，但是它的长远意义在于让更多节能减排的陕西企业看到了实实在在的"钱景"。

由贵州清洁发展技术服务中心自主开发完成的贵州化肥厂有限责任公司蒸汽系统优化 CDM 项目于 2007 年 12 月通过国家发展改革委员会的审批。该项目是贵州省内第一个通过国家发改委审批的工业节能领域内的 CDM 项目，同时也是国内首个通过技术改造实现工业蒸汽系统优化的 CDM 项目。该 CDM 项目贯彻了国家节能减排的政策以及在企业内开展循环经济的理念。项目通过对化肥厂合成氨生产线中三个工段(变换、脱碳、精炼进行改造，减少了燃煤锅炉供给的蒸汽消耗量，实现减排。

3. 生物质能利用项目

我国是一个农业大国，生物质资源十分丰富，各种农作物每年产生秸秆 6 亿多 t，其中可作为能源使用的约 4 亿 t；全国林木总生物量约 190 亿 t，可获得量为 9 亿 t，可作为能源利用的总量约为 3 亿 t。这些生物质如能加以有效利用，其发电潜力将十分巨大，同时能够带动农村经济发展。7 亿 t 生物质废弃物的发热量相当于 3.5 亿 t 煤的发热量，如按每吨 250 元卖给电厂，农民可增加收入 1750 亿元，然而生物质发电在我国刚刚起步。目前，我国生物质发电仅占可再生能源发电装机的 0.5%，远低于 25% 的世界平均水平。在生物质能发电技术方面，我国产业基础薄弱，国产生物质发电技术尚不成熟，项目运行经验也十分缺乏。

我国首个养殖场沼气 CDM 项目——河南内乡牧原养殖有限公司 CH_4 回收利用项目，2008 年 10 月通过了联合国核查组的核查验收。内乡牧原养殖有限公司是目前我国规模较大的一家大型专业养猪企业，拥有 13 个专业养猪场，年产瘦肉型商品猪 50 万头。为减少污染排放，该公司近年来加大沼气工程建设，依托水田、岗头等 6 个养殖分场的沼气工程，联合

申报了 CH_4 回收利用 CDM 项目计划，在与日本丸红株式会社达成合作协议后，并与 2009 年 12 月在联合国注册成功，成为我国第一个注册成功的养殖场 CDM 项目。该项目产生的沼气年可发电 628 万 kW，年减排 CO_2 共 11 万 t。

2009 年 11 月，由农业部科技教育司组织、中国农业科学院农业环境与可持续发展研究所主持开发的我国最大的畜禽养殖场沼气工程——山东民和 2 万 m^2 沼气工程成功并网发电。该项目是我国在联合国气候变化框架公约清洁发展机制执行董事会注册的第一个特大型沼气工程 CDM 项目，该项目年收益达 630 万元，购买方为世界银行，购买期限 10 年，每年可处理鸡粪 18 万 t、生产沼气 1095 万 m^3、生产有机肥 25 万 t、发电 2190 万 kW·h，减排温室气体 6.7 万 t CO_2 当量。

监利凯迪生物质能发电项目是一个利用当地稻壳、稻秆等生物质废弃物为燃料的发电项目。该项目出武汉凯迪控股投资有限公司投资建设，规划容量为 $4 \times 12MW$ 生物质发电机组，一次规划，分两期建设。一期项目建设 2 台 12 兆瓦机组，设计年发电量 1.44 亿 kW，两台机组已分别于 2009 年 12 月及 2010 年 2 月投产。该 CDM 项目选择的发电基准线是替代由华中电网提供的相应电量，减少 CO_2 的排放；生物质基准线是替代稻壳秸秆遗弃或无控焚烧过程，减少 CH_4 的排放，预计此项目实施后年减排量为 117118tCO_2 当量。除了可以带来显著的温室气体减排效果，该项目还可以从以下几个方面帮助当地和全球可持续发展目标的实现：为华中电网提供了清洁电能，改善了当地能源结构的单一化，节约了有限的煤炭资源和水资源；促进资源综合利用，抑制了因生物质残留物遗弃或无控燃烧产生的温室气体；为当地创造了 93 个就业机会；减少火力发电厂的温室气体排放，特别是减少 SO_x、NO_x 和烟尘粉尘的排放。四台机组全部投产后，每年农民可增加收入超过 7000 万元，有助于提高农民种粮的积极性，改善农民的生活水平。经过测算，该项目在没有 CDM 收益下的情况下，项目全投资 IRR 为 3.03%，低于 8% 的基准收益率，不具备财务吸引力。有了 CDM 收益的支持，本项目的全投资 IRR 明显得到改善，为 10.23%，超过了基准收益率。该项目于 2008 年 10 月底通过德国莱茵公司的现场审定，于 09 年 10 月正式向联合国 CDM 执行理事会提交注册，在经过将近 10 个月的审查后于 2010 年 8 月 12 日在联合国成功注册，该项目预计每年减排 CO_2 约 12 万 t（不含供热），可为电厂带来的 CER 收入约 1000 万元人民币，能够有效地改善该项目的经济性。

4. HFC - 23 减排项目

HFC - 23 是一种温室效应极强的气体，随着市场对氟产品需求的大幅增长，氟化工企业在参与 CDM 项目表现出色。其中，浙江巨化、山东东岳、江苏梅兰、浙江东阳化工股份有限公司、临海利民化工有限公司的 HFC - 23 分解项目都相继在联合国注册成功，中昊晨光研究院、山东中氟化工科技有限公司和鹰鹏化工有限公司的 HFC - 23 分解项目在运作之中，有专家称之为"应对气候变化的产业选择"。从近些年 CDM 实施情况看，氟化工行业是 CDM 项目最大的受益者。世行与中国财政部签署了谅解备忘录。我国政府将征收所有 CHF_3 减排项目交易额的 65%，并通过新成立的清洁发展基金将其用于减缓气候变化的项目和活动。

作为中国首家实施排放权交易的氟化工企业——浙江巨化股份公司，该公司于 2005 年 8 月与日本 JMD 株式会社签订协议，把年产 500tHFC - 23 分解项目所产生的总量不超过 4000 万 t 的温室气体减排量，以每吨不低于 6.5 美元的价格向日方转让，这将使巨化股份自 2007 年起的 7 年内每年可获得 4800 多万元的温室气体减排额收入。浙江巨化股份有限公司与日本该项目自 2006 年 8 月建成投运后，目前累计交易 450 余万 t，经认证的减排量占全国 54%～69%。巨化的分解项目年折合减排量约 562 万 t，日本则自 2007 年开始的 7 年内将获得 4000 万 t 排放权。项目营运期间，巨化股份公司每年因减排将获得近 5000 万元的可观收益。2006 年 9 月，巨化股份公司又向英国气候变化资本有限公司转让 CDM 第二个清洁发展机制实施项目所产生的温室气体减排量，转让总量不超过 3500 万 t，转让价格不低于每吨 9 欧元。该项目 2007 年 4 月 5 日已在联合国注册成功，这套 570t/aHFC－23 分解装置 8 月份建成投运。

江苏梅兰化工股份有限公司和常熟三爱富中昊化工新材料有限公司于 2005 年 12 月与世界银行碳基金签订了碳减排购买协议。协议总额 7.75 亿欧元。该项目将消除在 CHF_2Cl 制造过程中产生的 CHF_3，这两家化企预计每年可减少约 1900 万 t 当量的排放量。作为签约公司之一的常熟三爱富中昊化工新材料有限公司与世界银行已就减排量及价格达成共识：世界银行将购买该公司在 2007～2013 年间产生的减排量；减排价格 6 欧元/t；减排总量约 7306 万 t；协议于 2006 年 1 月 3 日生效。该公司申报的减排总量全额获批，将带来 4.38 亿欧元的高额收入，按 35% 留给企业计算，企业将获高达 14.9 亿元的资金用于 CHF_3 分解项目，即把 CHF_3 分解为 HF 和 HCl，从而大大降低温室气体的排放。

山东东岳集团与日本三菱商事株式会社、新日本制铁株式会社于 2006 年 5 月中旬签署协议，由两家日本公司提供 1200 万美元资金和技术设备，年处理 HFC－23 约 864t，而日本公司从 2007～2012 年将获得 1000 万 t 的减排权。

氟化工作为我国的朝阳产业，开展 CDM 减排贸易仍有很大潜力。因此，CDM 对我国氟化工行业来说确实是一个机会，应抓住当前时机，借助 CDM 项目所获得资金和技术，加快氟化工的技术进步，力促氟化工行业的长期可持续增长。

5. N_2O 分解项目

N_2O 俗称笑气，在正常生产条件下，不能被转化成有用的 NO_2，也不能被水吸收，而是直接排入大气。N_2O 是导致气候变化最强劲的温室气体之一，温室效应潜值是的 310 倍，对臭氧层的破坏作用比氟利昂更严重，能在大气中存留 150～170 年，一旦形成后不容易消失。对全球气候变暖贡献率 6%，近年来大气中浓度增长很快。

安徽省首个 CDM 合作项目合同于 2006 年 5 月下旬在淮化集团签定，合作三方为淮化集团、日本丸红公司、日本东洋公司。此次合作的 CDM 项目，是在淮化稀硝酸生产装置上进行的改造项目，由丸红公司提供全额投资近 3000 万人民币，由东洋工程公司提供技术支持，对生产硝酸过程中产生的氧化亚氮气体进行治理。淮化通过此项目每年可减少 2000 余吨 N_2O 的排放量，同时还可获得 300 余万美元的减排收入，而丸红公司每年可从中获得 70 余万 t 的排放指标。该项目在 2007 年底建成。

2007 年 10 月 15 日旧本三井物产株式会社与中国化工化新材料总公司黑化集团公司签订氧化亚氮 CDM 项目购买合同。黑化集团公司是中国化工新材料总公司的全资子公司，该公司是以煤为原料的综合性煤化工企业，主要产品有焦炭、尿素、工业硝酸按、甲醇、改质沥青等。从 2006 年 5 月氧化亚氮项目开始运作以来，进展顺利，2006 年 9 月 29 日双方就签定了意向性合作协议。成为联合国 CDM 理事会批准新的氧化亚氮减排方法学后，我国第一个签署合作协议的项目，该项目采用 Johnson Matthey 公司先进的催化分解工艺，通过分解 N_2O 生成无害的 N_2 和 H_2O，从而减少硝酸生产过程向大气排放温室气体 N_2O 的量，每年可减排约 20 万 t 当量，预计 2012 年底项目完成时累计可减排 90 万 t 当量。根据三井物产株式会社与黑化集团公司 CDM 项目排放权购买合同规定，三井物产株式会社将无偿为黑化投入实时监测仪器、氧化炉本体改造设备和新型催化剂等，还将以 11.5 美元/t 当量购买项目在 2008～2012 年产生的所有排放权。项目实施后，企业可获得收益约 1000 万美元。此项目不仅解决了黑化集团 N_2O 排放造成的环保问题，同时项目的收益将再用于黑化集团内的干法熄焦项目，从而实现以环保项目带动环保项目发展的良性循环。

山西天脊集团与英国益可公司和瑞士维托公司于 2006 年 10 月签约，共同合作进行硝酸装置减排氧化亚氮清 CDM 项目。以此为标志，天脊集团将成为我国最大的 N_2O 减排企业。按照协议，英国益可公司和瑞士维托公司提供项目开发、装置建设和运行的全部资金与技术。天脊集团在实施该项目后自 2007 年开始的 5 年内将获得 650 万 t 排放权，将以每吨 10 美元的纯价格出售给上述两家外国公司。根据国家有关规定，CDM 项目收入的 30% 上缴国家，70% 归企业。据此预测，未来 5 年，天脊集团每年将可获净利数千万元。该项目采用的减排技术是在氧化炉铂网下面直接装填一种拉西环催化剂，与 NO_x 中的 N_2O 进行接触反应，实现转化率为 80%～90% 的 $2N_2O \longrightarrow 2N_2 + O_2$ 分解，使用寿命 3 年。这种方法简单易行、投资较小，特别适宜类似 G.P 流程的双加压硝酸装置。天脊集团目前是我国最大的硝酸生产基地，年产量 81 万 t。其硝酸装置在生产过程中生成 N_2O 的气体。

由开封晋开化工有限责任公司与日本三菱公司合作的 N_2O 分解清洁发展机制项目——硝酸尾气减排 N_2O 项目，于 2006 年 11 月获国家发改委批准。开封晋开公司在硝酸生产过程产生的尾气中含有大量 N_2O 气体，如能采用日方提供的成熟处理技术将废气有效分解，每年可产生约 34 万 t 排放权。若按每吨 10.5 美元的交易价格折算，每年可能产生约 357 万元的交易额，实现合作双方经济和可持续发展的双赢。同时此项目的实施，将使晋开公司硝酸尾气中的 N_2O 含量降至 200ppm 以下，使废气污染问题得到有效治理，取得十分明显的环保效果。按照双方协议，项目建设投资约 1300 万元，于 2007 年 6 月 30 日建成投产，日本三菱公司同意在项目建成至 2012 年底以 10.5 美元/t（当量）的价格向晋开公司购买废气，用于分解减排。

巴斯夫与中国石油天然气股份有限公司签订合约，将向中国石油提供降低 N_2O 排放的技术，用于中石油在辽宁省辽阳市的己二酸生产装置，N_2O 是在己二酸和硝酸制造过程中产生的副产品。巴斯夫降低 N_2O 排放的专利技术采用催化剂减少 N_2O 的排放量，每年可帮助中国石油装置减少相当于降低 1000 多万 t 的排放量。催化剂将 N_2O 转化为氮和氧等空气中的天然成分。

6. 其他方面的 CDM 项目

（1）煤层气减排项目

山西朔州市政府与英国益可环境国际公司签定 CDM 项目合作协议，将促进朔州乃至山西构建和谐社会、节约型社会和环境友好型社会的进程。朔州市是全国闻名的煤都、电都，发展碳交易具有得天独厚的优势。清洁发展机制的建立对朔州市的经济可持续发展具有重要意义：①可以减少大气中等有害气体的排放，改善大气环境；②煤层气的预先回收可以降低或避免瓦斯爆炸等煤矿安全事故的发生；③煤层气作为一种新型的能源，综合利用可以用来发电、民用等，实现资源的循环利用，同时获得可观的减排收益。

山西交城经济开发区与英国气候变化资本集团 CDM 项目合作协议于 2007 年 2 月在太原签订。按照协议，英国气候变化资本集团将购买交城经济开发区 9 家大型企业减排指标，交易额约 1.2 亿欧元。该合作项目将使交城开发区在初步形成的煤、焦油、蒽油、炭黑产业链的基础上，再构建一条以工业废气循环利用为主的产业链条。项目总投资约 30 亿元人民币，预计可完成约 15 亿 m³ 焦炉煤气、高炉尾气及余热的循环利用。项目完成后，每年可减排 300 万 t，余热发电 1.5 亿度，替代工业用煤近百万吨，燃料油 7.5 万 t。

（2）垃圾填埋气减排项目

2005 年 12 月，深圳市下坪场填埋场与英国一家公司签订了温室气体减排指标转让合同，合同交易期为 7 年，转让核准减排量为 260 万 t，项目于 2007 年 3 月底建成并投用发电。这是迄今国内交易金额最大、减排量最大的 CDM 项目。深圳市在垃圾发电方面走在全国前列，已建成生活垃圾焚烧发电厂 6 座，正在规划建设 3 座。

（3）余热回收发电项目

我国甘肃张掖三道湾水电站工程项目和河北曲寨水泥 9000kW 余热回收发电项目分别于 2008 年 2 月 1 日和 3 日成功注册。其中甘肃张掖三道湾水电站工程项目为单边项目，业主单位为甘肃西兴能源投资有限公司。

（4）地热供暖项目

中国石化集团公司所属新星石油公司与冰岛合资的陕西绿源地热能源开发公司陕西咸阳地热集中供暖清洁发展机制项目经过四年多努力，在联合国成功注册了全球第一个地热供暖 CDM 项目，这也是中国石化首个成功注册的 CDM 项目。该项目于 2007 年 10 月启动 CDM 申报工作；2009 年 10 月完成了方法学的开发和注册，即"地热取代燃煤锅炉减少二氧化碳排放"，成为地热供暖领域第一个可应用、具有现实意义的方法学；2010 年 9 月获得国家发改委批准；2011 年 6 月提交至联合国气候变化框架公约组织申请注册；2012 年 3 月 8 日完成注册。

对企业而言，节能减排既是自身实现有效发展迫切要求，更是履行社会责任、维护社会利益的题中应有之义。经济学家指出，利润是企业在市场经济当中追求最基本的东西。可它是在社会里面来从事生产的，必然跟社会有很多互动。在这些互动中，会产生一些属于道德风险的行为，从而导致企业的利润追求跟社会利益之间的矛盾。企业追求利润是天经地义的，但是在现代化社会，必须让企业把社会的影响内部化，让社会利益变成企业追求。同时，企业本身是社会责任建设的最终受益者。社会责任理念先进的企业更能够吸纳外部成本更低和更有价值的资源，并且把这些资源与自身资源整合，从而形成更强大的竞争力。中国石化扬子石化有限公司于 2007 年 3 月中旬自愿签约，加入欧盟亚洲环境支持项目——"中国城市环境管理试用自愿式方法"项目。根据约定，扬子石化将通过自愿减排自加压力，把企业对资源和环境的责任和义务进一步上升到自愿意识的层面。

第9章 可持续发展与经济模式选择

▶ 9.1 可持续发展观点的提出

20 世纪 80 年代以来，"可持续发展"思想的形成可以说是人类对自身行为最深刻的警醒。保护人类的生存环境，实施可持续发展战略已经成为 21 世纪世界最大的中心问题之一。

9.1.1 背景

1962 年，美国海洋生物学家雷切尔·卡森（Rachel Carson）推出了一本论述杀虫剂对鸟类和生态环境毁灭性的危害的著作——《寂静的春天》。尽管这本书的问世曾使 Rachel Carson 一度备受攻击、诋毁，但书中提出的有关生态的观点最终还是被人们所接受。环境问题从此由一个边缘问题逐渐走向全球政治、经济议程的中心。

20 世纪初，以工业电气化、交通运输摩托化两大潮流为代表的"第二次工业革命"以及以机械化耕作、大量应用化肥、杀虫剂农药为代表的"农业革命"相继来临。烟囱林立的工厂、川流不息的公路、拖拉机耕作的农田成为当今世界的现代化标志，也成为后起国家在发展过程中孜孜追求的理想。但是，大规模工业化带来一系列的恶果，人类本身首当其冲成为直接的受害者：①大气层受到破坏，从 20 世纪初开始，高速发展的化学工业将氯氟烃等无节制地排放入大气中，导致臭氧层空洞从 70 年代开始在地球南北极相继出现并不断扩大；CO_2 等温室气体大量排放，成为地球温室效应的一个主要原因；②从 20 世纪中叶开始，由于无节制砍伐和刀耕火种式的开发，被称为"地球之肺"的森林面积开始以惊人的速度减少。过度机械化耕作和过量使用化肥、农药造成土壤质量降低；③水环境遭受污染，人口增长和人们对更高生活水平的追求给水资源带来沉重压力，由于流域破坏、水土流失和污染废水的排放，地表水资源的重量都急剧下降；④由于人类对生物资源的过度开发和对物种生存环境的破坏，每年都有 0.2% 的生物物种走向灭绝。

煤炭、石油、天然气等若开发与利用不当，不仅导致化石燃料日益枯竭，还会破坏并恶化大气和生态环境。在率先工业化的国家中，由污染造成的疾病导致成千上万人死亡，成为直接威胁人类健康的一大杀手。整个地球的生态环境也由于开发手段的不当而日益恶化。

现代可持续发展思想的提出源于人们对环境问题的逐步认识和热切关注。其产生背景是人类赖以生存和发展的环境和资源遭到越来越严重的破坏，人们已经不同程度地尝到环境破坏的苦果。所有这一切都促使人们思考：地球环境的"承载能力"是否有界限？发展的道路与地球环境的"负荷极限"如何相适应？人类社会的发展应如何规划才能实现人类与自然的和谐，既保护人类，也维护地球的健康？

1972 年"罗马俱乐部"发表题为《增长的极限》的报告。报告根据数学模型预言：在未来一个世纪中，人口和经济需求的增长将导致地球资源耗竭、生态破坏和环境污染。除非人类自觉限制人口增长和工业发展，否则悲剧将无法避免。从 20 世纪 80 年代开始，最早出现在卡森《寂静的春天》中的"可持续发展"一词，逐渐成为流行的概念。

1987 年世界环境与发展委员会在题为《我们共同的未来》的报告中，第一次阐述了"可持续发展"的概念。所谓可持续发展，就是要在"不损害未来一代需求的前提下，满足当前一代人的需求"。1992 年 6 月，在巴西里约热内卢举行的联合国环境与发展大会上，来自世界 178 个国家和地区的领导人通过《21 世纪议程》、《气候变化框架公约》等一系列文件，把发展与环境密切联系在一起，明确地提出可持续发展的战略，并将之付诸全球的行动。

可持续发展的思想是人类社会近一个世纪高速发展的产物，它体现着对人类社会进步与自然环境关系的反思，也代表人类与环境达到"和谐"的古老向往和辩证思考。这一思想从西方传统的自然和环境保护观念出发，兼顾发展中国家发展和进步的要求，在 20 世纪的最后 10 年中又引发世界各国对发展与环境的深度思考。美国、德国、英国等发达国家和中国、巴西等发展中国家都先后提出了 21 世纪议程或行动纲领。尽管各国侧重点有所不同，但都强调要在经济和社会发展的同时注重保护自然环境。

在能源领域，发达国家将技术重点转向水能、风能、太阳能和生物能等可再生能源；在交通运输领域，研制燃料电池车或其他清洁能源车辆已成为各大汽车商技术开发能力的标志；在农业领域，无化肥、无农药和无毒害的生态农产品已成为消费者的首选；在城市规划和建筑业中，尽量减少能源和水的消耗，同时也减少废水与废弃物排放的"生态设计"和"生态房屋"已成为近年来发达国家建筑业的招牌。

9.1.2　现代可持续发展理论的产生

现代可持续发展思想的提出源于人们对环境问题的逐步认识和热切关注。其产生背景是人类赖以生存和发展的环境和资源遭到越来越严重的破坏，人类已不同程度地尝到了环境破坏的苦果。以往人们对经济增长津津乐道，20 世纪 70 年代以后，随着"公害"的显现和加剧以及能源危机的冲击，在全球范围内开始了关于"增长的极限"的讨论。

把经济、社会和环境割裂开来，只顾谋求自身的、局部的、暂时的经济性，带来的只能是对他人的、全局的、后代的不经济性甚至灾难。伴随着人们对公平作为社会发展目标认识的加深以及范围更广的、影响更深的、解决更难的一些全球性环境问题的出现，可持续发展的思想在 20 世纪 80 年代逐步形成。

（1）增长的极限和没有极限的增长

关于"增长的极限"的分析，穆勒早在 19 世纪就开展了。1960 年 Forester 等在《科学》杂志上发表《世界末日：公元 2026 年 11 月 23 日，星期五》的论文，此篇论文发出的警告当时被认为是危言耸听而打入冷宫。

1972 年，罗马俱乐部发表关于世界趋势的研究报告《增长的极限》，认为如果目前的人口和资本的快速增长模式继续下去，世界就会面临一场"灾难性的崩溃"，而避免这种灾难的最好方法是限制增长，即所谓的"零增长"。该报告在全世界引起极大的反响，人们就此进行了广泛的争论。此外，1980 年美国发表的《公元 2000 年的地球》等报告也支持《增长的极限》的观点。《增长的极限》曾一度成为当时环境保护运动的理论基础。但是《增长的极限》一书用词激烈，过分夸大人口爆炸、粮食和能源短缺、环境污染等问题的严重性，它提出解决问题的"零增长"方案在现实世界中也难以推行，所以反对和批评的意见很多。从急需摆脱贫困的发展中国家到仍想增加财富的发达国家，都有许多人不同意这种方案。但是该报告指出的地球潜伏着危机和发展面临着困境的警告，无疑给人类开出了一副清醒剂。

另有一些乐观主义者，或称为"技术至上者"认为科学的进步和对资源利用效率的提高，将有助于克服这些困难。典型的乐观派著作有朱利安·L·西蒙（Julian L. Simon）的《没有极限的增长》（即《最后的资源》）（1981年出版）、《资源丰富的地球》（1984年出版）等。他们认为生产的不断增长能为更多的生产进一步提供潜力，虽然目前人口、资源和环境的发展趋势给技术、工业化和经济增长带来了一些问题，但是人类能力的发展是无限的，因而这些问题是可以解决的。

世界未来学会主席 Edward Collins 认为："乐观主义者和悲观主义者都以不同形式暗示我们放弃努力，我们不能上当。世界的好坏要靠我们自己的努力。"

（2）可持续发展理论的提出及被认同

人们为寻求一种建立在环境和自然资源可承受基础上的长期发展的模式，进行了不懈的探索，先后提出过"有机增长"、"全面发展"、"同步发展"和"协调发展"等各种构想。

1980年3月5日，联合国向全世界发出呼吁："必须研究自然的、社会的、生态的、经济的以及利用自然资源过程中的基本关系，确保全球持续发展"。1983年11月，联合国成立世界环境与发展委员会（World Commission on Environment and Developmen，WCED），挪威前首相布伦特兰夫人（G·H·Brundland）任主席。成员包括科学、教育、经济、社会及政治方面的22位代表，其中14人来自发展中国家。联合国要求该组织以"持续发展"为基本纲领，制订"全球的变革日程"。1987年，该委员会把经过长达4年研究、充分论证的报告《我们共同的未来》提交给联合国大会，正式提出了可持续发展的模式。该报告对当前人类在经济发展和保护环境方面存在的问题进行了全面和系统的评价，指出过去人类关心的是发展对环境带来的影响，而现在则迫切地感到生态的压力，如土壤、水、大气、森林的退化对发展所带来的影响。在不久以前我们感到国家之间在经济方面相互联系的重要性，而现在则感到在国家之间的生态学方面的相互依赖的情景，生态与经济从来没有像现在这样互相紧密地联系在一个互为因果的网络之中。

"可持续发展"同上述其他几项构想相比，具有更确切的内涵和更完善的结构。此思想包含了当代和后代的需求、国家主权、国际公平、自然资源、生态承载力、环境与发展相结合等重要内容。可持续发展首先是从环境保护的角度倡导保持人类社会的进步与发展，号召人们在增加生产的同时，必须注意生态环境的保护与改善。明确提出要变革人类沿袭已久的生产方式和生活方式，并调整现行的国际经济关系。这种调整与变革要按照可持续性的要求进行设计和运行，这几乎涉及经济发展和社会生活的所有方面。总的来说，可持续发展包含两大方面的内容：一是对传统发展方式的反思和否定；二是对可持续发展模式的理性设计。就理性设计而言，可持续发展具体表现在：工业应当是高产低耗，能源应当被清洁利用，粮食需要保障长期供给，人口与资源应当保持相对平衡等许多方面。

从1981年美国世界观察研究所所长布朗的《建设一个可持续发展的社会》一书问世，到1987年《我们共同的未来》的发表，表明了世界各国对可持续理论研究的不断深入，1992年联合国环境与发展大会（United Nations Conference on Environment and Development，UNCED）通过的《21世纪议程》，更是高度凝聚了当代人对可持续发展理论认识深化的结晶。

"可持续发展"这一词语提出后即在世界范围内逐步得到认同并成为大众媒介使用频率最高的词汇之一，反映了人类对自身以前走过的发展道路的怀疑和抛弃，也反映出人类对今后选择的发展道路和发展目标的憧憬和向往。人们逐步认识到过去的发展道路是不可持续的，或至少是持续不够的，唯一可供选择的道路是走可持续发展之路。这正是可持续发展的思想在全世界不同经济水平和不同文化背景的国家能够得到共识的根本原因。可持续发展是发展中国家和发达国家都可以争取实现的目标，广大发展中国家积极投身到可持续发展的实践中也正是可持续发展理论风靡全球的重要原因。

9.2　科学的发展观

9.2.1　传统意义上的发展观

传统的狭义的发展，指的只是经济领域的活动，其目标是产值和利润的增长、物质财富的增加。当然，为了实现经济增长，还必须进行一定的社会经济改革，然而，这种改革也还是促进经济增长的手段。联合国"第一个发展十年(1960～1970年)"开始时，当时的联合国秘书长吴丹概括地提出："发展＝经济增长＋社会变革"这一广为流行的公式，这反映了二次大战后近20年期间对于发展的理解和认识。在这种发展观的支配下，为追求最大的经济效益，人们对环境本身的价值认识不足，采取以损害环境为代价来换取经济增长的发展模式，其结果是在全球范围内造成严重的环境问题。

随着认识的提高，人们注意到发展并非是纯经济性的，发展是超脱于经济、技术和行政管理的现象。发展应该是一个很广泛的概念，不仅表现在经济的增长，包括国民生产总值的提高，人民生活水平的改善；还表现在文学、艺术、科学的昌盛，道德水平的提高，社会秩序的和谐，国民素质的提高等。简言之，既要"经济繁荣"，也要"社会进步"。发展除了生产数量上的增加，还应包括社会状况的改善和政治行政体制的进步；即不仅有量的增长，还有质的提高。

"发展"这一术语，虽然最初由经济学家定义为"经济增长"，但是发展不应当狭义地被理解为经济增长。经济增长是发展的必要条件，但并不是充分条件。一种经济增长如果随时间推移不断地使人均实际收入提高却没有使得它的社会和经济结构得到进步，就不能认为它是发展。发展的目的是要改善人们的生活质量，经济增长只是发展的一部分。

9.2.2　科学发展观点的内涵

1987年，在世界环境与发展委员会的报告《我们共同的未来》中，把"发展"推向一个更加确切的层次。报告认为："满足人的需求和进一步的愿望，应当是发展的主要目标，它包含着经济和社会的有效的变革。"此时，发展已经从单一的经济领域，扩大到以人的理性需求为中心和社会领域中具有进步意义的变革。

1990年，世界银行资深研究人员戴尔(Daly)和库伯(Cobb)在合著的《For the Common Good：Redirecting the Economy toward Community, the Environment, and a Sustainable Future》中进一步建议："发展应指在与环境的动态平衡中，经济体系的质的变化"。这里，经济系统与环境系统之间保持某种动态平衡，被强调为衡量国家或区域发展的最高原则。

从总目标上看，发展是使人类在经济、社会和公民权利的需要与欲望方面得到持续提高。经济增长所强调的主要是物质生产方面的问题，而发展则是从更大的视野角度研究人类的社会、经济、科技、环境的变迁、进化(或进步)状况。发展所要求的是"康乐，是人的潜力充分发挥"，发展的涵义不仅在于"物质财富所带来的幸福，更在于给人提供选择的自由"，即人个性与创造性的公平、全面发展的自由。美国一位学者把发展的涵义解释为：①是否对绝对贫困、收入分配不平等程度、就业水平、教育、健康及其他社会和文化服务的性质和质量有了改善；②是否使个人和团体在国内外受到更大的尊重；③是否扩大人们的选择范围。如果只有第一个解释得到满足，这样的国家只能算作是"经济上发达的国家"，还不是发展意义上的发达国家。

然而，发展并不是没有极限的，受到3个方面因素的制约：一是经济因素，即要求效益超过成本，或至少与成本平衡；二是社会因素，要求不违反基于传统、伦理、宗教、习惯等所形成的一个民族和一个国家的社会准则，即必须保持在社会反对改变的忍耐力之内；三是生态因素，要求保持好各种陆地的和水体的生态系统、农业生态系统等生命支持系统以及有关过程的动态平衡，其中生态因素的限制是最基本的。发展必须以保护自然为基础，必须保护世界自然系统的结构、功能和多样性。

地球生命支持系统的承载力量究竟有没有极限呢？这就是所谓"环境承载力"问题。环境承载力是指一定时期内，在维持动态稳定的前提，环境资源所能容纳的人口规模和经济规模的能力。显然，地球的承载力绝不是无限的，因为最根本的一点是地球的资源是有限的。我们的活动必须保持在地球承载力的极限之内。

联合国教育、科学及文化组织（United Nations Educational, Scientific and Cultural Organization, UNESCO, 简称联合国教科文组织），在20世纪90年代就把发展总结为："发展越来越被看作是社会灵魂的一种觉醒"（UNESCO：《1999 – 2000中期规划》）。而可持续发展思想的形成，正是以上述发展概念的推广为基础的。

科学发展观的理论核心，紧密地围绕着两条基础主线：其一，努力把握人与自然之间关系的平衡。通过认识、解释、反演、推论等方式，寻求人与自然之间关系的调控和协同进化。全球面临."环境与发展"命题，人的发展与人类需求的不断满足应该同资源消耗、环境的退化、生态的胁迫等联系在一起。其二，努力实现人与人之间关系的和谐。通过舆论引导、观念更新、伦理进化、道德感召等人类意识的觉醒，更要通过政府规范、法制约束、社会有序、文化导向等人类活动的有效组织，逐步达到人与人之间关系（包括代际之间关系）的协调与公正。归纳起来，全球所面临的"可持续发展"这个宏大的命题，实质主要体现了人与自然、人与人之间关系的和谐与平衡。

9.3 可持续发展的概念和内涵

9.3.1 可持续发展的定义

可持续发展作为一种全新的发展观是随着人类对全球环境与发展问题的广泛讨论而提出来的。"可持续发展"一词，最初出现在20世纪80年代中期的发达国家的文章和文件中，"布伦特兰报告"以及经济合作发展组织的一些出版物，较早地使用过这一词汇。可持续发展概念自诞生以来，越来越得到社会各界的关注，其基本思想已经被国际社会广泛接受，并逐步向社会与经济的各个领域渗透。可持续发展问题已成为当今社会最热门的问题之一。目前，可持续发展作为一个完整的理论体系正处于形成完善的过程中，而可持续发展概念本身的界定相对滞后，可持续发展的定义在全球范围内仍然是众说纷纭，莫衷一是。到目前为止，该概念的不同表述多达近百种，代表性的观点如下。

（1）对可持续发展的一个较普遍的定义可以表述为："在连续的基础上保持或提高生活质量"。一个较狭义的定义则是："人均收入和福利随时间不变或者是增加的"。

（2）从经济方面对可持续发展的定义最初是由希克斯·林达尔提出，表述为"在不损害后代人的利益时，从资产中尽可能得到的最大利益"。其他经济学家（如穆拉辛格等人）对可持续发展的定义是："在保持能够从自然资源中不断得到服务的情况下，使经济增长的净利益最大化"。这就要求使用可再生资源的速度小于或等于其再生速度，并对不可再生资源进行最有效率的使用，同时废物的产生和排放速度应当不超过环境自净或消纳的速度。

（3）WCED 在《我们共同的未来》的报告中，对可持续发展的定义为："既满足当代人的需求又不危及后代满足其需求的发展"，这个定义鲜明地表达了两个基本观点：一是人类要发展，尤其是穷人要发展；二是发展有限度，不能危及后代人的发展。

（4）美国学者对可持续发展的表述与 WCED 相似：满足现在的需求而不损害下一代满足他们需要的能力。进一步指出可持续发展是一种主张：一是从长远观点看，经济增长同环境保护不矛盾；二是应当建立一些可被发达国家和发展中国家同时接受的政策，这些政策既使发达国家继续增长，也使发展中国家发展，却不致造成生物多样性的明显破坏以及人类赖以生存的大气、海洋、淡水和森林等系统的永久性损害。

（5）世界自然保护同盟、联合国环境署和世界野生动物基金会 1991 年共同发表的《保护地球——可持续性生存战略》一书中提出的定义是："在生存不超出维持生态系统涵容能力的情况下，改善人类的生活品质"。

（6）美国世界能源研究所 1992 年提出，可持续发展就是建立极少废料和污染物的工艺和技术系统。

（7）普朗克（Pronk）和哈克（Haq）在 1992 年所作的定义是："为全世界而不是为少数人的特权提供公平机会的经济增长，不进一步消耗世界自然资源的绝对量和涵容能力。"普朗克等认为，自然资源应当以谨慎的方式被应用：不会因对地球承载能力和涵容能力的过度开发而导致生态债务。

（8）世界银行在 1992 年度《世界发展报告》中认为，可持续发展是建立在成本效益比较和审慎的经济分析基础上的发展和环境政策，加强环境保护，从而导致福利的增加和可持续水平的提高。

（9）1992 年，UNCED 在《里约宣言》中对可持续发展进一步阐述为"人类应享有与自然和谐的方式过健康而富有成果的生活的权利，并公平地满足今世后代在发展和环境方面的需要，求取发展的权利必须实现"。

（10）英国经济学家皮尔斯（Pearce）和沃福德（Warford）在 1993 年所著《世界无末日》一书中提出以经济学语言表达的可持续发展的定义："当发展能够保证当代人的福利增加时，也不应使后代人的福利减少"。

概括起来可持续发展的定义主要有 5 种类型：①从自然属性定义可持续发展，认为可持续发展是寻求一种最佳的生态系统以支持生态的完整性，即不超越环境系统更新能力的发展，使人类的生存环境得以持续；②从社会属性定义可持续发展，认为可持续发展是在生存不超出维持生态系统涵容能力之情况下，改善人类的生活品质，并提出人类可持续生存的九条基本原则。主要强调人类的生产方式与生活方式要与地球承载能力保持平衡，可持续发展的最终落脚点是人类社会，即改善人类的生活质量，创造美好的生活环境；③从经济属性定义可持续发展，认为可持续发展的核心是经济发展，是在"不降低环境质量和不破坏世界自然资源基础上的经济发展"；④从科技属性定义可持续发展，认为可持续发展就是要用更清洁、更有效的技术——尽量做到接近"零排放"或"密闭式"工艺方法，以保护环境质量，尽量减少能源与其他自然资源的消耗。着眼点是实施可持续发展，科技进步起着重要作用；⑤从伦理方面定义可持续发展，认为可持续发展的核心是目前的决策不应当损害后代人维持和改善其生活标准的能力。

2004 年 3 月 10 日，国家主席胡锦涛在中央人口资源环境工作座谈会上提出科学发展观的概念，对可持续发展的解释为"可持续发展，就是要促进人与自然的和谐，实现经济发展与人口、资源、环境相协调，坚持走生产发展、生活富裕、生态良好的文明发展道路，保证一代接一代地永续发展"。

9.3.2 可持续性的内涵

"可持续发展"的内涵包含了两个最基本的方面：可持续性和发展。持续一词来源于拉丁语 sustenere，意思是"维持下去"或者"保持继续提高"。对于资源和环境来说，持续是指保持或延长资源的生产使用性和资源基础的完整性，意味着使自然资源的利用不应该影响后代人的生产与生活。

发展是前提，是基础，持续性是关键，没有发展，也就没有必要去讨论是否可持续了；没有持续性，发展就将终止。发展应理解为两方面：首先，它至少应含有人类社会物质财富的增长，因此经济增长是发展的基础。其次，发展作为一个国家或区域内部经济和社会制度的必经过程，它以所有人的利益增长为标准，以追求社会全面进步为最终目标。持续性也有两方面含义：首先，自然资源的存量和环境的承载能力是有限的，这种物质上的稀缺性和经济上的稀缺性相结合，共同构成经济社会发展的限制条件。其次，在经济发展过程中，当代人不仅要考虑自身的利益，而且应该重视后代的人的利益，既要兼顾各代人的利益，要为后代发展留有余地。

可持续发展是发展与可持续的统一，两者相辅相成，互为因果。放弃发展，则无可持续可言，只顾发展而不考虑可持续，长远发展将丧失根基。可持续发展战略追求的是近期目标与长远目标、近期利益与长远利益的最佳兼顾，经济、社会、人口、资源、环境的全面协调发展。可持续发展涉及人类社会的方方面面，走可持续发展之路，意味着社会的整体变革，包括社会、经济、人口、资源、环境等诸领域在内的整体变革。发展的内涵主要是经济发展、社会进步。

可持续发展的概念来源于生态学，最初应用于林业和渔业，指的是对于资源的一种管理战略：如何仅把全部资源中的合理的一部分加以利用，使得资源不受破坏，而保证新增长的资源数量足以弥补所利用的数量。可持续发展一词在国际文件中最早出现于 1980 年由国际自然保护同盟（International Union for Conservation of Nature and Natural Resources，IUCN）在世界野生生物基金会（（World Wildlife Fund International，WWF）的支持下制定发布的《世界自然保护大纲》。

1986 年，彼得·维托塞克（Peter Vitousek）等人在发表于《生命科学》上的一篇文章中估计，地球上所有陆生生态系统的净初级生产量的 40% 直接或间接地已经被人类利用了。因此，如果地球上人口增加到现在的 3 倍，而生产和消费模式仍没有任何改变的话，人类将会耗尽地球上全部的初级净生产量。

有关地球可持续性的最重要的几个问题是：哪些是可持续的？能够维持多久？以什么方式来实现可持续？可持续是否仅仅指是不降低平均生产能力或适应能力？谁将从可持续中受益？如何分配这些好处？

赫尔曼·戴利(Herman Daly)是系统考虑过这些问题的一位先驱。他于 1991 年提出可持续性由三部分组成：①使用可再生资源的速度不超过其再生速度；②使用不可再生资源的速度不超过其可再生替代物的开发速度；③污染物的排放速度不超过环境的自净能力。以上第三点受到的批评比较多，因为环境对于许多污染物的自净容量几乎为零(如 CFCs、Pb、电离辐射等)。问题的关键是确定污染物究竟达到什么程度时，其危害是人们可以忍受的。

　　摩翰·穆纳辛格(Mohan Munasinghe)和瓦特·希勒(Walter Shearer)认为，可持续性的概念应该包括：生态系统应该保持在一种稳定状态，不随时间衰减；可持续性的生态系统是一个可以无限地保持永恒存在的状态；强调保持生态系统资源能力的潜力。那么，生态系统可以提供同过去一样数量和质量的物品和服务。其中潜力比资本、生物量和能量水平更应该被重视。

　　人们认识到可持续性涉及到生物地球物理、经济、社会、文化、政治等各种复杂因素的相互作用。根据不同的目标，可持续性可以有经济的、生态(生物物理)的和社会文化的这 3 种主要的不同解释。从经济学观念对于可持续性的追求基于希克斯·林达尔(Hicks Lindal)的概念，即以最小量的资本投入获取最大量的收益。从生态学观点看可持续性，问题集中在生态系统的稳定性。从全球看，保持生物多样性是关键。可持续性的社会文化概念试图保持社会和文化体系的稳定，包括减少它们之间的毁灭性碰撞。保持全球文化多样性，促进代内和代际公平是其重要组成部分。同保护生物多样性一样的理由，我们也要尽力保护社会和文化的多样性。

9.3.3　可持续发展

　　可持续发展是一种主要从环境和自然资源角度提出的关于人类长期发展的战略和模式，它不是在一般意义上所指的一个发展进程要在长时间上连续运行，不被中断，而是特别指出环境和自然资源的长期承载能力对发展进程的重要性以及发展对改善生活质量的重要性。可持续发展的概念从理论上结束了长期以来把发展经济同保护环境与资源相互对立起来的错误观点，并明确指出了它们应当是相互联系和互为因果的。广义的可持续发展是指随着时间的推移，人类福利可以实现连续不断地增加或者保持。

　　可持续发展在代际公平和代内公平方面是一个综合的概念，不仅涉及当代或一国人口、资源、环境与发展的协调，还涉及到与后代和国家或地区之间的人口、资源、环境与发展之间矛盾的冲突。可持续发展也是一个涉及经济、社会、文化、技术及自然环境的综合概念。可持续发展主要包括自然资源与生态环境的可持续发展、经济的可持续发展和社会的可持续发展这三个方面：①以自然资源的可持续利用和良好的生态环境为基础；②以经济可持续发展为前提；③以谋求社会的全面进步为目标。只要社会在每一个时间段内都能保持资源、经济、社会同环境的协调，这个社会的发展就符合可持续发展的要求，人类的最后目标是在供求平衡条件下的可持续发展。可持续发展不仅是经济问题，也不仅是社会问题或者生态问题，而是三者互相影响的综合体。而事实上，经济学家们往往强调保持和提高人类生活水平，生态学家呼吁人们重视生态系统的适应性及其功能的保持，社会学家将他们的注意力集中在社会和文化的多样性上。

　　可持续发展同传统发展观主要有 5 个不同点：①在生产上：同时考虑生产成本同其造成的环境后果；②在经济上：把眼前利益同长远利益结合起来综合考虑，在计算经济成本时，要把环境损害作为成本计算在内；③在哲学上：在"人定胜天"与"人是自然的奴隶"之间，选择人与自然和谐共处的哲学思想，类似于我国古代的"天人合一"；④在社会上：认为环境意识是一种高层次的文明，要通过公约、法规、文化、道德等多种途径，保护人类赖以生存的自然基础；⑤在生产目标上：不是单纯以生产的高速增长为目标，而是谋求供求平衡条件下的可持续发展。

可持续发展有5大特征：①持久：表现为资源的消耗量低于资源的再生量与技术替代量之和；②稳定：指连续不断地增加和发展，其波动幅度在能够承受的安全限度以内；③协调：各生产部门、各种产品以及同一产品的不同品种能够达到结构合理、共同协调地发展；④综合：指在产品及服务的供求平衡条件下，全面综合地发展，表现为不依赖外援的连续发展；⑤可行：指可持续发展的方案措施是切实可行、经济有效、可被社会所接受的。

可持续发展是对于人与环境关系认识的一个新阶段。在目前的认识下，可持续发展包括3个基本要素：①少破坏、不破坏、乃至改善人类所赖以生存的环境和生产条件；②技术要不断革新，对于稀有资源、短缺资源能够经济有效地取得替代品；③对产品或服务的供求平衡能实现有效的调控。

可持续发展把发展与环境作为一个有机的整体，其基本内涵如下：

（1）资源与环境是可持续发展的基础

可持续发展要求以自然资产为基础，同环境承载力相协调。"可持续性"可以通过适当的经济手段、技术措施和政府干预得以实现。力求降低自然资产的耗竭速率，使之低于资源的再生速率或替代品的开发速率。鼓励清洁生产工艺和可持续消费方式，使单位经济活动所产生的废物数量尽量减少。可持续发展承认并要求体现出自然资源的价值。这种价值不仅体现在环境对经济系统的支撑和服务价值上，也体现在环境对生命支持系统的存在价值上。

（2）发展是可持续发展的核心

可持续发展不否定经济增长，尤其是穷国的经济增长，但需重新审视如何推动和实现经济增长。要达到具有可持续意义的经济增长，必须将生产方式从粗放型转变为集约型，减少每个单位经济活动造成的环境压力，研究并解决经济上的扭曲和误区。环境退化的原因既然存在于经济过程之中，其解决答案也应该从经济过程中寻找。可持续发展以提高生活质量为目标，同社会进步相适应。"经济发展"的概念远比"经济增长"的含义更广泛。经济增长一般定义为人均国民生产总值的提高，发展则必须使社会和经济结构发生变化，使一系列社会发展目标得以实现。

（3）可持续性是可持续发展的关键

可持续不仅是一般意义上的时间连续或不中断，特别强调环境与资源的长期承载能力对发展的促进作用，以及发展对改善生活的重要性。可持续有两方面的含义：一是自然资源存量和环境承载能力是有限的，物质上的稀缺性与经济上的稀缺性结合在一起，共同构成了经济发展的限制条件；二是在经济发展中，不仅要考虑当代人的利益，还要重视后代人的利益，既要考虑当前的发展，又要考虑未来的发展，把经济的发展与人口资源环境协调起来，把当前发展与长远发展结合起来。

（4）可持续发展的实施以适宜的政策和法律体系为条件

强调"综合决策"和"公众参与"。需要改变过去各个部门封闭地、分别制定和实施经济、社会、环境政策的做法，提倡根据周密的经济、社会、环境考虑和科学原则、全面的信息和综合的要求来制定政策并予以实施。可持续发展的原则要纳入经济、人口、环境、资源、社会等各项立法及重大决策之中。

从思想实质看，可持续发展包括3个方面的含义：①人与自然界的共同进化思想；②当代与后代兼顾的伦理思想；③效率与公平目标兼容的思想。换言之，这种发展不能只求眼前利益而损害长期发展的基础，必须近期效益与长期效益兼顾，绝不能"吃祖宗饭，断子孙路"。

9.4 可持续发展对能源的需求

9.4.1 能源利用现状

能源是人类赖以生存和发展的不可缺少的物质基础，在一定程度上制约着人类社会的发展。如果能源的利用方式不合理，就会破坏环境，甚至威胁到人类自身的生存。可持续发展战略要求建立可持续的能源支持系统和不危害环境的能源利用方式。

随着世界经济发展和人口的增加，能源需求越来越大。在正常的情况下，能源消费量越大，国民生产总值也越高，能源短缺会影响国民经济的发展，成为制约持续发展的因素之一。许多发达国家曾有过这样的教训，如1974年世界能源危机，美国能源短缺1.16亿t标准煤，国民生产总值减少了930亿美元；日本能源短缺0.6亿t标准煤，国民生产总值减少了485亿美元。据分析，由于能源短缺所引起的国民经济损失，约为能源本身价值的20～60倍。因此，不论哪一个国家哪一个时期，若要加快经济发展，就必须保证能源消费量的相应增长，若要经济持续发展，就必须走可持续的能源生产和消费的道路。

在快速增长的经济环境下，能源工业面临经济增长与环境保护的双重压力。能源一方面支撑着所有的工业化国家，同时也是发展我国家发展的必要条件。另一方面，能源生产也是工业化国家环境退化的主要原因，也给发展中国家带来了种种问题。我国正处在工业化、城市化进程加快，能源需求最旺盛的历史阶段。自2001年以来，在经济增长和城市化进程引起的大规模基础设施投资的推动下，我国经济进入了一个重工业加速发展、能源消耗快速增长的阶段，出现了高能耗产业快速发展与能源利用效率低的现象。能源利用导致的CO_2排放量、COD等污染物也将以大致相同的比例增长。

世界观察研究所名誉所长 Lester R. Brown 的研究表明：以50年前所无法想像的对环境的恶意破坏为基础，全球产品与服务的产出剧增，如果世界经济继续以每年3%的速度增长，按照现有的经济模式和产业结构，全球的产品与服务将在未来50年中激增4倍，达到172万亿美元。过去50年中，全球经济总量递增了7倍，使得地区的生态环境承载能力超出了可持续发展的极限；全球捕鱼业增长5倍，促使大部分的海洋渔场超越其可持续渔业生产能力；全球纸业需求扩张6倍，导致世界森林资源严重萎缩；全球畜牧业增长2倍，加速牧场资源的环境恶化，并增加荒漠化的趋势。

此外，还应该考虑化石燃料资源的长期可枯竭性以及当前地理分布的不均匀性。工业化国家在20世纪后半叶已经历了地理分布不均匀性所造成的深远影响。简单地说，20世纪70年代的"能源危机"就是那些曾经或者现在仍旧强烈依赖燃油进口的工业化国家所面临的燃油供应中断危机。在世界能源市场上占主要份额的美国，随着本国产量的继续下降，其70%以上的燃油依赖进口。其他进口燃油的工业化国家，比如西欧，由于近期北海石油产量的下降以及将来从东欧进口前景的不明朗，将更强烈地依赖进口。发展中国家对能源的潜在需求是工业化国家的数倍，因为其总人口是工业化国家的3倍以上。目前，发展中国家的能源需求正以每年7%的速度增长，而发达国家只有大约3%，而且这些需求大部分只能通过进口石油来满足。随着人类社会进一步发展，除非采取替代能源技术，否则对化石燃料的需求还将继续增长。那些拥有资源或者能够负担进口费用的不发达国家将增大对燃油的需求，而其他不发达国家只好发展其他化石能源，如煤和天然气，而不管本国是否有足够的资源。这将加速全球污染和气候变化的步伐。

人类只有依靠科技能力、科学精神和理性才能确保全球性、全人类的生存和可持续发展，才能导致人口、资源、能源、环境与发展等要素所构成的系统朝着合理的方向演化。纵观人类史，可把人类社会的发展规律归为智力发展的规律，把科技进步视为人类社会发展的基础和第一推动力。在未来时期，人类只有更加依赖科学文明、技术文明，才能创建更高级的人类文明模式，从而形成区域的和代际的可持续发展。

9.4.2 我国能源利用现状

2007 年 12 月 26 日，国务院新闻办公室发布《中国的能源状况与政策》(简称中国能源白皮书)，首次以国家的名义向全世界详细介绍我国能源发展现状、能源发展战略、目标，以及加强能源领域的国际合作等政策措施。

《中国能源白皮书》向世界宣称：中国能源发展坚持节约发展、清洁发展和安全发展；坚持发展是硬道理，用发展和改革的办法解决前进中的问题；落实科学发展观，坚持以人为本，转变发展观念，创新发展模式，提高发展质量；坚持走科技含量高、资源消耗低、环境污染小、经济效益好、安全有保障的能源发展道路，最大程度地实现能源的全面、协调和可持续发展。

《中国能源白皮书》向世界承诺：尽管随着中国经济和社会的快速发展，能源需求不断增长，但"中国能源发展坚持立足国内的基本方针和对外开放的基本国策，以国内能源稳定增长，保证能源的稳定供应、促进世界能源的共同发展"。

《中国能源白皮书》向世界强调：中国的能源发展将给世界各国带来更多的发展机遇，将国际市场带来广阔的发展空间，将为世界能源安全与稳定作出积极贡献。中国过去不曾、现在没有、将来也不会对世界能源构成威胁。中国将继续以本国能源的可持续发展促进世界能源的可持续发展，为维护世界能源安全作出贡献。

9.5 能源与经济模式选择

9.5.1 循环经济的兴起与发展

循环经济是美国经济学家 K. 波尔丁在 20 世纪 60 年代提出的，作为一种科学的发展观，循环经济是一种全新的经济发展模式，与传统经济模式有着本质的区别。循环经济就是在可持续发展的思想指导下，按照清洁生产的方式，对能源及其废弃物实行综合利用的生产活动过程。要求把经济活动组成一个"资源—产品—再生资源"的反馈式流程；其特征是低开采、高利用、低排放。本质上是一种生态经济，它要求运用生态学规律来指导人类社会的经济活动。简言之，循环经济是按照生态规律利用自然资源和环境容量，实现经济活动的生态化转向。所有的原料和能源要能在不断进行的经济循环中得到合理利用，把人类的经济活动对自然和环境的影响降低到尽可能小的程度，是实施可持续战略必然的选择和重要保证。

构建一个高效有序的循环经济体系，需要在全球范围快速地实行遵循环境可持续发展战略的系统性经济转型。虽然可持续发展战略的概念已提出近 20 年，但至今没有一个国家依据这一战略成功构筑以重建碳循环平衡、稳定人口增长、防止地下水位下降、保护森林和土壤、维持生物多样性等为目标的生态型循环经济。一些国家正在或将要在某些领域进行产业重构，但有待于区域与全球范围内的进一步协作，以期取得令人满意的进展。

当前经济形态向循环经济的划时代转型，将是以市场驱动为主的产品工业向以生态规律为准则的绿色工业转变的一次史无前例的里程碑式的产业革命。循环经济作为人类发展历史上一种先进的模式选择，正越来越为国际社会所接受。

联合国环境规划署 2002 年在巴黎发表的《全球环境综合报告》表明，1992 年全球可持续发展首脑会议召开 10 年来，全球环境状况仍在恶化，经济的发展对商品、服务需求的增长，正在抵消环境改善的努力。环境退化所导致的自然灾害，对世界造成了 6080 亿美元的损失，这相当于此前 40 年中损失的总和。当前的全球经济模式以市场需求为导向，以产品工业为主体，忽视了基本的生态环境准则，扭曲的经济发展系统正朝着与生态环境支撑系统背道而驰的方向演化并渐趋衰落。人类社会谋求进一步生存和发展的需求，促进了全球经济模式由"资源—产品—污染物排放"所构成的物质单向流动的线性经济向生态型循环经济的重组与转型。20 世纪 80 年代末~90 年代初，北欧、北美等发达国家为提高综合经济效益、避免环境污染而以生态理念为基础，重新规划产业发展提出一种新型发展思路——循环经济。近年来，循环经济在西方发达国家已经逐渐成为一股新经济的潮流和趋势。

丹麦是循环经济的先行者，已经稳定了人口规模，取缔了燃煤能源工厂和一次性饮料包装生产线，并实现了风力发电占全国总电力的 15%。此外，丹麦重建城市运输网络，首都哥本哈根 32% 的运输线路由自行车取代。卡伦堡生态工业园区采取以电厂、炼油厂、制药厂、石膏板生产厂为核心，农业、生活服务业为辅助，实现共享资源和互换副产品，对热能进行多级利用，以一个企业的废物作为另一企业的原料，为实现污染物的零排放目标而努力。

美国在循环经济立法方面取得了可喜的进展。1976 年首次制订《固体废弃物处置法》，1990 年加州通过《综合废弃物管理法令》，要求通过源削减和再循环减少 50% 废弃物；由 7 个州组成的州际联盟规定 40%~50% 的新闻纸张必须采用再生纸；威斯康星州规定塑料容器必须使用 10%~25% 的再生原料；已有半数以上的州制订不同形式的再生循环法规。

德国 1986 年就颁布实施《循环经济与废物管理法》，规定对废物的优先顺序是避免产生—循环使用—最终处置。随后制定包括《包装条例》、《限制废车条例》和《循环经济法》等在内的一系列立法措施推动循环经济的发展，采取双元系统模式和双轨制回收系统，成立专门组织对包装废弃物进行分类收集和回收利用，有效地保护了原材料资源，将整个消费和生产改造成为统一的循环经济系统。

日本在 2000 年召开了一届"环保国会"，修改和通过《推进形成循环经济型社会基本法》、《促进资源有效利用法》、《食品循环资源再生利用促进法》等多项环保法规。这些法规均已相继付诸实施，将零排放作为企业的新型经营观念，逐步实现以清洁生产和资源节约为目标的新型产业结构。

欧洲 31 国及日本，已经稳定了区域人口规模，具备了构建生态经济最重要的基本条件。欧洲已经稳定其人口在食品生产能力范围之内，并将其剩余的粮食生产转向出口；中国现有的人口增长率已经低于美国，并朝着人口的稳定增长健康发展。

韩国的重新造林工程已经持续了一代人，基本实现了绿树满山。哥斯达黎加计划到

2025 年完全采用可再生能源，以取代当前对耗竭性资源的掠夺性开采。由壳牌(Shell)公司和戴姆勒－克莱斯勒(Daimler Chrysler)公司发起领导的产业联盟计划在冰岛建立世界上第一个氢能源经济实体，以树立产业循环经济的概念模式。

传统经济运行方式遵循一种由"资源消耗—产品工业—污染排放"所构成的物质单向流动的开放式线性经济。在这种经济运行方式中，人类通过对资源的粗放型经营和一次性利用，实现经济的数量型增长，这种经济生产的高消耗、高产量、高废弃的现象直接造成了对自然环境的恶性破坏。按照生态规律利用自然资源和维持环境容量，重新调整经济运行方式，实现经济活动的生态型转化的循环经济，是人类社会经济发展历史的一次突破性转变，也是实施可持续发展战略的重要途径和有效方式。

循环经济作为人类发展历史上的一种先进的模型选择，越来越为国际社会所接受。众所周知，从一种线性的发展模式(即单向的高投入、低产出、高污染的生产方式)向网络式的多重环圈发展模式(即资源消耗的减量化、废弃物的再利用和再循环)进化，在发展理念上是一种革命性的变革，实施起来的难度是相当大的。目前，德国、日本等国家走在循环经济发展的前列，已经把循环经济、构筑循环经济社会体系作为实现可持续发展的重要途径。从我国当前的情况来看，传统的经济模式已经让我国付出巨大的资源与环境代价，所引发的环境问题比发达国家要严重许多，若不转变经济发展模式，难以实现经济的快速发展。因此发展循环经济已经成为我国落实科学发展观、建设节约型社会、实现可持续发展的重要方法。

9.5.2 循环经济的模式

循环经济是系统性的产业变革，是从产品利润最大化的市场需求主宰向遵循生态可持续发展能力永续建设的根本转变。由循环经济的概念内涵可以归纳出 3 点基本的评价原则，简称"3R"原则。

(1)循环经济遵循"减量化"原则，以资源投入最小化为目标

针对产业链的输入端——资源，通过产品清洁生产而非末端技术治理，最大限度地减少对不可再生资源的耗竭性开采与利用，以替代性的可再生资源为经济活动的投入主体，以期尽可能地减少进入生产、消费过程的物质流和能源流，对废弃物的产生和排放实行总量控制。制造商(生产者)通过减少产品原料投入和优化制造工艺来节约资源和减少排放；消费群体(消费者)通过优先选购包装简易、循环耐用的产品，减少废弃物的产生，从而提高资源物质循环的高效利用率和环境同化能力。

(2)循环经济遵循"资源化"原则，以废物利用最大化为目标

针对产业链的中间环节，对消费群体(消费者)采取过程延续方法最大可能地增加产品使用方式和次数，有效延长产品和服务的时间；对制造商(生产者)采取产业群体间的精密分工和高效协作，使产品——废弃物的转化周期加大，以经济系统物质能量流的高效运转，实现资源产品的使用效率最大化。

(3)循环经济遵循"无害化"原则，以污染排放最小化为目标

针对产业链的输出端——废弃物，提升绿色工业技术水平，通过对废弃物的多次回收再造，实现废物多级资源化和资源的闭合式良性循环，达到废弃物的最少排放。

循环经济遵循以生态经济系统的优化运行为目标，针对产业链的全过程，通过对产业结构的重组与转型，达到系统的整体合理。以人与自然和谐发展的理念和与环境友好的方式，利用自然资源和提升环境容量，实现经济体系向提供高质量产品和功能性服务的生态化方向

转型，力求生态经济系统在环境与经济综合效益优化前提下的可持续发展。

随着可持续发展理念日益被世界各国广泛接受并付诸实践，循环经济作为实现可持续发展的基本路径，在实践中探索中多元化的发展模式，目前国外循环经济的实践大致可概括为以下几种模式。

（1）荷兰的风车模式

此种模式是指利用可再生的太阳能、风能、水能和生物质能和地热能等可再生能源替代化石能源等不可再生能源，保护传统能源，实现节约化石能源的循环经济模式。虽然荷兰并不是风力发电量最大的国家，日前风力能源的使用并不是主导，但是"风车"形象享誉全世界。

（2）美国 3M 模式

3M 模式是指在一个企业内部实现废弃物循环利用的循环经济实践。1975 年，美国 3M 公司环境部门负责人约瑟夫·林制定名为"污染防治有利"的计划，此计划从公司内部生产过程设计入手进行排除污染的方法。激励技术人员为防止危险、有毒有害物质的产生和降低生产成本而改进产品制造方法，通过重新设计产品，优化生产流程，对废弃物进行再利用或循环利用的方式节约了大量的资金。

1802 年成立的美国杜邦化学公司也是在企业内部实现循环经济的典范，该公司以"安全、健康、环保"为理念，将废物和排放物降低为零。杜邦公司将循环经济原则与化学工业相结合即"3R 制造法"，减少废弃物和有毒物质的排放，提高产品的耐用性，公司 1994 年的废弃塑料物相比减少 25%，污染物排放减少 70%，废弃物排放得到有效地缓解。1992 年世界工商企业可持续发展理事会（World Business Council for Sustainable Development，WBCSD）在《变革的历程》中提出经济效益的新观点，要求企业在生产过程中进行物料和能源的循环，进而使污染排放降低到最小，在微观层次上实施企业内部物料循环，WBCSD 提出企业内部循环的几种情况：①在生产过程中流失的物料仍能作原料的部分返回原来的工序中；②将生产过程中的废料进行适当处理后做原料或原料替代物使用；③将某一生产流程中的废料进行适当处理在另一生产流程使用。

（3）丹麦卡伦堡模式

丹麦卡伦堡模式即工业园区模式（中循环）模式。在一个企业内部的循环毕竟是有限的，如果能在企业之间进行物质循环将一个企业的废弃物变为另一个企业的原料，通过企业间的物质集成、能量集成和信息集成形成企业间的代谢共生关系，建立工业生态园区（Eco – Industrial Park，EIP）。典型代表是丹麦卡伦堡工业园区。这个工业园区的主体企业是电厂、炼油厂、生物工程公司、石膏板材料公司和市政府，4 个核心企业与政府建立了生态共生关系，通过市场贸易方式利用方式共享水、气、废气、废物等，形成经济发展和环境保护的良性循环。

1996 年 10 月，美国可持续发展委员会给出了两个 EIP 定义：①为了高效地分享资源而彼此合作且与地方社区合作的产业共同体，改善经济和环境质量和实现产业与地方社区所用的人类资源效率的增加；②有计划的物质和能量交换系统，寻求能源和原材料消耗的最小化，废物产生的最小化，并力图建立可持续的经济、生态和社会关系。基本质是强调削减和内部成员的合作。

（4）德国 DSD 模式

即德国的循环型社会模式（大循环）。从整个社会层面来讲，循环经济模式主要是在全社会建立一个物资循环系统，从整个社会循环角度进行物资的循环利用和资源回收，这样在整个社会形成"自然资源—产品—再生资源"的循环经济环路。自20世纪90年代起，典型的循环模式是德国双轨制回收系统（Duals System Deutschland，DSD），国家在社会层面上将生活垃圾处理逐步由无害化转向资源化和减量化，在消费过程中和过程后实施物质和能源的循环，并通过一个非政府的中介组织接受企业委托将消费后排放的废物进行回收和分类，然后送到相应资源回收再利用厂家或者返回到原厂家进行循环使用，从而实现了包装废物在社会层面的回收利用。

（5）美国消费模式

美国消费模式是该国发展循环经济的重要形式。循环消费主要通过家庭庭院甩卖、慈善机构开办旧货店、旧货拍卖网站。由于循环消费观念与社会机制的发展，循环消费已成为美国社会和经济生活中的重要现象，构成美国循环经济的一个重要组成部分。

9.5.3　开展循环经济的国内外重要实践

从国外来看，循环经济的发展过程就是相关法律法规和制度不断完善过程，没有系统的法律法规和制度作为推动力和保障，循环经济难以开展，此外中介组织与公众的积极参与共同推动了循环经济的发展。

从目前来看，国外促进循环经济发展的相关法律法规如表9-1所示。

表9-1　国外促进循环经济发展的相关法律法规

德国	相关法律	《循环经济与避免废弃物法》	日本	基本法	《促进循环型社会建设基本法》
		《废弃物限制处理法》		综合性法律	《资源有效利用促进法》
		《包装废弃物处理法》			《废弃物处理法》
		《农业与自然保护法》			《容器包装物循环法》
	相关条例	《避免和回收包装品垃圾条例》		专项法规	《家电循环法》
		《废旧汽车处理条例》			《建筑材料循环法》
		《废电池处理条例》			《食品循环法》
		《电子废弃物和电力设备处理条例》			《车辆循环法》
		《废木材处理条例》			《绿色采购法》
	相关指南	《废弃物管理技术指南》	法国	相关法律	《环境法典》
		《城市固体废弃物管理技术指南》			《垃圾处理法》
欧盟	相关法律	《废物指令》	瑞典	相关法律	《废物收集和处置法》
		《报废车辆指令》	荷兰	相关法律	《环境管理法》
		《报废电器电子设备指令》	美国	相关法律	《资源保护与回收法》
丹麦	相关法律	《环境保护法》			《污染预防法》

德国、法国、丹麦等欧盟成员国及日本、美国、新加坡等国都颁布并实施促进循环经济的法律法规。一是循环经济类，将资源与环境统一起来并纳入循环经济范畴，如德国和日本；二是污染防治类，将资源回收纳入污染防治范畴，如美国。目前德国和日本的法律法规最为完善。

近年来，我国在3个层次上逐渐展开循环经济的实践探索，并取得了显著成效。

（1）在企业层面上积极推行清洁生产

我国是国际上公认的清洁生产搞得最好的发展中国家。2002年我国颁布《清洁生产促进法》，陕西、辽宁、江苏等省以及沈阳、太原等城市已制订了地方清洁生产政策和法规。

（2）在工业集中区建立由共生企业群组成的生态工业园区

按照循环经济理念，在企业相对集中的地区或开发区，建立了 10 个生态工业园区。这些园区都是根据生态学的原理组织生产，使上游企业的"废料"成为下游企业的原材料，尽可能减少污染排放，争取做到"零排放"。如贵港国家生态工业园区是由蔗田、制糖、酒精、造纸和热电等企业与环境综合处置配套系统组成的工业循环经济示范区，通过副产品、能源和废弃物的相互交换，形成比较完整的闭合工业生态系统，达到园区资源的最佳配置和利用，并将环境污染减少到最低水平，同时大大提高制糖行业的经济效益，为制糖业的结构调整和结构性污染治理开辟了一条新路，取得了社会、经济、环境效益的统一。

在生态农业发展的全国高潮中，依照循环经济的理念，分别在北方、南方和西北、西南地区，探索种植业、养殖业、加工业的生态工程实践，总结出上百种生态农业模式，在农业产前、产中、产后的不同阶段，探索出具有世界意义的循环经济生产方式。

（3）在城市和省区开展循环经济试点工作

目前已有辽宁和贵阳等省市开始在区域层次上探索循环经济发展模式。辽宁省在老工业基地的产业结构调整中，全面融入循环经济的理念。通过制订和实施循环经济的法律和经济措施体系，建设一批循环型企业、生态工业园区、若干循环型城市和城市再生资源回收及再生产业体系，充分发挥当地的资源优势和技术优势，优化产业结构和产业布局，推动区域经济发展，创造更多的就业机会，促进经济、社会、环境的全面协调发展。

9.5.4 我国加快发展循环经济的途径

经济发展过程中，环境支持能力的变化可以分为 3 个阶段：第一阶段是传统增长阶段，环境支持系统的压力持续加大；第二阶段是大力补救阶段，环境负荷开始减速增长，一直达到区域环境承载力的最大压力，其后逐步下降；第三阶段是环境质量逐渐变好，现在发达国家虽然已经到达第三阶段。这就是世界公认的"环境库茨涅兹曲线"（EKC）。循环经济在遵循自然生态系统的物质循环和能量流动规律下，重构经济系统，使其和谐地纳入自然生态系统的物质能量循环过程，以产品清洁生产、资源循环利用和废物高效回收为特征的生态经济发展形态。它要求按照自然生态系统的循环模式，将经济活动高效有序地组织成一个"资源利用—清洁生产—资源再生"接近封闭型物质能量循环的反馈式流程，保持经济生产的低消耗、高质量、低废弃，从而将经济活动对自然环境的影响与破坏减少到最低程度。

我国每年环境污染、自然灾害和水资源短缺造成的经济损失累计相当于我国国民经济每年新增 GDP 的 8%，加上化石能源与矿产工业占国民经济产值的比例很高，充分说明能源、资源、环境和灾害问题对我国经济的持续增长有着至关重要的影响。推行循环经济发展模式是政府实现国家可持续发展战略、走新型工业化道路、保障国家生态安全、协调人与自然和谐发展的有效手段。

推进循环经济对于减少环境污染、保护生态环境有着非常重要的意义。循环经济强调从源头减少资源消耗、有效利用资源，减少污染物排放。发展循环经济可以将人口资源和环境有机统一起来，防止"环境贫困"。发展循环经济，有利于缓解能源、资源对于经济发展的制约问题。发展低消耗的循环经济正是提高资源利用率、减少资源的使用量的有效途径，可以通过以下方法来实现。

（1）加快建立和完善法律法规制度

从发达国家发展循环经济的经验可以看出，系统出台有关循环经济的法律，对发展循环经济和建立循环型社会有着极为关键的作用。日本、德国、美国等国家的循环经济立法走在世界前列，促进了人们在生产、流通、消费、废弃整个过程中对物资的有效利用，极大地推动这些国家国内的循环经济的发展。我国应该借鉴这些国家的成功经验，建立起一套包括财政、税收、价格、金融、产业、技术在内的保障体系，出台促进循环经济发展的相关政策和法律法规，让循环经济型企业和社会发展得到更多制度保证。

（2）加快技术创新，提高经济效益

近些年来，我国在提高资源利用效率的很多技术上取得了不少突破，但总体上看，我国循环经济科学技术的研究和应用明显滞后。例如我国的废物和包装材料的回收利用虽然已经有了基础，但技术含量低，废旧物资被降级使用，没有发挥循环经济的最佳效应。因此，应加大技术创新力度，研究开发出一批经济效益好、资源消耗低、环境污染少的技术，确保资源、能源获得最有效的利用，最大限度提高经济效益。

（3）调整产业结构，优化经济布局

我国正处于工业化和城市化的加速发展阶段，应建成以节能、节材、节水为中心的资源节约型产业体系；发展高新技术产业，运用高新技术和先进适用技术改造传统产业，优先发展对经济增长有重大带动作用的信息产业；对资源消耗低、附加值高的高新技术产业、服务业的发展给予税收优惠，重点发展劳动密集型服务业和现代服务业，提高高新技术产业和第三产业在国民经济中的比重。

我国《"十二五"规划纲要》的第23章专门指出大力发展循环经济，具体内容为：按照减量化、再利用、资源化的原则，减量化优先，以提高资源产出效率为目标，推进生产、流通、消费各环节循环经济发展，加快构建覆盖全社会的资源循环利用体系。循环经济重点工程如表9-2所示。

表9-2　"十二五"规划纲要中的循环经济重点工程

序号	名称	具体内容
1	资源综合利用	支持共伴生矿产资源，粉煤灰、煤矸石、工业副产石膏、冶炼和化工废渣、尾矿、建筑废物等大宗废物以及秸秆、禽畜养殖粪污、废弃木料综合利用；培育一批资源综合利用示范基地
2	废旧商品回收体系示范	建设80个网点布局合理、管理规范、回收方式多元、重点品种回收率高的废旧商品回收体系示范城市
3	"城市矿产"示范基地	建设50个技术先进、环保达标、管理规范、利用规模化、辐射作用强的"城市矿产"示范基地，实现废旧金属、废弃电器电子产品、废纸、废塑料等资源再生利用、规模利用和高值利用
4	再制造产业化	建设若干国家级再制造产业集聚区，培育一批汽车零部件、工程机械、矿山机械、机床、办公用品等再制造示范企业，实现再制造的规模化、产业化发展，完善再制造产品标准体系
5	餐厨废弃物资源化	在100个城市（区）建设一批科技含量高、经济效益好的餐厨废弃物资源化利用设施，实现餐厨废弃物资源化利用和无害化处理
6	产业园区循环改造	在重点园区内或产业集聚区进行循环化改造
7	资源综合循环利用技术示范推广	建设若干重大循环经济共性、关键技术专用和成套设备生产、应用示范项目与服务平台

（1）推行循环型生产方式

加快推行清洁生产，在农业、工业、建筑、商贸服务等重点领域推进清洁生产示范，从源头和全过程控制污染物产生和排放，降低资源消耗。加强共伴生矿产及尾矿综合利用，提高资源综合利用水平。推进大宗工业固体废物和建筑、道路废弃物以及农林废物资源化利用，工业固体废物综合利用率达到72%。按照循环经济要求规划、建设和改造各类产业园区，实现土地集约利用、废物交换利用、能量梯级利用、废水循环利用和污染物集中处理。推动产业循环式组合，构筑链接循环的产业体系，资源产出率提高15%。

（2）健全资源循环利用回收体系

完善再生资源回收体系，加快建设城市社区和乡村回收站点、分拣中心、集散市场"三位一体"的回收网络，推进再生资源规模化利用。加快完善再制造旧件回收体系，推进再制造产业发展。建立健全垃圾分类回收制度，完善分类回收、密闭运输、集中处理体系，推进餐厨废弃物等垃圾资源化利用和无害化处理。

（3）推广绿色消费模式

倡导文明、节约、绿色、低碳消费理念，推动形成与我国国情相适应的绿色生活方式和消费模式。鼓励消费者购买使用节能节水产品、节能环保型汽车和节能省地型住宅，减少使用一次性用品，限制过度包装，抑制不合理消费。推行政府绿色采购，逐步提高节能节水产品和再生利用产品比重。

（4）强化政策和技术支撑

加强规划指导、财税金融等政策支持，完善法律法规和标准，实行生产者责任延伸制度，制订循环经济技术和产品名录，建立再生产品标识制度，建立完善循环经济统计评价制度。开发应用源头减量、循环利用、再制造、零排放和产业链接技术，推广循环经济典型模式。深入推进国家循环经济示范，组织实施循环经济"十百千示范"行动。推进甘肃省和青海柴达木循环经济示范区等循环经济示范试点、山西资源型经济转型综合配套改革试验区建设。

9.6 建立可持续的低碳经济系统

9.6.1 低碳经济的兴起

发达国家自工业革命以来的工业文明发展模式，导致了越来越严重的全球气候变化问题，大气中 CO_2 浓度不断增加。相关研究表明，地球生态系统自净 CO_2 的能力每年只有30亿 t，全世界每年约剩下200多亿 t 残留在大气层中，使地球生态系统不堪重负。长此下去，气象灾害范围将会更大、更频繁和更严重，直接威胁着人类的生存与发展。当今我国仍然是以煤炭、石油和天然气等化石燃料为主体的经济，在一次能源消费结构中，煤炭的比重为2/3。目前我国的温室气体排放总量位居世界第1位，为了能够在经济全球化进程中获得更优的资源分配、在征收碳关税的政策方面争取更大的权力，寻求减排与经济可持续发展的道路已迫在眉睫。2009年底哥本哈根气候变化会议强调的以低能耗、低污染、低排放为基础的低碳经济，是实现 CO_2 减排和经济可持续发展的最佳经济模式。

低碳经济是国外于2003年提出的一个比较新的概念，是基于发达国家进入产业结构和能源结构的优化阶段，碳排放量明显高于发展中国家，其发展在很大程度上摆脱了对高碳能源生产和消费的依赖，在解决了局部环境问题与区域性环境污染后，将重点转到全球环境保护这个议题上，低碳经济提出的原因首先是应对全球气候变化。低碳经济提出的第二个原因是因化石能源的短缺和濒于枯竭所引发的能源战略调整。低碳经济是以低能耗、低污染、低排放为基础的经济模式，是人类社会继农业文明、工业文明之后的又一次重大进步。低碳经济实质是能源高效利用、清洁能源开发、追求绿色 GDP 的问题，核心是能源技术和减排技术创新、产业结构和制度，是创新人类生存发展观念的根本转变。发展低碳经济、建设低碳型社会，作为协调社会经济发展、保障能源安全与应对气候变化的基本途径，已被越来越多的国家认同。其核心内容包括制定低碳政策、开发利用低碳技术和产品，采取减缓和适应气候变化的相关措施。不仅强调减少温室气体排放，还能优化能源结构、扩大低碳产业投资、增加就业机会，促进经济繁荣。

中国环境与发展国际合作委员会 2009 年发布的《中国发展低碳经济途径研究》，最终将"低碳经济"界定为：一个新的经济、技术和社会体系，与传统经济体系相比在生产和消费中能够节省能源、减少温室气体排放，同时还能保持经济和社会发展的势头。

低碳经济与循环经济侧重点不同。循环经济首先发源于德、日等发达国家，这些国家由于后工业化或消费型社会结构引起的大量废弃物无处填埋，产生了以提高资源利用效率和以"3R"为基本原则的循环经济实践，统计指标主要是资源生产率。简单说，循环经济是从资源利用效率的角度评价经济发展的资源成本，而低碳经济主要是通过减少温室气体排放来解决全球气候变暖的问题，其核心是节能，提高能源效率、提高可再生能源的比重，统计指标是碳生产率。因此，低碳经济是从保护环境的角度评价经济发展的环境代价。低碳经济和循环经济相辅相成，实际上不可分割，低碳经济的发展从环保角度要求提高资源利用率，而循环经济的发展从提高资源利用率的角度也有利于环保，二者实行的结果可谓殊途同归。

9.6.2　我国对低碳经济的认识

2007 年 6 月，我国正式发布《中国应对气候变化国家方案》。同年 12 月发表《中国的能源状况与政策》白皮书，提出能源多元化发展，将可再生能源发展列为国家能源发展战略的重要组成部分，不再提以煤炭能源为主。2007 年 9 月，胡锦涛在亚太经合组织领导人会议上，明确主张发展低碳经济，研发和推广低碳能源技术、增加碳汇、促进碳吸收技术发展。2008 年 1 月，清华大学率先成立低碳经济研究院，重点围绕低碳经济、政策及战略开展系统和深入的研究，为中国及全球经济和社会可持续发展出谋划策。国内部分专家学者对低碳经济的观点是建设低碳城市，需要加快以集群经济为核心，推进产业结构创新；以循环经济为核心，推进节能减排创新；以知识经济为核心，推进内涵发展创新。

我国政府明确提出要把应对气候变化纳入国民经济和社会发展规划，尝试有助于发展低碳经济的各种途径，并取得了积极成效。低碳经济有两个基本点：其一，包括生产、交换、分配、消费在内的社会再生产全过程的经济活动低碳化，把 CO_2 排放量尽可能减少到最低限度乃至零排放，获得最大的生态经济效益；其二，包括生产、交换、分配、消费在内的社会再生产全过程的能源消费生态化，形成低碳能源和无碳能源的国民经济体系，保证生态经济社会有机整体的清洁发展、绿色发展、可持续发展。

当前我国所面临的是双重压力，一方面过度排放温室气体会对生态系统和社会发展带来危害，影响乃至阻碍自身经济的健康发展；另一方面一些发达国家以环境保护为借口，不切实际地向中国施压，使中国政府面临巨大的国际压力。

低碳经济并不是发达国家的专利，低碳经济是实现可持续发展的具体路径和必由之路。包括中国在内的发展中国家有史以来第一次与发达国家站在同一条起跑线上，共同探索这种新的发展模式。目前，国际社会已经对低碳经济理念和原则达成共识，面临的共同问题是如何具体实施低碳经济，这需要世界各国共同探索、试点、交流、合作与推广。

9.6.3　我国发展低碳经济的可行性

发展低碳经济是一种经济发展模式的选择。低碳经济被普遍认为符合后金融危机时期需要，是新的经济增长点，这从各国重点的经济刺激计划中得到了印证。从根本上看，减少温室气体排放能避免因温室效应带来的气候变化灾难，符合包括发展中国家在内的所有国家的利益；但从现实看，在能源技术获得突破性进展之前，减少温室气体排放的措施（如开征碳关税、关停高碳耗企业等）将可能限制发展中国家的经济和社会发展，直接影响国家的发展空间和发展前景。这使得温室气体减排问题显得格外复杂，成为兼具环境、经济、政治、外交等多重性质的国际热点问题。对我国来说主要面临如下问题：

（1）结合我国国情，调整能源结构，有效推动新能源技术的应用

美国总统奥巴马计划用 3 年时间将美国的风能、太阳能和地热发电能力提高一倍。我国也需要制订出相应的国家目标，将其列入社会与经济发展的发展规划，改变对煤炭的依赖度，在能源消费多元化、煤炭利用的多元化等方面下工夫，以多种政策来引导能源消费结构的调整。我国在新能源利用上与国际先进水平的差距相对较小，市场对新能源的接受度也较高。新能源的发展还能带动相关的产业链，对经济的拉动作用不容低估。我国在新能源汽车发展上与发达国家的差距，要比传统汽车小得多，在我国推广新能源汽车，以我国巨大的国内消费市场，有可能走出一条不同于其他国家的路子，甚至会颠覆传统汽车产业的某些模式。

（2）低碳城市与低碳交通

低碳经济在城市规划、产业规划中有巨大的作用空间。低碳城市的建设离不开低碳建筑这个单元，发展低碳建筑要从设计和运行两个方面入手。在建筑设计上引入低碳理念，如充分利用太阳能、选用隔热保温的建筑材料、合理设计通风和采光系统、选用节能型取暖和制冷系统。在运行过程中，倡导居住空间的低碳装饰、选用低碳装饰材料，避免过度装修，在家庭推广使用节能灯和节能家用电器，鼓励使用高效节能厨房系统，从各个环节上做到"节能减排"，有效降低每个家庭的碳排放量。城市交通工具是温室气体主要排放源，发展低碳交通是未来的方向。一是大力发展以步行和自行车为主的慢速交通系统；二是鼓励大中城市发展公共交通系统和快速轨道交通系统。如轻轨和地铁系统，这些是低碳交通的标志，尽管轻轨和地铁系统的基础设施建设需要巨额投资，以高碳排放为代价，但从该系统低碳运行几十年或上百年的角度看，仍属城市低碳交通；三是限制城市私家汽车作为城市交通工具。此外，城市交通应该倡导发展混合燃料汽车、电动汽车、氢气动力车、生物乙醇燃料汽车、太阳能汽车等低碳排放的交通，以实现城市运行的低碳化目标。

（3）低碳化消费

低碳化是一种全新的经济发展模式，同时也是一种新型的生活消费方式。消费低碳化要从绿色消费、绿色包装、回收再利用三个方面进行消费引导。绿色消费也称可持续消费，是一种以适度节制消费，避免或减少对环境的破坏，崇尚自然和保护生态等为特征的新型消费行为和过程。要通过绿色消费引导，使消费者形成良好的消费习惯，接受消费低碳化，支持

循环消费，倡导节约消费，实现消费方式的转型与可持续发展。消费环节必须注重回收利用。在消费过程中应当选用可回收利用、对环境友好的产品，包括可降解塑料、再生纸以及采用循环使用零部件的机器等。对消费使用过可回收利用的产品，如汽车、家用电器等要修旧利废，重复使用和再生利用。

（4）低碳化服务

我国服务业的发展必须走低碳化道路，着力发展绿色服务、低碳物流和智能信息化。绿色服务，是有利于保护生态环境，节约资源和能源的、无污染、无毒害、有益于人类健康的服务。绿色服务要求企业在经营管理中根据可持续发展战略的要求，充分考虑自然环境的保护和人类的身心健康，从服务流程的设计、耗材、产品、消费等各个环节着手节约能源、减少污染以达经济效益和环保效益的有机统一。

物流业是现代服务业的重要组成部分，同时也是碳排放的大户。低碳物流要实现物流业与低碳经济的互动支持，通过整合资源、优化流程、施行标准化等实现节能减排，先进的物流方式可以支持低碳经济下的生产方式，低碳经济需要现代物流的支撑。

智能信息化是发展现代服务业的必然要求，同时也是有效的服务低碳化途径。通过服务智能信息化，可以降低服务过程中对有形资源的依赖，将部分有形服务产品，采用智能信息化手段转变为软件等形式，进一步减少对生态环境的影响。

9.6.4 我国发展低碳经济之路

当发达国家倡导发展低碳经济时，我国也应该找到自己的发展低碳经济之路。我国发展低碳经济，是发展中国家的低碳经济，是在工业化进程中如何尽量体现低碳理念的经济模式。不仅是依靠庞大的投资，购买发达国家最先进的减排技术和设备来实现减排，而更应该是采用中国特色的适用性强的减排模式。具体措施如下。

（1）在政治和外交层面的积极参与和合作，是我国应对全球碳排放压力应采取的基本策略

迄今为止，我国政府已经意识到减排问题的重要性。2009年9月国家主席胡锦涛在联合国的讲话中，代表我国对全球气候问题作了表态。我国将进一步把应对气候变化纳入经济社会发展规划，并继续采取强有力的措施。具体措施主要包括四点：①争取到2020年单位GDP的CO_2排放比2005年有显著的下降；②大力发展可再生能源和核能，争取到2020年非化石能源占一次能源消费比重达到15%左右；③大力增加森林碳汇，争取到2020年森林面积比2005年增加4000万公顷，森林蓄积量比2005年增加13亿m^3；④积极发展低碳经济和循环经济，研发和推广气候友好技术。政府层面的积极参与，可以为我国在全球碳排放问题博弈中争取到比较主动的地位，同时可以展示中国负责任的形象。

（2）强调作为发展中国家的经济发展权，是我国应对国际压力时要考虑的实质内核

发展中国家与发达国家在碳排放问题上的根本分歧，在于对碳排放和经济发展权的不同看法。已经走过工业化阶段的发达国家，希望全球都能做到碳减排；但正在工业化进程中的发展中国家，一般不愿因为碳减排而放弃工业化的权利。如何保护自身发展权利，对于我国来说是极为现实的公共政策问题。我国只向世界做出减排承诺是远远不够的，因为我国肯定要完成迟来的工业化。我国光接受发达国家的规则是不行的，因为这样会给我国的工业化增加更大的政治与经济成本。如何在这个过程中让世界接受我国的发展观念，又与国际潮流相适应，这需要我国提出更好的发展概念并制定出相应的策略。

（3）强调我国在全球化之下的分工以及对全球所做的贡献

我国作为"世界工厂"，意味着要为全球市场生产，要为这种生产消耗能源与各种资源，从碳排放角度来看，处于产业链上碳排放强度最大的环节。仅衡量能源消耗与碳排放的产业环节是不公平的，还要看谁最终消费了这些能源和排放。现在我国生产出全球 1/4 的工业品，与外贸相关的 GDP 占全国 GDP 总量的 60%，但我国并没有消耗全球 1/4 的能源。

（4）围绕核心战略，采取合适的策略和制定一系列的产业政策

围绕减排的国家核心战略应该分为两个方面：一方面是对外战略，即我国如何应对国际压力、争取国际空间；另一方面是对内战略，即国内政策如何调整，产业如何发展。我国发展低碳经济，既是顺应世界经济社会变革的潮流，推进世界应对气候变化的进程，树立我国对全球环境事务负责任的发展中大国的良好形象，又是我国自身可持续发展的内在需求。发展低碳经济有利于突破我国经济发展过程中资源和环境束缚，走新型工业化道路；有利于形成完善的促进可持续发展的政策机制和制度保障体系；有利于推动我国产业升级和企业技术创新，打造我国未来的国际核心竞争力，为我国实现经济方式的根本转变提供了难得的机遇。在当前形势下积极发展循环经济和低碳经济，是实现我国经济可持续发展的需要。

参考文献

[1] 黄素逸，高伟．能源概论[M]．北京：高等教育出版社，2006．

[2] 王革华．新能源概论：第2版[M]．北京：化学工业出版社，2012．

[3] 陈励，王红林，方利国．能源概论[M]．北京：化学工业出版社，2009．

[4] 苏亚欣，等．新能源与可再生能源概论[M]．北京：化学工业出版社，2006．

[5] 靳晓明．中国新能源发展报告[M]．湖北：华中科技大学出版社，2011．

[6] 周锦，李倩．新能源技术[M]．北京：中国石化出版社，2011．

[7] 冯飞，张蕾．新能源技术与应用概论[M]．北京：化学工业出版社，2011

[8] 姚向君，王革华，田宜水．国外生物质能的政策与实践[M]．北京：化学工业出版社，2006．

[9] 刘柏谦，洪慧，王立刚．能源工程概论[M]．北京：化学工业出版社，2009．

[10] 韩文科，杨玉峰．中国能源展望[M]．北京：中国经济出版社，2012．

[11] 樊纲，马蔚华．中国能源安全：现状与战略选择[M]．北京：中国经济出版社，2012．

[12] 崔民选，王军生，陈义和．能源蓝皮书：中国能源发展报告（2012）[M]．北京：社会科学文献出版社，2012．

[13] 魏一鸣．中国能源报告（2012）：能源安全研究[M]．北京：科学出版社，2012．

[14] 国家自然科学基金委员会，中国科学院．未来10年中国学科发展战略：能源科学[M]．北京：科学出版社，2012．

[15] 董恩环，陈国风，冯汝勇当代石油和石化工业技术普及读本——开采[M]．北京：中国石化出版社，2012．

[16] 张之悦，王会珍，严德熙．石油勘探开发知识读本丛书——石油钻井[M]．北京：中国石化出版社，2011．

[17] 王革华，田雅林，袁婧婷．21世纪可持续能源丛书——能源与可持续发展[M]．北京：化学工业出版社，2008．

[18] 方梦祥，金滔，周劲松．能源与环境系统工程概论[M]．中国电力出版社，2009．

[19] 周乃君．能源与环境[M]．长沙：中南大学出版社，2008．

[20] 卢平．能源与环境概论[M]．北京：中国水利水电出版社，2011．

[21] 中国能源中长期发展战略研究项目组．中国能源中长期（2030、2050）发展战略研究：电力·油气·核能·环境卷[M]．北京：科学出版社，2011．

[22] 中国能源中长期发展战略研究项目组．中国能源中长期（2030、2050）发展战略研究：节能·煤炭卷[M]．北京：科学出版社，2011．

[23] 中国能源中长期发展战略研究项目组．中国能源中长期（2030、2050）发展战略研究：可再生能源卷[M]．北京：科学出版社，2011．

[24] 黄素逸，王晓墨．节能概论[M]．武汉：华中科技大学出版社，2008．

[25] 全国能源基础与管理标准化技术委员会．节能基础与管理标准汇编：终端用能产品[M]．北京：中国标准出版社，2010．

[26] 钱伯章．节能减排——可持续发展的必由之路[M]．北京：科学出版社，2008．

[27] 吴国华．中国节能减排战略研究[M]．北京：经济科学出版社，2009．

[28] 中国21世纪议程管理中心．可持续发展系列——清洁发展机制[M]．北京：社会科学文献出版社，2005．

[29] 陈刚．京都议定书与国际气候合作[M]．北京：新华出版社，2008．

[30] 刘奕良．废气变黄金：清洁发展机制研究[M]．北京：新华出版社，2008．

[31] 滨川圭弘，西川祎一，辻毅一郎．能源环境学（OHM大学理工系列）[M]．郭成言，译．北京：科学

出版社，2003.

[32] 丹尼尔·耶金．石油大博弈（上下）[M]．北京：中信出版社，2008.

[33] S. 弗雷德·辛格，丹尼斯·T·艾沃利．全球变暖——毫无由来的恐慌[M]．林文鹏，王臣立，译．上海：上海科学技术文献出版社，2008.

[34] 安东尼·吉登斯．气候变化的政治[M]．曹荣湘，译．北京：社会科学文献出版社，2009.

[35] 叶文虎．可持续发展的新进展：第3卷[M]．北京：科学出版社，2010.

[36] 彼得P. 罗杰斯，卡济F. 贾拉勒，约翰A. 博伊德．国外名校名著：可持续发展导论[M]．郝吉明，刑佳，陈莹，译．北京：化学工业出版社，2008.

[37] 保罗·罗伯茨，石油恐慌[M]．吴文忠，译．北京：中信出版社，2008.

[38] 中国科学院可持续发展战略研究组．2010中国可持续发展战略报告——绿色发展与创新[M]．北京：科学出版社，2010.

[39] 李红．公平、效率与可持续发展[M]．北京：中国经济出版社，2011.

[40] 王伟中．从战略到行动：欧盟可持续发展研究[M]．北京：社会科学文献出版社，2008.

[41] 曹普．科学发展观与当代中国[M]．福建：福建人民出版社，2012.

[42] 中华人民共和国国土资源部．中国矿产资源报告（2011）[M]．北京：地质出版社，2011.

[43] 中华人民共和国环境保护部．2011年中国环境状况公报．2012(5).

[44] http://www.bp.com.cn.

[45] 国家发展和改革委员会．中华人民共和国经济和社会发展第十二个五年规划纲要[M]．北京：人民出版社，2011.

[46] 科技部关于印发《国家十二五科学和技术发展规划》的通知[R]．国科发计[2011]270号.

[47] 国务院关于印发《"十二五"国家战略性新兴产业发展规划》的通知[R]．国发[2012]28号.

[48] 国务院关于印发实施《国家中长期科学和技术发展规划纲要（2006–2020年）》若干配套政策的通知[R]．国发[2006]6号.

[49] 国务院关于印发《节能减排"十二五"规划》的通知[R]．国发[2012]40号.

[50] 国务院关于印发《国家环境保护"十二五"规划》的通知[R]．国发[2011]42号.

[51] 国家计委关于印发《中国洁净煤技术"九五"计划和2010年发展纲要》的通知[R]．国家计委，计交能[1997]1093号.

[52] 国家发展改革委关于印发《水利发展规划（2011–2015年）》的通知[R]．发改农经[2012]1618号.

[53] 国家发展改革委关于印发《煤层气（煤矿瓦斯）开发利用"十二五"规划》的通知[R]．发改能源[2011]3041号.

[54] 国家发展改革委关于印发《煤炭工业发展"十二五"规划》的通知[R]．发改能源[2012]640号.

[55] 国家发展改革委关于《印发页岩气发展规划（2011–2015年）》的通知[R]．发改能源[2012]612号.

[56] 国家能源局关于印发《太阳能发电发展"十二五"规划》的通知[R]．国能新能[2012]194号.

[57] 国家能源局关于印发《国家能源科技"十二五"规划》的通知[R]．国能科技[2011]395号.

[58] 环境保护部关于印发《国家环境保护"十二五"科技发展规划》的通知[R]．环发[2011]63号.

[59] 科技部、环境保护部关于印发《蓝天科技工程"十二五"专项规划》的通知[R]．国科发计[2012]719号.

[60] 科技部会同发改委、环保部等七部委印发《废物资源化科技工程"十二五"专项规划》的通知[R]．国科发计[2012]116号.

[61] 中国石油和化学工业联合会．石油和化学工业十二五科技发展规划．2012(10).

[62] 中国电力企业联合会．电力工业"十二五"规划．2012(10).

[63] 科技部、发展改革委关于印发《海水淡化科技发展"十二五"专项规划》的通知[R]．国科发计[2012]900号.

[64] 国家发展改革关于印发《海水淡化产业发展试点单位名单（第一批）》的通知[R]．发改办环资[2012]408号.